U0078124

O'Reilly 深入淺出系列的其他書籍

深入淺出 Android 開發

深入淺出 C#

深入淺出設計模式

深入淺出 Go

深入淺出 iPhone 與 iPad 開發

深入淺出 Java 程式設計

深入淺出 JavaScript 程式設計

深入淺出學會編寫程式

深入淺出物件導向分析與設計

深入淺出程式設計

深入淺出 Python

深入淺出軟體開發

深入淺出 Swift 程式設計

深入淺出網站設計

對本書的讚譽

「《深入淺出 Git》就像口香糖。本書以清晰、有趣且引人入勝的方式介紹這個既強大又功能豐富的工具，其步調、範圍和架構不僅平易近人，同時還幫讀者建立扎實的基礎，讓你可以繼續學習 Git 的旅程。」

　　　　　——**Matt Cordial**（Experian Decision Analytics 軟體工程師）

「工欲善其事，必先利其器。如果只有一定程度的知識是很危險的。雖然 Git 入門只需要幾小時，但 Git 的微妙之處、強大之處、深度需要經年累月才能透徹。《深入淺出 Git》每一頁都有你本來以為已經了解的資訊或解說。不論你對 Git 有多熟，Raju 絕對能讓你變得更會使用 Git。」

　　　　　——**Nate Schutta**（VMware 軟體架構師與開發人員後援，和《**Thinking Architecturally**》、
　　　　　《**Responsible Microservices**》作者）

「版本控制很困難，要解釋更困難。《深入淺出 Git》把乏味、困難、高度技術性的資訊轉變成一個令人享受的有趣故事，不只能讓學習變有趣還可兼具效果。作者 Raju Gandhi 一定能逗樂你的神經元，有超棒的比喻、角色、奢華露營的探險。如果你第一次使用 Git，此書一定是你想要 `git checkout` 的一本。」

　　　　　——**Daniel Hinojosa**（EvolutionNext.com 自雇程式設計師、講者、教師）

「我希望這本書在我十年前開始大量使用 Git 時就問世了。此書的談話式風格，並用實際的比喻來解釋常見的 Git 概念，讓這本書變得很有趣。不論你有多少經驗，你都會很享受閱讀本書的過程，也一定會學到新的 Git 知識。」

　　　　　——**Nihar Shah**（軟體顧問）

深入淺出 Git

有沒有一本 Git 學習工具書比根管治療有趣，比大量說明文件還能發人深省呢，會不會是痴人說夢？或許根本只是幻想⋯

Raju Gandhi

石岡　譯

以本書紀念

我的母親

（1945-2020）

妳的記憶永存。

深入淺出 Git 的作者

Raju Gandhi

Raju Gandhi 是 DefMacro Software, LLC 的創辦人，現居於美國俄亥俄州哥倫布，與他的賢妻 Michelle、兩個兒子 Mason 和 Micah 同住；還有三個毛小孩 —— 兩隻狗 Buddy 和 Skye 和他們的貓 Zara 公主。

Raju 是顧問、作家、教師，也時常受邀在世界各地的研討會演講。在他身兼軟體開發和教學兩職的生涯中，他的信念就是化繁為簡。他的方式一直都是著重於了解並解釋「為什麼做」，而不是「怎麼做」。

Raju 有經營部落格（*https://www.looselytyped.com*），可以搜尋 @looselytyped 找到他的推特。他一直都樂於結交新朋友。你可以在 *https://www.rajugandhi.com* 找到他的聯絡資訊。

目錄（精簡版）

	緒論	xvii
1	開始學 Git：認識 Git	1
2	分支：多重思維	51
3	環顧四周：調查 Git 檔案庫	115
4	復原：撥亂反正	159
5	Git 協作（一）：遠距工作	215
6	Git 協作（二）：團隊合作	269
7	搜尋 Git 檔案庫：Git 的 Grep 指令	349
8	Git 讓你人生更輕鬆：前輩的建議	399
	附錄：鞭長莫及：本書沒有涵蓋的五個主題	443
	索引	453

目錄（貨真價實版）

緒論

把你的心思放在 Git 上面。 你準備好要開始學習，但你的大腦卻在幫倒忙——確保你的學習無法堅持下去。你的大腦認為：「最好保留一些空間給更重要的事情，像是看到什麼野生動物要敬而遠之、裸體滑雪會有多慘。」那麼，要如何騙過你的大腦，讓它認為學好 Git 才是一件生死攸關的大事？

誰適合這本書？	xviii
我們知道你在想什麼	xix
後設認知：「想想」如何思考	xxi
我們的做法	xxii
馴服大腦的方法	xxiii
你得安裝 Git（macOS）	xxvi
你得安裝 Git（Windows）	xxvii
你需要一個文字編輯器（macOS）	xxviii
你需要一個文字編輯器（Windows）	xxix
你（一定）需要 GitHub 帳號	xxx
整理你的檔案和專案	xxxii
技術審閱小組	xxxiii
致謝	xxxiv

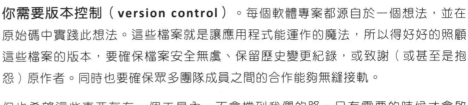

開始學 *Git*

認識 Git

你需要版本控制（version control）。每個軟體專案都源自於一個想法，並在原始碼中實踐此想法。這些檔案就是讓應用程式能運作的魔法，所以得好好的照顧這些檔案的版本，要確保檔案安全無虞、保留歷史變更紀錄，或致謝（或甚至是抱怨）原作者。同時也要確保眾多團隊成員之間的合作能夠無縫接軌。

但也希望這些東西存在一個工具內，不會擋到我們的路，只有需要的時候才會啟動。

有這樣的**魔幻工具**嗎？既然你正在讀這本書，你可能已經猜到答案了，答案就是 Git！世界各地的軟體開發人員和單位都很喜歡 Git。到底 Git 為什麼會風靡全球呢？

使用版本控制的原因	2
命令列快速導覽：用 pwd 指令讓你知道自己身在何處	7
指令列的其他功能：用 mkdir 創建新的目錄	8
指令列還有更多功能：用 ls 列出所有檔案	9
指令列還有一些功能：用 cd 變更目錄	10
大掃除	13
創建你的第一個檔案庫	14
認識 init 指令	15
向 Git 自我介紹	17
把 Git 用在實際情境中	19
使用熱狗交友的 Git 檔案庫	21
提交到底是什麼？	23
三思而後行	25
Git 三步驟	26
指令列的 Git	28
一窺 Git 的祕密	29
Git 檔案庫中的檔案多重狀態	30
索引就是一塊「貓抓墊」	33
電腦，報告進度！	35
你已打造歷史！	41

分支

多重思維

2

你可以同時做很多事。 Git 的前輩會躺在草坪的躺椅上啜飲他們自己泡的綠茶並告訴你，Git 最大的賣點之一就是可以輕鬆創建分支。或許你被要求新增一個功能，或是當你在處理專案的時候，經理叫你去處理生產過程中的錯誤問題。又或是你本來已經準備要完成最新的變更，但突然又有新的靈感、想到一個更好的做法。分支功能能讓你在同一個程式碼庫中同時處理多個不同的工作，完全互不影響，來看看到底是怎麼做到的吧！

全都從一封電子郵件開始	52
更新餐廳菜單	55
選擇…很多選擇！	58
變更軌道	59
撤回！	61
分支視覺化	63
分支、提交、和裡面的檔案	64
平行作業	67
分支到底是什麼？	69
切換分支或切換目錄？	71
抱一下！	74
閱讀 #&$!@ 手冊（git branch 版本）	76
一些快轉的合併	79
另一種方式不太行	80
進一步設定 Git	81
等等！你動了？	84
這是合併提交	87
沒有天天過年的	90
我很困惑！	91
清理（合併的）分支	96
刪除未合併的分支	99
一般的工作流程	100

環顧四周

3 調查 Git 檔案庫

福爾摩斯偵探，準備好要著手調查了嗎？ 隨著你繼續使用Git，你會需要創建分支（branch）、提交分支（commit），再合併（merge）到整合分支（integration branch）。每一次的提交就代表又往前邁進一步，提交的歷史紀錄會記錄下你前進的過程。你偶爾可能會想看一下之前是怎麼做的，又或是兩個分支分岔（diverge）開來了。本章節會告訴你Git如何能幫你視覺化呈現你的提交歷史紀錄。

只是看到提交歷史紀錄還不夠，Git 還能讓你知道檔案庫的變化過程。複習一下，提交就是變更；分支代表一系列的變更。你要怎麼知道不同次的提交、不同的分支、甚至不同的工作目錄（working directory）、索引（index）、物件資料庫（object database），這是本章節的另一個主題。

我們會一起進行一些真的很有趣的 Git 偵探調查行動。快來一起提升調查的技術吧！

布麗吉特出任務	116
提交還不夠	118
魔鏡啊魔鏡：誰是最美的紀錄？	120
git log 是怎麼運作的呢？	124
讓 git log 幫你做好所有事	125
到底有何不同？	129
檔案差異視覺化	130
檔案差異視覺化：一次一個檔案	131
檔案差異視覺化：一次一大塊	132
讓差異更好入眼	133
差異化暫存變更	136
差異化分支	139
差異化提交	145
新檔案的 diff 看起來如何？	146

復原

撥亂反正

4

人孰能無過，知否？ 人類自遠古時代至今都在不停犯錯，犯錯一直都要付出很大的代價（要消耗打孔卡、打字機，一切都要重來）。原因很簡單，因為沒有版本控制系統，但現在有了！Git 讓你有多次機會可以重新來過，輕鬆無痛。不論是不小心把一個檔案加到一個索引裡面，或是提交訊息內打錯字了，又或是設定有誤的提交，Git 有很多拉桿和按鈕可以用，所以沒人會知道你的小小疏忽。

讀完本章節後，如果不小心有任何失誤，不論是什麼樣子的錯誤，你都知道要怎麼處理了。所以我們來犯錯，再學習如何補救吧！

規劃訂婚派對	160
判斷錯誤	162
還原工作目錄的變更	164
還原索引中的變更	166
從 Git 檔案庫中刪除檔案	169
為了刪除而提交	170
重新命名（或移動）檔案	172
編輯提交訊息	173
重新命名分支	177
規劃備案	179
HEAD 的角色	183
用 HEAD 指稱提交	185
穿越合併提交	186
還原提交	188
用 reset 移除提交	189
三種 reset	190
另一個還原提交的方式	195
還原提交	196
要…要…結束了！	199

Git 協作（一）

5 遠距工作

一個人工作很快就會變得枯燥乏味。 在本書中，目前已經學了 Git 如何使用和如何使用 Git 檔案庫。我們之前使用的檔案庫是在本機使用 `git init` 指令創建的檔案庫。不過這樣也已經可以完成許多任務，可以創建分支、合併分支，使用 `git log`、`git diff` 等指令的功能來查看檔案庫的歷時變更狀況。但如果是個大型專案可不只這樣而已。通常會團隊合作或和朋友、同事一起做，Git 剛好有提供強大的協作模式，此協作模式可以用單一檔案庫分享彼此的工作進度。第一步就先將檔案庫設定為「開放公開存取」（publicly available），這樣專案的提交歷史紀錄就會變成「共享」的歷史紀錄。在公開的檔案庫中，可以執行所學過的所有功能（少數功能例外）。可以創建分支、提交、新增到提交歷史紀錄中等多種功能，所有人都可以查看並新增到同個歷史紀錄中。這就是 Git 的協作方式。

在開始協作工作前，我們先花點時間了解公開檔案庫的運作方式以及如何開始著手吧。組好隊伍吧！

另一個建立 Git 檔案庫的方式：複製	216
各就各位，預備，複製！	220
你複製時會發生什麼情況？	224
Git 是分散式的	226
推送變更	230
知道推送到哪裡：遠端檔案庫	235
請勿拍照：公有和私有提交	237
標準作業流程：分支	239
合併分支：選項 1（本地合併）	241
推送本地的分支	245
合併分支：選項 2（拉取請求）	249
建立拉取請求	250
拉取請求或合併請求？	254
合併一個拉取請求	256
接下來呢？	258

Git 協作（二）

6 團隊合作

準備好要帶團隊加入了嗎？Git 很適合協作工作，我們也有很棒的教學想法。在本章節中你要和另一個人一起合作！你們要利用前一個章節所學。如你所知，一個像 Git 這樣的分散式系統會有許多可變動的部分。所以 Git 要怎麼讓整個過程變得很簡單呢？你在協作工作時有什麼要謹記在心的呢？有沒有什麼工作流程能讓協作工作更順利呢？準備好來發掘這些解答吧！

各就各位，預備，複製！

大喊「團隊加油吧！」，團隊加油吧！我們衝！

同步作業	271
在 Gitland⋯同步作業	272
用 Git 方式協作	274
在 GitHub 的雙協作人員設定	275
落後遠端檔案庫	283
追上遠端檔案庫（git pull）	285
介紹中間人，也就是遠端追蹤分支	289
遠端追蹤分支存在的原因 1：知道往哪推送	290
推送到遠端檔案庫：總結	298
抓取遠端追蹤分支	299
遠端追蹤分支存在的原因 2：從遠端檔案庫取得（所有）更新	300
與他人協作	304
與他人協作：總結	308
遠端追蹤分支存在的原因 3：知道你需要推送	309
遠端追蹤分支存在的原因 4：準備好推送	311
git pull 就是 git fetch + git merge ！	316
多用 git fetch + git merge。少用 git pull	317
理想情境	320
一般工作流程：起點	321
一般工作流程：準備好合併	322
一般工作流程：本地合併或發布拉取請求？	323
一般工作流程圖解	324
清理遠端分支	326

搜尋 Git 檔案庫

Git 的 Grep 指令

事實上，專案檔案和提交歷史紀錄會變越來越大。 有時候你會需要在檔案中搜尋只為了找到一段特定的文字。或是你想要知道是修改了某個檔案、修改的時間，還有變更的提交。Git 全部都可以做到。

接下來是你的提交歷史紀錄。每次提交就代表一次變更。Git 可以讓你搜尋專案中一段文字的物件，也可以查到新增和移除的時間，還可以搜尋提交訊息。最重要的是，有時候你想要找到導致錯誤或錯字的原因，Git 有一個特殊工具可讓你直接鎖定那一次的提交。

還在等什麼？一起在 Git 檔案庫裡面尋寶吧！

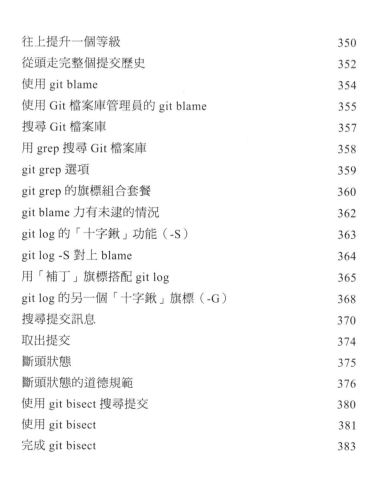

往上提升一個等級	350
從頭走完整個提交歷史	352
使用 git blame	354
使用 Git 檔案庫管理員的 git blame	355
搜尋 Git 檔案庫	357
用 grep 搜尋 Git 檔案庫	358
git grep 選項	359
git grep 的旗標組合套餐	360
git blame 力有未逮的情況	362
git log 的「十字鎬」功能（-S）	363
git log -S 對上 blame	364
用「補丁」旗標搭配 git log	365
git log 的另一個「十字鎬」旗標（-G）	368
搜尋提交訊息	370
取出提交	374
斷頭狀態	375
斷頭狀態的道德規範	376
使用 git bisect 搜尋提交	380
使用 git bisect	381
完成 git bisect	383

Git 讓你人生更輕鬆

8 前輩的建議

本書目前已經教你 Git 的使用方式。但你也可以調整 Git 來符合你的需求。所以改變 Git 的能力就很重要，你在前幾個章節已經看過如何去改變 Git，所以在本章節，我們會深度探討你可以做什麼改變讓一切變得更輕鬆。配置（configuration）的功能也能幫你定義快捷，「落落長」的 Git 指令再見！

你有很多方式可以讓使用 Git 變得更輕鬆。我們會告訴你如何和 Git 溝通，去忽略特定類型的檔案，這樣你就不會不小心提交了這些檔案。我們會提供撰寫提交訊息的建議以及分支該如何命名。最後我們會探討 Git 的圖像化使用者介面對你的工作流程的重要意義。#快走吧 #迫不及待

設定 Git	400
全域 .gitconfig 檔案	401
專案專用的 Git 設定	404
列出你的 Git 設定	406
Git 別名，就是你的私人 Git 捷徑	408
調整 Git 別名的行為	409
叫 Git 忽略特定檔案和資料夾	412
.gitignore 檔案的效果	413
管理 .gitignore 檔案	414
.gitignore 檔案範本	416
及早提交、頻繁提交	418
撰寫有意義的提交訊息	420
好的提交訊息的解剖學	421
好的提交訊息的解剖學：標題	422
好的提交訊息的解剖學：內文	424
很挑剔？	425
建立有用的分支名稱	427
將圖形使用者介面納入你的工作流程	429

附錄：鞭長莫及

本書沒有涵蓋的五個主題

本書已經涵蓋甚廣，也即將邁入終點。我們會想念你的，但在說再見前，如果沒有再給你一些心理準備就把你送到 Git 的世界去探險，我們會覺得不安心。Git 的功能強大，一本書並不足以涵蓋所有的功能，我們將一些很有幫助的功能放在這個附錄裡。

#1 標籤（別忘了我）	444
#2 摘櫻桃（複製提交）	445
#3 儲藏（偽提交）	446
#4 reflog（指稱紀錄）	448
#5 移花接木（另一個合併方式）	449

緒論

在此節中，我們會回答這個十萬火急的問題：
為什麼要把這樣的內容放進 Git 工具書裡呢？

誰適合這本書 ?

如果以下兩個問題的答案對你來說都是「肯定」的：

1 你想要學會世界上最受歡迎的版本控制系統嗎？

2 你比較喜歡能讓人有興趣的晚宴對話，勝過單調無聊的學術演講嗎？

那麼，這本書就適合你。

誰可能不太適合這本書？

如果對於以下的任何問題，你的答案是「肯定」的：

1 **你是不是完全不會用電腦？**
（你不用電腦很強，但你應該要知道資料夾、檔案，如何開啟應用程式、如何使用簡單的文字編輯器）

2 你是不是一個版本控制系統的大師，只想要找一本工具書？

3 你是不是**很害怕嘗試新事物**？寧願進行根管治療也不要搭配條紋和格紋？你是不是不相信一個技術性書籍如果使用讓人垂涎三尺的菜單來解釋分支，就代表不嚴謹呢？

那麼，這本書就**不適合你**。

行銷部的備註：有信用卡的人都適合這本書。

我們知道你在想什麼

「這本書怎麼可能是一本嚴謹的 Git 書呢？」

「除了這些圖以外還有什麼？」

「我真的能這樣學會嗎？」

你的大腦覺得「這」才重要。

也知道你的大腦在想什麼

你的大腦渴望創新。無時無刻要搜尋、掃描、等待不尋常的東西。大腦就是以這種方式運作，這樣才能讓你保持活著的感覺。

所以你的大腦對所有你遇到的例行、普通、正常的事情會怎麼做？可以阻止這些事情干擾大腦的「真正」工作——記錄重要的事情。不用麻煩記下無聊的事情；這些事情永遠無法通過「明顯不是很重要」的過濾層。

你的大腦怎麼知道哪些是重要的？假設你出門健行，突然有隻老虎跳到你面前。你的大腦和身體內會發生什麼事情？

神經元啟動，情緒會提高，化學物質激增。

這就是大腦「知道」的方式…

這點很重要！請不要忘記！

但想像你在家或圖書館。這個安全、溫暖、沒有老虎的區域。你正在讀書，準備考試。或是你在學習你老闆覺得只要一週、頂多十天就可以學起來的困難技術。

只有一個問題。你的大腦試著要幫你個忙。大腦試著確保這個顯然不重要的內容，不會占用稀罕的資源。這些資源最好要用在真正重要的事情上。就像老虎一樣，就像危險的火，就像你不該將「派對」照片貼到 Facebook 上。而且沒辦法可以直接告訴大腦「嘿，大腦，非常感謝你，但不論這本書有多無聊，不論我現在的情緒芮氏規模有多麼地低，我真的很想叫你把這個東西記起來。」

你的大腦覺得「這」不值得記起來。

太棒了，才 490 頁單調無聊的內容。

我們將「深入淺出」系列書籍的讀者視為<u>學習者</u>。

要學一件事需要什麼？首先你要先了解，然後確保不會忘記。不只是把事實資訊塞到大腦中。根據認知科學、神經生物學、教育心理學領域最新的研究，學習不只需要書頁上的文字。我們知道什麼可以開啟你的大腦。

以下是「深入淺出」系列書籍的學習守則：

讓學習視覺化。圖像比單獨文字更有記憶性，也讓學習更有效（在學習召回和遷移研究中最高可達到 89% 的進步）。他們也讓東西更容易理解。**把文字放在圖像中或圖像旁邊**，而不是放在頁尾或另一頁上，學習者最高有兩倍的機率能夠解決關於內容的問題。

使用對話式和個人化的學習風格。在近期的研究中，如果將內容直接講述給讀者，使用第一人稱的對話式風格，而不採取正式的語調，學生在學習後測中表現可以進步 40%。講故事，而不要演講。使用非正式的語言。別把自己塑造得太嚴肅。你會比較注意哪個呢？引發人興趣的晚宴談話還是演講呢？

讓學習者進行深度思考。除非你主動放鬆你的神經細胞，不然你的大腦內不會發生什麼事情。讀者需要被鼓勵，有歸屬感，感到好奇，有解決問題的想法、做出結論、產生新知識。為此，你需要挑戰、練習、刺激思考的問題、讓大腦和多重感官都須用到的活動。

引起並維持讀者的注意力。我們都有這樣的經驗：「我真的很想要學這個東西，但我讀完一頁就睡著了」。你的大腦會注意非比尋常、有趣的、奇怪的、顯眼的、無法預期的事物。學習一個新的困難且技術性的主題不一定要很無聊。如果不無聊，你的大腦可以學得快很多。

感受他們的情緒。我們現在已經知道，你是否記得住跟情緒性的感受有緊密的關係。你記得你在乎的東西。當你可以感受到什麼，你才會記得。不，我們可不是在聊男孩與小狗之間令人痛心的故事。我們所謂的情緒是驚喜、好奇、有趣、「什麼…？」和「我管事的！」的感覺，這些在你解開謎題、學會大家都覺得很難的事情、或發現你知道「我技術比你好」，工程部的 Bob 不會，就會出現這些感覺。

後設認知：「想想」如何思考

如果你真的想學，而且想要學得又快又深入，那麼，請注意你是如何「注意」的，「想想」如何思考，「學學」如何學習。

大多數人在成長過程中，都沒有修過後設認知（metacognition）或學習理論課程，雖然師長期望我們學習，卻從未教我們如何學習。

既然你已經拿到這本書了，我們假設你想要學好怎麼用 Git，而且你應該不想花太多時間。如果你想要充分利用本書教導的東西，你就必須牢牢記住你所學過的東西，為此，你必須充分理解它。若要從本書（或者任何書籍與學習經驗）得到最多利益，你就必須讓大腦負起責任，讓它好好注意這些內容。

祕訣在於：讓大腦認為你正在學習的新事物真的非常重要，是你獲得幸福的關鍵，與躲避老虎一樣重要。否則，你會不斷陷入苦戰，因為大腦會極力阻止你記住新事物的內容。

那麼，要如何讓你的大腦把 Git 當成一隻飢腸轆轆的老虎？

有那種效果緩慢、單調乏味的方法，也有那種更快、更有效益的方法。效果緩慢的方法就只是不斷地重複同一件事。顯然你已經知道，只要你持續不斷地將同樣的內容塞進大腦裡，即使是最枯燥的主題都能學會和記住。當你重複足夠的學習次數後，你的大腦會說，「雖然我覺得這不重要，但你一次又一次又一次地看著一樣的內容，我想這一定很重要。」

效果更快的方法是做促進大腦活動的任何事情，尤其是各種不同類型的大腦活動。前一頁介紹的守則是解決這個情況的重要功臣，而且已經證實可以幫助你的大腦以有利的方式運作。例如，研究顯示將說明文字放進圖片裡（而不是放在其他地方，例如標題或內文），會誘使大腦嘗試理解文字和圖片之間的關係，進而觸動更多神經元。觸發更多神經元等於讓大腦有更多機會意識到這是一件值得付出更多心力的事，大腦可能就會因此而記住。

對話式風格也很有幫助。當人們認為自己處於對話之中，往往會提升注意力，因為他們認為對方會期望自己跟上話題，而且堅持到對話結束。神奇的一點是，大腦一點都不在乎那是你和一本書之間的「對話」！反過來說，如果文字風格既正經又枯燥，大腦會認為你正經歷的學習方式與一整間坐在室內聽課的人沒什麼兩樣，所以不需要保持清醒。

不過，圖片和對話式風格只是提升學習效率的起點而已⋯

我們的做法

我們使用**視覺材料**，因為你的大腦跟視覺資料比較對頻，而不是文字。就大腦而言，視覺材料勝過千言萬語。文字和視覺材料一起用的時候，我們把文字放在視覺材料裡面，也就是讓視覺材料內出現相關文字，而非將文字埋在標題或某個段落之中，因為這樣才能讓大腦更有效率地運作。

我們利用**重複**，用不同方式和不同的媒介類型來解說一樣的東西，還使用不同的感官，就能提升讓該內容被寫入大腦中一個以上區域的機率。

我們用**無法預期**的方式使用概念和視覺材料，因為你的大腦跟新奇事物是在同個頻率，而且我們使用視覺材料和想法搭配至少一些**情緒性**內容，因為大腦的設計就是優先注意到情緒的生物化學變化。讓你感覺到特殊感受的因子就是你可以記住的東西。即使只是一點點**幽默**、**驚喜**、或**有趣**。

我們使用個人化**對話式風格**，因為如果你相信你是在對話，而不是被動地聽簡報時，你的大腦會比較專注。你的大腦甚至連你在閱讀時都會這樣。

我們有包含大量的**活動**，因為相較於閱讀，你的大腦在你**做**事情時會學更多且記更多。而且我們讓練習題兼具挑戰性和可行性，因為這是大多人想要的練習。

我們使用**多重學習方式**，因為你可能比較喜歡一步一步來的流程，然而也有些人會想先了解整體情況，或有些人只想要看一個範例。但不論你個人的學習偏好，每個人都能從以不同方式呈現的相同內容中獲益。

我們包含適合**左腦和右腦**的內容，因為你讓大腦越有參與感，你越有可能可以學起來並記起來，而且你也可以保持更長時間的專注。因為運用到一邊的大腦通常代表讓另一邊的大腦有休息的機會，在長時間的學習時，你可以對學習更有生產力。

而且我們包含**故事**和練習題，可以呈現**超過一種的觀點**，因為你的大腦在被迫進行評估和評判時可以更深入地學習。

我們的練習題充滿**挑戰**，而且我們會問你一些沒有標準答案的**問題**，因為大腦唯有在需要**運作**時才會學習並記得事物。思考一下 —— 你不能只靠看別人上健身房就讓自己的身材變好。但我們已經盡力要確保當你努力學習時，學的是對的東西。**你不會用到額外的神經細胞樹狀突**去處理一個很難懂的範例，或是去剖析困難、多術語、過度簡潔的文本。

我們使用**人物**。在故事、範例、視覺材料中都有，因為，嗯，因為你是人。相較於事物，大腦更容易專注在人物上。

馴服大腦的方法

好吧！該做的我們都做了，剩下的就靠你了。下面有一些小技巧，但它們只是開端，你應該傾聽大腦的聲音，看看哪些適用於你的大腦，哪些不適用。要嘗試新事物！

沿虛線剪下，
貼在冰箱上。

- -

1 放慢腳步，理解的內容越多，需要死背的就越少。

不要只是閱讀，記得停下來，好好思考。當本書問你問題時，不要不加思索就直接看答案。你要想像真的有人問你問題，越是強迫大腦深入思考，就越有機會學習並記住更多知識。

2 勤做練習，寫下心得。

我們在書中安排練習，如果我們幫你完成那些練習，那就相當於叫別人幫你練身體，不要光看不練。**使用鉛筆作答。**大量證據顯示，在學習的同時讓身體動起來可以提升學習的效果。

3 認真閱讀「沒有蠢問題」單元。

仔細閱讀所有的「沒有蠢問題」，那可不是可有可無的說明，而是**核心內容的一部分**！千萬別跳過。

4 將閱讀本書當成睡前最後一件事，至少當成睡前最後一件有挑戰性的事。

有一部分的學習過程是在放下書本之後才發生的，尤其是將知識轉化成長期記憶更是如此。你的大腦需要自己的時間，進行更多的處理。如果你在這個處理期胡亂塞進新知識，你就會忘掉一些剛學到的東西。

5 說出來，大聲說出來。

說話可以觸發大腦的各種部位，如果你想要了解某件事情，或增加記憶，那就大聲說出來。更好的做法是大聲解釋給別人聽，這樣你會學得更快，甚至發現默默讀書時無法理解的新想法。

6 喝水，喝大量的水。

大腦必須泡在豐沛的液體中才有很棒的效率，脫水（往往在你感覺口渴之前就發生了）會降低認知能力。

7 傾聽大腦的聲音。

注意你的大腦是不是精疲力竭了，如果你發現自己開始漫不經心，或者過目即忘，就是該休息的時候了。當你錯過某些重點時，放慢腳步，否則你將失去更多。

8 用心感受！

你必須讓大腦知道這一切都很重要，讓自己融入情境，在插圖上寫下你自己的想法。就算是抱怨笑話太冷，都比毫無感覺來得好。

9 天天練習！

真正學好 Git 只有一條路：**寫大量的程式**。這正是你要在這本書裡面做的事情。寫程式是一種技術，精通之道唯有不斷練習，我們會提供許多實作的機會：每一章都有一些練習，讓你解決一些問題，不要跳過它們 —— 很多東西都是在解決問題的過程中學到的。如果你卡住了，**偷瞄一下答案**也無妨！我們幫每一個練習提供解答有一個原因：我們很容易處理不了某些小問題。無論如何，先解決問題再看解答。而且在進入下個單元之前，務必讓程式正常運行。

讀我

這是一段學習體驗，不是一本參考書，本書已經刻意排除所有可能妨礙學習的因素了。當你第一次閱讀時，必須從頭開始看起，因為本書假設讀者具備某些知識背景。

先拆解後重組。

我們很喜歡把東西拆開。這讓我們有機會可以一次專注在 Git 的單一部分。我們使用了大量的視覺材料來解釋當你執行任何操作時，Git 在做什麼。我們確保你對於每一部分都有深入的了解，並有自信了解該在何時和以什麼方式使用這些Git 功能。當你已到達此程度時，我們才會重組，並接著解釋更困難的內容。

我們無法窮盡一切。

我們使用的是 80/20 方法。如果你是想要取得 Git 博士學位，單單這本書是不夠的。所以我們不會把所有功能都涵蓋進本書。只包含你實際上會用到的東西，以及那些你要開始展開行動必備的功能。

不要跳過任何活動。

練習與活動不是附屬品，它們是本書的核心內容。它們有些可以幫助記憶，有些可以幫助了解，有些可以幫助你運用所學。**不要跳過問題**。書中只有「池畔風光」可以跳過，但它們是可以讓大腦轉彎思考的邏輯謎題，絕對是加快學習速度的好方法。

重複性是故意的，也是必要的。

深入淺出系列最明顯的差異之一在於我們希望你真的學到東西，我們也希望你看完這本書之後，能夠記得看過的內容，但大部分參考用書並非以此為目標。本書把重點放在學習，所以為了加深你的印象，有些重要的內容會一再出現。

範例都盡可能是很通用的。

大多的 Git 教學都特別是寫給軟體開發人員看，範例通常也會有程式碼。我們不對此妄加揣測。我們特地讓本書的範例都很通用又有趣、精彩——以及高度的趣味。我們保證你可以對這些範例有感並學會怎麼使用 Git，不論你的工作是什麼都可以運用所學。

最後，我們希望你學會 Git；我們不是要教你怎麼打字。為了讓事情變簡單，我們把所有的範例檔案都放上網，這樣你就可以直接下載。你可以在 *https://i-love-git.com* 上找到相關的說明。

「腦力激盪」練習沒有答案。

有些「腦力激盪」練習沒有一定的答案，有些則讓你自行判斷答案是否正確，以及何時正確。我們會在一些「腦力激盪」練習中提供提示，幫你指出正確的方向。

「新車試駕」練習不一定有答案。

對於有些練習題，我們只叫你跟著步驟操作。我們會提供你到底有沒有做對的驗證方式，但和其他練習題不一樣，這沒有所謂的正確答案。

你得安裝 Git（macOS）

很有可能你的電腦裡面沒有安裝 Git，如果有的話，安裝的也可能不是正確的 Git 版本。在撰寫本書時，Git 版本是 2.34。雖然不一定要使用最新或最棒版本的 Git，但我們希望你至少安裝 2.23 以後的版本。以下是安裝教學：

對 macOS 的使用者，開啟你的瀏覽器並輸入：

https://git-scm.com

在此網站上，你應該會看到 macOS 的下載連結。如果沒看到，請查看頁面上的下載區塊。

1. 點擊 Git 的下載按鈕。

2. 網頁上有列出數個安裝 Git 的方式。你可以使用 Homebrew 等套件管理工具，或你可以取得一個安裝程式。

3. 如果你選擇使用安裝程式，下載安裝程式。然後在下載資料夾開啟安裝套件並跟著安裝指示操作。

請注意你會需要系統管理員權限才可安裝 Git——如果你常常安裝軟體，你應該沒問題；否則可以請求系統管理員的協助。

使用終端機來確認安裝成功

Mac 作業系統有個內建的終端機。你可以使用那個終端機來確認你的 Git 安裝順利，而且因為你在本書會很常使用終端機，你可能也可以練習一下。你可以在**程式**（Applications）>**功能**（Utilities）中找到 Terminal.app。

你也可以使用 Spotlight 鍵盤快捷鍵來搜尋終端機。

當你開啟 Terminal.app，你會看到一個終端機視窗以及提示字元。輸入 git version，然後你應該就會看到像這樣的畫面：

依照你的終端機設定，你的畫面看起來可能不同。

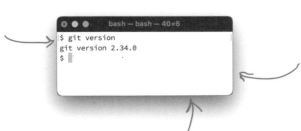

端看你閱讀本書是什麼時候，這個版本可能會不一樣。只要 Git 有回覆版本號，安裝就很順利。

你可以選擇終端機（Terminal）>離開終端機（Quit Terminal）來離開此程式。

如果你從來沒有用過終端機，不用擔心。在第 1 章我們有一大節讓你可以追上進度，熟悉本書中需要的指令。

你得安裝 Git（Windows）

對 Windows 的使用者，開啟你的瀏覽器並輸入：

https://git-scm.com

1. 點擊 Git 的下載按鈕。

2. 選擇要儲存或執行該執行檔。如果是前者，下載完成後請點擊該執行檔來執行安裝程式。

3. 安裝程式視窗會出現在你的螢幕上。請你維持預設的設定。

   當安裝程式請你「Select Components」（選擇組件），請**務必勾選**「Windows Explorer integration」（檔案總管整合）、「Git Bash Here」（在當前目錄執行 Git Bash）、「Git GUI Here」（在當前目錄執行 Git 圖形使用者介面）。

請注意你會需要系統管理員權限才可安裝 Git——如果你常常安裝軟體，你應該沒問題；否則可以請求系統管理員的協助。

使用 Git Bash 來確認安裝成功

在 Windows 作業系統安裝 Git，其中一部分就是要安裝一個名為 Git Bash 的應用程式。你在本書從頭到尾都會使用 Git Bash，作為 Git 的指令列介面，所以我們稍微練習一下。先使用開始（Start）按鈕，然後你應該會看到 Git 選單中出現 Git Bash。點擊後你就會看到終端機視窗以及提示字元。輸入 `git version`，然後你應該會看到類似以下的畫面：

給 Linux 使用者的備註：我們並不擔心你；説實話，你知道你在幹嘛。在 *https://git-scm.com* 上面取得適合的發行版本。

之後當我們說「終端機」或「指令列」，就是叫你要啟動 Git Bash 程式。而且不用擔心！如果你是使用終端機的新手，我們在第 1 章有一大節可以讓你趕上進度。

你需要一個文字編輯器（macOS）

本書中幾乎所有的練習題都會用到文字編輯器，如果你有喜歡使用的文字編輯器了，歡迎直接跳過此節。反之，如果你沒有文字編輯器，或你很相信我們，想聽我們的建議，那我們建議使用 **Visual Studio Code**。這是 Microsoft 的免費、開源文字編輯器。我們很喜歡這個編輯器，因為它的預設功能都很好。這代表你可以馬上開始使用它，而且和 Git 也整合得很好。

是，我知道我們剛認識，但我們可以幻想吧，不行嗎？

對 macOS 的使用者，開啟你的瀏覽器並輸入：

> *https://code.visualstudio.com*

你應該會看到下載安裝程式的按鈕。

1. 點擊 Visual Studio Code for Mac 的 Download（下載）按鈕。然後你會下載一個 zip 壓縮檔到你的下載資料夾。

2. 雙擊下載的 zip 壓縮檔來解壓縮。將此程式檔拉到 Applications（程式）的資料夾內。

3. 雙擊 Applications 資料夾內的程式檔來啟動 Visual Studio Code。

4. 輸入 Cmd-Shift-P 來查看 Visual Studio Code 的「指令功能面板」（Command Palette）。輸入「shell command」（殼層命令）並選擇「Shell Command: Install 'code' command in PATH」（殼層命令：從 PATH 將 'code' 命令解除安裝）：

這是 Visual Studio Code 的指令功能面板。

這就是全部了！從現在開始，我們請你啟動你的文字編輯器或編輯一個檔案時，你就要使用 Visual Studio Code。我們建議在你的 Dock 設定它的快捷鍵以快速存取。

你需要一個文字編輯器（Windows）

Windows 有內建記事本（Notepad），是預設的文字編輯器。我們**強烈**建議不要使用記事本 —— 它有一些最好要避免的特點。如果你還沒找到替代的編輯器，那我們強烈建議你使用 Microsoft 的 Visual Studio Code。Visual Studio Code 是個自帶完整功能的文字編輯器，可以作為記事本的替代品或用於其他文字編輯需求。

對 Windows 的使用者，開啟你的瀏覽器並輸入：

https://code.visualstudio.com

你應該會看到下載 Windows 安裝程式的按鈕。

1. 點擊 Visual Studio Code for Windows 的 Download（下載）按鈕。

2. 雙擊下載目錄中的執行檔。強烈建議接受所有的預設設定。

   當安裝程式請你「Select Additional Tasks」（選擇附加的工作），請務必勾選「Register Code as an editor for supported file types」（針對支援的檔案類型將 Code 註冊為編輯器）和「Add to PATH (requires shell restart)」（加入 PATH 中（重新啟動後生效））。

務必閱讀本畫面提供的其他選項。它們可以讓使用 *Visual Studio Code* 開啟檔案更輕鬆。

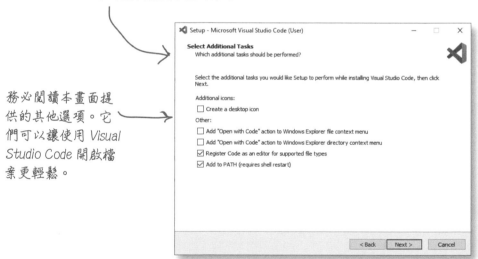

完成了！每次我們請你「使用你的文字編輯器編輯檔案」時，就是你該使用 Visual Studio Code 的時候。向記事本說再見！

你（一定）需要 GitHub 帳號

如果你還沒有GitHub帳號，那我們先來申請一個。如果你已經有工作用的GitHub帳號，那我們建議你為本書建立一個私人帳號。（不一定要這樣，你自己決定。）

要在GitHub申請帳號的話，首先先啟動你的瀏覽器並輸入以下網址：

https://github.com

1. 你會看到「Sign up for GitHub」（申請GitHub）的區塊，你需要輸入電子郵件。

2. 跟著網頁的精靈，輸入帳號名稱和高強度的密碼。

3. 你可以選擇「Free」（免費）選項。（別擔心 —— 之後你想要可以變更。）

都設定好了！我們保證，再幾個步驟就好！

GitHub 中的個人檔案選單。

設定個人存取權杖

如果你想要允許自己使用指令列，GitHub 會要求你設定一個特別的權杖。在第 5 章一開始需要做這件事，所以我們可能可以先把這個處理掉。

1. 使用你的帳號與密碼，在 *github.com* 登入。點擊右上角你的檔案圖示，點擊下拉式選單，選擇「Settings」（設定）。

2. 在下一個畫面，尋找左手邊選單的「Developer settings」（開發人員設定）並點擊之。

3. 在下一個畫面，點擊「Personal access tokens」（個人存取權杖）。接下來會跳轉到你可以建立權杖的畫面，在終端機需授權 GitHub 時會需要使用此權杖。

4. 你應該會在右上角看到「Generate new token」（生成新權杖）的按鈕，點擊之。

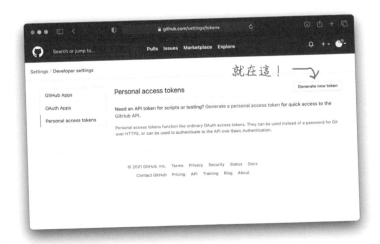

就在這！

下頁繼續…

如果本書花了你超過 90 天來完成（雖然我們很確定不需要），你得重複此練習。所以快吧！時間在跑了！

5. 接下來，你得附上「Note」（備註），可作為你為何建立此權杖的提醒。我們把我們的稱為 headfirst-git。至於存留期（expiration period），我們選擇 90 天。最後要記得勾選「repo」（檔案庫）方塊，藉此讓此權杖擁有「Full control of private repositories」（私有檔案庫的完整控制權）。

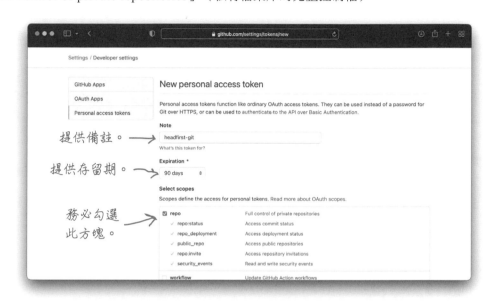

提供備註。→

提供存留期。→

務必勾選此方塊。→

6. GitHub 的最後一個畫面會顯示權杖。複製該存取權杖並保存在安全的地方——這讓你（或其他人）可以存取你的 GitHub 帳號。好好照顧它。如果你弄丟了權杖，你就得從頭進行這個練習。

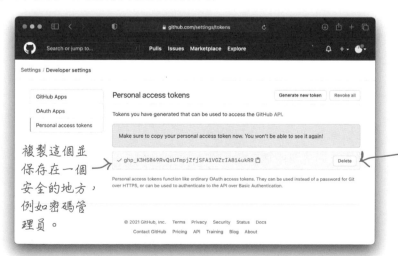

複製這個並保存在一個安全的地方，例如密碼管理員。→

把這個存取權杖當成其他的密碼一樣。而且如果你弄丟了，回到此處，點擊「Delete」（刪除）按鈕並重複此練習。

整理你的檔案和專案

本書從頭到尾，你會進行好幾個不同的專案。我們建議你依照
章節保存你的程式碼。我們也覺得你應該每一章就建立一個資料
夾，例如：

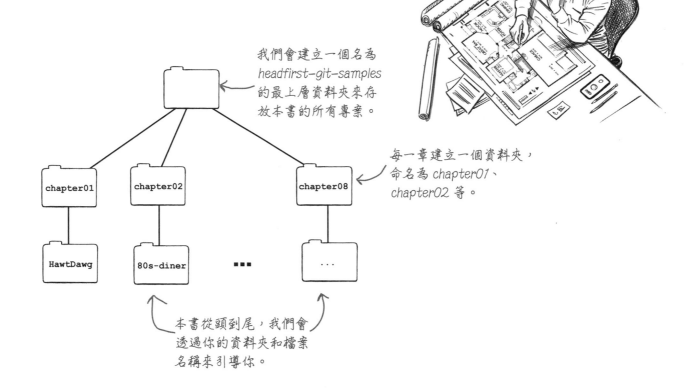

我們會建立一個名為
headfirst-git-samples
的最上層資料夾來存
放本書的所有專案。

每一章建立一個資料夾，
命名為 *chapter01*、
chapter02 等。

本書從頭到尾，我們會
透過你的資料夾和檔案
名稱來引導你。

你也應該造訪：

> *https://i-love-git.com*

在上面可以找到你需要的所有檔案（以章為單位）的下載指示。
我們建議下載所有檔案並存放在隨手可得的位置。歡迎在你需要
時可以複製這些檔案 —— 它們存在的目的就是讓你可以少打很多
字。我們會要求你按照練習題的指示操作，並花時間輸入我們要
求你輸入的指令。這可以發展你使用Git的肌肉記憶並讓你將重點
銘記在心。

請注意，有好幾個練習題，我們會
提供同個檔案的多個版本。在那幾
個例子中，我們在檔名後面附上數
字 —— 例如，FAQ-1.md、FAQ-2.
md 等。在每個練習題中我們會提
供如何使用這些檔案的詳細指示，
但我們決定現在先說清楚。

技術審閱小組

歡迎認識我們的審閱小組！

我們很幸運能夠集合一組專業的人員來審閱此書，包含**資深軟體開發人員、軟體架構師、知名公眾演說家、擁有眾多作品的作家。**

這些專家仔細地閱讀每一頁，完成所有練習題，改正我們的錯誤，還針對本書每一頁提供詳盡的意見。他們也是我們的測試團隊，讓我們確保想法、比喻、描述都可行 —— 甚至幫我們思考本書的組織架構。

這裡的每位審閱人員都對本書有著巨大的貢獻，顯著提升本書的品質。我們非常感謝他們在本書手稿所投入的無數時間。我們很感激他們的付出。

謝謝你們！

Daniel Hinojosa　　Matt Cordial　　Matt Forsythe

Nate Schutta　　Nihar Shah　　Venkat Subramaniam

雖然我們希望本書可以是零錯誤、零遺漏的，但我們還是要先承認這是個相當崇高的目標。請知道本書中所有的遺漏都是我們力有未逮。

致謝

寫一本書常常被視為一個孤獨的活動。但沒人是一個孤島。我很希望將我家人、老師、貴人所傳授給我的價值觀賦予人性。我的作品是站在巨人的肩膀上 —— 曾經和迄今的古今科技家，他們披星戴月的努力讓世界變得更好。你可能在封面是看到我的名字，但本書很多功勞都該歸給這些人。

聰明絕頂的
Sarah Grey

給我的編輯：

我最感謝我的編輯 **Sarah Grey**。她把每一章都讀了好幾次，完成了所有的練習題，當我不小心寫得太艱深時，幫我修正方向，還讓我能及時將書送到讀者手中。如果你看到本書的美味菜單時垂涎三尺，或是讀詩時淚光閃閃，這些的功勞都要歸給 Sarah。從本書創始期到最後送印，她都扮演了重要的角色。我真的很幸運可以有一位像 Sarah 這麼棒的編輯。

給 O'Reilly 團隊：

也要很感謝 O'Reilly Media 團隊，包含 **Kristen Brown**，確認本書是有出版價值的；**Sharon Tripp** 在審稿過程中的火眼金睛。如果你像我是會很常用到索引的人，那就要感謝 **Tom Dinse**。

我也想感謝 **Melissa Duffield** 在整個流程中的持續支援（與耐心），還要感謝 **Ryan Shaw** 選我來進行這個書籍計畫。

很感謝 O'Reilly 線上訓練團隊，特別是 **John Devins** 和 **Yasmina Greco**，提供我一個可以對世界各地開發人員進行 Git 教學（還有其他的）的平台。

我還要對**及早出版團隊**公開致敬，將尚未編輯的章節草稿放上 O'Reilly 平台，在撰寫過程中讓讀者審閱。讓我們眾多的讀者提供勘誤和回饋，讓本書可以更臻完美。

最後，如果我沒提到 **Elisabeth Robson** 和 **Eric Freeman** 我就太疏忽了。他們花很多時間審閱我的工作並確保本書符合深入淺出系列的宗旨 —— 更不用提他們還提供了一些很有幫助的 InDesign 排版撇步 —— 謝謝你們！

還有更多人要感謝 *

感謝：

Jay Zimmerman，No Fluff Just Stuff（NFJS）巡迴研討會會議主席。感謝你在十年前給我機會。讓我有機會開始在美國和世界各地的研討會演講、並結識傑出且成就非凡的人物，一直到今日，這些人都持續激發我的靈感。公眾演說也讓我有 Git 教學和演講的機會，我常常和聰穎且有才華的聽眾互動，因此讓本書中的眾多內容都變得更精萃。

Venkat Subramaniam，世界級講者、教師、顧問、作品眾多的作家，他擁有不可思議的能力，能讓困難的東西變得有趣，也身兼我的好友與貴人 —— 你對我來說是個靈感人物。我知道我可以訂下如奔月的遠大目標並希望能躋身於繁星之中。

Mark Richards，O'Reilly 作者，世界級高度敬重的架構師及講者，還是個高尚的人類 —— 你不知不覺讓本書計畫開始運轉。

Matthew McCullough 和 **Tim Berglund**，多年前曾出版《*Mastering Git*》（*https://www.oreilly.com/library/view/mccullough-and-berglund/9781449304737*）一書，開啟了我的眼界並結識了 Git 的優雅。自此我就愛上 Git。你一直都是我的金絲雀（可以在前面幫我試探前路是否安全的人）。

還有無數個曾為 Git 貢獻一份心力的人，以及那些撰寫詳盡技術性部落格文章、拍攝內容豐富影片、在 Stack Overflow 回答問題的所有人，你們讓 Git 生態系統變得更豐富 —— 我很敬佩你的工作，而且我希望這本書對你們的不懈努力可如同錦上添花。感謝你們。

我永遠最有耐心的另一半 **Michelle**，她一肩扛起所有的事情，我才能專心在這本書上。本書有幾個描述也是出自她的創意。我愛妳。

我的家人、姊姊和妹妹，（雖然他們極力否認，但是）因為他們，我才有今日的成就。

最後，感謝你，各位讀者。你的注意力就是個稀缺資源，我深深地感謝你花在本書上的時間。祝你快樂學習。

Git，衝吧！

我們注意到他們開始放離場音樂了，所以我們得停在這裡了。

---

* 有這麼多需要感謝的人是因為我們在測試一個理論，在書中致謝提到的人都會至少買一本，可能還更多，還有親戚朋友之類的。如果也想加入我們下本書的致謝中、而且你有很多親朋好友，寫封信給我們。

認識 Git

準備好了嗎？

你需要版本控制（version control）。 每個軟體專案都源自於一個想法，並在原始碼中實踐此想法。這些檔案就是讓應用程式能運作的魔法，所以得好好的照顧這些檔案的版本，要確保檔案安全無虞、保留歷史變更紀錄，或致謝（或甚至是抱怨）原作者。同時也要確保眾多團隊成員之間的合作能夠無縫接軌。

但也希望這些東西存在一個工具內，不會擋到我們的路，只有需要的時候才會啟動。

有這樣的魔幻工具嗎？既然你正在讀這本書，你可能已經猜到答案了，答案就是 Git！世界各地的軟體開發人員和單位都很喜歡 Git。到底 Git 為什麼會風靡全球呢？

使用版本控制的原因

你可能有玩過需要玩很久才能打完的電玩。一步一步地完成遊戲進度，有輸有贏，獲得武器或裝備，有時候你可能同一關想要再挑戰一次，很多遊戲都可以儲存你目前的遊戲進度。如果你打敗火龍，下一步就是要一路過關斬將獲得巨大的祕寶。

確保一切順利，你打算先儲存遊戲進度再繼續冒險。儲存時會幫遊戲拍下一張「快照」記錄當前的進度。好處就是如果不小心遇到會噴出強酸的蜥蜴死了，就不需要再回頭走比較輕鬆的路線。只要重新載入之前的快照並再挑戰一次。火龍，別擋路！

版本控制能達到一樣的功能，可以儲存你目前的進度。稍微動一下手、儲存目前進度、繼續努力。這種「快照」功能可以記錄一系列的變更，即使專案中的好幾個檔案都有變動，全部都存在這一張快照內。

如果不小心弄錯了或是不喜歡目前的成果，都可以復原到之前快照記錄的情況，如果很喜歡目前的成果，只要再拍一張快照後繼續下去。

開始用 Git 前，我的東西真的是亂七八糟，但你看看我現在的樣子！

還不只這樣，Git 等版本控制系統可以讓你安心與其他開發人員一起同時處理同一批檔案，不會越俎代庖。後面的章節會再深入探討這功能，這裡講這些應該就夠了！

你可以把 Git 當成自己的記憶銀行、安全網路、合作平台，三者合一的系統。

認識了 Git 的版本控制，也就了解了這系統的強大之處和對我們工作的影響，能夠幫助我們變得更有效率。

恭喜！

你的公司剛剛拿到「熱狗交友」（Hawt Dawg）的合約，要幫人類最好的毛朋友打造史上第一個專屬他們的交友軟體，但在這個狗咬狗的世界，單身狗互相競爭，所剩時間不多了！

我要往右滑很麻煩，希望有應用程式是我用爪子可以滑的。唉…

巴哥醫師診所
45021 美國俄亥俄州
狗窩山多佛街 100 號

工作說明書

恭喜貴公司獲選為本公司打造一款獨一無二的手機應用程式 ——「熱狗交友」。

此應用程式能提供人類最好的毛朋友拓展社交網路的機會、結交朋友，甚至能找到人生的伴侶！透過機器學習的最新技術、與專為狗狗需求所打造的直覺性介面，本公司希望能在短時間內成為產業界龍頭。

本公司相信現在是正確的時機，但我們也了解目前市場上的競爭，不過這次的想法是空前的嘗試，所以動作要快，也要準備好測試我們的想法。本公司會與貴公司的開發人員密切合作，持續迭代直到應用程式首次發布。

期待貴公司的初步設計與 alpha 版本的應用程式。

敬祝

安康

Johnny grunt

Johnny Grunt 執行長

辦公室對話

從來沒人開發過這種應用程式，會需要花很多時間測試、編碼，也需要很多人力。我該怎麼動手呢？

桑吉塔

瑪吉：我們想想看要不要用一個版本控制系統。

桑吉塔：我有聽過版本控制系統，不過一直沒機會實際用用看。不過時間不多了。

瑪吉：用 Git 很好入門。只要創建一個 Git 檔案庫（repository）就可以開始動手了。

桑吉塔：你說創一個什麼？

瑪吉：Git 檔案庫就是一個由 Git 所管理的資料夾。我先從頭開始說，你需要把這個專案的所有檔案都存在電腦的某個地方，對吧？

桑吉塔：我習慣把一個專案的所有相關檔案都放在同一個資料夾，包含來源檔案（source）、組建組態（build）、說明文件（documentation）。這樣比較好找。

瑪吉：這樣很好！一旦建好資料夾，就用 Git 在那個資料裡面設立一個檔案庫，就這麼簡單。

桑吉塔：這樣有什麼用？

瑪吉：就是你想要開始一個新的專案並用 Git 管理的話，執行一個 Git 指令叫 Git 把資料夾準備好，之後你就能在那個資料夾裡面使用其他的 Git 指令，可以想像成轉動插在車上的鑰匙來發動引擎，完成這第一步才能開車。

桑吉塔：嗯…了解。

瑪吉：只要一個指令，你的資料夾就已經「啟用 Git」，就像啟動車子的引擎，接下來就能順利地開始進行你的專案了！

桑吉塔：喔！我懂了。

瑪吉：需要幫忙再跟我說，我隨時都可以幫你一把。

懂 Git 了嗎？

如果你還沒安裝 Git 就沒辦法繼續下去了。如果還沒安裝 Git，現在趕快去吧！翻回去前面的介紹「你得安裝 Git」開始安裝吧！

就算 Git 安裝好了，最好記得是安裝最新版本的 Git，這樣才會跟本書的內容一致。

啟動引擎⋯

回想一下你以前進行過的專案，通常都會有超過一個以上的檔案 —— 可能是原始碼檔案、軟體文件、組建組態腳本等。如果我們想要用 Git 管理這些檔案，第一步就是建立一個 Git 檔案庫。

所以 Git 檔案庫到底是什麼？回想一下，使用版本控制系統其中一個原因，就是我們可以定期把我們的工作快照儲存起來。當然，Git 需要有個地方儲存這些快照，這個地方就是在 Git 檔案庫內。

下一個問題就是 —— 這個檔案庫在哪裡呢？一般來說，我們會把一個專案中所有檔案都放到一個資料夾內。如果要用 Git 來當那個版本控制系統，我們首先要再那個資料夾裡面建立一個檔案庫，這樣一來 Git 就有地方可以儲存我們的快照。要建立一個 Git 檔案庫，需要在你的專案最上層資料夾執行 **git init** 指令。

針對這個我們稍後就會深入探討，但現在你只需要知道，沒有建立 Git 檔案庫，Git 能做到的功能真的很有限。

不論你的專案有多大（換言之，不論你的專案有多少檔案或次目錄），你的專案的**最上層**（根）資料夾需要執行 **git init** 才能開始使用 Git 進行你的專案。

他們說這是不可能的。但用了 **Git 檔案庫**後真的讓工作更順利了。

專案資料夾

這樣包含 Git 檔案庫的資料夾的稱呼，聽起來比較厲害。

工作目錄

❶ 建立一個專案資料夾。

❷ 啟動 Git。

```
File Edit Window Help
git init
```
在下一節我們會談到這部分。

❸ 啟動資料夾內的 Git 檔案庫，會讓你的專案擁有超能力。你會聽到很多人都把這個稱為「工作目錄」。

命令列快速導覽：用 pwd 指令
讓你知道自己身在何處

在進行本書內的練習時，你會常常使用到命令列，所以我們先花一點時間熟悉命令列。一開始先像在緒論內提到的方式開啟一個終端機視窗，然後定位到你的硬碟裡面的一個位置。提醒一下，如果是 Mac 電腦，可以在**應用程式（Applications）> 工具程式（Utilities）**裡面找到**終端機.app（Terminal.app）**。如果是 Windows 作業系統，按下開始按鈕，就能看到 Git 選單下面有 Git Bash。一開始就會看到提示字元，這告訴你終端機已經準備好可以接受指令。

如果你對這不熟，可以翻回去緒論看一下。我們在「你得安裝 Git」附上一些說明供你參考。

依據個人的終端機設定，畫面可能會不一樣。

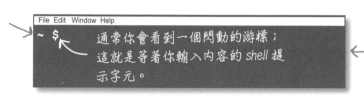

通常你會看到一個閃動的游標；這就是等著你輸入內容的 *shell* 提示字元。

Windows 用戶：這就是 *Git Bash* 視窗。

我們先從簡單的開始。輸入 **pwd** 再按下確認鍵（Enter 鍵或 Return 鍵）；pwd 代表「列印工作目錄」，然後終端機目前正在執行的目錄路徑就會顯示。換言之，如果你想要建立一個新檔案或新目錄，就會出現在這個目錄中。

pwd 代表「我在這」。

```
~ $ pwd
/Users/raju
~ $
```

同樣，你的輸出可能會因為不同的終端機設定有所差異。

有在視窗頂端看到這個路徑嗎？這等同於檔案總管（macOS 的 Finder）裡面的 pwd。

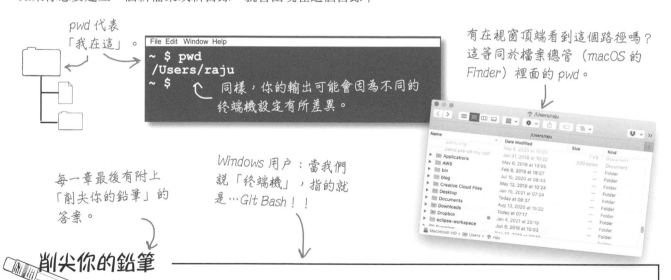

每一章最後有附上「削尖你的鉛筆」的答案。

Windows 用戶：當我們說「終端機」，指的就是…Git Bash！！

削尖你的鉛筆

該動起來了！開啟終端機並練習使用 pwd 指令。把你看到的輸出內容寫在這：

太棒了！如果這是你第一次使用終端機或你對終端機其實不太熟，那可能會有點難，但是要記得：我們會在一路上陪伴你，不只是這個練習而已，本書所有的練習都會陪著你。

答案在第 44 頁。

指令列的其他功能：
用 mkdir 創建新的目錄

用 pwd 得知目前終端機目錄的位置很好用，因為幾乎你所有的行為都跟目前的目錄有關係，包含創建新資料夾。提到新資料夾，用來創建新資料夾的指令就是 mkdir，代表的就是「創建目錄」（make directory）。

跟 pwd 不同的是，pwd 只會告訴你當前目錄的路徑，而 mkdir 則會接受一個引數（argument），這引數就是你想要創建的目錄名稱：

這就是相當於 mkdir 的
檔案總管畫面。

先別這樣做。等等我們會
有給你練習的題目。

如果一切順利的話，你就
會看到另一個提示字元。

這就是引數，也就是新目錄
的名稱。

當前的目錄
（pwd）

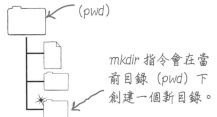

mkdir 指令會在當
前目錄（pwd）下
創建一個新目錄。

一定要記得把你的答
案和我們在章末提供
的解答比對一下。

照過來！

如果你打算創建一個目錄但名稱已被使用，mkdir 指令會出現錯誤。

如果你試圖創建一個目錄，但新目錄名稱已被當前目錄中既有的目錄所使用，mkdir 指令會直接告訴你檔案已存在（File exists），不會執行任何動作。而且別被「檔案已存在」裡面的「檔案」二字搞混，這是指「資料夾」。

削尖你的鉛筆

要記得 Windows
裡面終端機就是
Git Bash。

換你練習了，在你開好的終端機視窗，直接使用 mkdir 來創建一個新目錄，命名為 my-first-commandline-directory。

把你使用的指令和
引數寫在這裡。

接下來再次在同個目錄中執行該指令，把你看到的錯誤訊息寫在這：

錯誤就寫在這。

答案在第 44 頁。

指令列還有更多功能：用 ls 列出所有檔案

如果 mkdir 指令的輸出結果不是很理想，但只要沒有出現錯誤訊息，這指令就已經完成了它的功能。如果要確認是否真的如預期的一樣，你可以把當前目錄中所有的檔案列出來。列出所有檔案的指令就是 ls（list 的縮寫）。

在這執行 ls 指令代表列出當前目錄（pwd）中所有檔案與資料夾。

你可以用 Mac 的 Finder 或 Windows 的檔案總管定位到目前的目錄，然後就可以使用這方式檢視。

```
File Edit Window Help
~ $ ls
Applications      Movies
Desktop           Music
Documents         Pictures
Downloads         bin
Library           created-using-the-command-line
```

為求簡潔，我們截短了輸出的內容。

預設 ls 只會列出一般的檔案與資料夾。有時候你也會想要查看隱藏的檔案和資料夾（我們很快就會需要這個功能）。要達到這個功能，你可以在 ls 前面加上一個旗標（flag）。旗標和引數不一樣，旗標前面要加上一個連字號 -（hyphen）（藉此才能跟引數有所區隔）。要看到「所有」的檔案和資料夾（包含隱藏檔案和資料夾），我們可以使用「A」旗標（沒錯，就是大寫的「A」），例如：

這是「所有」的旗標。注意要有連字號。

這是指令。

注意大小寫。連字號後面接著的是一個大寫的「A」。

ls   -A

這就是輸出結果，你的看起來可能會有所不同。

```
File Edit Window Help
~ $ ls -A
.bash_history
.bash_profile
.bashrc
Applications
Desktop
Documents
Downloads
Library
```

名稱前面有「.」符號的就是隱藏的檔案和資料夾。

跟前面一樣，為求簡潔，我們截短了輸出的內容。

削尖你的鉛筆

使用終端機把當前目錄中所有的檔案列出來。看看你是否能找到你最近剛創建的 `my-first-commandline-directory`。

然後使用 -A 的旗標來查看當前目錄中是否有隱藏的資料夾。

答案在第 45 頁。

指令列還有一些功能：用 cd 變更目錄

接下來繼續探索終端機。我們已經創建新的目錄，但我們要怎麼找到這個新目錄呢？為此有 cd 指令，cd 代表「變更目錄」（change directory）。一旦變更目錄後，我們就可以使用 pwd 來確認我們的確有改變目前的位置了。

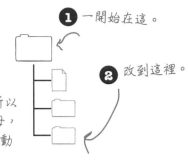

❶ 一開始在這。

❷ 改到這裡。

我們絕對不能把名字弄錯了。

大多的終端機都有自動完成功能，所以你可以只輸入目錄名稱的前幾個字母，然後點擊「Tab」鍵，終端機就會自動幫你把剩下的部分打完。

```
File  Edit  Window  Help
~ $ cd created-using-the-command-line
~/using-the-command-line $ pwd
~/using-the-command-line $ /Users/raju/created-using-the-command-line
```

根據終端機不同，這裡可能會顯示該目錄的完整路徑或簡短版本。不論是哪種方式，你隨時都可以用 pwd 來確認目前的位置。

cd 指令可以定位到當前目錄之下的次目錄。我們也可以使用 cd 回到上層目錄，例如：

cd 和兩點（..）之間需有一空格。

cd ..

```
File  Edit  Window  Help
~/using-the-command-line $ cd ..
~ $
```

兩點代表「上層目錄」。

這就是那兩點。

一定要隨時（用 pwd）注意自己的工作目錄 —— 指令列的多數操作都和這個目錄有<u>關</u>。

習題

直接試試看變更目錄。使用 cd 跳到你新創建的 my-first-commandline-directory 資料夾，然後使用 pwd 來確認你的確變更了目錄，然後再使用 cd .. 回到上層目錄。把下面的空白當成筆記本來練習使用這些指令。

➤ 答案在第 45 頁。

這沒有引數

pwd 和 mkdir 等指令是我們正在使用的「指令」。mkdir、cd 等指令需要你告訴這些指令你想要創建什麼、你想要去哪,我們是透過使用「引數」(argument)來補充這些指令。

這就是指令。

我們提供給指令的數值稱為引數。

mkdir   created-using-the-command-line

這空白是一個「定界符」(delimiter)。

你可能會好奇為什麼我們會選擇用連字號,而不是使用空白。因為在引數中使用空白會讓情況更麻煩。你看看,指令列已經用空白把指令和引數區別開來。所以,如果你的引數中也有空白,指令列就會變得很容易搞混。

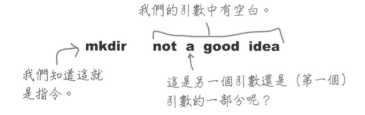

我們的引數中有空白。

mkdir   not a good idea

我們知道這就是指令。

這是另一個引數還是(第一個)引數的一部分呢?

在指令列之中,空白的功能是一個分隔符號。但如果我們的引數中有空白,對於指令列來說要分辨你到底是輸入多個引數,還是一個有大於一個字的引數。

所以當你的引數中有空白而且你又想把它視為單一引數,你就得用引號。

mkdir   "this is how it is done"

現在這樣就很清楚是一個引數。

如你所見,你如果在引數中使用空白很容易會出問題。我們建議是什麼呢?檔名和路徑避免使用空白。

例如,C:\my-projects\ 相較於 C:\my projects\ 是比較好的路徑。

一定要雙引號嗎？單引號可以嗎？我可以混用嗎？

好問題。 指令列其實不在乎你用雙引號還是單引號，但記得要一致。如果引數一開始是用單引號，最後也用單引號。雙引號也一樣。

一般來說，大多終端機的使用者都偏好使用雙引號，我們也是，但有一個情況你就一定要用雙引號，就是當你的引數裡面有單引號的時候。

請注意這個範例，`sangita's` 這個字裡面有用到單引號：

```
mkdir "sangita's_home-folder"
```

這裡用了單引號，引數前後就得用雙引號。

情況反過來也一樣，如果你的引數中得用一個雙引號，那引數的前後就得用單引號。

然而我們其實有說過了，最好的方式就是在引數中不要用空白，尤其是目錄和檔案名稱裡面。**你需要空白的時候，就用連字號或底線（_）。** 當引數後需要補充資訊時，就能避免用到任何的引號。

連連看?

透過指令列，有各式各樣的指令和旗標。在這個指令配對遊戲中，
請將每個指令配對到對應的描述。

cd　　　　　　　　　　　　　　顯示當前目錄的路徑。

pwd　　　　　　　　　　　　　　創建一個新的目錄。

ls　　　　　　　　　　　　　　回到上層目錄。

mkdir　　　　　　　　　　　　變更目錄。

ls -A　　　　　　　　　　　　列出當前目錄中的一般檔案。

cd ..　　　　　　　　　　　　列出當前目錄中的**所有**檔案。

答案在第 46 頁。

大掃除

目前你已完成這一節，我們建議你要把練習時創建的資料夾清
理一下，如 my-first-commandline-directory 等。只要用
檔案總管（或 Finder）刪除即可。雖然指令列也有可以達成此
功能的方式，但用指令列刪除檔案通常會跳過垃圾桶。換言之，
如果不小心刪錯資料夾就很難復原。

之後等你更熟悉指令列的時候，或許你就可以用適當的指令來
刪除檔案，但就目前而言，我們選安全一點的方式。

創建你的第一個檔案庫

我們來花點時間多熟悉 Git 吧。你已經安裝好 Git，所以接下來就可以確認一切準備就緒，並了解要怎麼創建 Git 檔案庫。為了創建檔案庫，你會用到終端機視窗。沒錯！

一開始先打開終端機視窗，就跟之前的練習一樣。為了讓一切都方便管理，我們建議你創建一個名為 **headfirst-git-samples** 的資料夾，把本書中**所有**範例都放在裡面。在那個資料夾裡面，直接創建一個資料夾放第 1 章的所有練習，命名為 **ch01_01**。

如果你對指令列不太熟悉，你可以用 *Windows* 作業系統的檔案總管或 *Mac* 的 *Finder* 來創建一個資料夾。但我們會常常用到指令列，所以你對指令列會越來越熟悉。

```
File  Edit  Window  Help
headfirst-git-samples $ mkdir ch01_01
headfirst-git-samples $ cd ch01_01
ch01_01 $
```

一開始先創建名為 ch01_01 的目錄。

然後變更成這一個。

cd 代表的是「變更目錄」。

別忘了 mkdir 指的是「創建目錄」

既然已經位於一個全新的目錄中，我們來創建我們的第一個 Git 檔案庫。為了達成此功能，只要在我們新創建的資料夾裡面執行 git init 指令。

執行 *init* 指令。

要確認大小寫正確。*Git* 指令一定是小寫。

先忽略這邊的提示（hint），下一章會探討到。

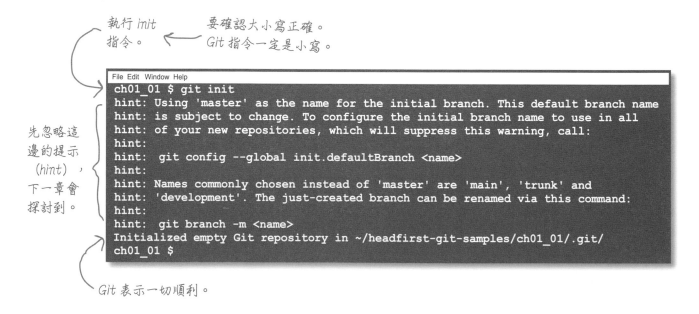

```
File  Edit  Window  Help
ch01_01 $ git init
hint: Using 'master' as the name for the initial branch. This default branch name
hint: is subject to change. To configure the initial branch name to use in all
hint: of your new repositories, which will suppress this warning, call:
hint:
hint:   git config --global init.defaultBranch <name>
hint:
hint: Names commonly chosen instead of 'master' are 'main', 'trunk' and
hint: 'development'. The just-created branch can be renamed via this command:
hint:
hint:   git branch -m <name>
Initialized empty Git repository in ~/headfirst-git-samples/ch01_01/.git/
ch01_01 $
```

Git 表示一切順利。

滿簡單的，對吧？你已經創建好了 —— 你的第一個檔案庫。

認識 init 指令

所以我們剛剛到底完成了什麼？`git init` 指令看起來功能很簡單，但其實功能很多。讓我們回到一開始來看看這指令到底做了什麼。

首先我們先從全新、空白的目錄開始。

我們的專案資料夾。

我們使用終端機定位到資料夾的位置，然後使用魔法咒語 `git init`，init 是**啟動（initialize）**的縮寫。Git 知道我們叫它在這個位置創建一個檔案庫，然後它會創建一個隱藏資料夾，名為 `.git`，裡面會有一些設定檔和一個子資料夾，這資料夾裡面會存放我們請 Git 拍快照時的檔案。

現在我們的專案資料夾裡面有個 .git 資料夾。

=

而且我們有超能力！

其中一個確認的方式就是用我們的終端機把所有檔案列出來，例如：

確保目錄的位置正確！

```
File Edit Window Help
ch01_01 $ ls -A
.git
ch01_01 $
```

就是這個！

如果想要可以在這四處探索一下。要記得──這是 Git 在用的，所以不要動任何東西！

好了，我會告訴你怎麼做到的。只有一次喔！

這個隱藏資料夾代表 Git 檔案庫，它的功用就是儲存任何與你的專案有關的檔案，包含所有提交檔案、專案歷史紀錄、設定檔等。也會儲存任何擬針對此特定專案所設定的特定 Git 配置與設定。

問：我用電腦時比較習慣用我自己的檔案總管，我可以用自己的檔案總管看到 .git 資料夾嗎？

答：當然！大多作業系統預設的檔案總管不會顯示隱藏檔案和資料夾。要看一下你的偏好設定確定自己可以看到隱藏檔案和資料夾。

問：如果我不小心刪掉這個目錄怎麼辦？

答：首先，最好不要發生。再者，這個資料夾就是個「保險庫」，裡面 Git 儲存所有的資訊 —— 包含完整專案歷史紀錄和其他 Git 打理需要的其他檔案，還有一些我們可以用來擁有客製化 Git 體驗的設定檔。這代表如果你刪掉這檔案，你會弄丟所有的專案歷史紀錄，但專案資料夾裡面的其他檔案不會受到影響。

問：如果我在同個資料夾不小心執行了 git init 指令一次以上怎麼辦？

答：好問題。這完全沒問題。Git 只會告訴你它在重新啟動 Git 檔案庫，但你不會遺失任何資料，也不會造成任何傷害。事實上，你可以在 ch01_01 裡面試試看。我們才剛開始，而且學習的最佳方法就是去嘗試。有什麼好失去的呢？

問：我用過的其他版本控制系統有伺服器，我們在這不需要嗎？

答：Git 一開始真的超簡單。git init 會創建一個 Git 檔案庫，之後就可以開始工作。最後你會需要一個機制來和團隊成員分享工作進度，而且我們保證很快就會學到。就目前而言，你一切都準備好了。

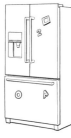

程式碼重組磁貼

我們列出要創建新資料夾、變更、及創建新 Git 檔案庫的所有步驟。我們身為勤勞的軟體開發人員，要時常確保自己是在正確的目錄中。為了要幫助同事，我們把程式碼都列出來用磁貼貼在冰箱上，但它們全都掉到地上了。你的工作就是要把這些磁貼放回去。注意有些磁貼可以使用一次以上。

在這裡重新整理磁貼。

```
pwd
```
```
mkdir new-repository
```
```
git init
```
```
cd new-repository
```

答案在第 46 頁。

向 Git 自我介紹

我們要開始用 Git 和 Git 檔案庫之前還有一個步驟。Git 希望你向它自我介紹一下。這樣當你拍下一張「快照」，Git 就知道是誰拍的。而且我們等等就會開始教你怎麼拍快照，所以我們先把這個處理好。這個步驟只要做一次，這個設定適用於你在電腦上做的所有專案。

我們會先從熟悉的好朋友開始──終端機，之後再繼續下去。**記得用你自己的名字和電子郵件，別用我們的！**（我們知道你很愛我們，但是我們不希望搶走你的功勞！）一開始先開啟一個新的終端機視窗，不用擔心要變更目錄的事情──這部分的設定在哪裡執行都沒關係。

❶ 一開始先告訴 Git 我們的全名。

啟動你的終端機再跟著我們的步驟做。

```
File Edit Window Help
~ $ git config --global user.name "Raju Gandhi"
```

執行 config 指令。

你可以在任何目錄中執行這個功能。

❷ 然後告訴 Git 我們的電子郵件。這裡可以使用你的個人電子郵件，之後隨時都可以改。

```
File Edit Window Help
~ $ git config --global user.email "me@i-love-git.com"
```

鍵入你的電子郵件地址。

備註：之後隨時都可以修改這些資訊，只要執行同一個指令，輸入不同的數據即可。所以如果一旦你決定要用公務電子郵件，那就沒問題了，直接用就可以。你或許可以考慮把這頁用書籤夾起來。

怎麼用 Git

我們稍微了解一下一般會怎麼使用 Git。還記得我們有提過可以儲存進度的電動遊戲嗎？嗯，要請 Git「儲存你的進度」需要把自己的作品「提交」給 Git。基本上，這代表 Git 把你作品的修訂版本儲存起來。一旦你提交之後，就可以開心地繼續做下去，直到你覺得有必要再儲存另一個修訂版本，然後這個循環持續下去。我們來看看怎麼運作的。

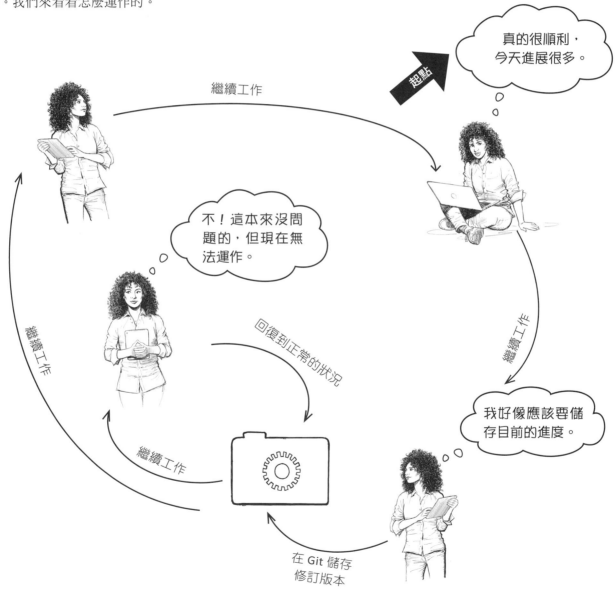

把 Git 用在實際情境中

相信你一定迫不及待要開始了（我們就是知道！）。目前，已經啟動 Git 檔案庫、告訴 Git 我們的名字和電子郵件，也大概知道通常要怎麼使用 Git。如果把 Git 用在實際情境中呢？我們從簡單的開始，讓你們看看 Git 能做什麼 —— 我們先看 Git 如何透過創建「提交」來「拍快照」。

為了這個練習，我們假裝是一個全新的專案，通常會先完成一個檢核表，這樣就能確保該做的都有做。隨著專案進度持續邁進，我們還是要一直檢查各個項目（要持續激發多巴胺！），隨著對這個專案的了解越深，我們會持續增加項目。最後這檔案自然就會有版本控制，管控著專案中其他的所有檔案，我們就是透過 Git 達成這功能。

我們一步一步來看看該做什麼。

第一步：

創建一個全新的專案資料夾。

第二步：

在那個資料夾裡面啟動 Git 檔案庫。

你應該會對這兩個步驟頗熟悉。

第三步：

建立檢核表，包含一些一開始要檢核的項目。

第四步：

在 Git 裡面透過提交此檔案來儲存檢核表的快照。

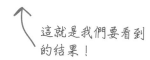

這就是我們要看到的結果！

但我們先回頭處理熱狗交友服務

哈囉，歡迎來到這裡。我們真的得開始動手做熱狗交友 APP 了。現在有很多狗狗都在尋覓真愛。我建議一開始先把所有該做的事情都列入檢核表，這樣才不會忘了做什麼事。

熱狗 APP 專案經理。

建立我們的熱狗目錄。

因為我們才剛開始學 Git，你何不開一個終端機視窗跟著一起做呢？

首先要在 **headfirst-git-samples** 的上層資料夾內建立一個新的資料夾，要用 **pwd** 指令確保自己在正確的目錄中。如果你的終端機還在 cd01_01 目錄，你可以使用 **cd ..**（記得要有兩個點）回到上一層。

```
File  Edit  Window  Help
headfirst-git-samples $ mkdir HawtDawg
headfirst-git-samples $ cd HawtDawg
HawtDawg $
```

別忘記換到這裡！

對，我們知道這是重複的。但是這樣可以讓我們多用這些指令，就能加強印象。畢竟這本是「深入淺出 Git」。

接下來只要用我們很熟悉的 **git init** 在 **HawtDawg** 裡啟動一個新的檔案庫。

啟動這個 Git 檔案庫。

```
File  Edit  Window  Help
HawtDawg $ git init
Initialized empty Git repository in ~/headfirst-git-samples/HawtDawg/.git/
HawtDawg $
```

Git 親切地告知我們，它完成了我們的指令。

我們沒有把 git init 提供的提示顯示出來。你會看到提示，我們下一章會談到這個。

使用熱狗交友的 Git 檔案庫

下一步，用你最喜歡的文字編輯器建立一個新的文件檔，輸入以下的
幾行文字。如果你有跟著緒論中的指示安裝 Visual Studio Code，你就
會在 **Applications** 資料夾裡面看到 **Visual Studio Code.app**，
就像終端機一樣。在 Windows 電腦上，只要點選「開始」，你就能在
所有安裝的應用程式中看到 Visual Studio Code。

> 只要點選上方的「檔案」選
> 單並點選「建立新檔案」，
> 就可以建立一個新的檔案。

> 在本書原始碼的
> chapter01 資料夾
> 裡面有提供這個
> 檔案，檔案名稱為
> Checklist-1.md。你可
> 以直接複製貼上，但
> 記得要把檔案名稱改
> 為 Checklist.md。

> 有跟上吧？

```
# Getting ready to commit
- [ ] Gather initial set of requirements
- [ ] Adopt a litter of puppies for "user testing"
- [ ] Demo first version
```

Checklist.md

> 副檔名 md 代表
> Markdown，你可以上
> www.markdownguide.org
> 查詢相關資訊。

將該檔案儲存在 **HawtDawg** 目錄中，命名為
Checklist.md。

> 欲儲存檔案時，點選上方選
> 單中的 File，然後點擊 Save，
> 之後找到你建立 HawtDawg
> 目錄的位置。

現在已經準備好要提交我們的作品了。這需要兩個 Git 指令，**git add**
和 **git commit**。

> 一樣要小心注意所有
> 的拼字、大小寫、空
> 格，因為終端機不太
> 能接受錯誤。

> 首先先將
> 檔案新增
> 到 Git。

```
File Edit Window Help
HawtDawg $ git add Checklist.md
HawtDawg $ git commit -m "My first commit"
[master (root-commit) 513141d] My first commit
 1 file changed, 5 insertions(+)
 create mode 100644 Checklist.md
```

> 你看看字母和數字的搞笑
> 排列組合（513141d）？
> 你看到的會長得不一樣，
> 沒關係！只要你有看到
> 「create mode」的這一行
> 就沒問題了。

> 然後我們提交，我
> 們得向它傳送一個
> 訊息解釋我們剛剛
> 做了什麼。

注意 git add 指令會把你想要新增到 Git 的檔案名稱當成引數。 而且
git commit 指令有個旗標 -m，後面接著提交訊息。-m 代表「訊息」
（message），而且就是個機制，讓你提供一個有意義的提醒，關於為何
你執行這個變更的提醒。

> 你可以使用長版的 -m，
> 例如 —git commit--
> message，後面接著這
> 個訊息。不過我們比較
> 喜歡短版的。

說到…

恭喜你的第一次提交！

你已經完成了一次 Git 的旋風旅行。你安裝好 Git，建立了一個 Git 檔案庫，提交檔案到 Git 的記憶體中。這是個好的開始，我們應該已經準備好要深入 Git 的世界了。

問：我一定要用 Markdown 檔案嗎？我以為 Git 是個通用型的版本控制工具。

答：別別別！我們用 Markdown 檔案只是要讓事情簡單一點。團隊可以用 Git 來保存各種檔案的版本，包含原始檔、日誌（journal）、待辦清單、部落格文章等。你看看 Git 非常擅長處理純文字檔案，例如 Markdown、HTML、Python 等程式語言原始檔，跟多文字檔案（rich text）不一樣（就像你用 Microsoft Word、Apple Pages 做的檔案一樣）。只要知道 Git 是個高度彈性的軟體，也可以處理各式各樣的檔案。

除了我們在前個練習題中給你看到的檔案，你有沒有得到其他的輸出檔案呢？

指令列對於打錯字、空格、大小寫等錯誤很嚴厲。如果你輸出的檔案跟我們的不一樣，可以試試看下列的幾個方式：

- 如果你看到此錯誤訊息 `fatal: not a git repository`（致命錯誤：非 **git** 檔案庫），確認一下自己是否是在 `HawtDawg` 目錄中。

- 如果你看到此錯誤訊息 `command not found`（未找到此指令），那要確認你的大小寫和拼字是否都正確。通常指令列會告訴你它看不懂哪些指令。

- 當你使用 `git add` 指令時，如果看到錯誤訊息有以下的說明 `fatal: pathspec checklist.md did not match any files`（致命錯誤：路徑規格 checklist.md 不符合任何檔案），要記得你提供的檔名必須和實際的檔案完全吻合，我們的例子中用的是 Checklist.md（大寫 C）。

- 當你使用 `git commit` 指令時，如果看到此錯誤訊息 `error: pathspec '-' did not match any file(s) known to git`（錯誤：路徑規格 '-' 並不符合 **git** 任何已知的檔案），要注意 - 和 m 中間沒有空格。

- 如果指令列顯示如下的錯誤訊息 `error: pathspec 'first' did not match any file(s) known to git`（錯誤：路徑規格 'first' 並不符合 **git** 任何已知的檔案），要注意提交訊息 "My first commit" 的前後要用雙引號。

- 如果你看到如下的錯誤訊息 `nothing added to commit but untracked files present`（無任何新增至提交的內容，但出現未追蹤檔案），那試著再次執行 `git add Checklist.md` 指令，這次要注意檔名正確，包含大小寫。

提交到底是什麼？

等等！你跟我說我已經提交了，但這到底是什麼意思？

我們已經學會將檔案提交給 Git 需要兩步驟。你要先 add（新增）檔案，然後才能 commit（提交）。

第一件要學會的事情就是只有擬新增的檔案才能提交。如果你有兩個檔案：Checklist.md 和 README.md，但你只有新增 Checklist.md。當你要提交時，Git **只會**儲存 Checklist.md 的變更。

當我們提交時，Git 會用一種專門的演算法，把所有新增到它記憶體裡的東西安全地塞進去。當我們說我們向 Git「提交」我們進行的變更時，其實就是 Git 建立了一個**提交物件（commit object）**並儲存在 .git 資料夾裡面。這個提交物件會有一個獨特識別碼的「戳記」。你可能還記得上一個練習時我們得到 513141d（你的肯定跟我們的不一樣），其實那一串數字、字母的組合是更長的，就像這樣：

`513141d98ccd1bd886b4445c3189cdd14275d04b`

這個識別碼是利用一堆後設資料（metadata）所計算出來，包含你的完整名稱、你提交的時間、你提供的提交訊息，以及你提交的變更所衍生的資訊。

我們繼續來深入探討提供的功能。

當 Git 產生提交識別碼時，通常都只會顯示前面幾個字。

認真寫程式

令人驚艷地是兩個提交擁有**一樣**識別碼的機率（沒錯，是全世界**所有** Git 檔案庫之中，包含所有已經創建和還沒被建立的檔案庫）是小於 10^{48} 之一。沒聽錯，就是 10 後面接著 48 個 0！

這是 10 後面有 48 個 0！

我們所謂的獨特就是這個意思！

`1000000000000000000000000000000000000000000000000`

提交到底是什麼？（續）

提交物件其實並**不會**儲存你所有的變更 —— 嗯，總之不是直接地。其實 Git 把你的變更儲存在 Git 檔案庫裡的另一個地方，只是把你的變更儲存在哪的地點記錄起來（在提交內）。除了儲存地點的記錄，提交還會記錄一些其他的細節。

.git 資料夾裡面儲存你的變更的地點指標（pointer），叫做樹（tree）。

這是另一組字母與數字的組合，關於此排列組合的細節都可以寫成另外一本書了。

「作者」資料 —— 就是你的名字和電子郵件。

在之前的練習題中，我們有提供 Git 我們的全名和電子郵件。這資訊也記錄在 Git 裡面，所以你可以確保你得到你偉大作品的完整功勞。

樹：6a36e37

作者：Raju Gandhi

電子郵件：me@i-love-git.com

時間戳印：1609725692

訊息：我的首次提交

提交物件 513141

所以要介紹自己給 Git 很重要。

提交的時間，從 1970 年 1 月 1 日起算的秒數。

Git 也會記錄你提交的時間，同時包含你的裝置位於的時區。

你執行 git commit -m 時所提供的提交訊息。

其實還有其他的東西，但我們現在先這樣就好。

Git 以二進位格式儲存提交物件，對人類來說很難識讀，但對 Git 來說非常安全也有效率。

三思而後行

你剛剛完成你的首次提交。提交需要兩個不同的指令 —— **git add** 後還有 **git commit**。你可能會想知道為什麼在 Git 裡面提交需要用到兩個指令 —— 為什麼我們在 Git 只是要儲存一次我們作品的修訂版本，卻需要如此地大費周章？

答案其實跟 Git 檔案庫的設計有關係。要記得 Git 檔案庫是位於 .git 資料夾內，該資料夾是你在執行 git init 時所建立的資料夾。

Git 檔案庫可分為兩部分 —— 第一部分是所謂的「索引」（index），第二部分則是我們所謂的「物件資料庫」（object database）。

當我們執行 git add <檔名>時，Git 會為該檔案建立一個副本，並把副本放入索引中。我們可以把索引想像成一個「暫存區」（staging area），在這區域中我們可以把東西放在這裡，一直到我們確定真的要提交的時候再拿出來。

當我們現在執行 git commit 指令時，Git 會拿取**暫存區的內容**並儲存在物件資料庫中，這也被稱為 Git 的記憶庫。換個角度來看，索引就是一個暫時存放變更的地方。通常你會變更、新增到索引，然後決定是否準備好要提交了 —— 如果準備好，就可以提交了。反之，你可以繼續變更你的檔案，新增更多變更到暫存區，等你覺得時機到了，就可以提交了。

要記得，累積精彩紀錄的祕訣就是先新增再提交。而且別忘了要提供一段富含意義的提交訊息。

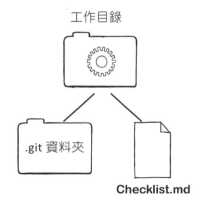

工作目錄

.git 資料夾

Checklist.md

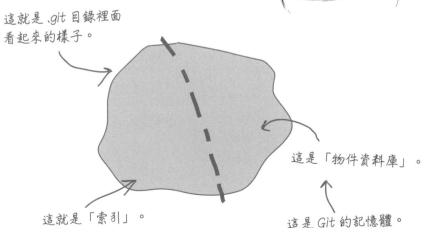

這就是 .git 目錄裡面看起來的樣子。

這是「物件資料庫」。

這就是「索引」。

這是 Git 的記憶體。

Git 三步驟

❶ 從最上面開始。我們的工作目錄中只有一個檔案。

因為我們還沒有提交，所以物件資料庫也是空的。

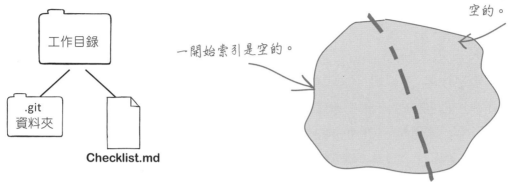

一開始索引是空的。

❷ 當我們執行 `git add Checklist.md`，Git 會在索引內儲存該檔案的**副本**。

記得這件事，之後我們會再提到這件事。

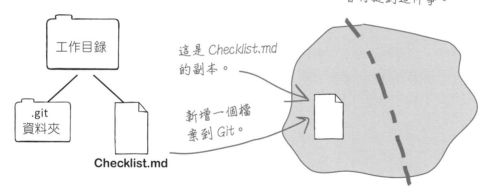

這是 *Checklist.md* 的副本。

新增一個檔案到 Git。

❸ 最後，當我們提交時，Git 會建立一個提交物件，用此物件在它的記憶體裡面記錄索引的狀態。

順便告訴你們，這是該檔案的第三份副本。

這是提交物件，要記得它只會記錄你新增到索引的變更。

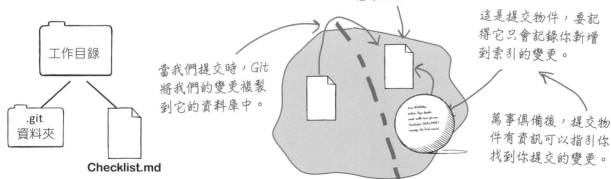

當我們提交時，Git 將我們的變更複製到它的資料庫中。

萬事俱備後，提交物件有資訊可以指引你找到你提交的變更。

你的意思是，因為 Git 本身的設計，我得先在 Git 內新增，然後提交。我能了解，但為什麼我就要使用 Git？

好問題！

我們之前有提到你可以把索引想像成一個暫存區。讓你能夠把你之後要提交所需的東西都收集起來，因為 Git 只會把你新增到索引的變更拍一張快照。

想像一下這個情境，你正在研發一個新功能或是正在處理一個錯誤，你在專案檔案裡面發現一個軟體文件有打錯字，而且你又是一個好夥伴，你就幫忙更正了。但是這次的更正跟你本來要做的任務毫無關聯。所以你要怎麼把這次軟體文件的修改和你原本的任務區分開來呢？

很簡單。

先完成你本來在做的事情，然後你**只要**把因為索引變更受影響的檔案新增進去就好。然後你提交變更並提供一個適當的訊息。要記得，Git 只會提交有被新增到索引的檔案。

接下來你用 `git add` 新增你修訂錯誤的檔案並再次提交，這次在提交訊息內敘述你的修訂。

這樣你就可以進行大量的變更，有些有關、有些無關的變更，還能選擇哪些變更可以下次提交。

有個能夠幫助理解的比喻就是烹飪。你邀請朋友到家裡吃飯，而你正努力地準備一堆美味佳餚。你可能會先把你知道會用到的食材切一切。然而，當你準備要開始煮一道菜的時候，你可能會先把那一道菜所需的所有東西準備好，當你要用的時候東西就已經在那準備好了。把所有的東西都準備好放在砧板旁邊。廚師把這種方式稱為「一切就緒」（*mise en place*，法語）。

索引就是一切就緒。

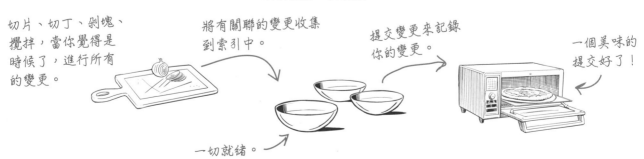

切片、切丁、剁塊、攪拌，當你覺得是時候了，進行所有的變更。

將有關聯的變更收集到索引中。

一切就緒。

提交變更來記錄你的變更。

一個美味的提交好了！

指令列的 Git

我們前面已經探討過指令列的一些特點了。這次要確定我們真的了解怎麼用指令列來使用 Git。如你之前所見，Git 會利用 `git` 指令，後面通常會接一個「子指令」（subcommand），例如 `add` 和 `commit`，最後子指令後接著引數。

Git 指令。

Git 子指令。

最後有子指令的引數。

```
git add Checklist.md
```

既然我們在使用指令列，我們之前提到的同個規則也同樣適用。每次引數中只要有空格，而且你希望把它當成單一引數看待，前後就得使用引號。想像一個很特別的情況，我們把檔名設為「This is our Checklist.md」。這個案例中，當我們要執行 `git add` 指令時，前後就得使用引號，例如：

用引號包覆整個檔名。

引號能把整個檔案劃分為一個單一引數。

```
git add "This is our Checklist.md"
```

你可以使用單引號或雙引號，但我們推薦雙引號。

最後，`git commit` 需要一個旗標 `-m` 和一個訊息。`-m` 是旗標，這邊的橫線和 `m` 中間**不能**有空格。

如同許多旗標一樣，`-m` 是 `--message` 的縮寫。你可以用其中一種，但我們比較懶惰，所以喜歡比較短的那個版本。

```
git commit -m "My first commit"
```

橫線和字母 m 沒有空格。

訊息旗標。

我們的提交訊息通常都會有好幾個字，所以幾乎每次都要用雙引號。

沒有蠢問題

問：如果我編輯了好幾個檔案怎麼辦？有沒有辦法新增數個檔案到索引？

答：你可以提供多個檔名，在 `git add` 指令中間用空格分隔它們，例如：`git add 檔名1 檔名2`。

問：如果我提交之前忘記先新增怎麼辦？

答：Git 會把所有已經放入索引的東西提交，但是如果你沒有新增任何東西到索引，Git 就會顯示 `nothing added to commit but untracked files present (use "git add" to track)`（無任何新增至提交的內容，但出現未追蹤檔案，請使用「git add」追蹤檔案）的錯誤訊息。所以要先新增。

一窺 Git 的祕密

我們接下來要讓你了解 Git 的小祕密。當你新增一個（或以上）檔案到 Git 的索引，Git 不會碰你工作目錄的任何檔案。反之，Git 只會把那些檔案的內容複製到索引。這點很重要，因為知道 Git 如何追蹤我們檔案的內容很重要。

我們在前面的內容中有稍微提到了。

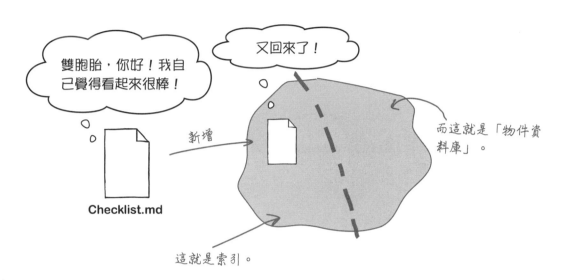

所以我們提交時會發生什麼事情呢？就如我們所知，Git 拿著索引的內容，然後把這些內容安全地塞入 Git 的記憶庫，就相當於有提交物件的一個版本。這代表現在 Git 的物件資料庫裡面有一份你檔案內容的第三份副本！

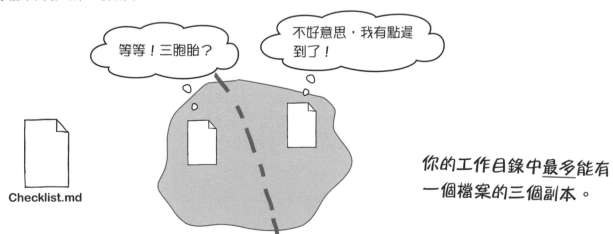

你的工作目錄中<u>最多</u>能有一個檔案的三個副本。

Git 檔案庫中的檔案多重狀態

Git 一般的互動就像這樣：你對一個（或以上）的檔案進行編輯，然後把這些檔案新增到索引，而且當你準備好，就可以提交。現在隨著你經歷了整個流程，Git 正試著追蹤你檔案的狀態，這些檔案屬於你的工作目錄，這些檔案已經新增到索引中，而且已經被提交到物件庫。

要記得從頭到尾 Git 把你的檔案的副本從工作目錄移到索引，再到物件資料庫。

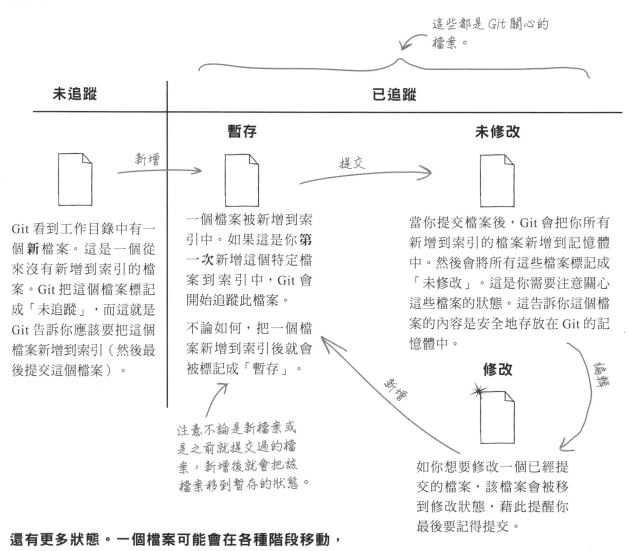

這些都是 Git 關心的檔案。

未追蹤 | **已追蹤**

暫存　　　　　　　　　**未修改**

新增　　　　提交

Git 看到工作目錄中有一個**新**檔案。這是一個從來沒有新增到索引的檔案。Git 把這個檔案標記成「未追蹤」，而這就是 Git 告訴你應該要把這個檔案新增到索引（然後最後提交這個檔案）。

一個檔案被新增到索引中。如果這是你**第一次**新增這個特定檔案到索引中，Git 會開始追蹤此檔案。

不論如何，把一個檔案新增到索引後就會被標記成「暫存」。

當你提交檔案後，Git 會把你所有新增到索引的檔案新增到記憶體中。然後會將所有這些檔案標記成「未修改」。這是你需要注意關心這些檔案的狀態。這告訴你這個檔案的內容是安全地存放在 Git 的記憶體中。

修改

新增

編輯

注意不論是新檔案或是之前就提交過的檔案，新增後就會把該檔案移到暫存的狀態。

如你想要修改一個已經提交的檔案，該檔案會被移到修改狀態，藉此提醒你最後要記得提交。

還有更多狀態。一個檔案可能會在各種階段移動，但同時間也可能會處在一個以上的狀態。

新檔案的日常

當我們新增一個檔案到 Git 檔案庫，Git 會看到這個檔案，但會選擇**不進行任何動作**，一直等到我們明確告訴 Git 要做什麼事情。一個 Git 從來沒看過的檔案（也就是從來沒被新增到索引的檔案），會被標記為「未追蹤」。把檔案新增到索引是我們跟 Git 溝通的方式，告訴 Git：「我們真的很希望你幫我們盯著這個檔案」。任何由 Git 幫我們看著的檔案被稱為「已追蹤」的檔案。

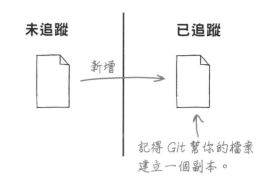

記得 Git 幫你的檔案建立一個副本。

物件資料庫是「真相的源頭」

這次想像一下新增一個檔案到索引，然後馬上提交。Git 在物件資料庫裡面儲存索引的內容，然後把檔案標記成「未修改」。

你可能會想問為什麼是未修改。嗯…Git 會將存在它的物件資料庫裡面的副本，和索引裡面的檔案相互比較確認是否一樣。Git 也會把索引裡面的副本，和工作目錄裡的那個檔案相互比較確認是否一樣。所以這個檔案自從上次提交後還沒有遭到修改（未修改）。

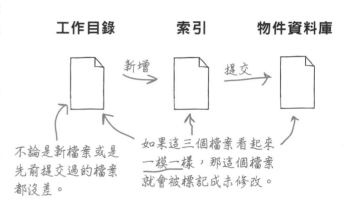

不論是新檔案或是先前提交過的檔案都沒差。

如果這三個檔案看起來一模一樣，那這個檔案就會被標記成未修改。

當然，如果我們本來要變更一個之前已經提交的檔案，Git 發現索引和工作目錄之間的檔案有差異，但是在索引和物件資料庫之間的檔案是**沒有差異的**。所以 Git 會把該檔案標記成「已修改」，但因為我們還沒新增到索引，所以這檔案同時也被標記為「未暫存」。

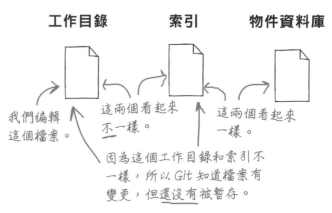

我們編輯這個檔案。

這兩個看起來不一樣。

這兩個看起來一樣。

因為這個工作目錄和索引不一樣，所以 Git 知道檔案有變更，但還沒有被暫存。

接下來，如果我們把已修改檔案再次新增到索引，Git 發現索引和工作目錄一樣，該檔案就會被標記成「暫存」，換言之，這個檔案就是已修改**同時**暫存。

而且如果我們提交該檔案，索引的內容會被提交，檔案就會被標記成「未修改」，這樣就完成整個循環。

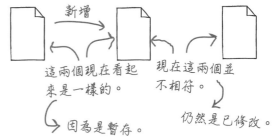

工作目錄　　　　索引　　　　物件資料庫

新增

這兩個現在看起來是一樣的。

現在這兩個並不相符。

因為是暫存。

仍然是已修改。

冥想時間 — 我是 GIT

要記得你工作目錄裡面的檔案不是未追蹤就是已追蹤。同時，一個已追蹤的檔案可以是暫存、未修改、或已修改。

在這個練習中，假設你剛剛建立了一個新的檔案庫。你可以判斷出這些檔案在以下各階段中的狀態嗎？

⟶ 答案在第 47 頁。

你在檔案庫中建立了一個新檔案，名為 `Hello.txt`。

未追蹤	已追蹤	暫存	未修改	已修改

你（用 `git add`）把 `Hello.txt` **新增到索引。**

未追蹤	已追蹤	暫存	未修改	已修改

你（用 `git commit`）將所有暫存的變更提交。

未追蹤	已追蹤	暫存	未修改	已修改

你編輯 `Hello.txt` **新增一些內容。**

未追蹤	已追蹤	暫存	未修改	已修改

索引就是一塊「貓抓墊」

我們來重新探討一下索引所扮演的角色。我們知道在工作目錄中
編輯檔案時，我們可以把這些檔案新增到索引，也把檔案標記成
「暫存」。

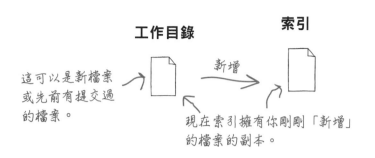

這可以是新檔案
或先前有提交過
的檔案。

現在索引擁有你剛剛「新增」
的檔案的副本。

當然在新增檔案到索引後，我們可以繼續編輯該檔案。現在我們擁有
一個檔案的兩個版本——工作目錄和索引各一版本。

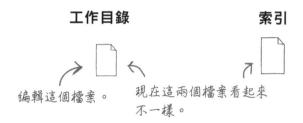

編輯這個檔案。

現在這兩個檔案看起來
不一樣。

你如果再新增那個檔案一次，Git 會用該檔案中最新的變更來覆寫該索引。換言之，
索引就像是個暫時的貓抓墊——一個可以用來把編輯塞好塞滿，直到你確定好要提
交了。

這兩點相當重要。
花點時間把這兩點
記熟。

索引還有另一件微妙的事——沒有任何指令可以「清空」索引。每次新增一個檔案
後，Git 把該檔案複製到索引，而且當你提交時，Git 會再次複製你的變更。也就代
表如果你繼續新增檔案到索引（如果原本就有一個副本），你可以把之前某檔案的
先前副本覆寫，或新增新檔案到索引。所以索引持續地成長！不過這不是你現在要
擔心的事情，等我們在第 3 章討論完 diff 指令後，這就要牢記在心。

讓你大概知道我們通常會怎麼做，我們通常覺得準備好了，就會新增那些我們想要
提交到索引的檔案。之後會確認一切準備就緒，如果沒問題，就會提交檔案。反之，
如果發現了什麼問題（例如錯字或是少了一個小細節），我們會先編輯，然後再把
檔案新增到索引，之後再提交檔案。洗滌、沖水、再重複（wash, rinse, repeat，意
為重複整個流程）。

削尖你的鉛筆

是時候試試看了！先移到 headfirst-git-samples 目錄，然後建立一個新的目錄，名為 play-with-index，之後在目錄中執行 cd 指令。直接用 git init 啟動一個新的檔案庫。用你的文字編輯器在 play-with-index 裡面建立一個新檔案，命名為 multiple-add.txt。**每完成一個步驟後**，把工作目錄和索引的關係畫下來：

1. multiple-add.txt 一開始的內容是 "This is my first edit"。要記得儲存檔案！

我們幫你完成
第一步了！

工作目錄裡面的
未追蹤檔案。

multiple-add.txt

索引一開始是
空白的。

2. 切回終端機並使用 git add multiple-add.txt 新增檔案到索引。

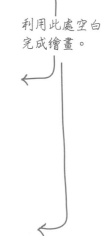

利用此處空白
完成繪畫。

3. 回到文字編輯器，把檔案中的文字改為 "This is my second edit"。
   一樣別忘了要儲存檔案。

4. 切回終端機並再次將檔案新增到索引。

如果卡在一半，記
得在本章節最後面
有解答可以看。

答案在第 48 頁。

電腦，報告進度！

你繼續使用 Git 後，有時候檢查一下你工作目錄裡面檔案的狀態會很有幫助。在 Git 的彈藥庫中最有用的指令之一就是 **git status** 指令。如果你的專案檔案眾多、大小持續增加的話特別適合使用這個指令。

要記得這個工作目錄就是那個有包含隱藏 .git 資料夾的那個目錄。

所以我們來了解一下要怎麼用這個指令檢查狀態：你會建立 Yet Another Git Repository ™，不過這次你會在你的檔案庫裡面建立好幾個檔案。這能讓你查看 git status 指令會提供什麼內容，並對 Git 運作的方式更有直覺性的了解。

就如你之前所做的一樣，你會在上層的 headfirst-git-samples 資料夾裡面建立一個新的資料夾，命名為 **ch01_03**，並在該資料夾裡面啟動一個 Git 檔案庫。

因為上個練習是第二個練習題，所以這次是第三個。

要確認你已經回到 headfirst-git-samples 資料夾。

這部分你應該很熟悉了。

```
File Edit Window Help
headfirst-git-samples $ mkdir ch01_03
headfirst-git-samples $ cd ch01_03
ch01_03 $ git init
Initialized empty Git repository in ~/headfirst-git-samples/ch01_03/.git/
```

雖然我們還沒做任何動作，你還是可以檢查目前目錄的狀態。這個指令其實和我們用過的指令一樣都是 Git 的指令，名為 **status**。我們來用用看這個指令吧！

確認現在是在正確的目錄中。

```
File Edit Window Help
ch01_03 $ git status
On branch master
No commits yet
nothing to commit (create/copy files and use "git add" to track)
```

現在請先忽略這個分支細節。

因為這是個新的檔案庫，所以這結果應該不出所料。

第一次使用 git status 的結果可能會有點令人失望，但這樣的確能讓你有機會熟悉這個指令輸出的結果。Git 會很親切地告訴你目前還沒有任何提交，還提交了很有幫助的小提示，告訴你下一步該怎麼做。

接下來，你會先建立這**兩個**檔案中的第一個檔案。先用你的文字
編輯器建立一個新的文件，然後輸入以下的文字。

我們在本書提供可下載的原始
碼，*chapter01* 資料夾內有提供
所有你需要的檔案。如果你不想
要把這些東西打出來，記得去找
那個資料夾。

```
# README
This repository will allow us to play with the git status command.
```
README.md

請在 *chapter01*
資料夾內找到名
為 *README.md*
的檔案。如果想
要可以直接複製
貼上。

要確認儲存檔案時，檔名為 **README.md**，儲存在 **ch01_03** 資料
夾內。

執行同樣的步驟建立**另**一個名為 **Checklist.md**，內容如下：

```
# Checklist
- [ ] Create two files, README.md and Checklist.md
- [ ] Add README.md and make a commit
- [ ] Update Checklist.md, then add it and make a commit
```
Checklist.md

在 *chapter01* 資料
夾中，有個名為
Checklist-2.md 的
檔案。要重新命名
為 *Checklist.md*！

冷靜時間！

這段進度有點快。 我們來複習一下目前做了什麼。你建立了一
個新的資料夾，而且你在那個資料夾內啟動了新的 Git 檔案庫。
之後還建立了兩個新檔案。

現在我們會讓 Git 展示它的能力，每一階段，我們都會請 Git 回
報目前檔案的狀態。準備好了嗎？

你已經把所有需要的東西準備就緒。我們來看看 git status 有什麼得回報的。

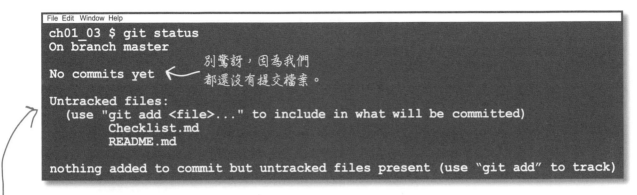

```
File Edit Window Help
ch01_03 $ git status
On branch master

No commits yet          別驚訝，因為我們
                        都還沒有提交檔案。
Untracked files:
  (use "git add <file>..." to include in what will be committed)
        Checklist.md
        README.md

nothing added to commit but untracked files present (use "git add" to track)
```

這幾行文字告訴我們 Git 對剛新增的檔案有何看法。

目前狀況：

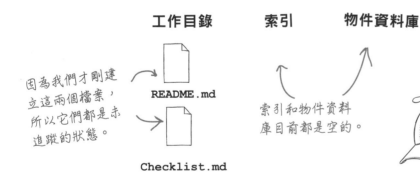

工作目錄　　　索引　　　物件資料庫

因為我們才剛建立這兩個檔案，所以它們都是未追蹤的狀態。

README.md

Checklist.md

索引和物件資料庫目前都是空的。

認真寫程式

git status 指令常常被認為是個「安全」指令 —— 因為它會直接詢問檔案庫並顯示出檔案庫資訊，而且這指令完全不會影響到檔案庫（如果是提交指令就會影響到）。這代表你可以三不五時執行一下 git status 指令。我們會建議你在執行其他 Git 指令前先執行這個指令。

還記得當你請 Git 回到該檔案庫的狀態時，它告訴你目前工作目錄中所有檔案的狀態。在這個情況中，Git 發現兩個新檔案，這兩個檔案它以前從未見過，所以 Git 把這兩個檔案標記成「未追蹤」—— 換言之，Git 還不認識這些檔案，所以 Git 目前還沒有盯著這些檔案。因為我們也還沒有新增任何一個檔案到索引，所以索引是空的，而且物件資料庫也沒有提交紀錄 —— 嗯，畢竟我們還沒有提交過。我們來變更一下檔案吧！

一開始我們會先將 Git 介紹給我們的其中一個檔案。**直接新增 README.md 到 Git**，然後再次檢查狀態。

Checklist.md 就先擺著。我們晚點會再回來。

```
File Edit Window Help
ch01_03 $ git add README.md
ch01_03 $ git status
On branch master

No commits yet

Changes to be committed:
  (use "git rm --cached <file>..." to unstage)
        new file:   README.md

Untracked files:
  (use "git add <file>..." to include in what will be committed)
        Checklist.md
```

把 README.md 新增到索引。

README.md 已變成暫存。

Checklist.md 目前還是未追蹤。

把 README.md 新增到 Git 索引代表 Git 現在知道有這個檔案。有兩件事變不一樣 —— README.md 現在已經被 Git 追蹤，這檔案已經在索引裡面，也代表已經暫存。

目前狀況：

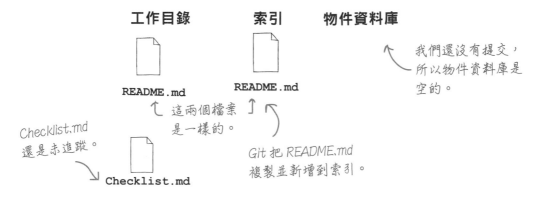

工作目錄　　　**索引**　　　**物件資料庫**

README.md　　　README.md

我們還沒有提交，所以物件資料庫是空的。

這兩個檔案是一樣的。

Checklist.md 還是未追蹤。

Checklist.md

Git 把 README.md 複製並新增到索引。

Git 狀態指令會告訴我們如果現在提交，只有 README.md 會被提交。這很合理，因為只有被暫存的變更會被包含在下一次的提交內。

所以我們來提交吧！

在繼續之前，如果現在要提交，你可以把過程變成圖像嗎？記得，有兩個檔案，但只有一個在索引內。

Git 提交指令需要我們傳出一個訊息。我們別搞得太複雜，就用「my first commit」吧。你！回去開終端機。

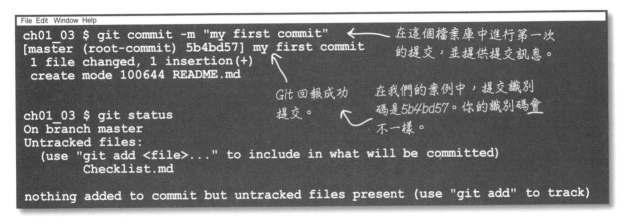

```
File Edit Window Help
ch01_03 $ git commit -m "my first commit"      ← 在這個檔案庫中進行第一次
[master (root-commit) 5b4bd57] my first commit    的提交，並提供提交訊息。
 1 file changed, 1 insertion(+)
 create mode 100644 README.md
                                              在我們的案例中，提交識別
ch01_03 $ git status          Git 回報成功     碼是5b4bd57。你的識別碼會
On branch master               提交。         不一樣。
Untracked files:
  (use "git add <file>..." to include in what will be committed)
        Checklist.md

nothing added to commit but untracked files present (use "git add" to track)
```

目前狀況：

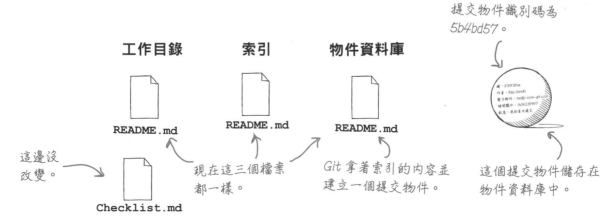

提交物件識別碼為
5b4bd57。

工作目錄　　　**索引**　　　**物件資料庫**

README.md　　README.md　　README.md

這邊沒
改變。

Checklist.md

現在這三個檔案
都一樣。

Git 拿著索引的內容並
建立一個提交物件。

這個提交物件儲存在
物件資料庫中。

新車試駕

ch01_03 資料庫還有一個未追蹤的檔案，名為 Checklist.md。請編輯成以下內容。

「x」符號代
表待辦事項
已完成。

```
# Checklist
- [x] Create two files, README.md and Checklist.md
- [x] Add README.md and make a commit
- [ ] Update Checklist.md, then add it and make a commit
```

Checklist.md

如果你想要用的話，在 chapter01
檔案裡面有個名為 Checklist-3.md
的檔案。

依序完成以下步驟，將每次 git status 輸出的結果記下來。

1 （使用 git add）將 Checklist.md 新增到索引。

```
File Edit Window Help
$ git status
```

2 提交並附上提交訊息 "my second commit"。

```
File Edit Window Help
$ git status
```

答案在第 49 頁。

你已打造歷史！

在上一個練習題中，你已經執行了兩個分別的提交，讓 README.md 和 Checklist.md 檔案從未追蹤，變成暫存，然後最後提交到 Git 的物件資料庫。到最後的階段，你的檔案庫現在有兩筆提交了。

我們知道 Git 提交指令會記錄你執行的變更並新增到索引，並帶有一些後設資料——例如關於作者（就是你）的資訊和提交訊息。最後還有一件關於提交且你應該知道的細節。每一筆提交（除了每個資料庫中的第一筆），提交也會記錄先前一筆的提交識別碼。

除了第一筆的每一筆提交，會記錄其前一筆的識別碼。

請注意「親代」(parent) 屬性。

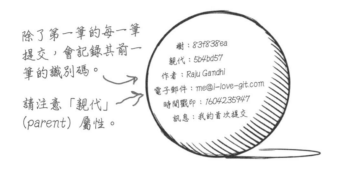

> 樹：83f838ea
> 親代：5b4bd57
> 作者：Raju Gandhi
> 電子郵件：me@i-love-git.com
> 時間戳印：1604235947
> 訊息：我的首次提交

也就是說這些提交會形成一個鏈鎖，就像是一棵樹的樹枝或是聖誕燈的其中一條。這代表，有提交識別碼，Git 就可以單靠跟著「親代」指標來追蹤它的家族。這就是**提交歷史**，也是 Git 運作的核心功能之一。

怕你會想知道這是不是在鋪陳之後的內容，沒錯，就是！你真聰明！

第一筆提交後的每筆提交，會指向它前面的那筆提交。

這個檔案庫中的第一筆提交，所以它沒有親代。

注意這些箭頭是單向的——只會從子代到親代。

如果我們有第三筆提交，它就會指向第二筆提交。

要記得子代提交會指回它們的親代，但親代**不會**回指它們的子代。換言之，這些指標都是單向的。然而，一個提交可以擁有多個子代或是一個提交可以有多個親代，在下一章節我們會繼續探討這個。

認真寫程式

Git 提交歷史常常會稱為是個有向無環圖（*Directed Acyclic Graph*，簡稱 DAG），提交會形成「節點」（node），而指向親代的指標會形成「邊」（edge）。它們是有向的，因為子代指向親代，而因為親代並**不會**回指子代，所以是無環的。

重點摘要

- Git 等版本控制系統可以讓你儲存你作品的快照。

- Git 不只是個能讓你記錄快照的工具，Git 還能讓我們可以與團隊成員一起自信地協作。

- 要有效地利用 Git，需要能夠自在使用指令列的能力。

- 指令列提供許多其他的功能，包含建立、前往目錄或列出檔案。

- Git 也可以是個執行檔，你可以安裝，然後就能在指令列以 git 這個名字使用 Git。

- 一旦安裝 Git 後，你得告訴 Git 你的全名和電子郵件。不論你何時用 Git 幫你的作品拍張快照，Git 都會用到這些資訊。

- 如果你想要 Git 管理專案的檔案，我們得在該專案的最上層啟動一個 Git 檔案庫。

- 你要用 init 指令來啟動 Git，就是：git init。

- 在你執行 git init 的目錄中，啟動一個新的 Git 檔案庫的結果就是，Git 會在這目錄中建立一個隱藏資料夾，名為 .git。這個隱藏資料夾是 Git 用來儲存你的快照和 Git 自己要用的設定檔。

- Git 所管理的目錄被稱為工作目錄。

- Git 原本的設計就有一個索引，作為「暫存區」。你可以用 git add <檔名> 指令把檔案新增到索引。

- 在 Git 裡面提交就是把儲存在索引的變更拍張快照。可以建立提交的指令就是 git commit，你必須提供提交訊息，內用 -m（或 --message）旗標描述你要提交的變更：

  git commit -m "some message"

- 工作目錄中的所有檔案都會被指派一個或以上的狀態。

- 一個新增到工作目錄的全新檔案會被標記成「未追蹤」，表示 Git 並不知道有這個檔案。

- 新增一個新檔案到 Git 的索引中會發生兩件事——Git 會把該檔案標記成「已追蹤」，並建立該檔案的副本到索引中。

- 當你提交時，Git 在索引中建立檔案的副本，並把副本儲存在物件資料庫中。這也會建立提交物件，該物件記錄該筆提交的後設資料，包含這些剛剛儲存檔案的指標、作者名稱和電子郵件、提交的時間和提交訊息。

- Git 內的每筆提交會有一個獨特的識別碼，被稱為提交 ID。

- 使用 git status 指令，不論何時你都可以詢問 Git 工作目錄和檔案庫中檔案的狀態。

- **除了** Git 中的首筆提交，每筆提交都會儲存前一筆提交的提交 ID，因此會建立一串的提交，就像是樹枝上的樹葉。

- 這一串提交被稱為提交歷史。

init 填字遊戲

在這個章節內你已經做了很多！恭喜你成功開始使用 Git。是時候來玩個填字遊戲放鬆一下了 —— 你可以在本章找到所有的答案。

橫向

1 這本書的主題就是這個

5 Git 會在提交 ____ 中儲存你的提交訊息和其他資料

7 用於列出所有檔案的指令

8 瑪吉在教她怎麼使用 Git

10 Git 在這個地方儲存你的檔案

11 當你新增它到一個指令時要用一個（或兩個）連字號（hyphen）

16 叫 Git 開始追蹤你的檔案的指令（兩個英文字）

縱向

2 一開始要先用 git ____ 指令啟動一個檔案庫

3 用 git ____ 指令幫你的作品拍一張「快照」

4 Git 是一個 ____ 控制系統

6 每隻狗都最愛的交友軟體

9 有些指令你需要提供這些東西

12 你可以用 ____ 列來使用 Git

13 使用 git ____ 指令了解現在的狀況

答案在第 50 頁。

削尖你的鉛筆
解答

題目在第 7 頁。

該動起來了！開啟終端機並練習使用 pwd 指令。把你看到的輸出內容寫在這：

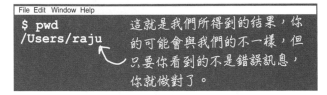

```
File Edit Window Help
$ pwd
/Users/raju
```

這就是我們所得到的結果，你的可能會與我們的不一樣，但只要你看到的不是錯誤訊息，你就做對了。

削尖你的鉛筆
解答

題目在第 8 頁。

換你練習了，在你開好的終端機視窗，直接使用 mkdir 來創建一個新目錄，命名為 my-first-commandline-directory。

我們執行了 *mkdir* 指令，並提供新目錄的名稱作為引數。

```
mkdir my-first-commandline-directory
```

接下來再次在同個目錄中執行該指令，把你看到的錯誤訊息寫在這：

```
mkdir: my-first-commandline-directory: File exists
```

如果該目錄已經存在，*mkdir* 會出現錯誤訊息。

削尖你的鉛筆
解答

題目在第 9 頁。

使用終端機把當前目錄中所有的檔案列出來。看看你是否能找到你最近剛創建的 my-first-commandline-directory。

```
File Edit Window Help
$ ls
Applications          hack
Desktop               headfirst-git-samples
Documents             my-first-commandline-directory
Downloads
Library
```

你列出的檔案肯定會不一樣！

注意一下我們有刪減輸出結果以求簡潔。

出現了！

然後使用 -A 的旗標來查看當前目錄中是否有隱藏的資料夾。

```
File Edit Window Help
$ ls -A
.DS_Store
.Trash
.bash_history
.bash_profile
.bash_sessions
Applications
Desktop
Documents
Downloads
Library
hack
headfirst-git-samples
my-first-commandline-directory
```

這些是我們看到的一些隱藏資料夾。注意前綴的「.」。

當然，你的結果會跟這裡不一樣。

習題
解答

題目在第 10 頁。

直接試試看變更目錄。使用 cd 跳到你新創建的 my-first-commandline-directory 資料夾，然後使用 pwd 來確認你的確變更了目錄，然後再使用 cd .. 回到上層目錄。把下面的空白當成筆記本來練習使用這些指令。

```
File Edit Window Help
$ pwd
/Users/raju
$ cd my-first-commandline-directory
~/my-first-commandline-directory
$ pwd
/Users/raju/my-first-commandline-directory
$ cd ..
$ pwd
/Users/raju
```

顯示目前目錄。

變更目錄。

我目前在哪？

前進到親代。

再次顯示路徑。

連連看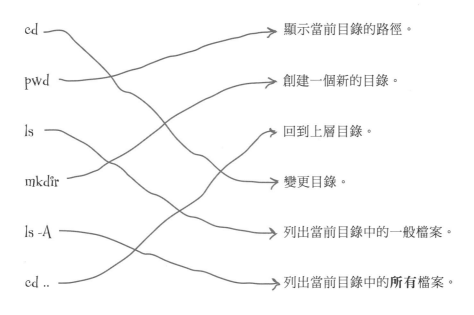
解答？

題目在第 13 頁。

透過指令列，有各式各樣的指令和旗標。在這個指令配對遊戲中，
請將每個指令配對到對應的描述。

cd

pwd

ls

mkdir

ls -A

cd ..

顯示當前目錄的路徑。

創建一個新的目錄。

回到上層目錄。

變更目錄。

列出當前目錄中的一般檔案。

列出當前目錄中的**所有**檔案。

程式碼重組磁貼解答

我們列出要創建新資料夾、變更、及創建新 Git 檔案庫的所有步驟。我們身為勤勞的軟體開發人員，要時常確保自己是在正確的目錄中。為了要幫助同事，我們有把程式碼都列出來用磁貼貼在冰箱上，但它們全都掉到地上了。你的工作就是要把這些磁貼放回去。注意有些磁貼可以使用一次以上。

題目在第 16 頁。

pwd 是個很好的檢查功能，能確認自己是不是在正確的位置。檢查總是件好事。

```
pwd
```
```
mkdir new-repository
```
```
cd new-repository
```
```
pwd
```
```
git init
```

冥想時間 — 我是 Git 解答

要記得你工作目錄裡面的檔案不是未追蹤就是已追蹤。同時,一個已追蹤的檔案可以是暫存、未修改、或已修改。

在這個練習中,假設你剛剛建立了一個新的檔案庫。你可以判斷出這些檔案在以下各階段中的狀態嗎?

題目在第 32 頁。

你在檔案庫中建立了一個新檔案,名為 Hello.txt。

未追蹤	已追蹤	暫存	未修改	已修改
✕				

你(用 git add)把 Hello.txt 新增到索引。

未追蹤	已追蹤	暫存	未修改	已修改
	✕	✕		

你(用 git commit)將所有暫存的變更提交。

未追蹤	已追蹤	暫存	未修改	已修改
	✕		✕	

你編輯 Hello.txt 新增一些內容。

未追蹤	已追蹤	暫存	未修改	已修改
	✕			✕

削尖你的鉛筆
解答

題目在第 34 頁。

是時候試試看了！先移到 headfirst-git-samples 目錄，然後建立一個新的目錄，名為 play-with-index，之後在目錄中執行 cd 指令。直接用 git init 啟動一個新的檔案庫。用你的文字編輯器在 play-with-index 裡面建立一個新檔案，命名為 multiple-add.txt。**每完成一個步驟後，把工作目錄和索引的關係畫下來：**

1. multiple-add.txt 一開始的內容是 "This is my first edit"。要記得儲存檔案！

2. 切回終端機並使用 git add multiple-add.txt 新增檔案到索引。

當把你這個檔案新增到索引，Git 會把該檔案的<u>副本</u>儲存在索引。

這兩個檔案是一樣的。

3. 回到文字編輯器，把檔案中的文字改為 "This is my second edit"。一樣別忘了要儲存檔案。

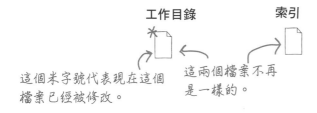

這個米字號代表現在這個檔案已經被修改。

這兩個檔案不再是一樣的。

4. 切回終端機並再次將檔案新增到索引。

當你再次把這個檔案新增到索引，Git 會用新的副本把先前的副本覆蓋。

這兩個檔案再次變成一樣的。

新車試駕解答

題目在第 40 頁。

ch01_03 資料庫還有一個未追蹤的檔案,名為 Checklist.md。請編輯成以下內容。

「x」符號代表待辦事項已完成。

```
# Checklist
- [x] Create two files, README.md and Checklist.md
- [x] Add README.md and make a commit
- [ ] Update Checklist.md, then add it and make a commit
```

Checklist.md

依序完成以下步驟,將每次 git status 輸出的結果記下來。

1 將 **Checklist.md** 新增到索引。

```
File Edit Window Help
ch01_03 $ git add Checklist.md
ch01_03 $ git status
On branch master
Changes to be committed:
  (use "git restore --staged <file>..." to unstage)
        new file:   Checklist.md
```

2 提交並附上提交訊息 "my second commit"。

```
File Edit Window Help
ch01_03 $ git commit -m "my second commit"
[master 91c8746] my first commit
 1 file changed, 5 insertions(+)
 create mode 100644 Checklist.md
ch01_03 $ git status
On branch master
nothing to commit, working tree clean
```

init 填字遊戲解答

在這個章節內你已經做了很多！恭喜你成功開始使用 Git。是時候來玩個填字遊戲放鬆一下了 —— 你可以在本章找到所有的答案。

題目在第 43 頁。

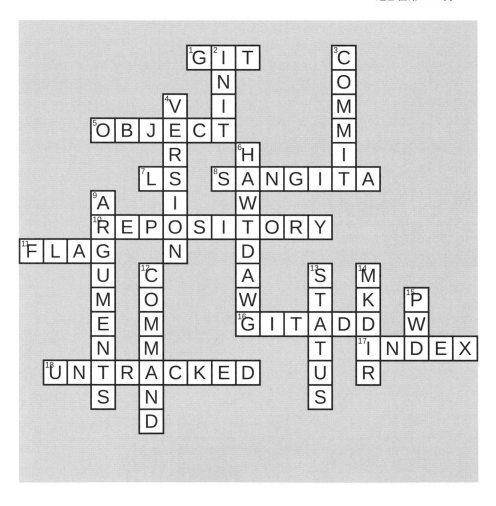

2 分支

多重思維

> 因為我們已經知道要為這個團隊專案做什麼，所以我要自己開始動手了。我們等等再跟上你的腳步，可以吧？

你可以同時做很多事。 Git 的前輩會躺在草坪的躺椅上啜飲他們自己泡的綠茶並告訴你，Git 最大的賣點之一就是可以輕鬆創建分支。或許你被要求新增一個功能，或是當你在處理專案的時候，經理叫你去處理生產過程中的錯誤問題。又或是你本來已經準備要完成最新的變更，但突然又有新的靈感、想到一個更好的做法。分支功能能讓你在同一個程式碼庫中同時處理多個不同的工作，完全互不影響，來看看到底是怎麼做到的吧！

全都從一封電子郵件開始

諾恩非常的專心——他的手指飛快地敲擊著鍵盤，螢幕上的程式碼以驚人的速度出現，一切都很順利。他就像是《駭客任務》（The Matrix）裡面的尼歐——他就是電腦系統，該系統只是他的延伸。他就快要完成程式碼庫裡面的一個複雜變更，他就快可以看到成品。

諾恩知道他自己還沒忙完，但還是可以先提交他的程式碼然後開始處理那個錯誤。漫長的一天忙完後，當他知道自己終於根除那個錯誤，就提交自己的進度。他現在的提交歷史看起來就像這樣：

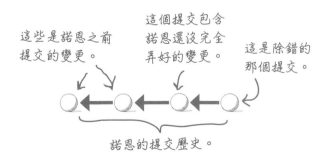

這些是諾恩之前提交的變更。

這個提交包含諾恩還沒完全弄好的變更。

這是除錯的那個提交。

諾恩的提交歷史。

習題

思考一下這個提交歷史。試試看你能不能發現諾恩哪裡出錯了。把你的發現寫在這：

_____

答案在第 103 頁。

但事情還沒完全落幕…

諾恩！你現在該做的事情就是除錯！為什麼我們還看到應用程式出現新功能啊？而且應用程式甚至不能正常運作！不但沒除錯，問題更大了！

所以發生什麼事情了？

諾恩沒有考量到 Git 會在先前的提交內提交組建。當諾恩把除錯後的內容提交的時候，是在他提交了部分完成的內容之後，這代表除錯的提交是從一個包含了未完成作品的提交所衍生出來。

我還能怎麼做？難不成他們希望我進行除錯前把我已經進行的變更都復原嗎？

這個提交包含未完成的作品。

在把做到一半的作品提交後才進行除錯，諾恩不小心把不該包含的變更包含進去。

如果你是諾恩，你會怎麼做？

諾恩有什麼選擇呢？嗯，他可以辛苦地把他在所有檔案上進行的變更記錄起來，然後復原所有的變更。然後就可以進行除錯，提交修正版本，回頭再將之前做的東西重新再來一次，同時希望不會忘了什麼東西。看起來很痛苦，對吧？

到這階段，你可能會想知道 Git 能不能出手幫忙。當然會！Git 可以透過一個名為分支（*branches*）的功能來「變換軌跡」。分支功能能讓你完全獨立地保存你的變更。

> 透過分支功能，Git 可以讓多個開發人員一起進行同個專案。但這需另外花一個章節討論。

其中一個想像提交歷史的方式就是可以把關係視覺化，提交就是樹枝上的花苞。當你在處理一個分支時，這些提交是有順序的，會一個接一個出現。

這些會照順序長出來，
一個接一個。

然而，這些樹枝可能會分岔並平行地成長，Git 的分支也會這樣。這就代表你可以同時間處理不同的事情，不會不小心把本來不打算納入的東西包含進去（就不會像諾恩那樣）。

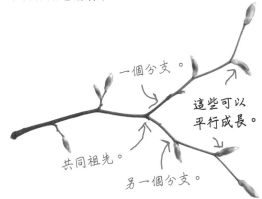

一個分支。

這些可以
平行成長。

共同祖先。

另一個分支。

一個提交代表一個時間點，而一個分支代表一連串的提交。要記得這一串的提交也就是提交歷史。所以分支是不同的提交歷史，都在同個檔案庫內！你隨時都可以建立一個新的分支，在不同分支中切換，捨棄一個分支（也就是決定捨棄你在這投入的所有心力），甚至還可以合併分支。

更新餐廳菜單

提到做決定，恭喜你得到一份新工作 —— 在 80 年代餐館（The '80s Diner）管理他們的菜單，在這餐廳，吸引人的食譜兼具懷舊風情。

你的角色就是要幫秋季菜單想兼具營養價值和趣味性的菜餚。但你需要得到主廚和廚房助手的同意，才能確認他們真的有辦法做出你的美味菜餚。

你已經很熟悉 Git 和 Git 檔案庫，所以你承下責任要把菜單系統變成現代化（沒錯，他們之所以叫 80 年代餐館不是沒原因的）。你決定先把他們目前的菜單放進 Git 檔案庫之後再進行新工作。

80 年代餐館目前的菜單。

80 年代餐館

首選濃湯
在這道豐盛的南方辣海鮮秋葵濃湯之後，你會有挑戰高峰的勇氣。

通往未來的起司
用我們的經典焗烤起司通心粉，將 80 年代風格和 50 年代風格混搭在一起，用五種起司手工製作，上方灑滿奶油麵包屑。

失落塔卡豆泥糊的侵略者
一起到印度享用瓊斯醫生最愛的綿密的扁豆，充滿香料的香味。素食可食！

記得，要下載本書提供的檔案可以參見本書的緒論。你可以在 chapter02 資料夾內找到這個菜單的檔案。

menu.md

先做重要的事情

我們來把 80 年代餐館帶到 21 世紀。我們會開始把他們現成的菜單放進 Git 檔案庫。這樣我們可以順便練習一些剛學會的 Git 技巧。

> 一定要照這邊的指示進行。整個章節都會需要用到這個設定。

① 在上層資料夾 **headfirst-git-samples** 裡面建立一個名為 **80s-diner** 的新目錄，用 cd 指令切換到此目錄。直接用 git init 啟動一個新的 Git 檔案庫。

> 如果你的終端機還是在上一章最後一個練習題的頁面，記得用 cd .. 回到上層資料夾。

```
File Edit Window Help
~/headfirst-git-samples $ mkdir 80s-diner
~/headfirst-git-samples $ cd 80s-diner
~/headfirst-git-samples/80s-diner $
hint: Using 'master' as the name for the initial branch. This default branch name
hint: is subject to change. To configure the initial branch name to use in all
hint: of your new repositories, which will suppress this warning, call:
hint:
hint:   git config --global init.defaultBranch <name>
hint:
hint: Names commonly chosen instead of 'master' are 'main', 'trunk' and
hint: 'development'. The just-created branch can be renamed via this command:
hint:
hint:   git branch -m <name>
Initialized empty Git repository in /Users/raju/headfirst-git-samples/chapter02/
raju/80s-diner/.git/
```

> 有看到這些提示嗎？我們晚點就會來看這些提示。

② 將你下載的檔案 **menu.md** 複製到新建立的 80s-diner 資料夾。

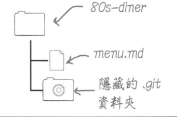

80s-diner

menu.md

隱藏的 .git 資料夾

③ 接下來，將該檔案新增到索引並提交到 80s-diner 檔案庫，並附上提交訊息「add the main menu」。

```
File Edit Window Help
~/headfirst-git-samples/80s-diner $ git add menu.md
~/headfirst-git-samples/80s-diner $ git commit -m "add the main menu"
[master (root-commit) ea6b05e] add the main menu
 1 file changed, 0 insertions(+), 0 deletions(-)
 create mode 100644 menu.md
```

> 你看到的提交 ID 會不一樣。這是正常的。

④ 最後，我們要確認 git status 回報的狀態是一切正常。

> 這就是你想要看到的結果。

```
File Edit Window Help
~/headfirst-git-samples/80s-diner $ git status
On branch master
nothing to commit, working tree clean
```

> 每次我檢查檔案庫的狀態，都會看到一個指向「master」分支的指引。既然我們在討論分支，這與分支有關係嗎？

很精明！

當我們在第 1 章練習使用 git status 時，有讓你先忽略分支的詳細資料，因為那時候還沒準備好要提這件事。

結果其實是當你啟動一個新的 Git 檔案庫、並進行首次提交的時候，就已經開始使用分支功能！Git 預設會使用一個名為 **master** 的分支，這解釋了為什麼 git status 會回報你在這個分支。

目前在新建立的 80s-diner 檔案庫中只有一個提交。只要你沒有建立另一個分支，後續進行的所有提交都會位於這個分支中。

我們在這說了──你用 Git 的時候會常常用到分支功能。雖然一開始看起來麻煩的程度大過它的效益，但是你很快就會發現在 Git 建立、管理、和最後從各分支整合作品時很輕鬆。而且這功能還能讓你在工作時擁有極高的自由度。

認真寫程式

預設分支或它的名字 master 其實毫無特別之處。這個分支其實跟其他你可以建立的分支沒有任何差異。如果想要也可以重新命名，而且很多團隊的確都會這樣做。如果你翻回去前面看 git init 提供的提示，你會發現 Git 有提供你可以把 master 重新命名的機會，它有告訴你要怎麼永久設定，之後你可能會建立的檔案庫中預設分支的名字。

但是 Git 的預設是 master，而且為了避免混淆，本書的預設分支會繼續使用 master 這個名字。

選擇…很多選擇！

在 Git 管理分支會用到另一個指令，名字很合理叫做 branch。你可以使用 branch 指令來建立新分支、列出檔案庫中的所有分支、甚至刪除分支。而且就如你目前所學，這些所有的動作都在你工作目錄內的終端機上。

我們一開始先來建立新分支好了。你可以使用 branch 指令，透過引數把你想要建立的分支名稱一併提供。

這是該停下來的符號，拿杯你最愛的飲料，享受 Git 知識的衝擊。我們會讓你知道什麼時候有工作要完成。

像我們平常那樣啟動 Git。
這是 branch 指令。
新分支的名稱。

```
git branch my-first-branch
```

Git 不會回報成功或失敗的資訊，但你可以使用同個 branch 指令列出所有分支，唯一不同處就是沒有引數。

這裡的米字號標記了我們位於的分支。

```
File Edit Window Help
$ git branch
* master
  my-first-branch
```

請注意這個米字號不會移動。

git branch 指令的輸出會列出目前檔案庫中的所有分支。Git 很貼心的在我們目前使用的分支旁邊放了一個米字號。

建立一個新分支不代表可以馬上開始使用該分支。你要先切換到那分支。

認真寫程式

沒有附上引數的 Git branch 指令就像是 git status 指令，兩個都是很「安全」的指令。基本上只會列出你檔案庫中的所有分支，不會變更任何東西。只要覺得需要就可以執行這個指令。

沒有蠢問題

問：我的分支名稱裡面可以包含空白鍵嗎？

答：不能。如果你的分支名稱想要包含數個字，請用連字號（hyphen，-）或底線（underscore，_）。如果你想要在分支名稱中放空白鍵，Git 會回報 "is not a valid name"（名稱不合法）的錯誤訊息。不過你可以使用正斜槓（forward slashes，/）！

我們在本書最後會深入談分支的名稱，好好期待。

問：如果我想要建立一個分支，但名稱已經被使用了會發生什麼事情？

答：就像是不合法的分支名稱，Git 會出現錯誤，告訴你這個分支名稱已存在。所以最好養成執行 git branch 指令的習慣，在建立新分支之前先列出你檔案庫中的所有分支。

問：我的 Git 檔案庫中可以有多少分支？

答：想要多少都可以！但我們很快就會看到通常你只會用一個分支來處理小型的獨立變更，然後當你做完的時候，把那個分支合併到一個「整合」分支（「integration」branch），然後再刪除該分支。我們很快就會來研究整合分支和刪除分支。這會幫你把檔案庫整理得很整齊。

變更軌道

你現在已經知道要怎麼建立分支，但你剛剛也知道建立一個新分支不代表就能開始使用。要切換到另一個分支，你會用到另一個 Git 指令，很厲害的名稱 switch，這指令會需要引數，就是你想要切換到的分支的名稱：

你現在還不用做什麼。

swithc 指令。↘

你想要使用的分支名稱。↙

```
git switch my-first-branch
```

你看這就知道有沒有成功。↘

```
File  Edit  Window  Help
$ git switch my-first-branch
Switched to branch 'my-first-branch'
```

你可以使用 git branch 再次列出所有的分支：

現在這個米字號會指向你剛剛切換到的分支。↘

```
File  Edit  Window  Help
$ git branch
  master
* my-first-branch
```

我們知道像「致命錯誤」的字眼看起來很可怕，但不用擔心 — 用久了你就會習慣這些錯誤訊息了。

git switch 是個相對較新的指令。

如果你看到這樣的錯誤訊息「switch is not a git command（switch 並不是 git 指令）」，記得用 git version 確認你安裝的 Git 的版本。你的版本必須至少是 2.23.0。

較舊的 Git 版本是用 git checkout 指令切換分支。雖然現在還是可以使用這個指令，但我們希望能教你用最新的（且現在是正確的）方式。

問：如果我分支名稱拼錯字會怎麼樣？

答：別擔心。Git 只會出現一個錯誤訊息 "fatal: invalid reference"（致命錯誤：不合法的參照）。我們建議從 git branch 指令的輸出，直接複製貼上我們想要用的分支名稱。就不會打錯字了！

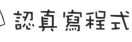

認真寫程式

如果你想要用指令列做什麼厲害的事情，你應該會喜歡 git switch 指令，因為它可以讓你一個動作建立新分支並切換到該分支。你可以在執行 git switch 指令時，加上 -c（或 --create）的旗標，告訴 Git 你想要使用在新建分支上的名稱，例如：

```
git switch -c my-first-branch
```

這會讓 Git 建立一個名為 my-first-branch 的分支並馬上切換到該分支。但既然這是你第一次體驗 Git，本書剩下的部分我們會繼續使用 git branch 來建立新分支。

回到 80 年代餐館

你現在很開心。80 年代餐館已經開始用 Git 檔案庫管理。但你被指派一個新任務 —— 主管打算引進新的秋季特別菜單,而你的任務就是要開發一些很有恐怖氛圍的萬聖節前夕主題特別料理。你主動去看 80 年代電影想要有身歷其境的感覺,希望去上班的時候能夠文思泉湧。

我們勤勞一點來建立分支吧,這樣一來就可以用不同想法來回修改菜單。我們會從終端機開始:

很累也還不能休息!一定要照著這邊的步驟在終端機內操作。

要記得這代表我們有一個分支,而且有在使用這個分支。

```
File  Edit  Window  Help
~/headfirst-git-samples/80s-diner $ git branch
* master
```

然後建立一個名為 add-fall-menu 的新分支,並切換到新分支。

建立新分支。

這個米字號會位於新分支的旁邊。很聰明吧!

```
File  Edit  Window  Help
~/headfirst-git-samples/80s-diner $ git branch add-fall-menu
~/headfirst-git-samples/80s-diner $ git switch add-fall-menu
~/headfirst-git-samples/80s-diner $ git branch
* add-fall-menu
  master
```

然後切換到該分支。

你知道我們的練習題都是這樣。這邊有給你的檢核表:

你可以自己打出來,或直接使用在 chapter02 目錄裡下載的 fall-menu、md 檔案。

如果你不確定要怎麼操作這些步驟,應該去看一下第 1 章。

□ 在 80 年代餐館的檔案庫中建立一個名為 fall-menu.md 的檔案。

□ 把該檔案新增到索引。

□ 建立提交並附上提交訊息「add the fall menu」。

□ 檢查 git status。

這就是 fall-menu.md 看起來的樣子。

請確認 git status 回報的訊息是「working tree clean」(工作樹很乾淨)。

#秋季菜單

##燕麥特攻隊早餐盆
美味又恐怖的鋼切燕麥搭配燉南瓜、溫和的香料、蜜餞山核桃。這道營養滿分的餐點不會午夜夢迴。

##德州高麗菜沙拉大屠殺
慢煮的德州風格手撕豬肉,呈上現烤捲餅和我們手工製作的大量涼拌高麗菜。危險地很好吃。

##陰間大法師貝里尼
「第 0 天」就從我們改良的毛骨悚然版本的經典早午餐雞尾酒開始:水蜜桃香蕉綜合果汁摻普羅賽克氣泡酒。保證能消除你的宿醉。

fall-menu.md

撤回！

還沒完呢！

唷！你把你新想好的秋季菜單拿給廚房的人看過後，他們並沒有特別喜歡這份新菜單的溫和標題。他們希望可以再特別一點，所以他們叫你把標題從「Fall Menu」（秋季菜單）改成「The Graveyard Shift」（大夜班）。

我們可能也會這樣改。回到你的文字編輯器，然後把第一排的 fall-menu.md 檔案從「Fall Menu」改成「The Graveyard Shift」。記得繼續之前要存檔。

一開始我們會先檢查我們的 Git 狀態。因為我們編輯了 fall-menu.md 的檔案，應該是顯示為「已修改」。

你有跟上吧？

為了節省空間，我們這裡沒有顯示目錄名稱。你們要確認在 80 年代餐館的目錄。

```
File Edit Window Help
$ git status
On branch add-fall-menu
Changes not staged for commit:
   (use "git add <file>..." to update what will be committed)
   (use "git restore <file>..." to discard changes in working directory)
      modified:   fall-menu.md

no changes added to commit (use "git add" and/or "git commit -a")
```

因為你編輯過這個檔案，git status 會告訴你該檔案已經被修改過。

更新過後的 fall-menu.md 檔案。請注意第一行已經有更新。

#大夜班

##燕麥特攻隊早餐盆

美味又恐怖的鋼切燕麥搭配燉南瓜、溫和的香料、蜜餞山核桃。這道營養滿分的餐點不會午夜夢迴。

##德州高麗菜沙拉大屠殺

看起來不錯，所以我們繼續下去並提交變更。我們會先從新增檔案到索引開始，然後再提供檔案。我們的提交訊息請寫「update heading」（更新標題）。

提交 fall-menu.md 檔案的更新版。

```
File Edit Window Help
$ git add fall-menu.md
$ git commit -m "update heading"
[add-fall-menu 245482d] update heading
 1 file changed, 1 insertion(+), 1 deletion(-)
$ git status
On branch add-fall-menu
nothing to commit, working tree clean
```

程式碼重組磁貼

親愛的！為了讓其他開發人員方便一點，我們細心地把列出既有檔案庫中所有分支、建立新分支、切換到新分支、檢查狀況一切都沒問題的所有指令都列出來了。這些磁貼不小心掉到地上了，你的工作就是要把它們擺回原位。要小心；有額外的磁貼也混進去了，而有些可以用一次以上。

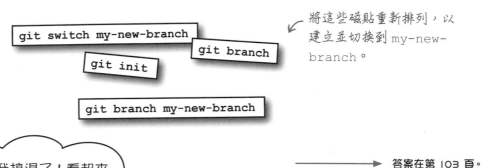

將這些磁貼重新排列，以建立並切換到 my-new-branch。

→ 答案在第 103 頁。

你把我搞混了！看起來我們做的事情好像跟之前都一樣。我們用分支到底能達到什麼功能？

好問題！ 現在可能看不出來，但如果你工作時需同時處理數種要求，分支可以讓你擁有高度彈性。

你現在有兩個分支：master 和 add-fall-menu。你已經啟動了新的檔案庫，是在 master 分支上。你已經新增並提交在 master 分支上的既有菜單。

當你收到對秋季菜單的要求時，你決定在另一個不同的分支上完成這個要求：就是 add-fall-menu 分支上。

這兩個分支代表兩個完全分別的要求。要記得分支可以讓你將一個工作的某些部分和其他部分分隔開來。如果明天主管會來看看、並要你去做一個完全無關的工作（而且他們一定會這樣做！），你只要在 master 分支外建立另一個新的分支並開始工作。你在 add-fall-menu 分支完成的工作在你有空回去處理之前，都會毫髮無傷地待在那裡。

好消息是你已經不是第一次使用分支工作了 —— 從頭到尾你都有用分支在工作。不用建立並切換分支，你的工作方式會跟平常一樣 —— 你可以新增或編輯檔案，再新增那些檔案到索引，之後再提交那些檔案。

分支視覺化

如果你在一個分支上進行提交會有什麼狀況？或許這可以幫我們複習一下目前所學，在 `80s-diner` 資料夾中啟動一個檔案庫**後**：

- 我們已新增 `menu.md` 檔案並提交。提醒你們一下這個提交是在預設分支上，就是 `master` 分支。

- 然後我們建立了 `add-fall-menu` 分支。

- 我們匯入 `fall-menu.md` 檔案並提交。

- 我們得修改標題，所以我們變更了 `fall-menu.md` 檔案並進行**第二筆**提交。

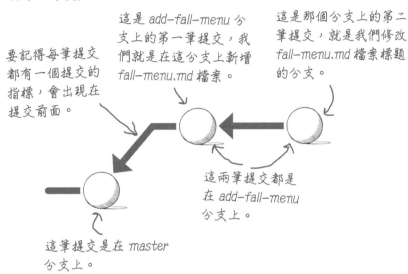

要記得每筆提交都有一個提交的指標，會出現在提交前面。

這是 *add-fall-menu* 分支上的第一筆提交，我們就是在這分支上新增 *fall-menu.md* 檔案。

這是那個分支上的第二筆提交，就是我們修改 *fall-menu.md* 檔案標題的分支。

這兩筆提交都是在 *add-fall-menu* 分支上。

這筆提交是在 *master* 分支上。

如你所見，我們在 `master` 分支有做了一些工作，現在在 `add-fall-menu` 分支上也有工作。

削尖你的鉛筆

如果你繼續待在 `add-fall-menu` 分支上，且又需要再多一筆提交的話，這個圖表會有什麼變化呢？

⟶ 答案在第 103 頁。

分支、提交、和裡面的檔案

我們知道一個分支上的提交是有「時序」的 —— 也就是說，它們就像是一根樹枝上的花苞 —— 一個接著一個。對這些檔案來說，知道所有的提交又如何？提醒你 Git 檔案庫預設都是在 master 分支上。所以我們的第一筆提交，就是引進 menu.md 的那次，就是在 master 分支上。

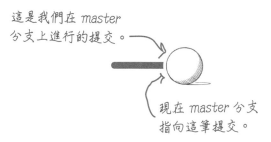

在這個時候，我們已經有在 master 分支上的一筆提交。當之後我們建立了 add-fall-menu 分支時，Git 會用這次的提交作為新分支的起始點。換言之，master 分支和 add-fall-menu 分支都共同擁有這筆提交。

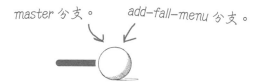

目前為止，我們只提交過 menu.md 檔案。且因為 master 分支和 add-fall-menu 分支都指向同一筆提交，這兩個分支都知道同一個 menu.md 檔案。

然後我們在 add-fall-menu 分支上引入 fall-menu.md 檔案，並提交此檔案。

因為 add-fall-menu 分支一開始只有包含在 menu.md 檔案裡面的那筆提交，然後引入 fall-menu.md 檔案，現在兩個檔案都在這個分支內。但是 master 分支只有一筆 menu.md 檔案的提交，所以 master 分支裡面只有 menu.md 檔案。

冥想時間——我是 Git

花一點點時間了解，Git 如何在你要切換分支時變更你的工作目錄。

一開始先打開終端機 —— 確認自己在 80s-diner 目錄，然後用 git branch 確認自己是位於 add-fall-menu 分支。

小心一點，我們要確認一下我們的位置是在正確的目錄和分支。

```
File Edit Window Help
$ pwd
/headfirst-git-samples/80s-diner
$ git branch
* add-fall-menu
  master
```

提醒你這是「列出」所有檔案。

```
File Edit Window Help
$ ls
```

現在切換到 master 分支。列出 git branch 顯示的結果：

```
File Edit Window Help
$ git branch
```

把你所得到的結果寫在這裡。

再次列出所有檔案：

```
File Edit Window Help
$ ls
```

最後試試看自己是否能解釋你所看到的結果。

← 解釋寫這裡。

答案在第 104 頁。

麥迪

關妮薇

阿曼多

辦公室對話

麥迪： 我知道你在等秋季菜單最後批准的通過，但我希望你再幫我處理個東西。

關妮薇： 等等，新菜單嗎？

麥迪： 對。我們已經決定要針對週四晚餐制定特別菜單。主題是 80 年代電影，所以這樣就可以彰顯我的品牌精神，而且要命名為…等等…回憶星期四！

關妮薇： 好…但我們還沒弄完秋季菜單。

阿曼多： 關妮薇，沒關係。我會在我們的檔案庫內建立一個新檔案，處理新的菜單，然後再提交。

關妮薇： 哇！等等。如果你現在就提交，你會提交到 add-fall-menu 分支上。我們想要讓這些變更是獨立於彼此。這裡，我給你看如果你現在就提交會怎麼樣：

master 分支。

如果我們繼續用 add-fall-menu 分支，所有的新提交會出現在該分支。我們肯定不希望是如此的！

阿曼多： 然後我會用 branch 指令來建立新分支。那樣應該可以吧？

關妮薇： 嗯，我們想要確保不會把秋季菜單的變更包含進去。我們目前位於 add-fall-menu 分支。如果建立一個新分支後，位置會在 add-fall-menu 分支上，但我們希望新分支是在 master 分支上。

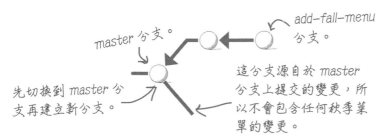

master 分支。

add-fall-menu 分支。

先切換到 master 分支再建立新分支。

這分支源自於 master 分支上提交的變更，所以不會包含任何秋季菜單的變更。

阿曼多： 啊！沒問題。所以先切換到 master 分支，然後用 branch 指令來建立新分支。這樣子我們就可以確保秋季菜單的變更和週四菜單的變更是互相獨立的。我懂了！

平行作業

我們來看看要開始處理回憶星期四菜單需要做什麼準備。要確認自己位於 80s-diner 目錄,然後用 git status 確認回報一切沒問題。

啟動你的終端機,然後跟著我們一起做。

這就是我們得到的結果,看起來沒問題!

```
File Edit Window Help
$ git status
On branch master
nothing to commit, working tree clean
```

如果你的位置不是在 master 分支,然後你的第一個動作項(action item)就是要切換到 master 分支。這樣就能確保新分支的位置是位於 master 分支。然後我們可以建立我們的新分支,再新增新的回憶星期四菜單。請把我們的新分支命名為 add-thurs-menu。

如果你不想自己打出這菜單,你可以在 chapter02 資料夾裡面找到這份檔案。

新菜單。

建立新分支並切換到該分支。

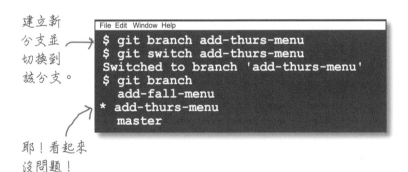

```
File Edit Window Help
$ git branch add-thurs-menu
$ git switch add-thurs-menu
Switched to branch 'add-thurs-menu'
$ git branch
  add-fall-menu
* add-thurs-menu
  master
```

耶!看起來沒問題!

接下來就是靠你了。在 80s-diner 目錄裡面建立一個名為 thursdays-menu.md 的新檔案,菜單內容如右圖,然後新增到索引,之後附上提交訊息「add thursdays menu」提交。完成的時候記得用 git status 檢查狀態。

● # 回憶星期四

早餐俱樂部三明治
一個打破規則的俱樂部:火腿、培根、火雞肉、番茄、炒蛋,全部都夾在烤土司中間。

自由自在堡
● 多汁的四盎司炙烤安格斯黑牛堡,搭配美式乳酪和一大堆培根。

酥炸綠番茄
嗯,其實源自 1991 年,但我們保證你絕對無法抵擋這些餡餅,包裹著粗玉米粉的多汁南方美味。

thursdays-menu.md

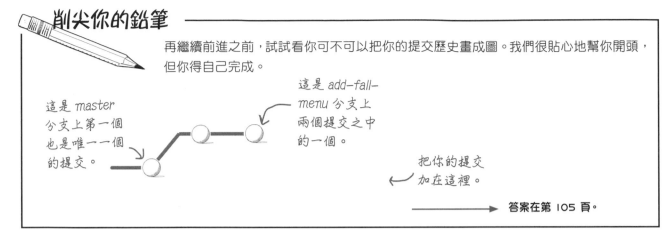

削尖你的鉛筆

再繼續前進之前,試試看你可不可以把你的提交歷史畫成圖。我們很貼心地幫你開頭,但你得自己完成。

這是 master 分支上第一個也是唯一一個的提交。

這是 add-fall-menu 分支上兩個提交之中的一個。

把你的提交加在這裡。

答案在第 105 頁。

冥想時間 — 我是 Git

我們把之前的練習題再做一次,重新看看我們檔案庫中的所有分支,並把每一個分支中的檔案列出,這次不同的是我們有三個分支。在下面所列出的每一個視窗中,寫下執行 git branch 所得的結果,然後列出每個分支的所有檔案:

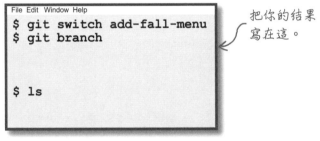

```
File Edit  Window Help
$ git switch add-fall-menu
$ git branch



$ ls
```

把你的結果寫在這。

```
File Edit  Window Help
$ git switch master
$ git branch



$ ls
```

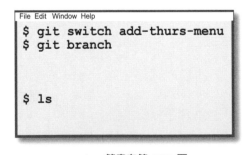

```
File Edit  Window Help
$ git switch add-thurs-menu
$ git branch



$ ls
```

答案在第 105 頁。

腦力激盪

想像一下有個方式可以把三個不同的分支合併成一個分支。你的工作目錄看起來會長怎麼樣?把三個分支合併成一個分支後會有多少檔案呢?

分支到底是什麼？

一起唸一次 —— 分支基本上就是提交的指標。所以到底什麼是一個分支？我們先從提交的角色開始說 —— 提交就是目前你暫存內容的快照（也就是說，新增到索引）。如果你剛好在處理一個任務，你有兩筆以上的提交，然後這些提交就會被「串」起來。也就是每個之後的提交都會記錄在它之前的提交 ID。

我們在第 1 章有說過這件事了。

這是先建立的提交。

這是第二筆提交，而且這筆提交知道它親代的提交 ID。

想像一下你檔案庫中每個分支都有獨立的便利貼。每個便利貼都記有分支的名稱、和該分支上最後一筆提交的 ID。當你在一個分支上提交時，Git 會先建立提交，然後拿出代表該分支的「便利貼」，之後把上面本來的提交 ID 擦掉，再寫上新的：

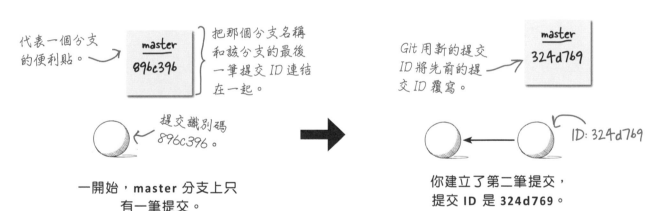

代表一個分支的便利貼。

master
896c396

把那個分支名稱和該分支的最後一筆提交 ID 連結在一起。

提交識別碼 896c396。

一開始，**master** 分支上只有一筆提交。

Git 用新的提交 ID 將先前的提交 ID 覆寫。

master
324d769

ID: 324d769

你建立了第二筆提交，提交 **ID** 是 **324d769**。

一個分支一定會指向該分支上的最後一筆提交，且反之，每筆提交都會指向另一筆提交（「親代」提交），以此類推。

分支基本上就是透過它的 ID 指向提交。你每次在該分支上建立另一筆提交的時候都會更新這個指標。

削尖你的鉛筆

看看下方我們想像的提交關係圖，把所需的資訊填入便利貼，來將分支名稱和所指向的提交 ID 連結起來。你實際上所需的便利貼可能會少於這裡的數量。

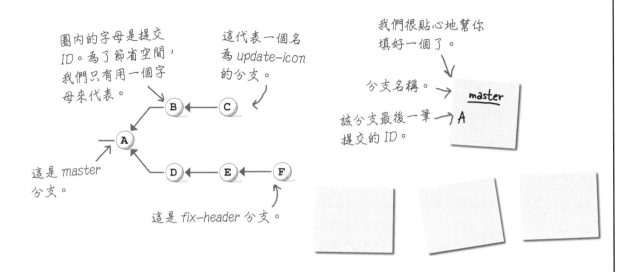

圈內的字母是提交 ID。為了節省空間，我們只有用一個字母來代表。

這代表一個名為 *update-icon* 的分支。

這是 *master* 分支。

這是 *fix-header* 分支。

我們很貼心地幫你填好一個了。

分支名稱。→ master

該分支最後一筆 → A
提交的 ID。

假設我們要切換到 fix-header 分支、進行一些編輯、提交，提交後得到 ID「G」。你有辦法將上圖的變化畫出來嗎？

將提交歷史和更新後的便利貼畫在此處。

答案在第 106 頁。

切換分支或切換目錄？

還記得我們逼你做的練習題嗎？切換分支和列出工作目錄的所有檔案的練習題。嗯，你的努力即將就要可以回收。等等就能了解切換分支到底是什麼。

要記得分支就是指向提交的指標。且提交其實就是所有新增到索引的東西的快照，包含一些後設資料，例如你在提交時所提供的提交訊息。換言之，這筆提交會記得你提交時索引的狀態。

我們回到你幫 80 年代餐館畫的提交圖表。我們已經幫你寫好註釋，把你分支中的檔案顯示出來：

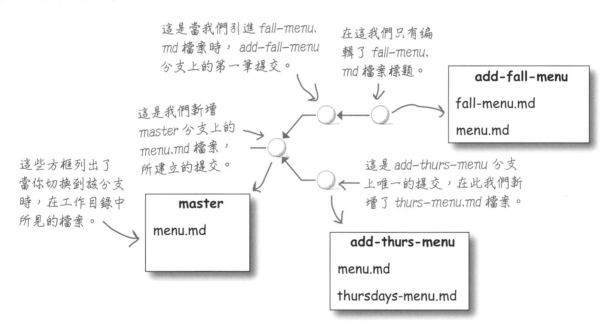

這是當我們引進 *fall-menu.md* 檔案時，*add-fall-menu* 分支上的第一筆提交。

在這我們只有編輯了 *fall-menu.md* 檔案標題。

add-fall-menu

fall-menu.md

menu.md

這是我們新增 *master* 分支上的 *menu.md* 檔案，所建立的提交。

這些方框列出了當你切換到該分支時，在工作目錄中所見的檔案。

master

menu.md

這是 *add-thurs-menu* 分支上唯一的提交，在此我們新增了 *thurs-menu.md* 檔案。

add-thurs-menu

menu.md

thursdays-menu.md

如你所見，每次切換分支時（除非提到的兩個分支指向同一個提交），可能就會切換提交。而且一筆提交會記錄當你提交時該索引的狀態。這就代表…

在你切換到某個分支時，Git 會覆寫你的工作目錄，看起來就像是你最近提交大多變更後的樣子。

一定要搞懂這個。所以休息一下、起身走走、思考一下，再回來繼續看書。

如果你已經在編輯器打開好檔案這件事就更重要了。可以在編輯器裡面重新整理檔案或在切換分支後重新開始該專案，這樣你就可以看到最新狀態的檔案。

我懂了。當我切換分支時，Git 會覆寫該工作目錄，讓整套檔案會符合我們最後在分支上提交的變更。但在某個時間點，我們不會想要把所有檔案都放在一個分支上？

對，我們常常也會感覺很失望。但對這些「失去的」的時間不要太煩惱。

當然！想像一下你最愛的電影或電視節目。任何一個有趣的故事都會有幾條比較小的故事線來支持主要的故事架構。而且要有一個真的令人滿意的結尾就是，所有的次要情節最後會把主要的故事圓滿完成。

你可以想像成你建立的分支在處理，作為次要情節的特定任務或故事，最後需要包回去主要的故事線。想想你到目前為止在 80 年代餐館所做的工作 —— 你已經有針對不同菜單的想法，但一旦有人暫停工作時，你希望這三個菜單都能在同個分支上。也就是說，你希望把三個分支合併成一個分支。

有些分支比其他分支更加平衡

我們知道在不同分支上有不同的菜單並不是我們想要的方式。這就引出一個問題——哪個分支適合將所有東西都放在那？

當你啟動一個新的 Git 檔案庫，你一定會先從一個名為 master 的分支開始。既然這是自動建立的預設分支，所以它永遠都會在。所以很多團隊就會乾脆使用 master 分支作為它們專案的主故事線存放的分支。

這通常會被稱為「整合」分支——在這分支你可以把在其他分支上處理的所有任務都整合在一起。

選擇 master 分支常常只是方便行事。你可以選擇任何分支作為整合分支。只要你和你的同事都好，就沒問題。

在選擇分支名稱的時候，你可能也要選個好名字。除了 master 以外，「main」是個很受歡迎的選項。

所以整合分支是把東西放在一起的地方。那其他的東西呢？其他分支通常被稱為「功能」分支（feature branch）——也就是用來介紹新功能的分支。這些分支是用來新增新功能、除錯、改善文件紀錄。基本上這些分支是一次性的——每一個獨立的任務都會有一個不同的功能分支。

認真寫程式

「功能」分支也常常被稱作「主題」分支（topic branch）。基本上是一樣的。

削尖你的鉛筆

我們有說到許多團隊會將整合分支取名為 main 而不是 master。你能想出其他名稱嗎？在這寫下幾個名稱（歡迎用你喜歡的搜尋引擎來尋找好主意）：

好主意在第 107 頁。

腦力激盪

假設你電腦的一個資料夾內有一堆照片，也有一些照片在另一個資料夾內。而且這兩個資料夾內有重複的照片。如果你想要把兩個資料夾的所有檔案合併再一起，你有沒有辦法想到可能會發生什麼問題嗎？

抱一下！

整合分支在你的 Git 檔案庫中扮演著關鍵的角色。記得，整合分支之所以特別就是只是習慣；每一個分支都可以變成一個整合分支，所有的東西都能放在這裡 —— 不論大小檔案、功能、除錯都可以放在那。

把在不同分支完成的工作整合在一起就是**合併**（*merging*），而且 Git 有一個特別為此功能所設計的指令：merge。git merge 指令可讓你將在不同分支完成的工作合併在一起。

Git 的合併通常會需要兩個分支 —— 一個你目前所在的分支（我們稱為「求婚者」）、和你想要合併或「混合」在一起的分支（我們稱為「被求婚者」）。

因為我們都是吃貨，所以我們要多加把勁！想像你在烤一個蛋糕。你可以開始先準備糖霜，因為蛋糕烤完要先冷卻。等到某個時間點，你想要將這兩個「合併」在一起。這個例子中蛋糕就是求婚者，糖霜則是被求婚者。

我們繼續使用這個譬喻（唷耶 —— 我們要更加把勁！）：假設你的檔案庫內有兩個分支 —— bake-cake 和 prepare-icing。

你目前位於
bake-cake 分支。

然後我們就直接叫 Git 把 prepare-icing 分支合併到 bake-cake 分支上，如下：

執行 *merge* 指令。

merge 指令的引數就是要被「混合」進目前位於分支的分支。

聽起來很複雜嗎？別擔心 —— 我們會慢慢來，一次一小步。

玫瑰是紅色、紫羅蘭是藍色的，要確保**功能分支**有明確的**一件事情**要做。

玫瑰是你的、紫羅蘭是我的，當時間到時用**整合分支**合併。

削尖你的鉛筆

假設你參加了一個朋友的婚禮。你用手機拍了幾張照片，幾天後，婚禮攝影師請你把自己拍的照片寄給他。你把手機上的照片備份後再把備份寄給攝影師，這樣一來婚禮攝影師就可以把這些照片和他自己拍的照片合併在一起。

花個幾分鐘思考一下以下的問題：

➤ 誰擁有「完整」的照片？

➤ 你們之中有人遺失了照片嗎？

將答案填在此處。

➤ 在這個情境中，誰是「整合」分支？

答案在第 107 頁。

現在都在一起了！

閱讀 #&$!@ 手冊（git branch 版本）

Git 希望讓使用者便於使用，而且有提供一本完善的手冊。好處是你不用把所有 Git 指令的細節記得一清二楚（而且 Git 有**很多**指令）── 你只要直接向 Git 尋求幫助就好。如果你是會把閱讀技術文件當作娛樂的人的話，那你就可以執行「git <command> --help」── 例如，git branch --help。這就是整件事的重點：如果你想要了解分支的指令，這邊都有寫，包含使用方式的範例都有！你對 Git 有些實作經驗後，你還可以翻到這一頁看看。

不好意思這邊休息一下，但先離題一下之後對我們會有幫助。

你也可以使用「*git help <command>*」，這是 *git <command> --help* 的替代方式。

如果你在趕時間或你是喜歡看學習指南的人，那你想要的指令應該是「git <command> -h」，例如：git branch -h。這是比說明頁面還要簡短很多的版本。當然，如果你注意到什麼不懂它用處或用法的東西，你都可以用比較詳細的版本（--help）來了解更多細節。

你可以用這訣竅記憶：「*--help*」相較於「*-h*」有較多字元數，就像 *--help* 頁面相較於 *-h* 頁的字數和內容都比較多。

Git 在顯示比較長的結果時，預設會用一個「分頁器」呈現，你知道的，就像是說明頁面。分頁器就是一個一次只能顯示一頁文字的程式。你可以使用你的游標一次向上或向下移動一行。一旦完成後，按下「Q」鍵（代表「離開」），這樣你的終端機就會恢復到提示字元的畫面。

 ## 習題

在 80s-diner 目錄中，直接執行 git branch --help（或 git help branch，兩者其一都可），然後找到關於 -v 或 --verbose 旗標的頁面，**研究一下它的功能**。

接下來，執行 git branch -v 並在這記錄分支名稱和最新的提交 ID（本章後面幾節會需要到這些資料）。

add-fall-menu   _____ ← 把提交 ID 填在此處。
add-thurs-menu _____
master   _____

➞ **答案在第 108 頁。**

正式發布秋季菜單

回到 80 年代餐館，等待數週後，主廚終於簽署通過你提出的秋季菜單。他們很喜歡你想出來的新菜色，準備好要迎接發布之夜。看起來針對這功能你已經完成你的工作。那現在呢？

我們會堅持把 master 分支當成整合分支的慣例。這就代表所有東西都得合併進 master 分支。我們來完成這一步吧。

回到終端機，cd 進 80s-diner 目錄。首先，先進行健全性檢查確認你的狀態良好：git status。

太棒了！

跟著做。下一個練習題會需要這樣的設定。

確定要在正確的目錄中。

這就是我們在上個練習中存放資料的地方。

```
File Edit Window Help
$ git status
On branch add-thurs-menu
nothing to commit, working tree clean
```

因為 master 分支就是整合分支，你應該把 add-fall-menu 合併進去 master 分支。你首先要先切換到 master 分支，然後把 add-fall-menu 分支合併進去。

```
File Edit Window Help
$ git switch master
Switched to branch 'master'
$ git merge add-fall-menu
git merge add-fall-menu
Updating ea6b05e..245482d
Fast-forward
  fall-menu.md | 10 ++++++++++
  1 file changed, 10 insertions(+)
  create mode 100644 fall-menu.md
```

將 add-fall-menu 分支合併進 master 分支。

你的這些 ID 會長得不一樣。

這裡的「fast-forward」是什麼？我們很快就會學到這個。

現在，如果你想要列出 master 分支裡面的所有檔案，你會看到 master 分支裡面有兩個檔案：menu.md 和 fall-menu.md！也就是說，master 分支會顯示出分別在兩個分支所完成的工作。

```
File Edit Window Help
$ ls
fall-menu.md
menu.md
```

問：為什麼我們不把 master 分支合併進 add-fall-menu 分支呢？

答：問這問題完全沒問題。有兩件事情可以考量。

第一，想像一下意圖——如果 master 分支是整合分支，那所有東西都該被整合進 master 分支。

第二，合併代表把不同工作線合併在一起，這對你專案的提交歷史有所影響。被合併的分支會對合併的方式有很大的影響，也會影響到最後的結果。沒錯，這聽起來很模糊——所以我們在這章會花很多時間討論這件事情。還會有好幾頁。

問：好，你說我們在 add-fall-menu 分支完成的工作現在已經被合併進 master 分支。所以 add-fall-menu 分支會發生什麼事情呢？

答：現在就不用太在意。如果你又被要求要對秋季菜單進行額外的變更，你可以在 master 分支新增一個**新的**分支，進行變更，完成後，在合併回 master 分支。

這問題的答案其實是關於刪除分支，我們在本章最後會討論到這功能。

問：出現了 merge: not something we can merge（合併：不可合併的事物）的錯誤訊息。我需要幫忙！

答：要確認分支名稱是否正確！我們非常推薦先列出所有分支然後將名稱複製貼上，這樣就能避免這類的錯誤。

習題

我們來多展現一下我們的指令列技巧。你可以重複上一個練習題把每個分支上最近的提交 ID 列出來。提醒你可以使用 git branch -v 來查看各個分支的資料。再來做一次練習：

add-fall-menu _____ ← 如同上一次，把你的
add-thurs-menu _____   提交 ID 列在此處。
master _____

把這次和上次做的結果相互比較。有什麼不一樣了嗎？

最後，把每個分支中的檔案列出來。使用 ls 將各分支中可以看到的檔案列出，先從 master 分支開始，然後 switch 到 add-fall-menu 分支，最後就是 add-thurs-menu 分支：

master	add-fall-menu	add-thurs-menu

答案在第 108 頁。

一些快轉的合併

當你合併兩個分支時，你把在個別分支完成的工作合併在一起：也就是說，你把兩個分別的提交歷史合併在一起。你可能也有注意到當你合併 master 分支和 add-fall-menu 分支時終端機得到結果中的「fast-forward」。所以 Git 到底做了什麼？

我們先從提交歷史開始，只專注在 master 分支和 add-fall-menu 分支。為了簡潔，我們會依照英文字母順序的字母來代表各提交 ID。看起來就像這樣子。

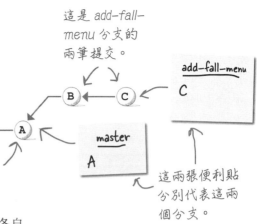

這是 *add-fall-menu* 分支的兩筆提交。

這是 *master* 分支唯一的提交。

這兩張便利貼分別代表這兩個分支。

在此情境中，我們有兩張便利貼代表兩個分支，每一張便利貼各自指向該分支上的最新提交。要注意的是 add-fall-menu 分支是位於 master 分支上最新提交的上面。自從 add-fall-menu 分支出現後，master 分支並沒有任何變化（上面沒有新提交）。換言之，add-fall-menu 分支擁有 master 分支所有完成的工作！這就代表，為了要讓 Git 把 master 分支（求婚者）變得看起來像 add-fall-menu 分支，Git 只要把 master 分支移到同樣的提交，就和 add-fall-menu 分支上的最新提交一樣。

這就是 Git 做的事情。Git 重新覆寫 master 分支的便利貼，來指向 add-fall-menu 分支便利貼所指向的同一個提交。這就被稱為「快轉」的合併 —— 一個分支，此案例中的 master 分支，直接往前跳了。

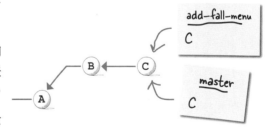

合併時，這個快轉合併就是最好的情況，因為它其實嚴格來說不完全算是合併。只是一個分支「追上」另一個分支的進度。

往回翻並研究一下你在前一頁所列出的提交 ID。要注意 add-fall-menu 分支和 master 分支在合併後都指向同一個提交。

腦力激盪

你有沒有辦法想出一個譬喻來解釋快轉的合併？把「合併」想像成橘色（黃色、紅色混合而成）和黃色。把黃色合併到橘色內是什麼意思呢？

另一種方式不太行

我們來假設一下 —— 如果不要合併 add-fall-menu 分支到 master 分支，我們試試看把 master 分支合併到 add-fall-menu 分支中會怎麼樣？看起來可能沒那麼明顯，但結果**一定**對我們如何合併分支有所影響。

這是個思想實驗！

首先，先複習一下設定看起來怎麼樣。這次 add-fall-menu 分支是求婚者，而 master 分支是被求婚者。所以我們應先從切換到 add-fall-menu 分支開始，然後把 master 分支合併到 add-fall-menu 分支。

這就是結果的樣子：

```
File  Edit  Window  Help
$ git switch add-fall-menu
Switched to branch 'add-fall-menu'
$ git merge master
Already up to date.
```

嗡嗡嗡，是不是跟你想像的有差距呢？要了解發生什麼事情，我們得回頭看提交歷史。在我們把 master 分支合併到 add-fall-menu 分支之前，提交歷史看起來就像這樣。

我們回到在上一個練習題中還沒合併前的狀態。

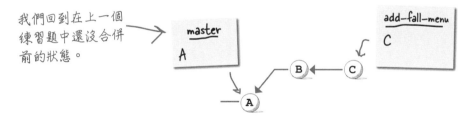

把 master 分支合併到 add-fall-menu 分支其實就是再說「嘿，Git！ add-fall-menu 應該是 add-fall-menu 和 master 的綜合體。」嗯，add-fall-menu 是位於 master 上，這代表 add-fall-menu 已經擁有 master 所有的一切。

要記得，自從我們建立 add-fall-menu 分支後，master 上都沒有新提交。

所以 Git 告訴我們 add-fall-menu 是「已是最新狀態」（Already up to date）。也就是說 add-fall-menu 已經是 add-fall-menu 和 master 的綜合體。以提交歷史來看，沒有任何變化，因為也沒有任何事情可以做。

邏輯上來說，合併的「方向」總是會產生工作目錄中的兩個檔案（menu.md 和 add-fall-menu.md）。記得 —— master 分支上的 add-fall-menu 分支已經有 menu.md 檔案，因為這就是從這個檔案開始的！但就如我們剛剛所見，合併的順序對於你的提交歷史有很大的影響。在一種情況下，master 快轉到 add-fall-menu 指向的提交；在另一種情況中，則毫無改變。

進一步設定 Git

在我們繼續完成本章剩下的部分，我們得對 Git 再多做配置更新。你可能還記得我們在第 1 章有設定我們的姓名和電子郵件，每一筆我們的提交都會記錄此資訊。然而，有時候 *Git* 會需要進行提交（我們在接下來幾頁中會看到此情境）。但為了達成此目的，Git 需要一筆提交訊息。到目前為止，都是你在提交，每次你提交都會用 `commit` 指令加上 `-m` 旗標提供提交訊息。然而，如果 Git 需要提交，Git 會顯示一個文字編輯器讓你輸入你的提交訊息。問題是 —— 它該用什麼軟體？

Git 原本設定會使用一個預設的文字編輯器，就是 Vim。如果你很熟悉 Vim 的使用，你可以直接跳過此頁，繼續往下看。然而，如果你想要改用一個自己比較熟悉的軟體，就繼續往下讀。

本書的緒論中，我們有推薦你安裝 Visual Studio Code。如果你已經正在用 Visual Studio Code，然後啟動你的終端機並執行這一小段程式碼。

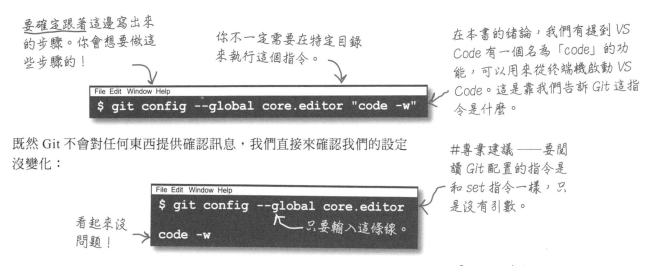

要確定跟著這邊寫出來的步驟。你會想要做這些步驟的！

你不一定需要在特定目錄來執行這個指令。

在本書的緒論，我們有提到 VS Code 有一個名為「code」的功能，可以用來從終端機啟動 VS Code。這是靠我們告訴 Git 這指令是什麼。

```
File Edit Window Help
$ git config --global core.editor "code -w"
```

既然 Git 不會對任何東西提供確認訊息，我們直接來確認我們的設定沒變化：

#專業建議 —— 要閱讀 Git 配置的指令是和 set 指令一樣，只是沒有引數。

```
File Edit Window Help
$ git config --global core.editor
code -w
```

只要輸入這條線。

看起來沒問題！

當然，你不一定要用 Visual Studio Code。可以堅持自己使用的文字編輯器：Notepad++、Emacs、Sublime Text，或任何能勾起你的興趣的。由於太多編輯器無法在此列出，我們建議你打開你最愛的搜尋引擎並搜尋「我要如何把 <在這插入文字編輯器名稱> 設定為我的 Git 編輯器」。唯一需要改變的就是你提供的引述，改成「code -w」。

嗯，好，我們說謊了 —— 我們真的有叫你不要用 Windows 預設編輯器 Notepad。這程式會讓你很煩，用其他的會比較好。

把編輯器名稱插入到這裡。

我要如何把 _____ 設定為我的 Git 編輯器？

> 我得先讓你停下來。你一直給我們看提交歷史的圖。為什麼這些圖很重要？

好問題！最近的幾個練習已經告訴你為什麼將提交歷史圖像化有多麼地重要，這樣你就能了解為什麼 Git 如此運作。

目前為此我們所做的所有練習，包含建立提交、分支、合併分支，都和提交歷史有所交流。新提交被它們同分支的親代所串連在一起；分支就是指向提交的便利貼；而且合併是要將兩個分支靠在一起（兩個分別的提交歷史）。

真的，Git 的啟蒙要靠對提交歷史的了解！

再者，本書中觸及的幾乎所有主題都和這個圖表有關係。

有很多圖形化介面工具（GUI）可以搭配 Git 使用。到目前為止，我們只有用了 Git 指令列工具，一旦你熟練 Git 之後，你可能也會開始使用 GUI。而且你知道嗎？它們都會擁有一樣的提交歷史圖！在這方面你已經超前其他同學。現在你應該很高興有買這本書吧？

這是一個很受歡迎的免費開源工具 Sourcetree 的截圖，出自名為 Atlassian 的公司。

這裡是一款知名的架構，以 Ruby 為基礎，名為 Ruby on Rails。

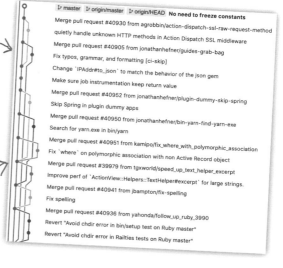

快要星期四了！

新登場的秋季菜單大受歡迎。80 年代餐館從來沒有那麼多人潮，生意日漸興隆。主管希望能現在就開始用回憶星期四菜單，趁這股熱潮賺錢。

我們已經決定要用 `master` 分支作為整合分支。現在星期四菜單已經被批准，我們要把 `add-thurs-menu` 分支合併到 `master` 分支。但在開始之前，別忘了 —— `add-thurs-menu` 分支是在 `master` 分支上建立的。把 `add-thurs-menu` 分支合併到 `master` 分支是快轉合併 —— 換言之，`master` 只是直接往前移到 `add-fall-menu` 分支上的最新提交。

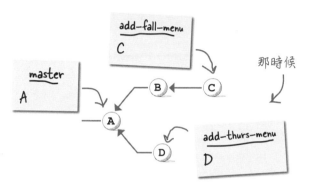

當我們建立 add-thurs-menu 分支時的提交圖

那時候

現在

add-fall-menu 和 master 都指向同一個提交。

這個沒有移動。

現在的提交圖

如果你完成上一個練習題後都沒動過，你應該會本來就在 `master` 分支上，但請確認：

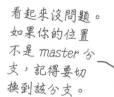

看起來沒問題。如果你的位置不是 *master* 分支，記得要切換到該分支。

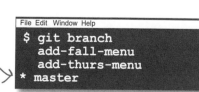

```
File Edit Window Help
$ git branch
  add-fall-menu
  add-thurs-menu
* master
```

準備好可以合併了。

腦力激盪

除了合併功能的技術層面，你可不可以列出合併 add-thurs-menu 和 master 後所得的檔案呢？

分支還可以分岔

等等！你動了？

雖然 add-thurs-menu 是在 master 分支上，但 master 分支那時候已經移動到一個新的提交，這可能會有點令人驚訝。不論何時建立分支，你其實就是在建立一個指向**提交**的分支，而不是指到另一個分支，一定要知道這件事情。分支就是提交的簡單指標，分支提供一種簡單到達提交的方式。請記得，分支的「基礎」一定都是一個提交。

所以合併 add-thurs-menu 到 master 分支上是什麼意思呢？當然答案就藏在提交歷史中。

你常常都會聽到其他開發人員說「去吧。在 master 上建立分支」。其實真正的意思就是，建立一個新分支，指向當時 master 分支所指向的同一個提交。

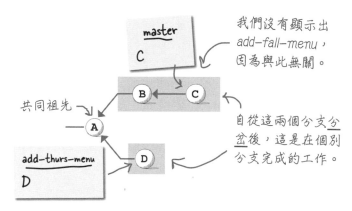

我們沒有顯示出 add-fall-menu，因為與此無關。

共同祖先

自從這兩個分支分岔後，這是在個別分支完成的工作。

請注意 master 分支和 add-thurs-menu 分支擁有共同祖先（就是此案例中的 ID 為「A」的提交）。當我們合併這兩個分支時，我們在試圖將該提交後完成的工作合併起來。

我們想要把在 B 和 C 進行的變更與 D 的變更合併在一起。

這個特定情況很適合用來解說在共同時間點後分支分岔的情況。想像有兩輛火車從同一個車站發車，行進在各自的路線上，讓乘客上車，然後在另一個火車站匯合（合併）在一起。

看起來就像我們的提交歷史對吧？

快要星期四了！（續）

所以你已經設定好準備可以將 add-thurs-menu 分支合併進
master 分支。你已經切換到 master 分支，所以我們直接把 add-
thurs-menu 分支合併進去吧：

— 請跟著步驟做。

```
File Edit Window Help
$ git merge add-thurs-menu
hint: Waiting for your editor to close the file...
```

發生什麼事了？Git 在試著建立一個「合併提交」（晚點會深入探討
這件事）。因為這是筆新提交，Git 需要提交訊息。所以 Git 會試圖
啟動你的預設編輯器（幾頁前我們設定好的那一個），並會提醒你
輸入提交訊息，如下：

你的編輯器不一定會出現。

你的編輯器常常
可能會被桌面上其他的視窗擋
住，如果你開啟了很多應用程式
特別會如此。如果你沒看到你的
編輯器的話，找一下 —— 我們保
證一定就在那裡。

這是 Visual
Studio Code。

請注意視窗
的名稱。

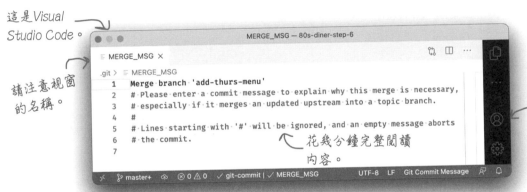

等等會告訴你為什
麼和上一個合併產
生的行為不一樣。

花幾分鐘完整閱讀
內容。

Git 會順手填入預設的提交訊息，通常我們會喜歡就維持這樣。你
可以在這自行輸入任何提交訊息。完成、儲存、然後**關閉**視窗。你
的終端機應該會回報成功合併。

如果閱讀 Git 顯示的文字，
你會知道任何前面有井字
號（#）的內容就是一個
會被忽略的回覆。

這並不是
快轉合併。

```
File Edit Window Help
$ git merge add-thurs-menu
Merge made by the 'recursive' strategy.
 thursdays-menu.md | 10 +++++++++
 1 file changed, 10 insertions(+)
 create mode 100644 thursdays-menu.md
```

耶！又一次成功合併。所有在 add-thurs-menu 分支上的所有工
作都已被合併到 master 分支。直接列出檔案就可以確認的確有
合併成功。

```
File Edit Window Help
$ ls
fall-menu.md
menu.md
thursdays-menu.md
```

是最後來吃點美食、跳舞到天亮的時候了！

問：我在 VS Code 裡面提供的提交訊息會和我們提交時附上「-m」旗標的提交訊息有差異嗎？

答：沒有差異，完全一樣。實際上，你甚至可以用類似這樣 git merge add-thurs-menu -m "Merge branch 'add-thurs-menu'" 的指令來合併 add-thurs-menu 和 master。我們想要讓你知道 Git 在什麼情況下會要求你使用你預設的編輯器提供提交訊息。

至於 Git 為何會這樣子，晚點我們會看到原因。

問：當我想要完成這個的時候出現了錯誤訊息。我哪裡做錯了？

答：如果出現像這樣的錯誤訊息「error: Empty commit message」（錯誤：空白的提交訊息），然後這代表你可以不小心把合併編輯器視窗文字清除掉並關掉視窗了。如果訊息是空的就會出現，且 Git 會出現錯誤。Git 會告訴你該做什麼東西，但最簡單的方式是輸入 git commit 並在控制台視窗點擊送出（Enter）鍵。這會再次啟動編輯器。這次請輸入你的訊息、儲存檔案、關閉視窗。這樣應該就沒問題了。

我的編輯器沒有跳出來！我的終端機現在看起來很奇怪，我不知道該怎麼做。

注意標題是「Vim」。

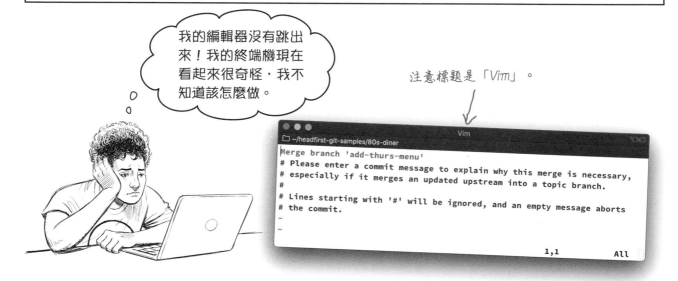

喔唷！因為一些原因，你對 Git 編輯器的設定並沒有生效。所以 Git 正在使用預設編輯器 Vim，這編輯器有點麻煩。如果不要用 Vim，請照著這樣做。首先先按鍵盤上的離開（Esc）鍵，後面接著輸入 :wq。

完成這個之後，記得回前幾頁去設定你的預設編輯器。

這是冒號。

w 代表「寫入」（write）（其實代表儲存）。

而 q 代表「離開」（quit）。

要不這樣做，不然就學 Vim 怎麼用。;)

| ESC | : | w | q |

這是合併提交

我們知道你現在有一大堆問題！這筆提交跟我們上一筆的提交有什麼不同嗎？如果如此，為什麼呢？我們以前從沒看過一個編輯器會跳出視窗並要求提交訊息，所以現在有什麼不同？

讓我們回到之前調色的譬喻（在之前的腦力激盪的練習中的確有做過吧？）。當你把黃色混進橘色，最後得到的還是橘色。這是因為橘色本來就有黃色。在 Git 的世界中，這就可以類比成快轉的合併。這就是當我們把 add-fall-menu 合併到 master 的時候我們所見的狀況。

但如果你想要混和兩種原色，例如紅色和藍色？嗯，你就會得到一個**全新**的顏色：紫色！

這和我們最新的合併練習有什麼關係呢？還記得在我們合併 add-thurs-menu 和 master 前，master 已經從 add-thurs-menu 分岔，因為 master 已經移動（快轉）到 add-fall-menu 指向的提交。當我們要把 add-thurs-menu 合併到 master，Git 得將兩組不同的變更調和在一起。所以 Git 騙了我們 —— Git 會幫我們建立**新**的提交，用來代表從兩個分支合併的工作。在合併前後，這就是提交歷史的樣子：

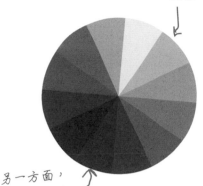

嗯，其實最後得到的是淺橘色，但如之前的譬喻一樣最後都會失效。

把黃色混進橘色基本上就混出橘色。

另一方面，混和藍色和紅色會產生新的顏色。

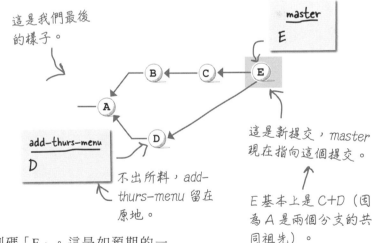

我們從這開始。

請注意 master 和 add-thurs-menu 如何分岔的。

這是我們最後的樣子。

不出所料，add-thurs-menu 留在原地。

這是新提交，master 現在指向這個提交。

E 基本上是 C+D（因為 A 是兩個分支的共同祖先）。

請注意 master 移動到指向最新的提交，識別碼「E」。這是如預期的一樣 —— master 便利貼會更新來反映該分支的新提交，而 add-thurs-menu 是待在原地。這就稱為**合併提交**，此提交是由兩個不同分支所引進的所有變更組成。

然而，我們在 Git 進行的每筆提交都需要一則描述內含物的提交訊息。我們通常會用「-m」旗標明確描述內含物。但因為我們在合併的時候並沒有提供 Git 提交訊息，Git 會彈出編輯器視窗讓我們去完成這件事！

習題

另一個給你看好玩的假設提交歷史。為了解釋如何得到此結果:

✱ 我們一開始在 master 分支進行 A 提交。

✱ 然後我們建立 add-chat 分支,並進行另一筆提交,B。

✱ 我們在 B 提交上建立了 add-emojis 分支,並繼續在該分支上進行兩筆提交,C 和 D。

✱ 然後我們再次 switch 到 add-chat 分支並進行另一筆提交,E。

提交圖就像這樣:

現在,我們會試圖把 add-emojis 分支合併到 add-chat 分支。換言之,add-chat 分支就是求婚者,而 add-emojis 分支就是被求婚者。這結果會是快轉合併,或這會形成一個合併提交呢?

最後,在這畫出最後的提交圖。

把更新過的提交歷史畫在這裡。

答案在第 109 頁。 提示: add-chat 已經從 add-emojis 分支出手了嗎?

合併提交有點特別

合併提交就像你目前為止所進行過的所有提交。它會記錄合併兩個分支所產生的工作，附上一些後設資料。後設資料包含你的名字、電子郵件、建立提交的時間、合併時提供的提交訊息。同時（除了檔案庫中第一筆的提交）每筆提交都會記錄它先前的提交 ID。

然而，合併提交有幾個有趣的特色。一方面，要記得你沒有外顯地建立此提交 —— 反之，Git 有，當 Git 將兩個互相分岔的分支合併在一起就有。

另一方面，合併提交有兩個親代 —— **第一個**親代就是該分支上最後一筆提交，就是求婚者，而**第二個**親代是合併的被求婚者分支的最後一筆提交。回來看看 `80s-diner` 的提交歷史：

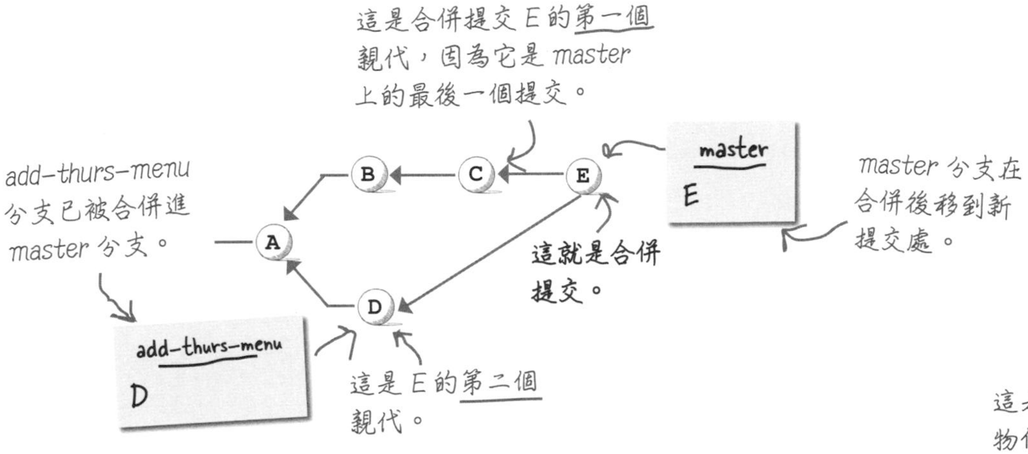

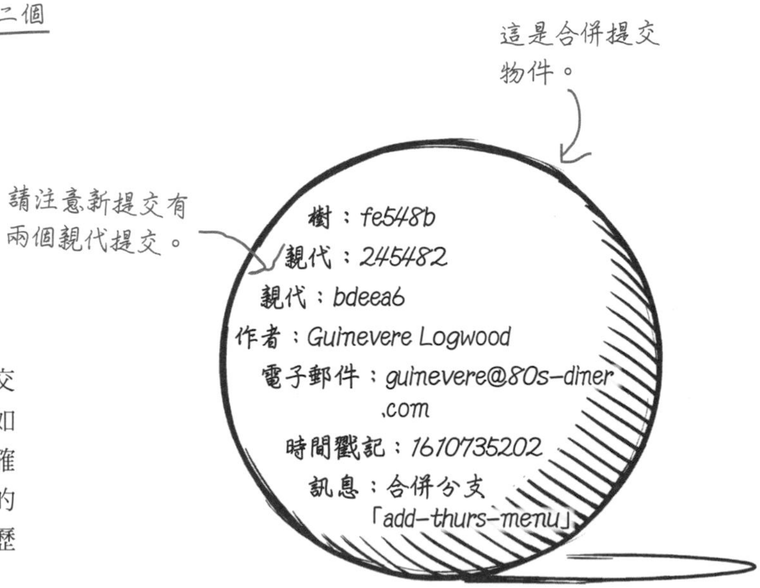

這是合併提交 E 的第一個親代，因為它是 master 上的最後一個提交。
add-thurs-menu 分支已被合併進 master 分支。
A
B
C
D
E
master
E
master 分支在合併後移到新提交處。
這就是合併提交。
add-thurs-menu
D
這是 E 的第二個親代。

這是合併提交物件。
請注意新提交有兩個親代提交。
樹：fe548b
親代：245482
親代：bdeea6
作者：Guinevere Logwood
電子郵件：guinevere@80s-diner.com
時間戳記：1610735202
訊息：合併分支「add-thurs-menu」

合併提交最重要的方面就是，它們對你的提交歷史的影響。到目前為止，你已經看過分支如何從彼此分岔。當你畫出提交歷史這就很明確了。合併提交就像硬幣的另一面 —— 當分岔的分支匯集在一起的時候才會出現在你的提交歷史中。

沒有天天過年的

想像一個多重宇宙：你同時間存在於多重宇宙之中，永遠不同的人生。在一個宇宙中，你可能是人道主義者，希望拯救所有受苦受難的人。在另一個宇宙中，你是一個壞蛋，只想著要稱霸世界。現在想像一下兩個宇宙即將互相碰撞。會發生什麼事情？你只能有一個 —— 哪個會留下來呢？人道主義者還是壞蛋？或你有沒有可能同時成為兩個呢？

在 80 年代餐館檔案，到目前為止我們還不需要同時處理不同分支上的同個檔案。我們已經有了三個分支，也都有引入新的檔案。但如果三個分支都在處理同個檔案，用不同方式修改呢？或許你在一個分支中編輯一個檔案，然後在另一個分支的**同一個檔案**的**同一條線**編輯。也就是說，一個分支上的那個檔案看起來和另一個分支的同個檔案看起來不一樣。

想想看一個有兩個分支的檔案庫 —— `master` 和 `feat-a`。`master` 分支上面只有一筆提交，該分支引進了 `notice.md` 檔案（提交 A），裡面只有一行文字。然後我們建立 `feat-a` 分支，切換到該檔案，編輯檔案，進行提交 B。最後，我們再切換回 `master`，再次編輯檔案，然後再進行最後的提交，C。

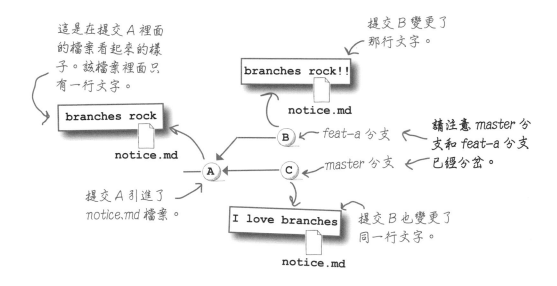

當我們合併這兩個分支時會發生什麼情況呢？

我很困惑！

當我們試圖將提交合併在一起，會以不同方式影響同個檔案的時候，合併會和結果衝突。這就像我們的多重宇宙互相碰撞——當這情況發生時，你要如何去調和身為人道主義者和暴徒的自己呢？

其中一個情境就是我們描述的情境——我們在兩個不同的分支中擁有同一份檔案，繼續將 master 分支當作整合分支，並將 feat-a 合併進 master 分支中。發生什麼事情了？

Git 舉雙手投降！Git 完全無法決定要保留哪個版本，所以會中途**停止**合併並回報合併衝突。

還沒輪到你。

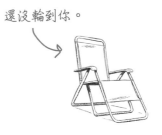

我們知道這聽起來很糟糕。別擔心！一步一步來。

```
File Edit  Window Help
$ git merge feat-a
Auto-merging notice.md
CONFLICT (content): Merge conflict in notice.md
Automatic merge failed; fix conflicts and then commit the result.
```

Git 會告訴我們合併衝突和發生衝突的檔案名稱。

Git 的 status 結果可能會看起來很可怕，但如果我們細心閱讀，Git 其實是在盡力協助我們。我們來看看：

Git 告訴我們它無法合併部分「路徑」，也就是檔案。

將無法成功合併的檔案列出。

```
File Edit  Window Help
$ git status
On branch master
You have unmerged paths.
  (fix conflicts and run "git commit")
  (use "git merge --abort" to abort the merge)

Unmerged paths:
  (use "git add <file>..." to mark resolution)
        both modified:    notice.md

no changes added to commit (use "git add" and/or "git commit -a")
```

這是你的下一步動作。

如果你想要取消合併可以執行此指令。

Git 馬上 merge 失敗，但 Git 會想要幫忙你，告訴你哪些檔案出現合併衝突。

Git status 就像 merge 指令也會告訴我們 Git 無法完成部分檔案的合併，Git 會列出這些檔案。也會告訴我們解除衝突，然後再執行 git commit 指令。

當 Git 說「both modified」（皆已編輯）可能會有點令人困惑——這代表**兩個**分支都編輯了同一個檔案。

你現在位於合併流程的中間——而 Git 在尋求你的協助。

我很困惑！（續）

要解決合併衝突最簡單的方式就是在你的編輯器內開啟發生衝突的檔案。如果你在你的文字編輯器開啟 `notice.md`，這就是你會看到的畫面：

Git 將檔案覆寫並標示出發生衝突的變更。

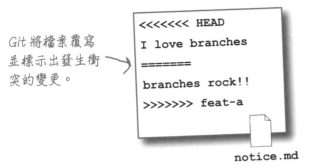

notice.md

Linus Torvalds 是 Git 的開發者，把此功能描述為「傻瓜內容追蹤器」。換言之，Git 也沒打算要走聰明路線。如果 Git 不知道要做什麼，Git 會直接停止，然後將控制權轉交給你。

看起來很簡陋，對吧？別擔心 —— 我們會陪你研究，一次一步。只要記得，有**兩個**要合併的分支，而且每個分支都對同個檔案引進了不同的變更。這就是那些看起來很奇怪的標誌代表的意義：

此為衝突區域的開始標記。

這是分隔合併兩邊的分隔線。

此為衝突區域的結束標記。

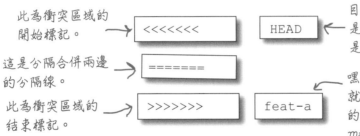

目前，只要記得 HEAD 代表你目前位於的分支；此例子中就是 master 分支，因為該分支是求婚者。

嘿！這看起來很眼熟。這就是我們想要合併進 HEAD 的分支，就是本例子中的 master。

現在你已經了解，這就是有完整註解的同個檔案：

這代表「目前的」分支（本例即為 master）在該檔案中的變更。

這裡將此劃分成兩部分。

這代表「另一個」分支（本例即為 feat-a）所進行的變更。

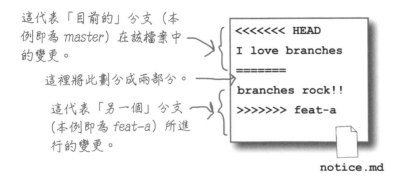

notice.md

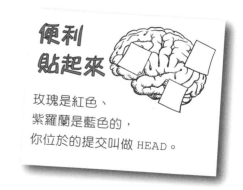

便利貼起來

玫瑰是紅色、紫羅蘭是藍色的，你位於的提交叫做 HEAD。

接下來的問題就是，編輯出現合併衝突的檔案。你有四種做法…

我很困惑！（唷！快結束了！）

當你遇到合併衝突時，你有四個選擇。你可以選擇 master 分支上引進的變更，選擇 feat-a 分支上引進的變更，（此特例中）選擇兩個分支的變更，或者是忽略兩個並直接寫一些新的東西！要記得 Git 在這使用的標記只是用來標記衝突 —— 都只是要幫助你。

你選擇完後，這就是檔案看起來的樣子：

你的選擇：

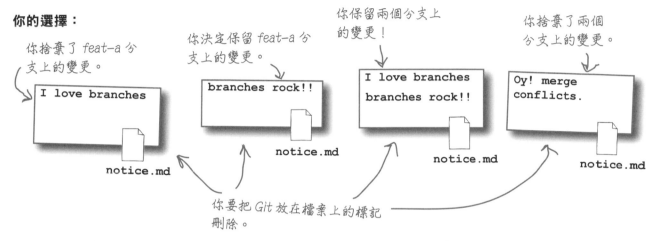

你捨棄了 feat-a 分支上的變更。

你決定保留 feat-a 分支上的變更。

你保留兩個分支上的變更！

你捨棄了兩個分支上的變更。

你要把 Git 放在檔案上的標記刪除。

當然你不一定每次都可以保留兩個分支的變更，如果最後的結果句法上不合法的話就很難兩者皆保留。對原始碼來說的確就是如此，那你就會被迫在兩者中選擇一個、或是兩個分支的變更都捨棄再撰寫全新的內容。

一旦決定並在文字編輯器完成檔案編輯後，記得儲存檔案。

接下來，我們就跟著 git status 所提供的步驟。我們使用 git add 將最後的結果新增到暫存區，然後接著執行 git commit。

> 如果需要恢復一下記憶，重新去讀一下我們在幾頁前給你看的 git status 輸出結果。

這會啟動你的編輯器請你提供提交訊息。

```
File Edit Window Help
$ git add notice.md
$ git commit
[master 176e29a] Merge branch 'feat-a'
```

就像 Git 想要建立合併提交的時候，你的編輯器會有預先填入的提交訊息，且有幾行前面有「#」內容（就是意見），在這 Git 列出一些很有幫助的資訊。

你看！恭喜你終於解決第一次遇到的合併衝突！

問：如果衝突發生在一個檔案以上要怎麼辦？

答：可能跟你的預想一樣，git merge 會中途暫停並將所有發生衝突的檔案列出。你可以用自己的編輯器解決衝突，就像我們之前練習的這樣做，然後用 git add 來處理所有發生衝突的檔案。最後再執行 git commit。

削尖你的鉛筆

你有沒有辦法把 feat-a 合併到 master 後的提交歷史畫成圖像呢？我們已經幫你開頭 —— 你的任務就是要完成這張圖。

這是 feat-a 分支。

這提交是在 master 分支。

提示：B 和 C 已從後此分岐。

➡️ 答案在第 110 頁。

> 我完全無法相信這件事會固定發生。我會記得編輯一個分支的檔案。我會在另一個分支上再次遇到同樣檔案的機率有多高？

聽起來不可能，對吧？ 結果是沒那麼常。大多專案就算沒幾百個檔案，也至少會有幾十個。同時間處理多個任務並不罕見。而且你可能最後免不了還是要接觸到兩個不同分支上的同個檔案。

另一個情境是當有好幾個人開始使用 Git 當成協作工具。我們還沒有提到這個部分，但這會需要不同人同時使用不同分支。當兩個不同的人在處理同個檔案庫中兩個不同分支上的兩個不同任務，受影響的是同個檔案，他們很有可能會導致合併衝突。

合併衝突發生的頻率比你想像的還高，所以習慣就好。但是不用擔心，下一個練習會讓你成為爭端解決的專家。

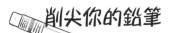 削尖你的鉛筆

回到 `headfirst-git-samples` 目錄（或你用來練習的樣本檔案庫），跟著以下步驟操作：

1. 建立一個名為 `loving-git` 的資料夾。

2. 將目錄變更到 `loving-git`，然後啟動新 Git 檔案庫。

> master 分支上的
> tribute.md
>
> ```
> # Tribute to Git
> ```

3. （使用文字編輯器）建立一個名為 `tribute.md` 的檔案，內容如下：

4. 將檔案新增到索引，然後提交該檔案。使用提交訊息「A」。

5. 建立一個名為 `improvisation` 的分支，switch 到該分支，然後編輯 `tribute.md` 檔案，內容如下：

```
# Tribute to Git
There's a version control tool called Git
When you feel like you just want to quit
Go and try something new
You can track what you do
Since you've got a great tracking kit.
```

> 這是你在 *improvisation* 的分支上的第一次編輯。

> 你可以在本章資源處找到這些檔案——檔案名為 *tribute-2.md* 和 *tribute-3.md* 。

6. 一樣地，新增並提交該檔案。提供提交檔案「B」。

7. 再次切換回 `master` 分支，將檔案編輯成如下內容：

> 這是在 *master* 分支的 *tribute.md* 檔案的第二筆編輯。

```
# Tribute to Git
There's a version-control tool called Git
For software it's an excellent fit
If your attitude ranges
Feel free to make changes
Since you've got a great tracking kit.
```

8. 再次一樣，新增並提交該檔案。本次使用提交訊息「C」。

9. 將 `improvisation` 分支合併到 `master` 分支上。你覺得有必要的話，將所有衝突解決。**當 Git 啟動你的文字編輯器，請你提供提交訊息時，記得一定要閱讀 Git 所提供的資訊。**

在合併後提交歷史看起來會變如何呢？

> 將提交圖畫在此處。

答案在第 111 頁。

清理（合併的）分支

我們還在討論的階段。很快就會輪到你要做練習了。

我們已經看過分支的一般流程 —— 你被要求新增一個功能，或是有封討厭的問題除錯信。你要建立一個分支、開始工作、如果需要的話提交，當你準備好，再把該分支合併回整合分支上。

但一段時間後，你的 Git 檔案庫中有很多分支，所以是時候該清理一下了。使用 git branch 指令你可以在 Git 中刪除分支。第一件事，**你無法刪除目前你所在的分支！**所以如果你剛好現在的位置就在想要刪除的分支上，你得先切換到另一個分支上。

用這個假的檔案庫作為範例。這檔案庫有兩個分支，整合分支 master 和名為 feat-home-screen 的功能分支。feat-home-screen 剛剛已經被合併到 master，所以我們可以安心刪除這個分支。

檔案庫中有兩個分支，而且我們目前位於 master 分支上。太好了！

```
File Edit Window Help
$ git branch
feat-home-screen
* master
```

要刪除分支，我們在 git branch 指令中附上 -d（或 --delete）的旗標，後面接著我們希望刪除的分支名稱，例如：

執行此 branch 指令。

-d 旗標緊跟在 branch 指令後。

或者你也可以使用 --delete 旗標。

git   branch -d   feat-home-screen

最後接著希望刪除的分支名稱。

Git 會回覆成功訊息，如下：

Git 回到該分支上最新提交的提交 ID。

```
File Edit Window Help
$ git branch -d feat-home-screen
Deleted branch feat-home-screen (was 64ec4a5).
```

Git 會盡力幫助使用者。這次它不只告訴你它已刪除該分支，還在後面附上該分支上最新提交的提交 ID。如果你一時不慎刪錯分支的時候，這就很有幫助。如果你突然發現你刪錯分支，你可以用 git branch 指令的變化版，讓你能提供該分支所在位置的提交 ID，例如：git branch <branch-name> <base-commit-id>。這能讓你復原錯誤刪除的分支。

削尖你的鉛筆

換你了！回到終端機上的 80s-diner 檔案庫，依序完成以下步驟：

1. 列出你所有的分支。

2. 刪除 master 以外的所有分支，但請先把你需要依序操作的步驟列出來：

➡ 答案在第 112 頁。

腦力激盪

我們曾把分支比擬為便利貼。你覺得當在你 Git 刪除分支時，這些便利貼會發生什麼事情？

沒有蠢問題

問：看起來只要我把我的工作整合完成後，我就可以刪除我的分支了。我該要再等久一點嗎？

答：不用！一開始就對了。一旦你把你的分支合併到整合分支上後，就沒必要再留著那個分支了。去吧！刪除了。

問：當我刪除分支時，出現錯誤訊息了。

答：如果出現像這樣的錯誤 error: branch not found（錯誤：未找到此分支），那你要麼拼錯分支名稱了，不然就是想要刪除早就已經刪除的分支。你可以用 git branch 列出所有的分支，確認該分支存在，然後確認名字沒打錯。

問：為什麼要刪掉這些分支？為什麼不把這些分支都留下來？

答：分支是用來處理單一事物，和其他你正在處理的東西隔開來。把分支想像成得來速咖啡杯等一次性使用的容器 —— 一旦咖啡因癮解決後，你就可以直接把容器丟掉了。

最後，如果你沒有把再也用不到的分支刪除，你的 git branch 列表會隨時間變得越來越長，你也會更難去判斷哪些是「啟動中」（active），那些是已經合併完成、不再需要的分支。而且誰不希望檔案庫乾淨又整潔呢？

稍等一會兒。在我刪除分支後，該分支上面的提交會發生什麼事情？

你問題的答案就藏在提交歷史中。

當我們提到刪除分支，我們提到的刪除分支就已經有合併過的分支。假設你在使用一個名為 feat-a 的功能分支，該分支已經剛被合併到 master 分支。花一點時間思考一下在合併後提交歷史看起來會變成怎樣：

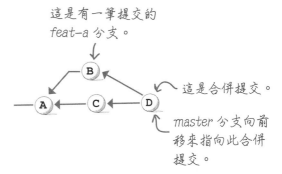

這是有一筆提交的 *feat-a* 分支。

這是合併提交。

master 分支向前移來指向此合併提交。

當你刪除 feat-a 分支時，Git 唯一的動作就是把代表 feat-a 分支的便利貼丟掉。至於提交「B」：請注意提交「D」有兩個親代「C」和「B」，**而且** master 分支的便利貼會指向提交「D」。所以「B」還是在原位，因為你的提交歷史需要該提交（請記得，此分支是提交「D」的第二個親代）。

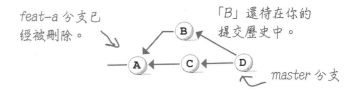

feat-a 分支已經被刪除。

「*B*」還待在你的提交歷史中。

master 分支

要記得的事情是只要一筆提交是「可達到的」——也就是，有一個指向該提交的指引（例如一個分支）、或是另一個是該提交子代並指向它——這提交就會待在你的提交歷史中。在此案例中，master 分支指向提交「D」，而「D」指向「B」。所以提交「B」待在原處。你也可以把這邏輯套用到「A」上——因為該提交有兩個指向它的提交——「B」和「C」。

刪除未合併的分支

你現在已經了解了刪除分支的影響。如果你要刪除的分支已經被合併了,那你的提交歷史就不會改變!只有代表該分支的便利貼會消失。但如果你打算要刪除一個沒有合併過的分支怎麼辦?我們來看看另一個虛構的提交歷史,我們有兩個分支,master 和 feat-b,但我們還沒把兩個合併。

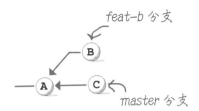

feat-b 分支

master 分支

請注意在 feat-b 分支上有個提交「B」。現在如果我們想要刪除 feat-b 分支,這就是你會看到的結果:

當你想要刪除一個未合併的分支時,Git 會出現錯誤訊息。

```
File Edit Window Help
$ git branch -d feat-b
error: The branch 'feat-b' is not fully merged.
If you are sure you want to delete it, run 'git branch -D feat-b'.
```

Git 會注意到如果你想要刪除 feat-b 分支,提交「B」就不是可到達的。換言之,沒有東西(便利貼,也就是另一個提交)指向該提交。所以它會拒絕!

現在有可能你建立分支只是要試試看一個想法,或想用不同方式解決看看一個問題,然後你不再在乎這個分支了。你可以執行分支指令並附上 -D(當然是大寫 D)旗標來強制刪除。

Git 會顯示你想要刪除的分支上最新提交的識別碼,所以你可以依照前幾頁所教的方式復原。

小心使用強制刪除的旗標。

當工作到一半的時候,有時候會忍不住去執行一個指令或是使用一個 Git 提交的選項。但對於 Git 想要告訴我們的事情,我們要很注意 —— 在此案例,Git 在告訴你們,你**將會**失去你在一個以上的提交中所做的工作。

所以下次 Git 沒有依照你要求的做,稍等一下,深呼吸一口氣,然後仔細閱讀 Git 的訊息。然後除非你很確定你要 Git 做的事情才進行下去。

一般的工作流程

目前我們已經建立分支來處理個別的任務，然後之後把它們合併回整合分支。針對分支和合併，這邊有幾種許多開發人員都採用的做法：

❶ 一般來說，把新分支建立在整合分支的提交上。

整合分支會反映所有分支上的工作。這代表你的新分支會有所有目前已經完成的工作，所以在知道開始得很順利後，你可以繼續工作下去。

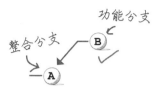

❷ 一旦完成後，合併回整合分支上。

你可能會想要晚點再合併回整合分支，但只要手上的任務已完成就合併分支吧。如果少了什麼東西，你都可以在整合分支上建立另一個分支（現在會反映你先前合併的變更）。

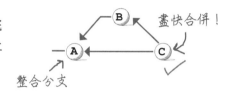

❸ 不要重複使用分支。

一般的流程包含建立新分支、完成你的工作、合併進整合分支，然後刪除該功能分支。一樣要記得，如果需要的話隨時都可以建立一個新分支。

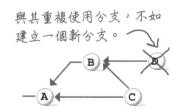

問：我怎麼知道什麼時候要建立一個新分支，何時要合併？

答：一般來說，有任何新「任務」就建立一個新分支。例如你被指派要新增一個功能或是除錯——這就是你該要建立一個新分支的象徵。一旦你的工作已符合「完成的定義」（definition of done），你就該把工作合併進整合分支。

問：我不懂。為什麼不能重複使用分支？

答：當你開始處理一個新任務時，你一定想要該專案裡面是最新的一批變更，在整合分支會隨時反映出來。另一方面，分支會越來越「舊」。

再者，Git 裡面的分支很便宜。在有向無環圖中，它們基本上只有指向提交的指引。使用分支，一旦完成手上的任務後，刪除分支！

重點摘要

- 分支是 Git 中最棒的一種功能。分支可以讓你同時間處理多個任務。

- 當使用 Git 時,你一定是在分支上工作。每個檔案庫一開始都有個分支且預設名稱為 master。

- master 分支一點也不特別。和其他你建立的分支沒有任何差異。你可以把 master 分支重新命名或刪除。

- 要用分支的主要指令是 git branch。你可以用 git branch 建立、列出、刪除分支。

- 要建立一個名為 update-profile 的分支,在 git branch 指令後附上名稱,如下:

      git branch update-profile

- git branch 讓你能建立分支,但要開始使用新分支,要用 git switch 分支。附上你想要開始使用的分支名稱,例如:

      git switch update-profile

- 把分支想像成一張包含分支名稱和該分支上最新提交 ID 的便利貼。

- 每次你在分支上提交時,Git 會更新代表該分支的便利貼,提供一個新的提交 ID。這就是分支「移動」的方式。

- 因為分支一定都會指向提交,它們提供了一個建立其他分支的方式。

- 不論你何時 switch 分支,Git 會將工作目錄覆寫來反映該分支最新提交所捕捉到的狀態。

- 在一般的流程中,(習慣來說)有些分支會被當成「整合」分支,會收集其他分支中完成的工作。

- 反之,例行性的工作則是在「功能」分支完成。每個功能分支只能用來做一件事情:例如,引進一個新功能或除錯。

- 要在整合分支中合併你已完成的工作,你將功能分支合併進整合分支。

- 最簡單的合併叫做「快轉合併」,一個分支就可以直接「追上」另一個分支。

- 另一種合併是用在合併兩個從彼此分岔出來的分支,在此情況中,Git 會建立一個合併提交。

- 合併提交就跟其他提交一樣,唯一差別在它是 Git 自己建立的提交,而且有不只一個親代,有兩個親代——第一個親代是整合分支上最新的提交,第二個親代則是功能分支上最新的提交。

- 有時候同個檔案的同一行內容在兩個被合併的分支中編輯,導致出現合併衝突。此時 Git 需要仰賴你的幫忙才能解決合併衝突。

- 你可以用 git branch 指令加上 -d(或 --delete)旗標來刪除分支。

- 如果你想要刪除沒有被合併過的分支,Git 會出現錯誤。如果你百分之百確定要刪除一個未合併的分支,你就得用 git branch 指令加上 -D(大寫 D)旗標。

- 一個分支一定是在一個提交上。如果你知道你要用來當作分支基底的提交 ID,你可以直接使用 git branch 指令附上:

      git branch branch-name commit-ID

Git branch「填字遊戲」

在進行過這些分支和合併練習後，你是不是覺得很困惑呢？休息一下，做點別的事，然後來試試看這個填字遊戲。

橫向

1 你可以在你的提交 _____ 中看見你的分支圖

3 _____ Studio Code

5 如果你合併兩個在同個檔案同行內容變更的分支，就會發生這個事情

8 _____ 分支是所有東西放在一起的地方

10 用 git _____ 指令把分支都合在一起

11 你目前位於的分支

12 當你需要獨立處理一個東西，可以建立一個這東西

13 記錄在你提交中的資訊，例如識別碼和時間戳記

14 一個不會害死你但看起來很可怕的字

15 你可以在 80 年代 _____ 體驗復古的風味

縱向

2 git _____ 指令能讓你從一個分支跳到另一個分支上

4 每個分支都會指向一個識別物（兩個英文字）

6 一種可以「往前跳」的合併（兩個英文字）

7 在 10 月，80 年代餐館有供應「德州 _____ 大屠殺」

9 Git 開發者 Linus _____

11 這個旗標能提供你許多關於指令的資訊

13 你在 Git 第一個分支的預設名稱

答案在第 113 頁。

分支

習題解答

題目在第 52 頁。

思考一下這個提交歷史。試試看你能不能發現諾恩哪裡出錯了。把你的發現寫在這:

> 因為諾恩在處理錯誤前先提交了未完成的工作,現在最新提交中的程式碼包含了他所有做到一半的變更!

程式碼重組磁貼解答

題目在第 62 頁。

親愛的!為了讓其他開發人員方便一點,我們細心地把列出既有檔案庫中所有分支、建立新分支、切換到新分支、檢查狀況一切都沒問題的所有指令都列出來了。這些磁貼不小心掉到地上了,你的工作就是要把它們擺回原位。要小心;有額外的磁貼也混進去了,而有些可以用一次以上。

這個用不到。

```
git init
```

```
git branch
```

```
git branch my-new-branch
```

```
git switch my-new-branch
```

```
git branch
```

削尖你的鉛筆解答

題目在第 63 頁。

如果你繼續待在 add-fall-menu 分支上,且又需要再多一筆提交的話,這個圖表會有什麼變化呢?

這兩個是我們在 add-fall-menu 分支上所進行的兩筆提交。

如果我們在沒有切換分支的情況下新增一個提交,該提交會出現在 add-fall-menu 分支上。

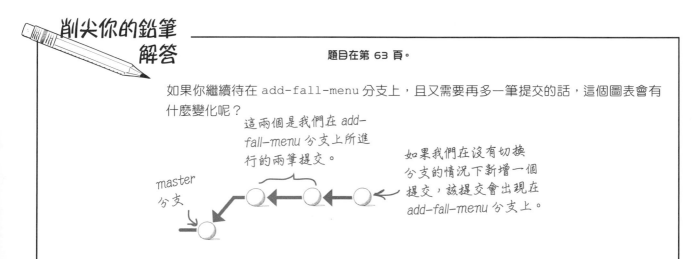

冥想時間 ─ 我是 Git 解答

題目在第 65 頁。

花一點點時間了解，Git 如何在你要切換分支時變更你的工作目錄。

一開始先打開終端機 ─── 確認自己在 80s-diner 目錄，然後用 git branch 確認自己是位於 add-fall-menu 分支。

```
File Edit Window Help
$ pwd
/headfirst-git-samples/80s-diner
$ git branch
* add-fall-menu
  master
```

提醒你這是「列出」所有檔案。

```
File Edit Window Help
$ ls
fall-menu.md
menu.md
```

現在切換到 master 分支。列出 git branch 顯示的結果：

```
File Edit Window Help
$ git branch
  add-fall-menu
* master
```

你是否也有看到這些呢？

再次列出所有檔案：

```
File Edit Window Help
$ ls
menu.md
```

最後試試看自己是否能解釋你所看到的結果。

add-fall-menu 分支最新的提交是提交 *fall-menu*.md 檔案，但這分支是源自於 *master* 分支，這分支中本來就有 *menu*.md 檔案。所以 *add-fall-menu* 檔案兩個都有：*menu*.md 和 *fall-menu*.md。但 *master* 分支裡面只有一筆提交，就是 *menu*.md 的檔案。

削尖你的鉛筆 解答

題目在第 68 頁。

再繼續前進之前，試試看你可不可以把你的提交歷史畫成圖。我們很貼心地幫你開頭，但你得自己完成。

這是 *master* 分支上第一個也是唯一一個的提交。

這是 *add-fall-menu* 分支上兩個提交之中的一個。

我們建立了新的 *add-thurs-menu* 分支，然後新增並提交新的 *thursdays-menu.md* 檔案。

冥想時間 — 我是 Git 解答

我們把之前的練習題再做一次，重新看看我們檔案庫中的所有分支，並把每一個分支中的檔案列出，這次不同的是我們有三個分支。在下面所列出的每一個視窗中，寫下執行 git branch 所得的結果，然後列出每個分支的所有檔案：

題目在第 68 頁。

```
File Edit Window Help
$ git switch add-fall-menu
$ git branch
* add-fall-menu
  add-thurs-menu
  master
$ ls
fall-menu.md  menu.md
```

把你的結果寫在這。

```
File Edit Window Help
$ git switch master
$ git branch
  add-fall-menu
  add-thurs-menu
* master
$ ls
menu.md
```

```
File Edit Window Help
$ git switch add-thurs-menu
$ git branch
  add-fall-menu
* add-thurs-menu
  master
$ ls
menu.md
thursdays-menu.md
```

削尖你的鉛筆
解答

題目在第 70 頁。

看看下方我們想像的提交關係圖,把所需的資訊填入便利貼來將分支名稱和所指向的提交 ID 連結起來。你實際上所需的便利貼可能會少於這裡的數量。

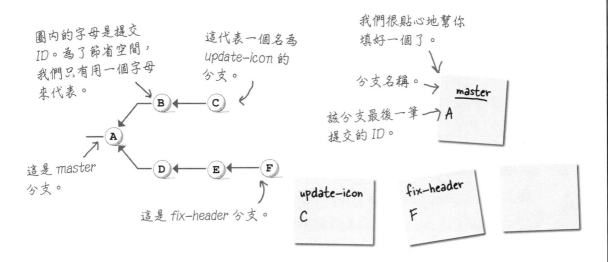

圈內的字母是提交 ID。為了節省空間,我們只有用一個字母來代表。

這代表一個名為 *update-icon* 的分支。

我們很貼心地幫你填好一個了。

分支名稱。

該分支最後一筆提交的 ID。

master
A

這是 *master* 分支。

這是 *fix-header* 分支。

update-icon
C

fix-header
F

假設我們要切換到 fix-header 分支、進行一些編輯、提交,提交後得到 ID「G」。你有辦法將上圖的變化畫出來嗎?

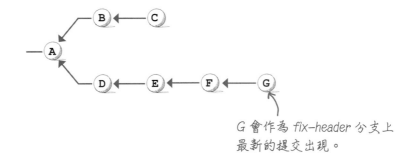

G 會作為 *fix-header* 分支上最新的提交出現。

削尖你的鉛筆
解答

題目在第 73 頁。

我們有說到許多團隊會將整合分支取名為 main 而不是 master。你能想出其他名稱嗎？在這寫下幾個名稱（歡迎用你喜歡的搜尋引擎來尋找好主意）：

develop

latest

trunk

削尖你的鉛筆
解答

題目在第 75 頁。

假設你參加了一個朋友的婚禮。你用手機拍了幾張照片，幾天後，婚禮攝影師請你把自己拍的照片寄給他。你把手機上的照片備份後再把備份寄給攝影師，這樣一來婚禮攝影師就可以把這些照片和他自己拍的照片合併在一起。

花個幾分鐘思考一下以下的問題：

➤ 誰擁有「完整」的照片？

  攝影師擁有完整一套的照片，因為他擁有自己的一套而且你又寄一份你的照片給他了。

➤ 你們之中有人遺失了照片嗎？

  不，請記得，你有把你拍的照片寄一份給攝影師了。

➤ 在這個情境中，誰是「整合」分支？

  那就是攝影師，因為攝影師在「合併」他的照片和你的照片。

習題解答

在 80s-diner 目錄中，直接執行 git branch --help（或 git help branch，兩者其一都可），然後找到關於 -v 或 --verbose 旗標的頁面，**研究一下它的功能**。

接下來，執行 git branch -v 並在這記錄分支名稱和最新的提交 ID（本章後面幾節會需要到這些資料）。

add-fall-menu   245482d update heading
add-thurs-menu   bdeeabf add thursdays menu
master   ea6b05e add the main menu

這是我們所得的結果。別忘了提交 ID 是獨一無二的。你的 ID 跟我們的一定不一樣。

題目在第 76 頁。

習題解答

我們來多展現一下我們的指令列技巧。你可以重複上一個練習題把每個分支上最近的提交 ID 列出來。提醒你可以使用 git branch -v 來查看各個分支的資料。再來做一次練習：

add-fall-menu   245482d update heading
add-thurs-menu   bdeeabf add thursdays menu
master   245482d update heading

請注意 master 從上個練習題時已為我們變更。相似地，你應該會看到 add-fall-menu 和 master 的提交 ID 是一樣的。

把這次和上次做的結果相互比較。有什麼不一樣了嗎？

因為我們把 add-fall-menu 和 master 合併在一起了，它們指向同一個提交。add-thurs-menu 保持不變。

最後，把每個分支中的檔案列出來。使用 ls 將各分支中可以看到的檔案列出，先從 master 分支開始，然後 switch 到 add-fall-menu 分支，最後就是 add-thurs-menu 分支：

master
fall-menu.md
menu.md

add-fall-menu
fall-menu.md
menu.md

add-thurs-menu
menu.md
thursdays-menu.md

題目在第 78 頁。

習題
解答

題目在第 88 頁。

另一個給你看好玩的假設提交歷史。為了解釋如何得到此結果：

✱ 我們一開始在 master 分支進行 A 提交。

✱ 然後我們建立 add-chat 分支，並進行另一筆提交，B。

✱ 我們在 B 提交上建立了 add-emojis 分支，並繼續在該分支上進行兩筆提交，C 和 D。

✱ 然後我們再次 switch 到 add-chat 分支並進行另一筆提交，E。

提交圖就像這樣：

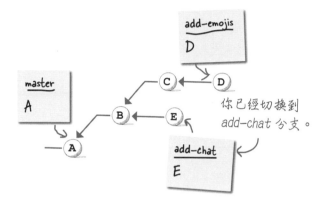

現在，我們會試圖把 add-emojis 分支合併到 add-chat 分支。換言之，add-chat 分支就是求婚者，而
add-emojis 分支就是被求婚者。這結果會是快轉合併，或這會形成一個合併提交呢？

看看提交圖，我們可以看到 add-chat 和 add-emojis 擁有一個共同的提交（B），但
它們已經從彼此分岔出去（因為在 B 後，它們都有提交）。所以這就會形成一個
合併提交。

最後，在這畫出最後的提交圖。

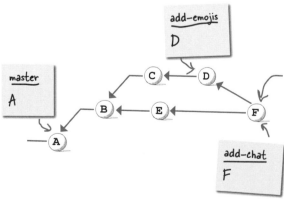

因為 add-chat 和 add-emojis
已分岔，合併會形成一個合
併提交。add-chat 現在會指
向新的提交。

削尖你的鉛筆
解答

題目在第 94 頁。

你有沒有辦法把 feat-a 合併到 master 後的提交歷史畫成圖像呢?我們已經幫你開頭 —— 你的任務就是要完成這張圖。

這是 feat-a 分支。

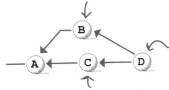

這提交是在 master 分支。

master 和 feat-a 已經分岔。所以我們如果合併它們的話會出現合併提交。

因為 D 是一個合併提交,它有兩個親代。C 是第一個親代,因為它是求婚分支 B 上的最後一個提交。B 是第二個親代。

題目在第 95 頁。

回到 `headfirst-git-samples` 目錄（或你用來練習的樣本檔案庫），跟著以下步驟操作：

1. 建立一個名為 `loving-git` 的資料夾。

2. 將目錄變更到 `loving-git`，然後啟動新 Git 檔案庫。

master 分支上的 tribute.md

3. （使用文字編輯器）建立一個名為 `tribute.md` 的檔案，內容如下：

```
# Tribute to Git
```

4. 將檔案新增到索引，然後提交該檔案。使用提交訊息「A」。

5. 建立一個名為 `improvisation` 的分支，switch 到該分支，然後編輯 `tribute.md` 檔案，內容如下：

```
# Tribute to Git
There's a version control tool called Git
When you feel like you just want to quit
Go and try something new
You can track what you do
Since you've got a great tracking kit.
```

這是你在 improvisation 的分支上的第一次編輯。

你可以在本章資源處找到這些檔案——檔案名為 tribute-2.md 和 tribute-3.md。

6. 一樣地，新增並提交該檔案。提供提交檔案「B」。

7. 再次切換回 master 分支，將檔案編輯成如下內容：

這是在 master 分支的 tribute.md 檔案的第二筆編輯。

```
# Tribute to Git
There's a version control tool called Git
For software it's an excellent fit
If your attitude ranges
Feel free to make changes
Since you've got a great tracking kit.
```

8. 再次一樣，新增並提交該檔案。本次使用提交訊息「C」。

9. 將 `improvisation` 分支合併到 master 分支上。你覺得有必要的話，將所有衝突解決。**當 Git 啟動你的文字編輯器，請你提供提交訊息時，記得一定要閱讀 Git 所提供的資訊。**

在合併後提交歷史看起來會變如何呢？

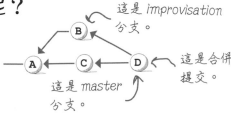

這是 improvisation 分支。

這是合併提交。

這是 master 分支。

削尖你的鉛筆
解答

題目在第 97 頁。

換你了！回到終端機上的 `80s-diner` 檔案庫，依序完成以下步驟：

1. 列出你所有的分支。

> add-fall-menu
>
> add-thurs-menu
>
> * master ←　　　你應該在 *master* 分支。

2. 刪除 `master` 以外的所有分支，但請先把你需要依序操作的步驟列出來：

> git branch -d add-fall-menu
>
> git branch -d add-thurs-menu

Git branch「填字遊戲」解答

在進行過這些分支和合併練習後，你是不是覺得很困惑呢？休息一下，做點別的事，然後來試試看這個填字遊戲。

題目在第 102 頁。

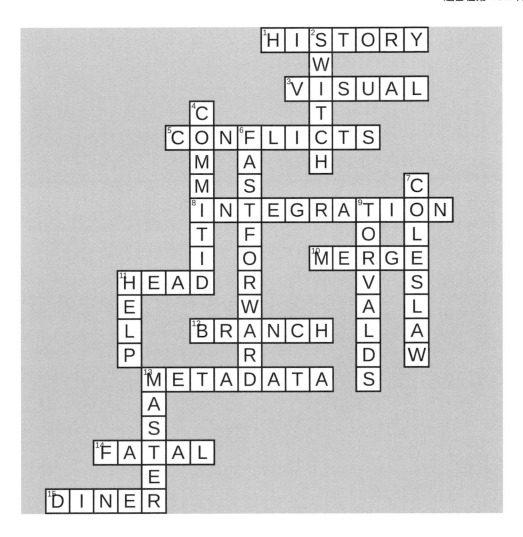

調查 Git 檔案庫

福爾摩斯偵探，準備好要著手調查了嗎？隨著你繼續使用 Git，你會需要創建分支（branch）、提交分支（commit），再合併（merge）到整合分支（integration branch）。每一次的提交就代表又往前邁進一步，提交的歷史紀錄會記錄下你前進的過程。你偶爾可能會想看一下之前是怎麼做的，又或是兩個分支分岔（diverge）開來了。本章節會告訴你 Git 如何能幫你視覺化呈現你的提交歷史紀錄。

只是看到提交歷史紀錄還不夠，Git 還能讓你知道檔案庫的變化過程。複習一下，提交就是變更；分支代表一系列的變更。你要怎麼知道不同次的提交、不同的分支、甚至不同的工作目錄（working directory）、索引（index）、物件資料庫（object database），這是本章節的另一個主題。

我們會一起進行一些真的很有趣的 Git 偵探調查行動。快來一起提升調查的技術吧！

布麗吉特出任務

請讓我們向你介紹一下布麗吉特。在過完期待已久的假期後,布麗吉特在就業市場中找工作。她需要一份履歷表,而且因為知道她可能會經過幾次迭代,她建立了一個專用的檔案庫,她開始進行她履歷表的草稿並進行提交。

她把她履歷的草稿寄給她上份工作認識的幾個朋友,他們有提供幾個修改的建議。布麗吉特認真看待她朋友提供的建議,且針對所有建立的編輯,她進行了新的提交。下面是她的提交歷史。每一筆提交都已經註記了布麗吉特進行提交時所用的提交 ID 和提交訊息。請注意她有三個分支 —— master、add-skills、edit-per-scotty。

從來沒想過在里薩的水肺潛水會這麼困難。我覺得我已經準備好要回去工作了。

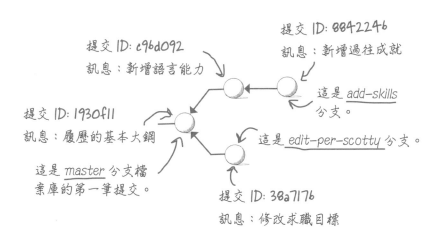

提交 ID: c96d092
訊息:新增語言能力

提交 ID: 8842246
訊息:新增過往成就

這是 *add-skills* 分支。

提交 ID: 1930f11
訊息:履歷的基本大綱

這是 *master* 分支檔案庫的第一筆提交。

這是 *edit-per-scotty* 分支。

提交 ID: 38a7176
訊息:修改求職目標

我們會用布麗吉特的檔案庫來展現本章的一些主題,所以可以在這頁夾個書籤隨時回來複習。

當布麗吉特在探討她未來的求職選項時,為什麼你不用你目前所學的技能來探討我們另一個為你設定好的檔案庫?請繼續看下一頁。

削尖你的鉛筆

答案在第 150 頁。

我們在 80 年代餐館的朋友正在準備要提交今年香菜節的最佳醬汁食譜。所有當地的餐廳都試圖想要贏得此比賽,而且一定能有很好的宣傳效果。當然,他們已經建立好一個 Git 檔案庫來記錄他們嘗試過的所有版本。

嗯,我們想辦法弄到了那個檔案庫,在本章的所有練習中你都會用到這個檔案庫。你可以在本書下載的原始檔案找到那個檔案庫,在 chapter03 內名為 recipes 的檔案。

開啟一個新的終端機視窗,確認在 recipes 目錄。看看你是否能回答以下的問題。重要訊息:在繼續下去前,請務必將你的答案和我們在本章最後的答案對照比較。

> 目前檔案庫的狀態是什麼?請列出你使用的指令和所得的結果。

如果卡住了,可以去偷看一下沒關係。

> 這個檔案庫中有多少分支?在這列出:

我覺得我們只需要一撮鹽和一根墨西哥辣椒來調味!

> 你目前位於哪個分支?

看到這張圖就表示你應在 recipes 資料夾裡工作。

提交還不夠

放輕鬆，
還沒輪到你。

假設布麗吉特想要檢查她的提交歷史 —— 她應該要怎麼做呢？你看，固定將你的工作提交給 Git 是個好辦法。你大概還記得，提交應該就是你新增到索引（或暫存區）的變更的快照。每筆提交代表當你提交時變更的狀態。

這代表提交是在特定時間所拍下的快照。因此，單單一筆提交並不會給我們太多關於專案歷史的資訊。專案歷史 —— 也就是隨著時間的演化 —— 被合併進提交歷史。

布麗吉特為了把她的提交歷史變成圖像，Git 有提供一個名為 log 的指令就是這樣的功能。git log 指令預設會列出目前分支中的所有提交，列出在最上面的會是最新的提交，後面接著親代的提交，以此類推：

你隨時可以回去看前一頁，試試看你是否能夠做得和布麗吉特的提交歷史一樣。備註：這是 *edit-per-scotty* 分支的紀錄。

```
File Edit Window Help
commit 38a7176232c73366847ac647a94617d1c49c6c9f
Author: Brigitte Strek <Brigitte@ng.com>
Date:    Thu Feb 25 12:37:19 2021 -0500

    update objective


commit 1930f11d18b3e1a1c497dd153932fee4dd2b64c5 (master)
Author: Brigitte Strek <Brigitte@ng.com>
Date:    Fri Feb 19 08:12:15 2021 -0500

    basic resume outline
```

最新的一筆提交。

提交 ID。

告訴你誰提交的。

這告訴你提交是何時進行的。

這是布麗吉特在我們提交時提供的提交訊息。

這是親代的提交。

後面接著的是提交祖先。

你可能還記得第 1 章的內容，一個提交會儲存一堆的後設資料，同時附上指向提交變更的指標。git log 指令的角色用個簡單的列表列出所有細節。

我們會提供你不會太嚇人的紀錄。很簡單而且不會太冗長。別擔心！我們會看到能夠讓結果看起來比較漂亮的幾個方式，這樣一來，不只紀錄看起來很好看，而且還能提供我們檔案庫歷史的大量資訊。

在繼續之前還有最後一個重點。git log 指令會用到分頁器，以免要顯示的提交太多超過原本提供的空間。還記得你可以使用上下的箭頭鍵來尋找提交；當完成的時候，只要按 q（代表「離開」），可以讓你回到指令提示字元處。

「q」代表「離開分頁器」。

用上下的箭頭來尋找紀錄。

我們在第 2 章也有提到分頁器。

習題

答案在第 151 頁。

是時候在 recipes 檔案庫中發揮你的 git log 技巧。開啟你的終端機（或使用上個練習題的那個）。請確保你的位置是 spicy-version 分支。使用 git log 指令，看看你可不可以回答以下針對檔案庫中三個分支的問題：

> 記得按「q」鍵來
> 離開 git 分頁器。

* 這分支上有多少提交？

* 列出每個提交 ID 的**前七個字元**和它們各自的提交訊息，請以相反的時序排列（也就是它們本來呈現的順序）。

分支：**spicy-version**

提交數：

提交列出結果：

分支：**different-base**

提交數：

提交列出結果：

記得，這是提醒你要在 recipes 資料夾的提示。

分支：**master**

提交數：

提交列出結果：

腦力激盪

請看看你在上個練習中所記錄下來的提交 ID。在檔案庫中發生什麼情況了？**提示**：一開始先將檔案庫中所有分支列出來，然後查看你記錄的提交並看看不同分支之間是否有任何共同的提交。這應該會讓你有個好的開始。

> 請用此
> 空白處
> 做筆記。

魔鏡啊魔鏡：誰是最美的紀錄？

因為 git log 指令結果是會窮盡的，所以當然還有很多不足之處，特別是當要幫忙分辨我們的專案歷史。幸運地，log 指令提供讓輸出結果更漂亮的旗標，也能讓它變得更好用。我們來看一下這些旗標及他們對輸出結果的影響。

首先，我們先截短提交 ID。要記得提交 ID 是很獨特的，且通常只要前面幾個字元就足以用來辨識提交。abbrev-commit 的旗標會只顯示出足夠的字元數來快速辨識一筆提交，這通常就是你想要的結果：

讓你深刻體會 Git 的知識浪潮。

請注意 Git 還是會用分頁器。按下字母「q」鍵可以把你帶回終端機。

HEAD 會指向你目前位於的提交。

於 git log 使用 abbrev-commit 旗標。請注意是兩個連字符號。

```
git log --abbrev-commit
```

Git 只會顯示足夠數量的提交 ID 來獨立識別每一筆提交。

```
File Edit Window Help
commit 38a7176 (HEAD -> edit-per-scotty)
Author: Brigitte Strek <Brigitte@ng.com>
Date:    Thu Feb 25 12:37:19 2021 -0500

    update objective

commit 1930f11 (master)
Author: Brigitte Strek <Brigitte@ng.com>
Date:    Fri Feb 19 08:12:15 2021 -0500

    basic resume outline
```

或許你不在乎是否能看到完整的作者和日期訊息。沒關係！git log 指令已經被 pretty 旗標所覆蓋。我們即將要使用一個名為 oneline 的內建格式選項：

Git 有一些你可使用的內建格式選項，例如 oneline，或你也可以自訂一個格式選項。隨著你越來越會使用 Git，你可以學習如何將其客製化來符合你內心的想法。就目前來說，oneline 是個好的開端。

請注意我們如何將 oneline 選項附到 pretty 旗標。

```
git log --pretty=oneline
```

```
File Edit Window Help
                  記得，HEAD 告訴你位於的
   提交 ID          提交。                          分支名稱          提交訊息
38a7176232c73366847ac647a94617d1c49c6c9f (HEAD -> edit-per-scotty) update objective
1930f11d18b3e1a1c497dd153932fee4dd2b64c5 (master) basic resume outline
```

喔唷！因為我們沒有告訴 Git 要 --abbrev-commit，我們回到顯示完整提交 ID 的方式。

現在一起了！你可以把 git log 指令中可用的旗標合併在一起，所以如果
你比較喜歡使用 abbrev-commit 旗標呈現較短的提交 ID 但你也喜歡這種
簡潔的樣子，就兩個一起用！

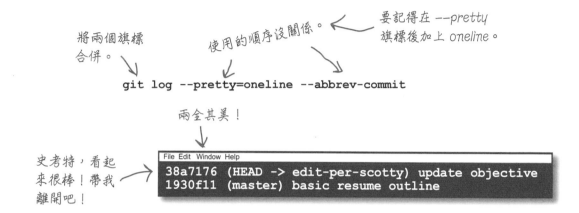

將兩個旗標
合併。

使用的順序沒關係。

要記得在 --pretty
旗標後加上 oneline。

```
git log --pretty=oneline --abbrev-commit
```

兩全其美！

史考特，看起
來很棒！帶我
離開吧！

```
File Edit Window Help
38a7176 (HEAD -> edit-per-scotty) update objective
1930f11 (master) basic resume outline
```

因為這個組合太受歡迎，Git 還有一個快捷鍵：--oneline 旗標。

我們知道這樣很令人混淆，
但 --oneline 就像是 --abbrev-
commit。這和我們看到 pretty
旗標所使用的「oneline」格式
選項並不同。

```
git log --oneline
```

和 --pretty=oneline --abbrev-
commit 產生同樣的結果。

我們真的超愛這個旗標，且我們
在本書之後都還會用到這個旗標。
強烈建議你們這樣做。

腦力
激盪

回到無使用任何旗標的 git log 所產生的結果。現在你已經知道你可以客製化輸出結果，你有沒有什
麼想要新增（或不顯示）的資訊呢？在這裡做筆記。一旦等你越用越自在後，你就會知道要怎麼客製
化 git log 來得到想要的結果。

削尖你的鉛筆

在 recipes 檔案庫來測試看看 git log 指令。一開始先開終端機,要確定位置是 recipes 資料夾。

➢ **先從 different-base 開始。** 使用 git log --oneline 並在此列出你所見的結果:

➢ 下一步是到 spicy-version 分支。

➢ 最後是 master 分支。

答案在第 152 頁。

我已經試著用 **git log** 指令配上所有你提到的方式。但我只有看到單一分支的提交。我覺得我應該要能夠看到**所有**分支的提交。對吧？

沒錯！（除了檔案庫中最一開始的提交）每筆提交都有一個指向自己親代的指標（或者，如果是個合併提交，會指向兩個親代）。所以當你執行 git log 時會發生什麼事情？嗯，Git 會看著你最後進行的提交並將該提交使用的旗標細節列出。然後會跟著指標找到親代提交並重複此步驟。重複整個流程，一直到找到的提交沒有親代的時候。

但 Git 也知道你檔案庫中有多少分支！這代表 Git 應該要可以找到*每個*分支的最新提交，並緊緊靠著親代指標追溯著該提交的族譜。

我們來看看要怎麼做到。我們懂你看到結果時會有多開心的感受。

git log 是怎麼運作的呢？

當布麗吉特看到檔案庫紀錄時會發生什麼事情呢？想像一個虛構的提交歷史 —— 內有三個分支 —— master、feat-a、feat-b。假設布麗吉特目前位於 feat-a 分支上並執行 git log 指令：

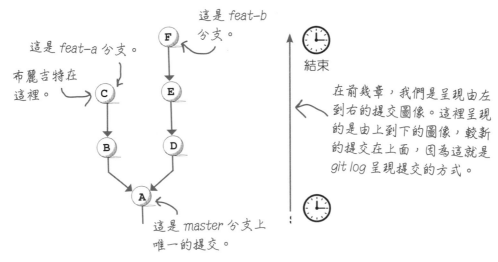

這是 feat-b 分支。

這是 feat-a 分支。

布麗吉特在這裡。

在前幾章，我們是呈現由左到右的提交圖像。這裡呈現的是由上到下的圖像，較新的提交在上面，因為這就是 git log 呈現提交的方式。

結束

這是 master 分支上唯一的提交。

因為布麗吉特位於 feat-a 分支，該分支指向的是提交「C」，git log 指令的結果就是從 C 開始。因為它看到「B」是 C 的親代，所以對「B」執行了一樣的動作。

在呈現提交「B」的細節後，Git 繼續進行提交「A」，因為它是「B」的親代提交。然而，「A」是這個檔案庫中的第一個提交，它沒有親代，所以就停在這裡。

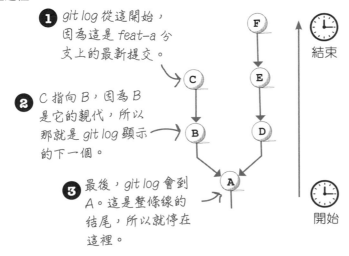

❶ git log 從這開始，因為這是 feat-a 分支上的最新提交。

❷ C 指向 B，因為 B 是它的親代，所以那就是 git log 顯示的下一個。

❸ 最後，git log 會到 A。這是整條線的結尾，所以就停在這裡。

結束

開始

讓 git log 幫你做好所有事

休息夠了！我們來看看布麗吉特要看到檔案庫中**所有分支的所有提交**要怎麼做。如果你是猜要使用更多旗標，叮叮叮！贏得大獎了！我們知道我們很都愛 `--oneline` 旗標 —— 這次我們要多加上兩個旗標，就是 `--all` 和 `--graph`。`--all` 旗標就和上面寫的一模一樣，此指令會顯示出檔案庫中的所有分支。`--graph` 旗標則是叫 `git log` 指令將所有提交以圖像顯示出來。這就是我們使用的方式：

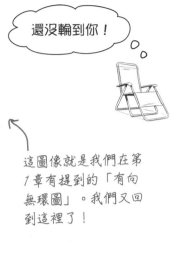

這圖像就是我們在第 1 章有提到的「有向無環圖」。我們又回到這裡了！

別忘了這個是顯示縮寫後的提交和單行呈現。

這是呈現紀錄中所有的分支。

這是把紀錄以圖像方式呈現。

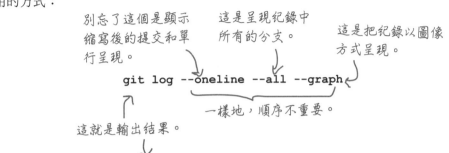

```
git log --oneline --all --graph
```

一樣地，順序不重要。

這就是輸出結果。

* 代表提交。

垂直的線「/」是指向親代提交的指標。

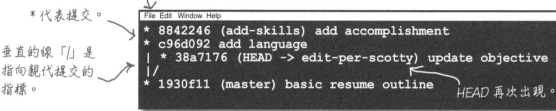

```
File  Edit  Window  Help
* 8842246 (add-skills) add accomplishment
* c96d092 add language
| * 38a7176 (HEAD -> edit-per-scotty) update objective
|/
* 1930f11 (master) basic resume outline
```

HEAD 再次出現。

這次的輸出結果很漂亮但又很簡潔。Git 顯示提交 ID 的縮寫，同時在適合的地方附上分支名稱。順序依然是從下到上，較新的提交顯示在上面。我們把這個和之前一直在用的格式對比，所以你可以看看要怎麼對照兩種。

如果你很好奇我們怎麼畫出你在本書中看到的提交圖，嗯，你現在知道了。我們超喜歡輸出圖表的方式，這是我們要看 Git 檔案庫歷史的首選方式。

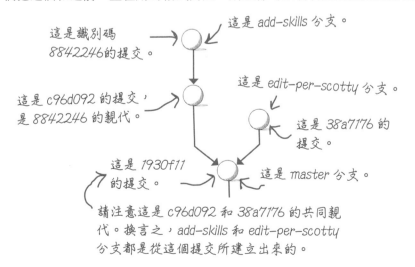

這是識別碼 8842246 的提交。

這是 add-skills 分支。

這是 c96d092 的提交，是 8842246 的親代。

這是 edit-per-scotty 分支。

這是 38a7176 的提交。

這是 1930f11 的提交。

這是 master 分支。

請注意這是 c96d092 和 38a7176 的共同親代。換言之，add-skills 和 edit-per-scotty 分支都是從這個提交所建立出來的。

這裡可以稍微喘口氣，或許可以喝杯你最愛的飲料並思考一下這些內容。這本書不會跑掉的。

習題

你已經在本書看到夠多的 Git 提交圖表了。現在輪到你要畫出 recipes 檔案庫的提交歷史。用終端機移動到 recipes 資料夾。先確認你的位置是在 **spicy-version** 分支。請用我們最愛的 git log 組合旗標：

```
git log --oneline --all --graph
```

★ 這裡有個控制台視窗讓你可以記錄輸出結果，所以你不用前前後後翻來翻去。

File Edit Window Help

★ 下一步，用我們平常的格式畫出 Git 提交歷史。我們幫你畫出開頭了 —— 你的任務就是要完成剩下的部分：

這是 5db2b68 的提交。　　這是 master 分支上的唯一提交。

答案在第 153 頁。

太好了…。所以我會把提交歷史視覺化了。雖然這圖看起來真的漂亮，但我一直不知道到底有什麼用處。我每天都要用 **Git** 的話，這對我又有何幫助呢？

在之後的章節，我們會看到如何使用 Git 與其他人協作。在這 git log 指令特別有幫助，所以我們可以看到其他人如何對專案歷史新增的方式。

啊！好問題。 我們檔案庫的提交歷史顯示了檔案庫隨著時間所發生的演變。隨著我們的作品持續進展，我們會持續地進行提交。這些照著順序的提交代表我們正在工作上的分支提交歷史。或許在飛行中，我們會有好幾個類似的分支。時間一久，我們會建立許多這種分支，然後將它們合併為整合分支。對於歷時較久的專案，很容易就會忘記何時發生什麼事情。這就是 git log 好用的地方 —— 把這個想像成我們專案的自動做筆記工具。

此外，我們可以輕鬆回答像「我的分支已經從整合分支分岔出去了嗎？」或「這是快轉合併？」這類的問題，只要看我們分支的提交歷史和想要合併進去的分支就可以了。

最後，別忘記我們進行的每筆提交反映了我們以提交方式所新增到 Git 記憶體的一批變更。換言之，每筆提交和其他提交在某些方面有所不同。而且偶爾我們都會想要知道兩筆提交之間的差異，甚至是兩個分支之間的差異。所以我們是怎麼做到的？嗯，為了要比較兩筆提交，我們會需要：

1. 一個辨識我們想要比較事物的方式，就是提交 ID。我們知道 git log 可以做到。

2. 一個可以比較兩個事物的方式 —— 這就是我們下一個要討論的主題。

布麗吉特找工作找得沒那麼順利,所以她決定要找一位獨立職涯教練(也就是招募專家)。在和教練進行一場真正地個人談話後,她收到了一些編輯建議。

嘿!根據我們的談話,我已經對你的履歷進行一些編輯。請看一下並趕快告訴我你的想法!我們應該很快就能幫你安排到一場面試。

布麗吉特史崔克

工作目標
善用我的語言能力擔任傳播長一職。

語言能力
英語(母語)
~~羅慕蘭語(初級)~~ 克林貢語(精通)

教育背景
加州舊金山星際艦隊學院
2018 年畢業,畢業生致詞代表

工作經驗
2018-2020 聯邦星際戰艦亞特蘭提斯號 – 通訊官
轉接傳入之子空間通訊至正確的人員
^所有

resume.md

布麗吉特的「獨立職涯教練」

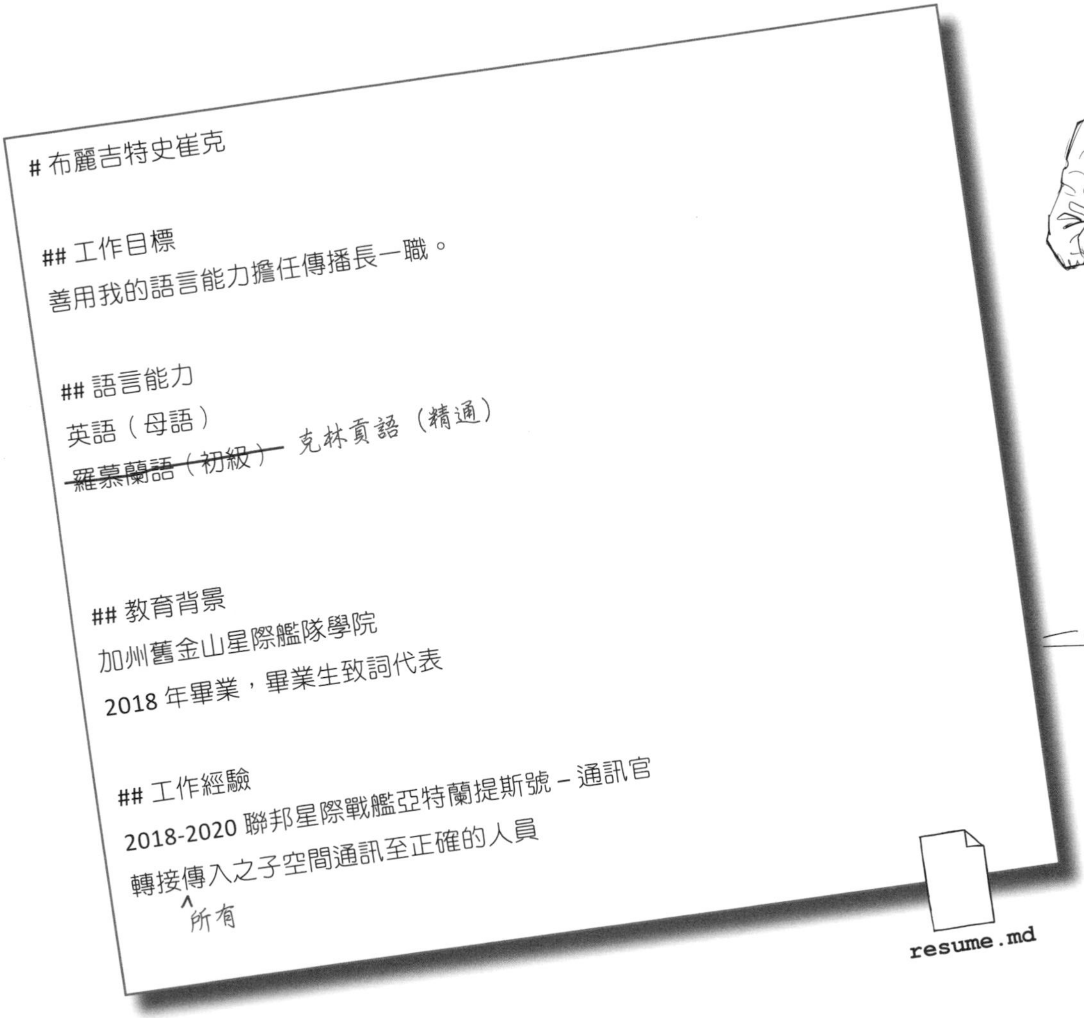

布麗吉特接受教練的手寫建議,並在她檔案庫中的 resume.md 檔案進行變更。我們來看看她要怎麼用 Git 來分辨她的版本和教練寄給她的編輯建議有什麼差異。

小喫一下你最愛的飲料。等等會有練習題給你做。

到底有何不同？

既然我們的主題是要尋找差異，我們就來談談我們所謂的「不同」是什麼意思？

Git 檔案庫的角色（任何一個都一樣）就是要追蹤檔案的內容。你可以在做作品的過程中建立新檔案或編輯、移動、刪除現有的檔案，或許中途還會隨時提交。所以是什麼促成了不同？

嗯，如果 Git 知道一個檔案（或一批檔案）的樣子，然後你對該檔案進行變更，現在 Git 可以幫助你了解什麼被變更了。別忘了 —— Git 要知道一個檔案的樣子就得追蹤那個檔案，在那個檔案，某個時間的時候，你會新增一個特定檔案到 Git 索引或提交那個檔案。

我們在第 1 章有討論過已追蹤和未追蹤檔案。

我們把這個變得更明確一點 —— 假設這就是布麗吉特在編輯過履歷後檔案庫的狀態：

```
File Edit Window Help
$ git status
On branch edit-per-scotty          Git 告訴我們這個檔案
Changes not staged for commit:      並不是暫存檔案。
  (use "git add <file>..." to update what will be committed)
  (use "git restore <file>..." to discard changes in working directory)
        modified:    resume.md
```

為了讓你加深印象，隨著你的檔案從工作目錄移動到索引，最後到你提交時，Git 會對你的檔案指派不同的狀態。

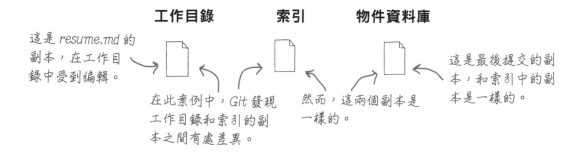

工作目錄　　**索引**　　**物件資料庫**

這是 resume.md 的副本，在工作目錄中受到編輯。

在此案例中，Git 發現工作目錄和索引的副本之間有處差異。

然而，這兩個副本是一樣的。

這是最後提交的副本，和索引中的副本是一樣的。

我們可以從 Git 的狀態報告中得知一些事情 —— 其一，該檔案是 Git「追蹤中」的檔案（因為這檔案並沒有被標記為「未追蹤」）。Git 也會回報該檔案已經被編輯過但並無暫存 —— 所以這檔案曾經被提交過，但是布麗吉特在那之後曾經編輯過該檔案。然而，她並還沒有把那個檔案新增到索引。

但是該檔案以什麼方式改變了呢？這就是 `git diff` 指令派上用場的時候了。

檔案差異視覺化

git diff 指令就是「差異」（difference）的簡寫。此指令可以用來尋找 Git 中各種事物之間的差異 —— 換言之，比較。如果布麗吉特有在她的檔案庫中執行 git diff 指令，這就是她會看到的狀況：

就像 *git log*，*git diff* 會用到分頁器。按下「q」即可離開。

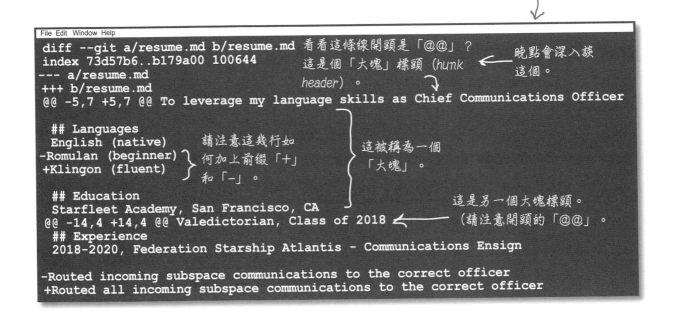

在我們進展到細節之前，我們從大觀點的角度來看看 Git 在做什麼。在檔案庫中執行 git diff 會比較在 Git 索引和工作目錄中的版本。這樣的安排很重要！你可以把這個想像成索引中的版本是「舊」版本，而工作目錄中的版本是「新」版本。

因為布麗吉特（基於職涯教練提供的建議）編輯了她的履歷，但是還沒把該檔案新增到索引內，git diff 指令會看到並標記這些差異。

要注意的是，雖然布麗吉特的檔案庫中只有一個檔案，但很多檔案庫內都有很多檔案和許多變更。所以 Git 會告訴我們一個檔案的所有差異，該檔案後跟著下一個檔案。即使是在單一檔案內，Git 也會試著一次要把一個區塊（或「大塊」）展示給我們看。

總結來說 —— git diff 指令的輸出結果一次只有一個檔案，分成不同區塊的變更，每一個區塊就稱為大塊（*hunk*）。接下來，我們拉近看。

為什麼工作目錄中的版本是「新」版本？因為你才剛在工作目錄中編輯過該檔案，讓該檔案變成「新」版本。

檔案差異視覺化：一次一個檔案

Git 每次看到索引內的檔案和工作目錄中的檔案有差異時，Git 會顯示兩者之間差異的資訊：

> 這就是我們之所以有辦法知道 *Git* 正在比較哪兩個檔案的名稱的方式。

```
diff --git a/resume.md b/resume.md
```

Git 在告訴你它正在比較（索引中的）resume.md 檔案和（工作目錄中的）resume.md 檔案。這裡，「a」版本是索引中的 resume.md 檔案（舊版本）在和新版本的 resume.md 檔案比較（以「b」註明）。

後面接著一串順序奇怪的字元：

> 你可以忽略這行資訊——你大概平常使用都不會需要這個。

```
index 73d57b6..b179a00 100644
```

接下來你可以將兩行想像成一個圖例—— git diff 指令的輸出結果告訴我們，如果看到一行的前綴是「-」的話，該行資訊則是屬於 resume.md 的「a」（舊）版本，而前綴是「+」的行列則是檔案的「b」（新）版本。

> 這是另一個重點。*Git* 正在告訴你任何前綴為減號（「-」）是來自「a」版本，在此案例中就是 *Git* 索引中的那個版本。一樣地，任何前綴為加號（「+」）是工作目錄中的版本。

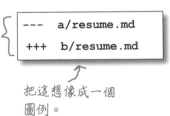

```
---   a/resume.md
+++   b/resume.md
```

> 把這想像成一個圖例。

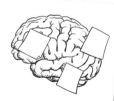

便利
貼起來

玫瑰是紅色、紫羅蘭是藍色的，
「a」版本是舊的，
「b」版本是新的。

所有這一切設定好了背景。我們知道我們正在看 resume.md 檔案的「diff」，檔案內有我們上次將它新增到索引後的所有變更。Git 目前所知的變更——就是儲存在索引內的變更——前綴著「-」，且我們剛剛引入工作目錄中檔案的變更則是以「+」為前綴。

檔案差異視覺化：一次一大塊

現在我們來看看輸出結果剩下的部分並一點一點地梳理。Git 不會在 `git diff` 輸出結果顯示完整的檔案 —— 如果那個檔案裡面有幾千行資訊的話就沒用了吧，對吧？反之，它選擇顯示該檔案有變更的部分（大塊）。為了要提供一些上下文，Git 告訴我們開始的行數（此案例中為第 5 行），以及在此大塊中顯示了多少行數（7 行）。Git 試著從附近的行列中顯示一些文字，所以我們可以試著辨識出這個變更要怎麼才能套用到整體的情況。

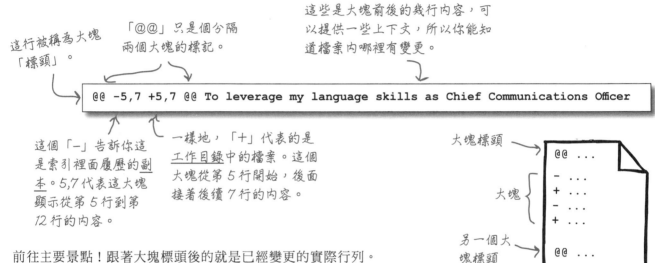

這行被稱為大塊「標頭」。

「@@」只是個分隔兩個大塊的標記。

這些是大塊前後的幾行內容，可以提供一些上下文，所以你能知道檔案內哪裡有變更。

```
@@ -5,7 +5,7 @@ To leverage my language skills as Chief Communications Officer
```

這個「-」告訴你這是索引裡面履歷的副本。5,7 代表這大塊顯示從第 5 行到第 12 行的內容。

一樣地，「+」代表的是工作目錄中的檔案。這個大塊從第 5 行開始，後面接著後續 7 行的內容。

大塊標頭 → @@ ...
大塊 { - ... / + ... / - ... / + ... }
另一個大塊標頭 → @@ ...
大塊 → - ... / + ...

前往主要景點！跟著大塊標頭後的就是已經變更的實際行列。只要記得 —— 前綴為「-」（減號）的行列是位於索引內（舊版本）—— 前綴為「+」（加號）的行列是位於工作目錄內（新版本）。

這裡的「-」告訴你這在 Git 索引中這行看起來的樣子；後面接續著「+」，就是在工作目錄中該行看起來的樣子。

```
## Languages
English (native)
-Romulan (beginner)
+Klingon (fluent)
```

如果這樣有幫助的話，想想當你把這檔案新增到索引時會發生什麼事。所有前面有「-」的行列會被那些前面有「+」的行列所覆寫。

Git 只會顯示大塊，因為它需要向我們展現該檔案中不同部分有何差異。那代表一方面如果我們在一個大檔案中只有一個變更，我們只會看到一個大塊。或者，如果我們在判斷差異的檔案內容很長並有很多變更，我們就會看到多很多大塊。

如果你往回翻，查看 diff 輸出結果，你會注意到 Git 使用兩個大塊來顯示所有的差異。

問：我很習慣使用視覺化差異對比工具。為什麼我不能直接用些我比較熟悉的東西？

答：有許多工具可以用視覺化且吸引人的方式顯示差異，而 Git 有支援很多這類的工具。Git 有一個名為 `difftool` 的指令，可以用外部的差異對比工具來呈現變更。它也可以讓你配置要用哪個工具來比較檔案。你可以用 `git difftool --tool-help` 來查看可用的旗標，也可設定 Git 使用特定的工具來顯示差異。然而，在本書中，我們會堅持用 Git 提供給你可以直接使用的工具。

另一個你要習慣 `git diff` 指令輸出結果的原因就是根據環境，你不一定有辦法用那個你已經習慣使用的工具。或許你正在用伺服器或同事的裝置。然而，如你所知 `git diff` 一定都可以用。

問：是只有我嗎？還是差異輸出結果比原本的情況還要更長才對？

答：我們也有同感。要花點時間來習慣 `git diff` 指令的輸出結果，而且看起來一定很複雜。然而，一次看一部分會有幫助。Git 會整理不同大塊中的輸出結果，這會非常有幫助。我們保證 —— 這會變更輕鬆。

讓差異更好入眼

大多的 Git 指令會提供多種旗標。我們已經看到一些 `git log` 指令可用的旗標了。還有一個你可能會想要用看看的旗標，能讓差異看起來更好看。

`git diff --word-diff`

這顯示單獨文字和行列的差異有何不同。

```
diff --git a/resume.md b/resume.md
index 73d57b6..b179a00 100644
--- a/resume.md
+++ b/resume.md
@@ -5,7 +5,7 @@ To leverage my language skills as Chief Communications Officer

## Languages
English (native)
[-Romulan (beginner)-]{+Klingon (fluent)+}

## Education
Starfleet Academy, San Francisco, CA
@@ -14,4 +14,4 @@ Valedictorian, Class of 2018
## Experience
2018-2020, Federation Starship Atlantis - Communications Ensign

Routed {+all+} incoming subspace communications to the correct officer
```

所有的標頭資訊都是一樣的。

請注意 Git 如何呈現彼此旁邊的文字變更。

一樣地，這個變更是文字層級的變更。

要選哪個旗標都可以，最適合自己的就好。我們兩個都很喜歡 —— 就不選邊站了。

習題

為什麼你不對這醬料食譜修改一下呢?這樣你就能用 `diff` 指令了。先從 recipes 檔案庫開始,並確定你目前的位置是 spicy-version。

我們上一次試做這個食譜時,我們覺得這個醬汁不夠猛,所以我們要對 saucy.md 檔案進行以下的變更:

這些是我們建議 *saucy.md* 檔案要進行的編輯。

辣綠猛機

食材
1/2 杯 - 原味優格
3-4 瓣 - 大蒜
2 杯 - 切碎香菜
1/4 杯 - 橄欖油
1/4 杯 - 萊姆汁
~~1 撮鹽~~ 2 撮 - 鹽
~~1 根去籽墨西哥辣椒~~ 2 根 - 去籽墨西哥辣椒

步驟   希望的稠度
將所有食材加到食物調理機中。混合所有食材,直到滑順的程度。

saucy.md

你的首要任務就是將你檔案庫中內的 saucy.md 檔案進行這些變更。完成後請務必儲存檔案,然後再翻到下一頁。

下一頁繼續…

習題

在上一頁，你已經編輯了檔案庫中的 saucy.md 檔案。我們已經在下面提供執行 git diff 後所得的結果。你的任務就是要註記此結果，並將 diff 結果想要告訴我們的東西標記起來（別擔心 —— 開頭我們已經幫你完成了）。

```
diff --git a/saucy.md b/saucy.md
index 20b7e5a..8d49c34 100644
--- a/saucy.md
+++ b/saucy.md
@@ -6,8 +6,8 @@
 2 cups - Chopped cilantro
 1/4 cup - Olive oil
 1/4 cup - Lime juice
-1 pinch - Salt
-1 - Jalapeno, deseeded
+2 pinches - Salt
+2 - Jalapenos, deseeded


 ## Instructions
-Add all ingredients to a blender. Mix until smooth.
+Add all ingredients to a blender. Mix until desired consistency.
```

← 我們正在比較索引中 saucy.md 檔案版本和工作目錄中的版本。

← 「a」代表索引中的版本，而「b」代表工作目錄中的版本。

➤ 答案在第 154 頁。

腦力激盪

git diff 指令可以告訴我們之前放在索引中的檔案（而且可能已提交）和工作目錄裡面的檔案有何差異。如果你要把 saucy.md 檔案新增到索引，然後在 recipes 檔案庫中執行 git diff 指令，你覺得輸出結果會是怎麼樣？

> 職涯教練做得很好。我的履歷現在看起來好很多。要出門買一些關於面試準備的書,所以我可以有起步的優勢。祝我幸福吧!

快速分享一下布麗吉特找工作的狀況 —— 她真的很喜歡獨立職涯教練(招募人員)提供給她的建議。所以她使用 git add 指令把 resume.md 檔案新增到索引。她準備好要提交,但她真的想要確保只會提交到職涯教練建議的變更。但當她試圖執行 git diff,卻無輸出結果!

哎呀!

嗯,我們來看看她的檔案庫發生什麼事情了,看看我們是否能幫忙一下布麗吉特。她在面試前有很多要準備,就怕突然有電話打來。

差異化暫存變更

git diff 指令的預設行為是比較索引和工作目錄內檔案的內容並呈現之間的差異。現在,布麗吉特已經將所有工作目錄中的檔案新增到索引。這是她檔案庫中檔案的狀態:

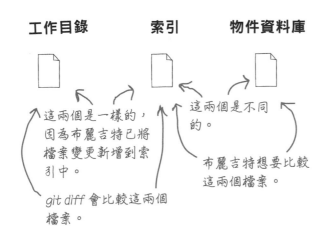

工作目錄　　　　索引　　　物件資料庫

這兩個是一樣的,因為布麗吉特已將檔案變更新增到索引中。

git diff 會比較這兩個檔案。

這兩個是不同的。

布麗吉特想要比較這兩個檔案。

差異化暫存變更（續）

因為在布麗吉特將所有檔案新增到索引後，工作目錄和索引裡面的內容變成一樣的，git diff 指令回報無任何差異。所以她要怎麼知道她現在要提交的是什麼？

布麗吉特還是可以使用 git diff 指令來比較她上次提交到索引裡面的內容，只是這次她會需要附上「--cached」旗標：

git diff --cached ← 這會叫 *Git* 比較物件資料庫內和索引內的內容。

當她執行此指令時，以下就是顯示出來的結果。

認真寫程式

Git diff 有 另 一 個 旗 標 --staged，網路上的教學影片或部落格文章都會提到這個旗標。--staged 和 --cached 是同義詞。選你喜歡的那個就好。

```
diff --git a/resume.md b/resume.md
index 73d57b6..b179a00 100644          這裡的「a」是物件資料
--- a/resume.md                        庫內容的標記。「b」則
+++ b/resume.md ←                      是索引內容的標記。
@@ -5,7 +5,7 @@ To leverage my language skills as Chief Communications Officer


  ## Languages
  English (native)
-Romulan (beginner)          之前提交的這行前綴有「-」，
+Klingon (fluent)            而索引內的這行前綴為「+」。


  ## Education
  Starfleet Academy, San Francisco, CA
@@ -14,4 +14,4 @@ Valedictorian, Class of 2018
  ## Experience
  2018-2020, Federation Starship Atlantis - Communications Ensign


-Routed incoming subspace communications to the correct officer
+Routed all incoming subspace communications to the correct officer
```

請記得這個輸出結果和她第一次執行 git diff（無旗標）的結果差異並不大。git diff 和 git diff --cached 之間最顯著的差異，就是前者我們是比較索引和工作目錄，而後者則是比較先前提交的版本和索引的差別。

在看到這個差異之後，布麗吉特對於她即將提供的變更很滿意。所以她就這樣做了，她用 git commit 指令並附上訊息「edit per recruiter」（根據職涯教練建議的編輯）。好了！現在面試準備的書跑去哪了？

削尖你的鉛筆

在上個練習題中，你編輯了 saucy.md 檔案。現在直接去把 saucy.md 檔案新增到索引（請確定自己所處位置是 **spicy-version**）。

➤ 一開始先將工作目錄、索引、物件資料庫的狀態畫出來。開頭我們已經幫你完成了 —— 你的任務就是完成後續。

工作目錄　　　**索引**　　　**物件資料庫**

這是 saucy.md 檔案。

➤ 執行 git diff。檔案之間是否有任何差異？為什麼？將你的解釋寫在此處：

➤ 執行 git diff --cached。檔案之間是否有任何差異？一樣，為什麼？

答案在第 155 頁。

習題

為了讓後續的部分變得更順利，請前往並提交索引內的變更（一樣，請確定自己在 spicy-version）。使用「add punch」（加入力量）的訊息。請記得在提交前後用 git status 檢查狀態！這裡有一些空白 —— 請把這當成筆記紙，寫下你要用的指令。請依使用順序排列：

答案在第 155 頁。

差異化分支

布麗吉特最近很認真讀書，希望時間到的時候，可以面試成功。布麗吉特對於職涯教練建議的修改非常高興。她很樂意編輯她的履歷，然後她在 edit-per-scotty 分支上提交，附上提交訊息「edit per recruiter」（根據職涯教練建議的編輯）。現在她有三個分支 —— add-skills、edit-per-scotty、master。如果她想要知道 add-skills 和 edit-per-scotty 分支之間有什麼變更，該怎麼做呢？

git diff 又來救援了！你可以使用 git diff 指令來比較兩個分支。

很快就有練習題了！目前還沒有練習。

我們正在用 *git log --oneline --all --graph*。

```
File Edit Window Help
* 846c398 (HEAD -> edit-per-scotty) edit per recruiter
* 38a7176 update objective
| * 39afa28 (add-skills) add accomplishment
| * 585bd1c add language
|/
* 1930f11 (master) basic resume outline
```

請注意布麗吉特的最新提交。

我們在原本履歷資料夾內的副本進行提交，名為 *resume-final*。你可以在本書下載的目錄中找到此檔案。

布麗吉特位於 edit-per-scotty 分支（她用 git branch 來確認）。她準備要將 add-skills 分支合併到 edit-per-scotty 分支，但她想要確認她會知道最後結果是什麼。她可以用 edit-per-scotty 與 add-skills 比較，如下：

提供你想要比較的兩個分支名稱作為 *git diff* 指令的引數。

```
git diff edit-per-scotty add-skills
```

這常常被指稱為「標的」(target)。

這是「來源」(source)。

如果布麗吉特想要將 add-skills 分支合併進 edit-per-scotty 分支，然後這樣很合理，add-skills 分支是「來源」，edit-per-scotty 分支是「標的」。為了比較兩者，先指定 edit-per-scotty 讓它變成標記，後面的 add-skills 就是來源。

但在執行差異化之前，我們先確認一下自己確切知道正在比較的是什麼內容⋯

你也許已經猜到了，你也可以在這使用 --word-diff 旗標。

差異化分支（續）

一個分支是用來捕捉一個單一單元的工作。通常在準備將工作合併到另一個分支前，你會在同個分支上進行好幾次提交。所以當布麗吉特用 add-skills 分支比較 edit-per-scotty 分支時代表什麼意義呢？

當你比較兩個分支時，Git 會直接比較每一個分支上的最新一批提交 —— 這些通常被指稱為分支上的「*tips*」。這就是比較兩個分支看起來的樣子：

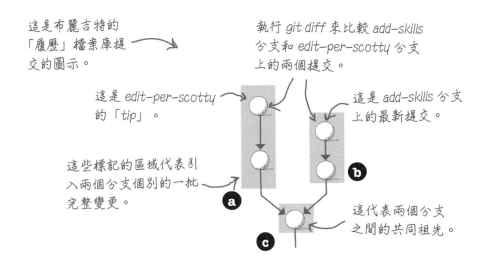

這是布麗吉特的「履歷」檔案庫提交的圖示。

執行 *git diff* 來比較 *add-skills* 分支和 *edit-per-scotty* 分支上的兩個提交。

這是 *edit-per-scotty* 的「*tip*」。

這是 *add-skills* 分支上的最新提交。

這些標記的區域代表引入兩個分支個別的一批完整變更。

這代表兩個分支之間的共同祖先。

在一個分支中的每個提交是建立於之前的提交上面。這代表當你比較兩個分支的 tips，你其實是在比較引進各分支的一批完整變更。在上圖中，由 edit-per-scotty 分支所引進的變更被標記為「a」，add-skills 分支中的所有變更則是被標記為「b」。請注意兩個分支是源自於 master 分支。這批變更因此是兩個分支之間共用的，以「c」標記。以下是用文氏圖所呈現出的 git diff 指令結果。

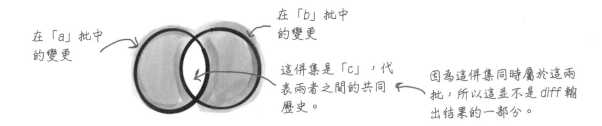

在「a」批中的變更

在「b」批中的變更

這併集是「c」，代表兩者之間的共同歷史。

因為這併集同時屬於這兩批，所以這並不是 diff 輸出結果的一部分。

現在你知道 git diff 指令的輸出結果代表了什麼。然後我們來看一下，當我們真的在布麗吉特的檔案庫中執行 git diff 指令後會得什麼結果。

差異化分支（我們快到了！）

溫馨提醒一下，這是布麗吉特所執行的指令：

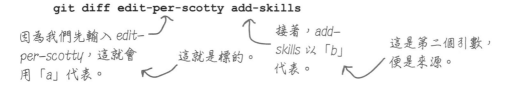

```
git diff edit-per-scotty add-skills
```

因為我們先輸入 edit-per-scotty，這就會用「a」代表。　　這就是標的。

接著，add-skills 以「b」代表。

這是第二個引數，便是來源。

這就是她會看到的結果：

「a」代表 edit-per-scotty 分支中的變更。

「b」代表 add-skills 分支中的變更。

edit-per-scotty 分支中的所有變更都會以「-」前綴。

add-skills 分支中的所有變更都會以「+」前綴。

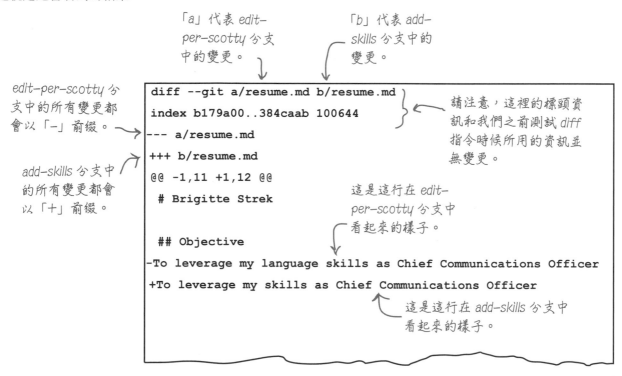

```
diff --git a/resume.md b/resume.md
index b179a00..384caab 100644
--- a/resume.md
+++ b/resume.md
@@ -1,11 +1,12 @@
 # Brigitte Strek

 ## Objective
-To leverage my language skills as Chief Communications Officer
+To leverage my skills as Chief Communications Officer
```

請注意，這裡的標頭資訊和我們之前測試 diff 指令時候所用的資訊並無變更。

這是這行在 edit-per-scotty 分支中看起來的樣子。

這是這行在 add-skills 分支中看起來的樣子。

要結束了。尋找兩個分支之間的差異，和比較索引和工作目錄之間的差異並不大，跟比較物件資料庫和索引之間的差異也差不多。

腦力激盪

如果你把分支名稱的順序交換過來，git diff 的輸出結果會有什麼變化呢？如果想要的話可以試試看。你有沒有做對呢？

問：我記得在我們之前測試 git diff 有看過「a」和「b」的檔案標記。這些是否也是代表一批的變更呢？

答：沒錯！不論何時執行 git diff 指令，你都會有在比較的兩「批」變更。當你執行 git diff（無引數），你就是在比較索引（標記為「a」）和工作目錄（標記為「b」）。類似的情況，當你執行 git diff --cached，物件資料庫被標記為「a」而索引被標記為「b」。

歡迎再回去看看我們測試 git diff 和 git diff --cached 的練習，想想看文氏圖的比喻要怎麼套用在上面。

問：git 指令能不能讓我知道，當我實際上合併兩個分支時會不會有合併衝突呢？

答：沒辦法。記得，diff 代表「差異」（difference）。比較兩個分支會讓我們知道它們之間有什麼不一樣。從另一角度來說，合併就是一種聯合。這差異會告訴你分支看起來和彼此有何不一樣，在合併兩個之前先了解或許是件好事。

為了回答這問題：要知道會不會有合併衝突最好的方式就是…嗯…合併。

比較分支時要小心！

git diff 指令不一定要打上兩個分別的分支名稱。你可以只提供一個單一分支的名稱，好像是可行的。但當你這樣做時，Git 會要你，結果可能會很令人混淆。假設你執行以下指令：

git diff add-skills　　　　　相較於　　　　　**git diff edit-per-scotty add-skills**

因為 Git 在左邊的版本中只有得到一個分支名稱，Git 假設你想要比較該分支和工作目錄！也就是說，你比較的不是兩個分支，反而你是在比較提供的分支與工作目錄的目前狀態。再者，順序現在顛倒了！

Git 假設你指示的第二個引數是工作目錄。

如果你有修改工作目錄或索引裡面的檔案，會更令人混淆，因為在 diff 的輸出結果也會呈現出那些差異。

git diff add-skills <working-directory>

add-skills 這次是「a」。

這個現在是標的。

而工作目錄是「b」。

而這是來源。

你大概也知道，因為引數的順序顛倒，加號（+）和減號（-）就會顛倒過來。所以最好在執行 git diff 指令時提供明確的引數，這樣你就能知道到底在比較什麼。

削尖你的鉛筆

前往 recipes 資料夾。在之前的練習題中，我們把我們的變更提交到 spicy-version 分支上的 saucy.md 檔案。這裡有以下指令所得的結果。你的任務就是註解這個結果：

git diff spicy-version different-base

```
diff --git a/saucy.md b/saucy.md
index 8d49c34..3f421be 100644
--- a/saucy.md
+++ b/saucy.md
@@ -1,13 +1,12 @@
-# Spicy Green Mean Machine
+# Call me Cilly

  ## Ingredients
-1/2 cup - Plain yogurt
+1/2 cup - Sour cream
  3-4 cloves - Garlic
  2 cups - Chopped cilantro
  1/4 cup - Olive oil
  1/4 cup - Lime juice
-2 pinches - Salt
-2 - Jalapenos, deseeded
+1/2 pinch - Salt

  ## Instructions
-Add all ingredients to a blender. Mix until desired consistency.
+Add all ingredients to a blender. Mix until smooth.
```

答案在第 156 頁。

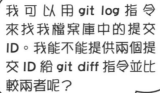

我可以用 **git log** 指令來找我檔案庫中的提交 ID。我能不能提供兩個提交 ID 給 **git diff** 指令並比較兩者呢？

叮叮叮！ `git diff` 指令真的就像是一把多功能口袋刀一樣萬用。我們已經看到如何比較工作目錄和索引、索引和物件資料庫。然後我們也看到如何比較兩個分支。

重點是，你可以使用 `diff` 指令來比較任何東西，包含兩個不同的提交。

所以問題是 —— 為什麼你要這樣做？嗯，假設你在一個分支上努力的工作且進行了一系列的提交。或許你想要看一個分支上兩個提交之間有什麼改變。或許你只是想要比較任意兩個提交。

認真寫程式

還有許多 Git 指令，任何單一本書都不可能窮盡。隨著你持續於 Git 的旅程前進並學到更多進階的指令（我想到 `git cherry-pick`，這指令能讓你把提交從一個分支移到另一個分支），這種比較提交的能力將會派上用場。如果你對摘櫻桃提交（**cherry-picking commits**）很有興趣的話，可以去偷偷看一下附錄。

差異化提交

布麗吉特對於她最近在 `edit-per-scotty` 分支上的提交和在它之前的提交有何
變化很感興趣。下方是布麗吉特的提交紀錄：

這就是我們想
要的提交 ID。

這是 *git log --oneline
--graph --all* 的結果。

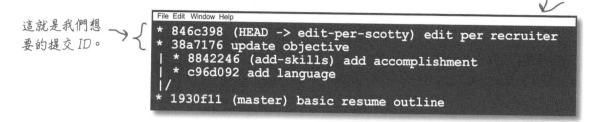

```
File Edit Window Help
* 846c398 (HEAD -> edit-per-scotty) edit per recruiter
* 38a7176 update objective
| * 8842246 (add-skills) add accomplishment
| * c96d092 add language
|/
* 1930f11 (master) basic resume outline
```

布麗吉特想要比較 ID `846c398` 的提交和在它之前 ID 是 `38a7176` 的提交。提交
的順序正確與否很重要 —— 如果你想知道自上個提交後有什麼變更，那最新的提
交應該就是「來源」，例如：

這是「標的」。

請注意最新的提交是
第二個引數，也就是
「來源」。

git diff 38a7176 846c398

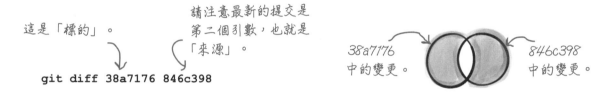

38a7176
中的變更。

846c398
中的變更。

想一下 —— 標的中的變更（文氏圖中的左半塊）都會以減號（-）出現，來源中的
變更（右手邊）則以加號（+）出現。為了看到在最新的提交中「新增」了什麼，
你會想要把提供 ID 放在第二位，因為差異會以加號前綴呈現出來。輸出結果會跟
其他我們目前所見 `diff` 指令的結果很相似，所以我們就跳過這個。

使用 `diff` 指令布麗吉特就可以比較她檔案庫中的任意兩個提交。它們不一定要
是親子關係，也不一定要在同個分支！

認真寫程式

我們在之前有提過這個，但就像 `git status` 和 `git branch` 指令（無引數），`git log` 和 `git
diff` 指令很安全。也就是說，它們只有「要求」你的檔案庫提供資訊 —— 它們不會以任何方式改變檔案
庫，因此你可以根據需要隨時使用它們。

新檔案的 diff 看起來如何？

假設布麗吉特建立了一個新檔案，名為 cover-letter.md，然後新增該檔案到索引。git diff --cached 的輸出結果看起來怎麼樣？別忘記 cached 旗標會比較最新的提供版本和索引內的版本：

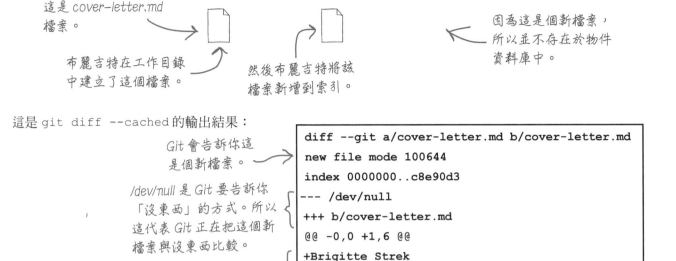

工作目錄　　　　**索引**　　　　**物件資料庫**

這是 cover-letter.md 檔案。

布麗吉特在工作目錄中建立了這個檔案。

然後布麗吉特將該檔案新增到索引。

因為這是個新檔案，所以並不存在於物件資料庫中。

這是 git diff --cached 的輸出結果：

Git 會告訴你這是個新檔案。

/dev/null 是 Git 要告訴你「沒東西」的方式。所以這代表 Git 正在把這個新檔案與沒東西比較。

所有行列都會出現標記「+」，因為它們都是全新的。

```
diff --git a/cover-letter.md b/cover-letter.md
new file mode 100644
index 0000000..c8e90d3
--- /dev/null
+++ b/cover-letter.md
@@ -0,0 +1,6 @@
+Brigitte Strek
+E-mail: brigitte@ng.com
+
+To whom it may concern:
+
```

因為 Git 沒東西可以拿來跟那個檔案比較（布麗吉特才剛剛建立此檔案並新增到索引），Git 就把該檔案拿來跟沒東西比較——就會標記為 /dev/null。這也代表檔案中所有行列都會有「+」的前綴，因為全部都是新的！

當一個提交或分支引進一個新檔案時，如果你想要比較兩個提交或兩個分支也會得到類似的結果。

認真寫程式

我們在第 2 章有提到，當你切換分支時，Git 會覆寫你的工作目錄，讓它看起來像當你在那個分支上進行最近一次的提交有執行這個動作。嗯，它也會更新索引，讓它的樣子看起來一樣！git diff 指令還有什麼功能呢？瞧，如果你在切換分支後更新一個工作目錄中的檔案，Git 得需要有索引中的前一版本和可以拿來比較的東西。

對於即將在職涯中開啟一個新的篇章，我既感到緊張又興奮。我覺得就好像要到無人能夠抵達的程度。

我們一直都在找有冒險犯難之心的人。如果你就是這樣的人，歡迎把你的履歷寄給我們。

本章已到最後！我們一起來祝布麗吉特求職順利。至於那些在 80 年代餐館的人們，我們當然希望他們在香菜節的比賽中獲勝。如果你有機會在家試試看香菜醬汁的食譜，有改良的話記得要跟我們說唷！

重點摘要

- git log 指令會顯示出我們檔案庫的提交歷史。

- git log 指令的預設是列出當前分支的所有提交，並附上提交的後設資料。

- --abbrev-commit、搭配 oneline 選項的 --pretty、--oneline 等旗標，讓單一分支的提交歷史視覺化變得更容易。

- git log 指令搭配的 --all、--graph 旗標讓我能把檔案庫中所有分支的歷史視覺化。

- Git 會追蹤工作目錄和索引、索引和物件資料庫之間的變更。

- 要知道索引和工作目錄中有何變更，請用 git diff 指令。git diff 指令的預設行為是比較索引和工作目錄。

- git diff 指令的輸出結果一開始會先告訴你現在在呈現哪個檔案的差異。一批變更通常會有「a」的前綴，而其他的就是標記為「b」：

   diff --git a/resume.md b/resume.md

- 後面跟著說明，可以看出紀錄輸出結果中「a」和「b」所有的行列有何差異：

   --- a/resume.md
   +++ b/resume.md

- 說明後會跟著一系列的「大塊」，讓你以一口一口的大小看見變更。每個大塊中的行列前綴都是減號（代表是來自「a/」版本檔案）、或是加號（代表是來自「b/」版本檔案）。

- Git 會顯示盡可能所有必要的（只有必要的）的大塊以呈現出所有的差異。讓比較大型檔案這件事變得更輕鬆。

- diff 指令的 --cached（或 --staged）旗標讓我們可以比較最後提交的變更：也就是，Git 物件資料庫中的變化與新增到索引的變化。

- 我們可以在 git diff 指令後提供兩個分支名稱。在此情況，git diff 會比較兩個分支的「tips」有何不同。

- git diff 指令會一直比較兩批的變更，可用文氏圖視覺化。第一個引數是左邊的那批（皆以「a/」表示）並以減號前綴（「-」）。第二個引數是右邊的那批，以「b/」表示，前綴為「+」。

- 將引數的順序顛倒會導致文氏圖左右邊交換。

- 我們可以使用 git log 指令來識別提交 ID，然後將其提供給 git diff 指令來比較兩個不同的提交。

困難的 diff 填字遊戲

你在本章中讀過的 Git 單字中有沒有出現差異呢?完成此填字遊戲來尋找答案。

橫向

1 檔案從 _____ 目錄移動到索引

4 格式化旗標可以叫 git log 把所有資料放在同一行

7 主廚正在製作的某種醬汁

9 布麗吉特在比較這個分支和 edit-per-scotty 分支 (兩個英文單字)

11 可以列出曾在單一分支執行過的所有提交的指令 (兩個英文單字)

12 叫 Git 比較索引內和物件資料庫內檔案的旗標

13 清除 git log 中格式的旗標

縱向

2 布麗吉特擁有流利的此語言能力

3 可以叫 git log 顯示檔案庫中所有分支的旗標

5 她用 Git 處理她的履歷

6 git diff 指令所輸出檔案之間的差異列表

8 提交會把檔案從索引移動到 _____ 資料庫

9 --_____-commit 旗標顯示出你 Git 紀錄內簡短版提交 ID

10 我們食譜所用的新分支名為 _____-version

11 叫 git log 將你的提交歷史畫成圖表的旗標

➡ **答案在第 157 頁。**

削尖你的鉛筆
解答

題目在第 117 頁。

我們在 80 年代餐館的朋友正在準備要提交今年香菜節的最佳醬汁食譜。所有當地的餐廳都試圖想要贏得此比賽,而且一定能有很好的宣傳效果。當然,他們已經建立好一個 Git 檔案庫來記錄他們嘗試過的所有版本。

嗯,我們想辦法弄到了那個檔案庫,在本章的所有練習中你都會用到這個檔案庫。你可以在本書下載的原始檔案找到那個檔案庫,在 chapter03 內名為 recipes 的檔案。

開啟一個新的終端機視窗,確認在 recipes 目錄。看看你是否能回答以下的問題。重要訊息:在繼續下去前,請務必將你的答案和我們在本章最後的答案對照比較。

➤ 目前檔案庫的狀態是什麼?請列出你使用的指令和所得的結果。

```
File  Edit  Window  Help
$ git status
On branch spicy-version
nothing to commit, working tree clean
```

這是我們所得的結果,
你呢?

➤ 這個檔案庫中有多少分支?在這列出:

```
File  Edit  Window  Help
$ git branch
  different-base
  master
* spicy-version
```

➤ 你目前位於哪個分支?

spicy-version

習題
解答

題目在第 119 頁。

是時候在 recipes 檔案庫中發揮你的 git log 技巧。開啟你的終端機（或使用上個練習題的那個）。請確保你的位置是 spicy-version 分支。使用 git log 指令，看看你可不可以回答以下針對檔案庫中三個分支的問題：

✱ 這分支上有多少提交？

✱ 列出每個提交 ID 的**前七個字元**和它們各自的提交訊息，請以相反的時序排列（也就是它們本來呈現的順序）。

分支：spicy-version

提交數：3

提交列出結果：

8db70e9 – update recipe name

4cca5a7 – make it spicy

5db2b68 – first attempt

分支：different-base

提交數：3

提交列出結果：

0065b8a – cut down salt

549e0da – use sour cream

5db2b68 – first attempt

分支：master

提交數：1

提交列出結果：

5db2b68 – first attempt

 削尖你的鉛筆
解答

題目在第 122 頁。

在 recipes 檔案庫來測試看看 git log 指令。一開始先開終端機，要確定位置是 recipes 資料夾。

➤ 先從 **different-base** 開始。使用 git log --oneline 並在此列出你所見的結果：

> 0065b8a (HEAD -> different-base) cut down salt
>
> 549e0da use sour cream
>
> 5db2b68 (master) first attempt

➤ 下一步是到 spicy-version 分支。

> 8d670e9 (HEAD -> spicy-version) update recipe name
>
> 4cca5a7 make it spicy
>
> 5db2b68 (master) first attempt

➤ 最後是 master 分支。

> 5db2b68 (HEAD -> master) first attempt

習題解答

題目在第 126 頁。

你已經在本書看到夠多的 Git 提交圖表了。現在輪到你要畫出 recipes 檔案庫的提交歷史。用終端機移動到 recipes 資料夾。先確認你的位置是在 **spicy-version** 分支。請用我們最愛的 git log 組合旗標：

```
git log --oneline --all --graph
```

✱ 這裡有個控制台視窗讓你可以記錄輸出結果，所以你不用前前後後翻來翻去。

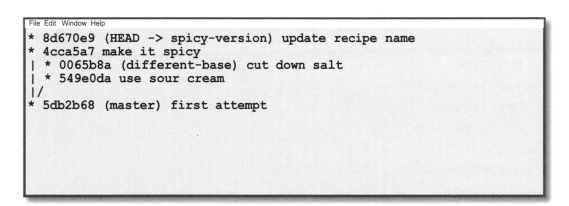

```
File  Edit  Window  Help
* 8d670e9 (HEAD -> spicy-version) update recipe name
* 4cca5a7 make it spicy
| * 0065b8a (different-base) cut down salt
| * 549e0da use sour cream
|/
* 5db2b68 (master) first attempt
```

✱ 下一步，用我們平常的格式畫出 Git 提交歷史。我們幫你畫出開頭了 —— 你的任務就是要完成剩下的部分：

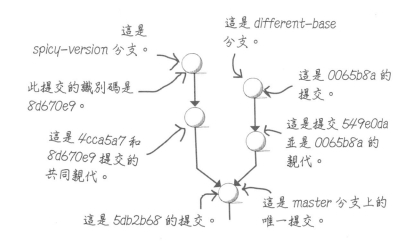

這是 spicy-version 分支。

這是 different-base 分支。

此提交的識別碼是 8d670e9。

這是 0065b8a 的提交。

這是 4cca5a7 和 8d670e9 提交的共同親代。

這是提交 549e0da 並是 0065b8a 的親代。

這是 5db2b68 的提交。

這是 master 分支上的唯一提交。

習題
解答

題目在第 135 頁。

在上一頁，你已經編輯了檔案庫中的 saucy.md 檔案。我們已經在下面提供執行 git diff 後所得的結果。你的任務就是要註記此結果，並將 diff 結果想要告訴我們的東西標記起來（別擔心 —— 開頭我們已經幫你完成了）。

```
diff --git a/saucy.md b/saucy.md          ← 我們正在比較索引中 saucy.
index 20b7e5a..2f27db3 100644              md 檔案版本和工作目錄中
--- a/saucy.md                            的版本。
+++ b/saucy.md
@@ -6,8 +6,8 @@
 2 cups - Chopped cilantro
 1/4 cup - Olive oil
 1/4 cup - Lime juice
-1 pinch - Salt
-1 - Jalapeno, deseeded
+2 pinches - Salt
+2 - Jalapenos, deseeded


 ## Instructions
-Add all ingredients to a blender. Mix until smooth.
+Add all ingredients to a blender. Mix until desired consistency.
```

這告訴我們從版本「a」（就是索引）的每一行有著「-」的前綴。類似地，工作目錄中的每一行有「+」。

「a」代表索引中的版本，而「b」代表工作目錄中的版本。

我們將索引中這兩行…

用這兩行替換掉了。

這行是來自索引。

而這是工作目錄中的替代。

削尖你的鉛筆 解答

題目在第 138 頁。

在上個練習題中,你編輯了 `saucy.md` 檔案。現在直接去把 `saucy.md` 檔案新增到索引(請確定自己所處位置是 **spicy-version**)。

➤ 一開始先將工作目錄、索引、物件資料庫的狀態畫出來。開頭我們已經幫你完成了 —— 你的任務就是完成後續。

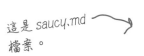
工作目錄

索引　**物件資料庫**

這是 saucy.md 檔案。

因為我們把這個檔案新增到索引,所以工作目錄和索引內的內容都是一樣的。

➤ 執行 `git diff`。檔案之間是否有任何差異?為什麼?將你的解釋寫在此處:

git diff 預設是比較工作目錄和索引,所以在此情況中,
檔案之間並無任何差異。

➤ 執行 `git diff --cached`。檔案之間是否有任何差異?一樣,為什麼?

另一方面,搭配 --cached 旗標的 git diff 是比較索引和物件資料庫。因為我們有把檔案新增到索引,但還沒有提交,git 因此發現索引和我們上次提供該檔案時有所差異。

習題 解答

題目在第 138 頁。

為了讓後續的部分變得更順利,請前往並提交索引內的變更(一樣,請確定自己在 `spicy-version`)。使用「add punch」(加入力量)的訊息。請記得在提交前後用 `git status` 檢查狀態!這裡有一些空白 —— 請把這當成筆記紙,寫下你要用的指令。請依使用順序排列:

一開始和結束都會用 *git status*。

git status
git add saucy.md
git commit -m "add punch"
git status

削尖你的鉛筆
解答

題目在第 143 頁。

前往 recipes 資料夾。在之前的練習題中，我們把我們的變更提交到 spicy-version 分支上的 saucy.md 檔案。這裡有以下指令所得的結果。你的任務就是註解這個結果：

git diff spicy-version different-base

善用此處認真做點筆記。

因為我們先提供 spicy-version，這代表文氏圖內的「a」批。

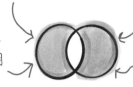

而 different-base 則是「b」批。

引入 spicy-version 的行列式以「-」前綴。

在 different-base 分支中有不同的資訊都以「+」前綴。

這裡「a」代表 spicy-version 分支內的所有變更，且「b」是 different-base 內「b」批的變更。

這是 spicy-version 分支內的一行。

而這一行是來自 different-base 分支。

這兩行是位於 spicy-version 分支。

這是來自 different-base 分支。

最後，這一行也來自 spicy-version 分支。

這最後一行是來自 different-base 分支。

```
diff --git a/saucy.md b/saucy.md
index 8d49c34..3f421be 100644
--- a/saucy.md
+++ b/saucy.md
@@ -1,13 +1,12 @@
-# Spicy Green Mean Machine
+# Call me Cilly

 ## Ingredients
-1/2 cup - Plain yogurt
+1/2 cup - Sour cream
 3-4 cloves - Garlic
 2 cups - Chopped cilantro
 1/4 cup - Olive oil
 1/4 cup - Lime juice
-2 pinches - Salt
-2 - Jalapenos, deseeded
+1/2 pinch - Salt

 ## Instructions
-Add all ingredients to a blender. Mix until desired consistency.
+Add all ingredients to a blender. Mix until smooth.
```

困難的 diff 填字遊戲解答

你在本章中讀過的 Git 單字中有沒有出現差異呢？完成此填字遊戲來尋找答案。

題目在第 149 頁。

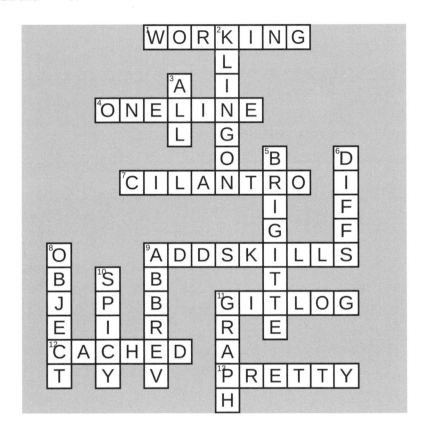

4 復原

撥亂反正

人孰能無過，知否？ 人類自遠古時代至今都在不停犯錯，犯錯一直都要付出很大的代價（要消耗打孔卡、打字機，一切都要重來）。原因很簡單，因為沒有版本控制系統，但現在有了！Git 讓你有多次機會可以重新來過，輕鬆無痛。不論是不小心把一個檔案加到一個索引裡面，或是提交訊息內打錯字了，又或是設定有誤的提交，Git 有很多拉桿和按鈕可以用，所以沒人會知道你的小小疏忽。

讀完本章節後，如果不小心有任何失誤，不論是什麼樣子的錯誤，你都知道要怎麼處理了。所以我們來犯錯，再學習如何補救吧！

規劃訂婚派對

空氣中瀰漫愛意，我們有好消息要跟你分享。吉坦賈利和阿雷夫剛訂婚了！他們想要邀請親朋好友參加他們的訂婚派對，為了確保活動順利，他們決定要雇用一位名為特里妮蒂的活動規劃師。

特里妮蒂和他的工作夥伴阿姆斯壯是真的很專業的專家 —— 也是 Git 的大粉絲。他們將對於邀請卡、賓客、送禮清單的所有想法都放在 Git 檔案庫中，他們特地為了這個客戶建立這檔案庫。藉此，他們可以隨時把 Git 當成他們的第二大腦（或是他們狀況中的第三大腦）。因為特里妮蒂和阿姆斯壯都一直在幫客戶想各種可能性，所以 Git 很好用 —— 計畫還一定會有所變化，特里妮蒂和阿姆斯壯能夠用 Git 這個工具來快速的迭代。

特里妮蒂剛剛和吉坦賈利和阿雷夫討論完。一把電話掛掉，她就啟動了一個新的 Git 檔案庫：她想要馬上把關於賓客名單、送禮清單的想法記下來。她建立了兩個檔案，guest-list.md 和 gift-registry.md，並將這兩個檔案提交到 master 分支。

她腦海裡充滿了各種與邀請卡有關的點子，思緒飛快地運轉，所以她建立了一個名為 invitation-card.md 的檔案並寫下一些想法，包含活動的暫訂日期。她也一併將此檔案提交。這就是她提交歷史看起來的樣貌：

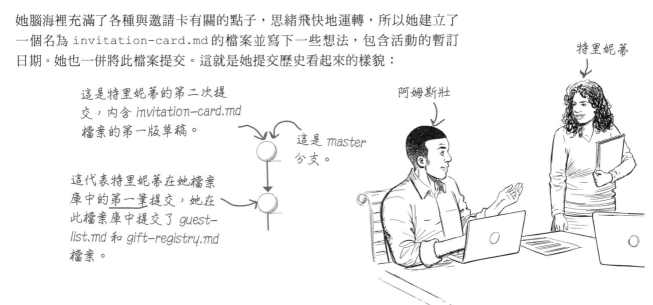

這是特里妮蒂的第二次提交，內含 *invitation-card.md* 檔案的第一版草稿。

這是 *master* 分支。

這代表特里妮蒂在她檔案庫中的第一筆提交，她在此檔案庫中提交了 *guest-list.md* 和 *gift-registry.md* 檔案。

阿姆斯壯

特里妮蒂

如你所見，特里妮蒂的檔案庫包含名為一個 master 的分支、和目前她進行過的兩筆提交。訂婚派對開頭還滿順利的！現在特里妮蒂和阿姆斯壯需要腦力激盪一下派對可用的主題。

削尖你的鉛筆

特里妮蒂已經在她的檔案庫進行了兩個提交。第一筆提交新增了兩個檔案，guest-list.md 和 gift-registry.md，而第二筆提交引進了 invitation-card.md 檔案的第一版草稿。在不偷看的情況下，列出 gitanjali-aref 檔案庫中的所有檔案。這個檔案中總共有多少檔案呢？解釋一下你的答案。

➡ 答案在第 202 頁。

習題

是時候來練習一下你在第 3 章學到的技能。找到你下載本書中原始碼的位置，在 chapter04 資料夾中，你會找到一個名為 gitanjali-aref-step-1 的目錄。

用我們最愛版本的 git log 指令（也就是 git log --oneline --all --graph）來調查特里妮蒂的檔案庫並得知每一筆提交的提交 ID，包含她進行提交時所提供的提交訊息。這也是她的提交歷史。註釋一下！

➡ 答案在第 202 頁。

判斷錯誤

特里妮蒂剛剛發現一件事：她排程出錯了！吉坦賈利和阿雷夫提議 7 月 3 日作為訂婚派對的日期。因為有許多要討論的事項，所以特里妮蒂直接變更了 `invitation-card.md` 檔案，然後他們就繼續討論別的事項。

但 7 月 4 日是美國獨立日，是國定假日，當天車流大，很多人出門野餐。唷！特里妮蒂打電話給他們並跟他們提及這件事。他們同意這個週末或許不是適合他們慶祝的最佳日期，所以他們決定保留最早同意的日期。只是他們已經記不起來一開始說的日期是什麼時候了！

還好特里妮蒂還沒提交變更。她使用 `git diff` 指令來比較她工作目錄中的變更，和 `gitanjali-aref` 檔案庫中索引的狀態（如你所知，該檔案庫有一個她第一次提交的版本）。這是當她執行 `git diff` 時所得的結果：

放輕鬆，還沒輪到你。

若你想知道特里妮蒂如果已經提交變更要怎麼解決的話，別擔心！我們在這章也會學到如何解決這種提交問題。

提醒一下，*git diff* 預設會比較索引和工作目錄。

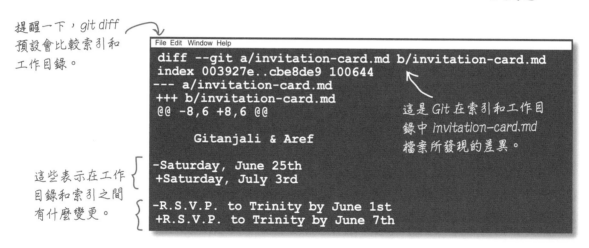

```
File Edit Window Help
diff --git a/invitation-card.md b/invitation-card.md
index 003927e..cbe8de9 100644
--- a/invitation-card.md
+++ b/invitation-card.md
@@ -8,6 +8,6 @@

          Gitanjali & Aref

-Saturday, June 25th
+Saturday, July 3rd

-R.S.V.P. to Trinity by June 1st
+R.S.V.P. to Trinity by June 7th
```

這是 Git 在索引和工作目錄中 *invitation-card.md* 檔案所發現的差異。

這些表示在工作目錄和索引之間有什麼變更。

`git diff` 指令預設是比較工作目錄和索引。這是 Git 三區中 `invitation-card.md` 檔案的狀態。

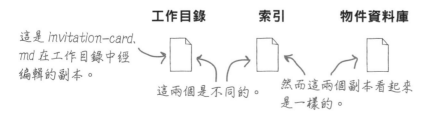

工作目錄　　　　**索引**　　　　**物件資料庫**

這是 *invitation-card.md* 在工作目錄中經編輯的副本。

這兩個是不同的。

然而這兩個副本看起來是一樣的。

所以特里妮蒂是如何從此還原的呢？

辦公室對話

阿姆斯壯：還好我們有用 Git 儲存我們所有的想法。可以輕鬆看出我們的所有變更。你是要我用 `git diff` 指令的輸出結果並用這個把所有變更帶回來嗎？

特里妮蒂：你可以這樣做，以這個情況來說，只有兩個變更，所以一定是可行的。但有個更好的方法：我們可以叫 Git 幫忙還原我們的變更。

阿姆斯壯：真的嗎？怎麼用？

特里妮蒂：Git 是我們的記憶商店。我們已經提交了 invitation-card.md。這代表在索引和物件資料庫中都有這個檔案的副本。我們可以叫 Git 用索引內的那個副本取代工作目錄中的副本。

阿姆斯壯：嗯，了解了。但我要怎麼把索引內的副本移到工作目錄中呢？

特里妮蒂：答案就是一個名為 `git restore` 的指令。在這，你看一下 `git status` 的輸出結果，你看看它在告訴你什麼。

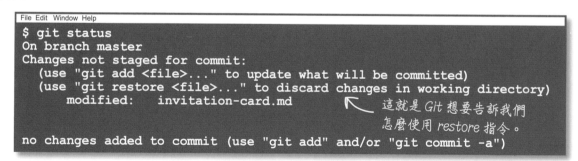

```
File Edit Window Help
$ git status
On branch master
Changes not staged for commit:
  (use "git add <file>..." to update what will be committed)
  (use "git restore <file>..." to discard changes in working directory)
        modified:    invitation-card.md

no changes added to commit (use "git add" and/or "git commit -a")
```

這就是 Git 想要告訴我們怎麼使用 restore 指令。

阿姆斯壯：啊！我知道了。Git 是在告訴我們可以在 `git restore` 指令中附上檔案路徑，這樣就會捨棄工作目錄中的任何變更。

特里妮蒂：嗯，`git restore` 是相反於 `git add`。這指令會拿著索引中一個檔案的副本，然後移回去工作目錄中。

阿姆斯壯：很酷！我們現在可以來試試看嗎？

腦力激盪

如果你之前提交的大量檔案中有許多的變更，你要怎麼辦？你要怎麼比較版本？在這寫下你的筆記：

還原工作目錄的變更

特里妮蒂必須還原它對工作目錄中執行過的變更,將她的變更用索引的檔案來取代。她可以使用 git restore 指令,並附上要被還原的檔案路徑。

還沒輪到你!

執行 *git restore* 指令。

附上要還原的檔案路徑。

git restore invitation-card.md

如果一切順利,Git 不會回報任何內容。唯一要知道的方式是求助我們的好朋友 git status。

```
File Edit Window Help
$ git status
On branch master
nothing to commit, working tree clean
```

這個工作目錄是乾淨的。很棒!

如你所見,git restore 指令的預設行為剛好是 git add 指令的相反。add 指令會複製工作目錄中的檔案版本到索引中,覆寫先前的版本。另一方面,restore 指令拿著儲存在索引中的檔案版本,並覆寫在工作目錄中的版本。

git restore 指令相對來說比較新。

如果出現類似 restore is not a git command(restore 並不是 git 指令)這樣的錯誤訊息,請用 git version 指令確認你安裝的 Git 版本。至少必須是 2.23.0 或更新的版本。

Git restore 將該檔案從索引移動到工作目錄。

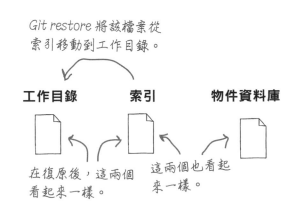

工作目錄　　**索引**　　**物件資料庫**

在復原後,這兩個看起來一樣。

這兩個也看起來一樣。

如果檔名錯誤的話,Git 會出現錯誤訊息。

如果你在提供 git restore 指令檔名時打錯了,Git 會回報 error: pathspec did not match any file(s) known to git(錯誤:路徑規格並不符合 Git 已知之任何檔案)。我們建議你使用 git status 的輸出結果,然後直接複製貼上檔名。

問：為什麼我不能直接用文字編輯器的復原功能來解決這類的錯誤呢？

答：可以。但許多文字編輯器只有你還在用該編輯器的當下才能夠復原。如果你會在一天結束時關掉編輯器，你或許就沒辦法隔天用編輯器復原你的變更。而且如果你切換了編輯器，你的新編輯器一定就無法把舊的還原。

另一方面，Git 可以偵測到差異，因為 Git 將你的變更儲存在硬碟中。就算你的編輯器不能還原還是可以用 Git 達成此功能。

問：`git diff` 指令的輸出結果會顯示出所有我變更的一切。為什麼不直接複製貼上回到文字編輯器內呢？這樣不會有一樣的效果嗎？

答：可以，但會更麻煩 —— 而且因為這需要靠你手動，存在引進錯誤或遺漏了什麼的風險，特別是當你在好幾個檔案上都有很多變更的時候就很危險。`git restore` 指令善用 Git 偵測索引和工作目錄之間的差異的能力，所以我們知道 Git 會找到所有的差異。換言之，`git restore` 指令能確保你不會遺漏掉東西。

問：如果我想要復原好幾個檔案的變更怎麼辦？

答：從 `git status` 指令的輸出結果開始是個不錯的起點，因為這會列出所有曾被編輯的檔案。`git restore` 指令可以處理一個或以上的檔案路徑，所以你可以同時一次附上所有的檔案路徑，就是 `git restore` 指令的引數，一舉將所有變更都還原：

```
git restore file-a file-b file-c
```

這會復原 file-a、file-b、file-c。完成！

習題

輪到你來試試看還原檔案。假設你是特里妮蒂的實習生，你在用她的筆電，要幫她處理問題。就像上一個練習，先到你下載本書練習題的位置，然後開啟 chapter04 資料夾。在資料夾內，你可以找到 gitanjali-aref-step-2 資料夾。

一開始先用 `git status` 和 `git diff` 來確認哪個檔案曾被編輯過，以及工作目錄和暫存區之間的差異。

➢ 你的任務是復原檔案庫中曾編輯過的檔案，復原到上次提交的版本，在此列出你會需要用到的指令：

➢ 執行指令，然後將 `git status` 的輸出結果寫在此處：

➤ 答案在第 203 頁。

還原索引中的變更

當特里妮蒂解決錯誤後，她還沒把 invitation-card.md 檔案新增到索引。
但如果她已經提交了呢？那這樣要怎麼還原她的變更呢？

當一個檔案已經新增到索引，Git 複製工作目錄的檔案且放到索引中。如果特
里妮蒂有把 invitation-card.md 新增到索引，這就是她工作目錄的狀態。

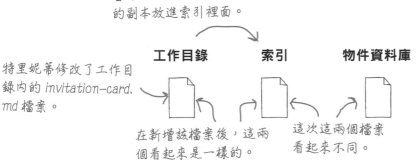

答案就藏在 git status 輸出結果中：

```
File Edit Window Help
$ git status
On branch master
Changes to be committed:          蹦！就在這。
  (use "git restore --staged <file>..." to unstage)
        modified:    invitation-card.md
```

Git 告訴我們要解決這問題的確切方式。我們可以使用 restore 指令，只是
這一次我們要附上 --staged 旗標，後面跟著檔名，如下：

執行 restore　　　　加上 --staged　　　後面接著附上要還原的
指令。　　　　　　　旗標。　　　　　　　檔案名稱。

git restore --staged invitation-card.md

削尖你的鉛筆

你會使用什麼指令來查看 invitation-card.md 內的變更呢？歡迎翻回第 3 章複習。
將該指令列在此處：

答案在第 203 頁。

好好感受 Git 的知識吧！

還原索引中的變更（續）

附上 --staged 旗標的 git restore 是可以用來復原索引內檔案回到先前狀態的指令，但這個指令到底做了什麼？你知道 git restore（無旗標）用索引擁有的內容取代了工作目錄中的內容。

當 git restore 指令搭配 --staged 旗標時，Git 會拿物件資料庫中檔案的內容，特別是上次提交中記錄的內容，然後用這個內容覆寫索引內檔案的內容。看起來長這樣：

搭配 --staged 旗標的 Git restore
指令將物件資料庫中特定檔案的
內容複製到索引。

工作目錄　　　**索引**　　　**物件資料庫**

在執行 git restore --staged 後，
這兩個檔案看起來並不一樣。

在還原後，這些看起來
一樣。

在之前我們討論過 git restore 是相反於 git add 的存在 —— 後者將工作目錄中一個檔案內容複製到索引，前者則是從索引複製到工作目錄。你可以把搭配 --staged 旗標的 git restore 指令想像成與 git commit 指令有相反效果的功能。如你所知，git commit 指令會拿著索引的內容並將其儲存到物件資料庫內。git restore 指令拿著之前提交的檔案內容並用這些內容覆寫索引。

注意：搭配 --staged 旗標的 git restore 不會還原提交！這樣只會複製檔案的內容，因為它們是最後提交到索引的。

git commit 指令會複
製索引的內容到物件
資料庫中。

工作目錄　　　**索引**　　　**物件資料庫**

搭配 --staged 旗標的 git restore
擁有和 git commit 指令相反的
效果。

腦力激盪

假設你的工作目錄很乾淨 —— 也就是說 git status 跟你說 nothing to commit, working tree clean（沒有東西可以提交，工作樹很乾淨）。你編輯一個檔案，然後用 git add 指令將其新增到索引。但然後你改變心意了！你用 git restore --staged 從物件資料庫復原檔案的內容。git status 會回報什麼結果呢？

削尖你的鉛筆

回來工作了！這次你要用名為 `gitanjali-aref-step-3` 的資料夾，這就在 chapter04 資料夾中。找到這個檔案，然後試試看你能不能幫特里妮蒂復原她不小心新增到索引的檔案。

* 一如往常，一開始先用 `git status` 和 `git diff --cached`，然後看看你是否可以發現物件資料庫和索引之間有什麼變化。

* 接下來，用你所學來復原索引內的內容。將你會需要使用的指令列在此處：

* 之後，查看 `git status` 的輸出結果。你看到了什麼？透過描述 `invitation-card.md` 的狀態來解釋你的答案，請著重於工作目錄、索引、物件資料庫之間的差異。

工作目錄	索引	物件資料庫

這代表 *invitation-card.md* 檔案。

答案在第 204 頁。

連連看？

我們把 Git 指令都列出來，但它們被弄亂了。你可以幫我們搞清楚哪個指令有什麼功能嗎？

git status   比較索引和工作目錄

git diff   顯示檔案庫中的分支

git restore --staged   從物件資料庫中將檔案復原回索引

git diff --cached   從工作目錄將檔案復原回索引

git branch   顯示工作目錄和索引的狀態

git restore   用索引比較物件資料庫

答案在第 204 頁。

從 Git 檔案庫中刪除檔案

放輕鬆坐下來吧。
很快就有練習了！

特里妮蒂看到吉坦賈利的電子郵件，得知他們決定訂婚派對不要列送禮清單的時候，她心想「哦，這還真是前所未聞呢。」相反地，他們想要設立一個「成家基金」，讓親朋好友可以直接貢獻一些金錢給他們買起家厝。

然而，之前在討論的時候，吉坦賈利和阿雷夫對於禮品有些想法，特里妮蒂把禮物都列在一個名為 gift-registry.md 的檔案內並在 master 分支上提交。這是 master 分支上的檔案列表：

```
File Edit Window Help
$ ls
gift-registry.md     guest-list.md          invitation-card.md
```
有一個不需要的檔案。

特里妮蒂寧可檔案庫中不要有多餘的檔案，所以她需要刪除送禮清單。但是要怎麼刪除呢？

Git 有一個專門的指令——git rm。就像 git restore 指令一樣，git rm 指令會拿取一個或以上的追蹤中檔案路徑，然後從工作目錄和索引移除這些檔案。為了要移除 gift-registry.md 檔案，這就是特里妮蒂會使用的指令：

執行 git rm 指令。　　　提供要從檔案庫刪除的
　　　　　　　　　　　　　檔案的路徑。

git rm gift-registry.md

在特里妮蒂執行此指令後，這就是她的檔案庫狀態：

工作目錄　　　**索引**　　　**物件資料庫**

git rm 將這些檔案從工作
目錄和索引中移除。

請注意物件資料庫並**沒有**受到影響。問題是——在我們執行 git rm 指令之後，檔案庫的狀態如何？

為了刪除而提交

git rm 到底做了什麼？它的角色就是要移除（remove，縮寫為 rm）追蹤中檔案。
在執行 git rm gift-registry.md 之後，當特里妮蒂列出她工作目錄中檔案
時，這就是她所見的結果：

```
File Edit Window Help
$ ls
guest-list.md        invitation-card.md
```
gift-registry.md 已經不見了。

如你所見，git rm 指令的其一效果就是從工作目錄將該檔案刪除。這指令
也會將該檔案從索引中移除，就如 git status 中特別標註的一樣：

*Git 告訴我們你需要
提交檔案的刪除。* →

```
File Edit Window Help
$ git status
On branch master
Changes to be committed:
  (use "git restore --staged <file>..." to unstage)
        deleted:    gift-registry.md
```
*Git 告訴我們它從索引刪除
了檔案。*

git status 指令的輸出結果是你從未見過的東西。它在告訴我們有個檔
案被刪除了，如果你真的確定這就是你想要的結果，你應該要提交這些變
更。

換言之，這筆提交會記錄下之前有個新增且提交的檔案被刪除的事實。這
和你在本書中做過的練習都不一樣，之前都是提交新檔案或編輯過的檔案。

在這個階段，你可以選擇進行提交並附上適當的訊息，或使用 restore 指
令來還原刪除。

有兩件事情要注意。首先，你只能用 git rm 指令來刪除追蹤中檔案。如
果你曾經新增一個檔案到工作目錄（也就是個「未追蹤」檔案），你就可
以直接用像刪除一般檔案的方式刪除該檔案：直接把那個檔案移動到垃圾
桶（Mac）或資源回收桶（Windows）。

再者，git rm 指令只會從工作目錄和索引中刪除檔案。該檔案之前提交的
版本一樣會保留在物件資料庫中的原位。因為一筆提交代表你在提交當時
所進行的變更。如果當一筆提交進行時，某個檔案有存在，只要檔案庫還
在，該筆提交就會永遠被記住。

*再讀一次！你可以用 git
restore 指令把剛剛刪除
且還沒提交的檔案帶回
來。如果你檔名打錯或不
小心刪錯檔案的話就超
好用！*

*這聽起來或許很驚人。然
而，一筆提交就是一個時
間點的快照。想像一下小
時候的照片裡面的你髮型
很奇怪。只是因為你當時
很喜歡流行的髮型，不代
表永遠都這樣。而我們有
照片可以證明這件事。*

問：為什麼我不能直接用 Finder 或檔案總管刪除檔案呢？

答：請記得你進行的所有變更，包含新增、編輯、刪除，只會影響工作目錄。為了要提交刪除，你也需要將該檔案從索引移除，因為一筆提交只會記錄索引中的變更。如果你選擇要用（Mac 的）Finder 或（Windows 的）檔案總管來刪除檔案，你就要執行 git add 指令，附上一個特殊的旗標，-u 或 --update，藉此叫 Git 記錄索引中刪除的檔案名稱：

```
git add -u gift-registry.md
```

就如我們目前所見，git rm 指令會幫我們更新工作目錄及索引，讓我們不用再次執行 git add 指令。我們覺得用 git rm 方便非常多。

問：為什麼我不能使用 **git rm** 指令來刪除未追蹤的檔案？

答：Git 指令只能用在 Git 認識的檔案上：也就是說他們只能用在追蹤檔案上。對於 Git 不認識的檔案，你得用你作業系統的傳統方式，例如 Finder 或檔案總管來刪除、重新命名檔案等動作。

問：你有提到刪除檔案不會把該檔案從物件資料庫移除。有沒有任何方式可以把檔案從物件資料庫中刪除呢？

答：別忘了每筆提交會記錄索引內的所有資訊，包含一些後設資料（例如你的名字和電子郵件）及提交訊息。所有資訊是用於計算出那個提交的 ID。再者，這個提交 ID 會被記錄為某一個或以上子代提交的親代。換言之，從提交中移除一個或以上的檔案也包含重新計算該提交的 ID，以及子代提交的提交 ID。

Git 的確有提供一些進階機制來達到這功能，但那些已經超出本書的範圍。

習題

答案在第 205 頁。

是時候換你練習移除追蹤中檔案了。請開啟 chapter04 目錄中的 gitanjali-aref-step-4 資料夾。

✱ 一開始列出工作目錄中的檔案：

✱ 使用 git rm 指令來移除 gift-registry.md 檔案。別忘記檢查該檔案庫的狀態。

✱ 再次列出工作目錄中的檔案：

✱ 最後，提交你的變更，訊息為「delete gift registry」（刪除送禮清單）。

認真寫程式

當你叫 Git 移除一個檔案，它只能刪除該檔案。然而，為了要刪除一個目錄，Git 得移除你指名的目錄下的所有檔案（或子目錄）。在這情況中，git rm 指令得附上 -r（代表遞歸）旗標，這允許 Git 遞歸地刪除你指名目錄中的所有檔案。

重新命名（或移動）檔案

我們來看另一個操作，跟刪除檔案有密切相關的操作 —— 重新命名或移動檔案。Git 有提供另一個指令 —— git mv 指令。git mv 指令擁有 git rm 指令的所有特色 —— git mv 指令只對追蹤中檔案工作，且就如同 git rm 指令，git mv 指令可以把你要求的工作目錄和索引的檔案重新命名或移動。假設你有一個名為 file-a.md 的檔案，你想要把該檔案重新命名為 file-b.md：

執行 mv 指令。

你想要重新命名的檔案名稱。

該檔案的新名稱。

git mv file-a.md file-b.md

git status 會回報檔案重新命名：

```
File Edit Window Help
$ git status
On branch master
Changes to be committed:
  (use "git restore --staged <file>..." to unstage)
      renamed:     file-a.md -> file-b.md
```

Git 告訴我們它已重新命名該檔案。

就和移除檔案一樣，你都可以選擇用 Finder 或檔案總管來重新命名檔案，但你依然得更新索引來反映新的檔案名稱。然而，就像 git rm 指令，git mv 指令不只會幫你更新工作目錄，還會更新索引來反映變更 —— 所以只差一步就能提交你的變更了。

編輯提交訊息

訂婚派對的規劃正如火如荼的進行中，吉坦賈利和阿雷夫一直丟很多想法給特里尼蒂，他們認為他們所有的朋友們都喜歡待在自然的環境中，因此在上次的通話中，他們建議可以辦露營派對。規劃很簡單──大家可以帶個帳篷並帶一些東西，像食物和飲料、廚具、塑膠餐具。他們會在營火上做棉花糖餅乾並一起在星空下慶祝。

特里尼蒂知道這只是她需要考慮的眾多想法之一，所以她在檔案庫中建立一個分支，命名為 camping-trip。她建立一個新檔案，名為 outdoor-supplies.md 來作為賓客和備品的檢核表。她新增該檔案到索引，然後附上提交訊息「final outdoors plan」（最終室外計畫）並提交。

特里尼蒂知道只要她一按下返回鍵就會搞得一團亂。吉坦賈利和阿雷夫還不斷有新想法，還沒決定一切的細節。他們說不定又會有變動或是完全大變，所以「最終室外計畫」的提交訊息看起來是言之過早。

特里尼蒂是個非常堅持細節的人。她得要編輯提交訊息了。

削尖你的鉛筆

來確定一下你是否了解特里尼蒂截至目前的提交歷史。請先到 chapter04 資料夾內的 gitanjali-aref-step-5 資料夾。

➤ 一開始先列出分支，並說明你目前所在的分支。

➤ 使用你在第 3 章學到的技巧並將特里尼蒂的提交歷史畫出來。請使用 git log --oneline --all --graph 指令。

答案在第 205 頁。

編輯提交訊息（續）

特里尼蒂在她提交了不恰當的提交訊息就趕快處理是件好事。`git commit` 指令可以用來編輯提交訊息，並搭配名為 `--amend` 的特殊旗標。

要檢查的第一件事就是確保你目前所在的位置和你想要編輯的提交都在同個分支。下一步極度重要，就是你要有一個**乾淨的工作目錄**。你可以用我們的好朋友 `git status` 指令來確認這兩件事情。

接下來，你可以編輯該分支上最新的提交：

小喝一下你最愛的飲料。等等會有練習題給你做。

就像其他提交一樣，Git 回報新提交 ID。

執行 *git commit* 指令。

使用 --amend 旗標。

就如平常那樣附上提交訊息。

```
$ git commit --amend -m "initial outdoors plan"
[camping-trip 5e44107] initial outdoors plan
 Date: Sat Mar 13 14:48:54 2021 -0500
 1 file changed, 16 insertions(+)
 create mode 100644 outdoor-supplies.md
```

之後，Git 會記錄有個提交取代了你原有的，只是這次會顯示出新的提交訊息。這筆提交會像原本提交一樣包含所有的同樣變更，包含一樣的後設資料，例如你的名字、電子郵件、時間戳記（也會是一樣的）。換言之，先前提交和修改的提交唯一的差別就是提交訊息。

照過來！

請確定在修改提交時要擁有一個乾淨的工作目錄。

當修改提交時，你應該要有一個乾淨的工作目錄。明確來說，你希望索引中的變更皆有提交，或你暫存的變更會變成修改提交的一部分！也就是說，你可能會不小心比原本想要的情況新增更多變更到提交。把這件事變成一個習慣，在修改提交前都要檢查 `git status`。

但如果你已經有暫存的變更呢？這邊最簡單的事情是對你索引中檔案用搭配 `--staged` 的 `git restore` 指令，所以 Git 會把它們放回去工作目錄。然後就可以修改最新的提交。

問：我可以修改我檔案庫中的任何提交嗎？

答：沒辦法。Git只能讓你修改一個分支上的最新提交，這就是我們所謂的分支的「tip」。

問：我可以修改提交一次以上嗎，例如我在修改提交的時候打錯字了？

答：當然。歡迎再次修改，一直修改內容到滿意為止。

習題

你可以幫特里尼蒂解決她提交訊息中的錯誤嗎？切換到你的終端機。開啟 chapter04 資料夾的 gitanjali-aref-step-5 目錄。請確保你位於 camping-trip 分支。

✱ 使用搭配 --amend 旗標的 git commit 指令來編輯 camping-trip 分支上最新的提交。將提交訊息修改成「initial outdoors plan」（初步室外計畫，並非「final outdoor plan」）。在這寫下你要用的第一個指令，然後試試看：

✱ 然後，使用 git log --oneline --all --graph 來確保你可以在你的歷史中看到修改的提交。

✱ 提交 ID 改變了嗎？請解釋一下。

答案在第 206 頁。

之前你說過 Git 會取代先前的提交。這代表舊的提交還是在我的檔案庫裡面晃嗎？

你不夠細心！

當你叫 Git 修改提交，Git 會巧妙地進行操作。基本上 Git 會看著你正在附加的提交，並**複製**你在該提交中進行的所有變更到該索引。原本的提交就原封不動。然後再次執行 `git commit`，這次附上的新提交訊息，透過你正在修改的提交來記錄放在索引內的變更。

你看看，Git 提交是不可變的。那就是，一旦你進行了一筆提交，該版本的提交會被保留下來。對此提交的任何編輯（就像修改該提交）會建立一個新提交來取代你歷史中的舊提交。可以想像成用原子筆和鉛筆寫字：用原子筆你可以把錯誤劃掉，但你不能擦掉。不可變更的提交是 Git 最大優點之一，且 Git 之所以強大很多就是靠這個簡單的概念。

最後，Git 會記錄一筆新的提交，該提交內有索引內一切的副本，只是訊息是新的。

Git 複製原本提交內所記錄的變更到索引中。

索引

這是你正在修改的提交。

這就是你從現在開始在 Git 紀錄中所見的提交。這提交就如同你修改的提交一樣，擁有完全一樣的後設資料，包含作者資訊、時間戳記、同一個親代提交。

這就是 Git 很小心本性的另一個例子。藉由保存舊提交一陣子，讓你有更多機會可以還原。但這部分要怎麼做已經超出本書的範疇。但不用擔心保存下來的提交——Git 很擅長整理的。

這就是為什麼你每次在修改提交**前**，都要檢查檔案庫的狀態。如果你不小心將檔案新增到索引，然後你繼續修改提交，該索引中的所有檔案會在新提交中出現。也就是說，新提交會記錄更多的變更（你在索引內擁有的檔案和 Git 從修改提交中新增的檔案）。

至於你修改的提交？Git 會保存一會兒，但最後會從檔案庫中刪除。

重新命名分支

特里妮蒂覺得很困惑：吉坦賈利和阿雷夫剛剛通知她，他們的室外訂婚派對不只要露營 —— 還要「華營」（glamping），「奢華露營」（glamorous camping）的縮寫。「奢華露營」還是要待在自然環境中，但要和待在家裡一樣舒適，然後還要一些：電力、頭上要有屋頂，還有一些漂亮家具和裝飾。

特里妮蒂一直都很喜歡學習新知，而她想要把細節都搞定。分支名稱「camping-trip」看起來不太正確，因為她知道現在是要奢華露營。她得要重新命名分支。

有很多原因會導致你可能想要像特里妮蒂一樣重新命名分支。或許是你不喜歡「master」這個名字，你想要改用「main」。或許你的分支名稱打錯了。不論是什麼原因，Git 就是要讓你滿意。

在第 2 章，你可能還記得，你有學到一個分支就像一個便利貼，會記錄分支的名稱和該分支上最新提交的 ID。建立一個分支基本上就是建立一張新的「便利貼」。

要重新命名分支就是這麼簡單。Git 只要把代表該分支的「便利貼」拿出來並複寫名稱即可！

要重新命名一個分支，你可以使用 git branch 指令 —— 只是這次，你要附上 -m（或 --move）的旗標。

特里妮蒂想要將 camping-trip 重新命名為 glamping-trip。要達到此功能，有**兩種方式**。

master
main

64ec4a5

> 對，我們也很討厭錯字！

① 切換你想要處理的分支，然後重新命名：

-m 旗標一定是在 command 指令後面。

你也可以用 --move。

最後的引數就是新的檔案名稱。

git branch -m glamping-trip

——————— 或 ———————

② 在不用切換的情況下重新命名一個分支：

第一個引數是你想要修改的分支名稱。

最後的引數就是新的檔案名稱。

git branch -m camping-trip glamping-trip

第二個選項不論你在哪個分支都可奏效 —— 即使你試圖想要重新命名的分支是當前位於的分支也可以。這就是為什麼我們都會優先選擇第二個選項。

> 大多的 Git 指令提供不同的方式來達到同樣的結果。擁有固定做事的方式能夠讓大腦空出更多空間，所以你可以去思考人生中更重要的事情 —— 例如，把酪梨當成水果是對的嗎？把水果當成水果代表什麼意思呢？

> 並不知道酪梨是水果，你不知道吧？你知道我們所謂人生中更重要的事情是什麼了吧？

習題

為什麼不花幾分鐘幫忙特里妮蒂把 camping-trip 分支重新命名呢？請先找到 chapter04 資料庫中的 gitanjali-aref-step-6。

✱ 你的第一步就是先確認目前位置是在 camping-trip 分支。寫下你要用來列出檔案庫中分支的指令。

✱ 接下來，用 switch 切換到 camping-trip 分支，並將其重新命名為 glamping-trip。請用此處空白列出你會用到的指令。

✱ 最後，再次列出所有分支：

File Edit Window Help

✱ 然後，你要在**不切換到** *master* 的情況下將 master 重新命名為 main。請先在此處寫下你會用到的指令：

✱ 為了確認你沒做錯，再次在此寫下你檔案庫中的所有分支。

File Edit Window Help

答案在第 207 頁。

規劃備案

當特里妮蒂規劃大型活動時，她喜歡在後口袋中多放幾個主意，只是以防萬一。吉坦賈利和阿雷夫兩個都很熱愛桌遊，他們收集了大量的遊戲。他們提出的第二個想法就是在慶祝訂婚時做他們喜歡的事情：規劃策略、擲骰子、用桌遊和朋友們聯絡情感！

為了實現這想法，特里妮蒂在 main 上建立了一個新分支，將該分支命名為 boardgame-night。接著她建立了一個名為 indoor-party.md 的檔案、並將在清單上的遊戲記下來。吉坦賈利、阿雷夫、特里妮蒂也討論了能舉辦派對的地點，特里妮蒂把這些討論記錄在一個名為 boardgame-venues.md 的檔案內。她在 indoor-party.md 檔案中新增對於場地選擇的備註並進行另一筆提交。

特里妮蒂現在很高興。吉坦賈利和阿雷夫有兩個主要的派對想法 —— 一個是在戶外舉辦，另一個是在室內舉辦。

習題

你為什麼不花點時間查找一下特里妮蒂的檔案庫呢？先去 chapter04 目錄中的 gitanjali-aref-step-7 資料夾。

✴ 請列出此檔案庫中的分支，並標記你目前位於的分支：

```
File Edit Window Help
$
```

✴ 使用 git log --oneline --all --graph 說明特里妮蒂的提交歷史：

在這畫出提交歷史。

還沒做完！下一頁繼續。

答案在第 208 頁。

習題

接下來，看一下特里妮蒂在最新一次提交中所進行的幾個變更：她新增了一個新檔案並編輯了一個原有的檔案。這是她現在執行的指令：

```
git diff 3e3e847 39107a6
```

而這裡是輸出結果。你的任務就是要在上面註解（別忘記，她有新增了一個新檔案和編輯了另一個檔案）。開頭我們已經幫你完成了：

這告訴我們這是一個被新引進的檔案。

我們在第 3 章有提到這個。/dev/null 代表 Git 沒有任何東西可以與此比較。

```
diff --git a/boardgame-venues.md b/boardgame-venues.md
new file mode 100644
index 0000000..c3684a0
--- /dev/null
+++ b/boardgame-venues.md
@@ -0,0 +1,6 @@
+# A list of potential game-cafe venues for board-game night
+
+- Winner's Game Cafe
+- Rogues and Rangers Tavern
+- Natural 20 Games & Coffee
+- Bottleship Gaming Bar
diff --git a/indoor-party.md b/indoor-party.md
index 2064ec5..6ca6def 100644
--- a/indoor-party.md
+++ b/indoor-party.md
@@ -16,5 +16,6 @@ Here are just a few of the games we can play:
 * Exploding Kittens

 Feel free to bring your favorite games.
+Venue decision will probably happen at the roll of a 20-sided die!
 And remember, as long as we are together, we're all winners.
```

→ 答案在第 209 頁。

看似每次我要知道兩筆提交之間有什麼差異時，就需要執行 **git log** 指令並複製貼上提交 ID，這件事很容易讓人厭煩。有沒有其他方式可以來指稱提交呢？

還真的有！ 名字就叫 HEAD。你之前就看過 HEAD。其實在第 2 章，我們還教你一首詩歌讓你好記。就是這一首：

便利貼起來

玫瑰是紅色
紫羅蘭是藍色的
你位於的提交叫做 HEAD。

如果你曾經有用過智慧型手機的地圖應用程式，那你早就知道什麼是 HEAD。就是地圖上告訴你目前所在位置的圖釘。

很類似，如果你把提交歷史畫成一系列的時間軸（分支），那 HEAD 就會標記出你的當前位置。再者，HEAD 知道你在路程中所「停留的地點」，就是提交，所以你可以使用 HEAD 來指稱跟你當前位置有關聯的提交，甚至可以用來於兩筆提交中來回切換。

HEAD 全揭密

獨家專訪

深入淺出：HEAD，歡迎你！我們知道你從百忙之中抽空前來，每個 Git 檔案庫都有你扮演的角色，所以我們很高興你能撥冗參加此次的訪談。

HEAD：不客氣。你說得是，我身負許多責任。每一個 Git 檔案都需要我，無時無刻。工作量真的很大！

深入淺出：雖然你只是一個指稱，但真是太驚人了。

HEAD：嗯，的確，但在用戶於提交歷史中穿梭時，我就是他們的羅盤。少了我，他們有可能就會迷路。而且嘿，我真的很重要，我還出現在本書書名中！

深入淺出：呃哼。繼續我們的題目，我們知道當我們的讀者使用 `git log` 指令時你身負重任。會介意跟我們多分享一些嗎？

HEAD：當然。每次讀者查閱他們的 Git 紀錄時，我就會出現，就出現在他們位於的分支旁邊。這有一張我最近亮相的紅毯照：

```
97a2899 (HEAD -> boardgame-night)
```

深入淺出：HEAD，你看起來很美！你近期還有什麼亮相的活動要跟我們分享的嗎？

HEAD：我的經紀人一定都把我的時間塞滿了。每次你的讀者使用 `git branch` 指令列出他們檔案庫中的所有分支時我都會去客串演出。

深入淺出：真的嗎？是怎麼樣子呢？

HEAD：你知道在分支列表中出現的米字號嗎？對啊，那就是我！我花了好幾個月訓練才能演好這個角色，但一切都是值得的。

深入淺出：所以就這樣嗎？你的角色主要就是告訴讀者他們在提交歷史的位置嗎？

HEAD：就這樣嗎？你是不是根本就不了解我？我的角色不只是告訴用戶他們在提交歷史中的位置。Git 本身也需要我。如果沒有我，Git 就無法正常運作。你知道嗎？

深入淺出：哇，被你發現了！

HEAD：你的讀者知道你每次進行提交時，新提交就有一個指向親代提交的指稱。

深入淺出：當然。這就是提交歷史慢慢建立起來的方式。

HEAD：你覺得 Git 怎麼知道親代提交是誰呢？

深入淺出：嗯，真有趣的問題。

HEAD：我扮演這個角色很少人知道。我覺得這就是讓我有機會得到奧斯卡提名的角色。你看，當你的讀者進行一筆新提交時，Git 會先靠我，看我指向哪個提交。然後 Git 會記錄下那個提交 ID，作為新提交的親代。

深入淺出：太厲害了！這是個很重要的角色。你是否對你現在所做的工作很自豪嗎？

HEAD：當然啊！我指向的提交一定都是檔案庫中下筆提交的親代提交。很厲害！

深入淺出：嗯，非常感謝您撥冗前來。

HEAD：等等，我還沒說到我在這個新超級英雄電影裡面扮演的角色……

深入淺出：我們今天就到這裡了，期待下次與你相見。HEAD，感謝你今天的蒞臨！

HEAD 的角色

你每次切換分支時，HEAD 會移動去標示出你切換到的分支。來看個假想的提交歷史。假設你目前位於 master 分支，所以 HEAD 會指向該分支上的最新提交。當你切換分支時，HEAD 會移動到新分支：

HEAD 就只是一個指稱，就像分支的功能一樣。差別就在 Git 檔案庫可以有許多分支，但只會有一個 HEAD。HEAD 同時也是起始點，會決定提交歷史如何改變，HEAD 指向的那個提交**會**是下個提交的親代——這就是 Git 知道要在提交歷史的哪裡新增該新提交的方式。

別忘記每次你在一個分支上進行提交，Git 會重寫那個分支的便利貼來指向該分支上的新提交。嗯，還有一個會發生的事情——Git 也會把 HEAD 移動到該新提交。

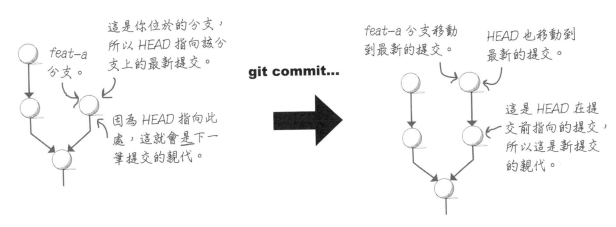

在第 2 章，我們有提到合併分支。我們把你所在的分支稱為求婚者，要被合併的分支是被求婚者。一旦你合併兩個分支，求婚分支會移動反映合併——在一個快轉合併中，求婚分支會移動到被求婚分支上的最新提交。在一個會建立合併提交的情況中，一樣，求婚分支會移動到被建立的合併提交。在兩個情況中，HEAD 也會移動。

削尖你的鉛筆

為什麼你不試試看追蹤 HEAD？你會用到 chapter04 資料夾內的 gitanjali-aref-step-7 資料夾。

➤ 一開始先用 `git log --graph --oneline --all`，並注意 HEAD 的位置。在這列出。那要怎麼告訴你目前所在的位置呢？

➤ 接下來，切換到 glamping-trip 分支，並再次使用 `git log --graph --oneline --all` 來看 HEAD 目前的位置。

➤ 切換到 main 分支（別忘了，你在上個練習題中把 master 重新命名為 main）。重複上面的練習。再次將 HEAD 的位置寫下來。

➤ **非常重要！** 切換回 boardgame-night 分支，你應該已經準備迎接接下來的練習了。

→ 答案在第 210 頁。

認真寫程式

到目前為止，我們把 HEAD 形容為會指向一個分支上的最新提交。實際上，HEAD 通常指向一個分支，如你所知，會指向該分支上的最新一筆提交。也就是說，HEAD 是間接指向提交的指稱。通常這差別不是很重要，因為你幾乎都是在 Git 分支上工作，所以我們可以假設 HEAD 和那個分支便利貼都指向同一筆提交。

有個情況 HEAD 指向的提交不是一個分支上的最新提交，但是是指向你提交圖中的任意提交。這稱為「detached HEAD」（斷頭）狀態。我們會在之後的章節中再回來探討這問題，先別轉台！

用 HEAD 指稱提交

因為 HEAD 指向你目前位於的提交，你可以指稱其他跟 HEAD 有關的提交。Git 提供了一個特殊的操作工具，波浪符號（~），讓你能達成此功能。思考一下這個假想的提交歷史：

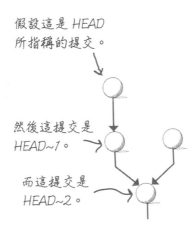

假設這是 *HEAD* 所指稱的提交。

然後這提交是 *HEAD~1*。

而這提交是 *HEAD~2*。

跟在波浪符號操作工具後的數字 n 代表第 n 代的祖先。舉例來說，HEAD~1 是指稱你目前位於的提交的第一個親代。HEAD~2 代表你所在提交的親代的親代，以此類推。

所以這對你有何幫助呢？假設你想要知道目前位於提交和先前提交之間的差異，請用 git diff 指令。除了得查詢提交 ID，這是你會做的方式：

這是親代提交。

這代表當前的提交。

git diff HEAD~1 HEAD

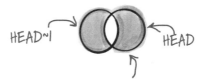

HEAD~1   HEAD

提醒一下，這代表在親代提交中的變更會標記著「–」（減號）出現，當前提交中的變更會標記著「+」（加號）出現。

認真寫程式

HEAD~ 是 HEAD~1 的別名。我們比較喜歡明確一點，但你要用另一個也可以。

穿越合併提交

合併提交就如我們在第 2 章討論到的一樣，是很特別的。它們擁有不只一個親代。所以你要怎麼從 HEAD 移動到第一個親代呢？或第二個親代呢？別忘了第一個親代就是求婚分支上的最新提交，而第二個親代是被求婚分支的最新提交。

Git 提供另一個搭配 HEAD 的操作工具：插入符號（^），這對於你從擁有眾多親代的提交移動會有幫助。來看一下在這假設的提交圖中要如何運作：

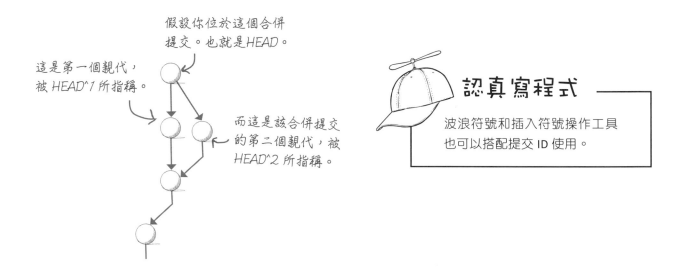

就像波浪符號的操作工具，插入符號會用一個數字來搞清楚你想要指稱哪個合併提交的親代。

最後，你可以將 ~ 和 ^ 操作工具合併在一起。這就是 HEAD^1~2 會如何穿越提交歷史：

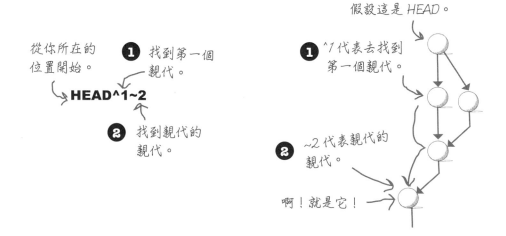

對查詢模式別太得意忘形了。

使用查詢操作工具很棒，但很容易會太得意忘形，然後試圖想要指稱一個不存在的提交。如果你真的這樣做，Git 會回報錯誤訊息 `fatal: ambiguous argument: unknown revision or path not in the working tree`（致命：模稜兩可的引數：未知的修訂或路徑不存在於此工作樹中）。我們建議要用查詢的操作工具，查詢模式是相對較短的。否則，你可能直接用提交 ID 來指稱一個提交。

沒有蠢問題

問：HEAD~1 對一個合併提交來說代表什麼意義？

答：這是個很棒的問題。如你所知，一個提交合併有兩個親代。如果你叫 Git 查詢 HEAD~1 來找合併提交，翻譯的意義就是合併提交的親代，Git 會跟著第一個親代的路徑走。基本上，對一個合併提交來說，HEAD~1 就跟 HEAD^1 一樣。

問：你告訴我的所有操作工具都是要在提交歷史中導航回去的功能。有沒有方法可以往前呢？

答：沒辦法。別忘記了，提交指向它們的親代。然而，提交並不知道它們自己有多少子代。我們提到的兩個操作工具，~ 和 ^，只是跟著提交中記錄的親代指標。

問：你會不會建議我永遠都走外顯路線並使用提交 ID？還是都用操作工具？有沒有哪個比較好？

答：你剛剛學到的操作工具只是一個指稱提交的不同方式，所以歡迎自己選擇比較簡單的方式。我們平常都用 `git diff` 指令，搭配 HEAD~1，但一樣地，用對你比較方便的那個就好。我們的建議是——如果你現在用的模式看起來很複雜，那就代表很複雜——就直接用提交 ID。

削尖你的鉛筆

花一點時間來練習你新學的提交歷史導航技巧。這是個假設的提交歷史。我們已經用它們 ID 的字母來標記這些提交。

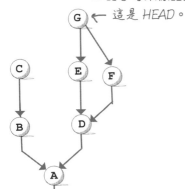

← 這是 *HEAD*。

你的任務就是去辦別哪個提交正在被指稱。

HEAD~1　_E_____

HEAD~3　_____

HEAD^1　_____

HEAD^2~1　_____

HEAD^2　_____

HEAD^1~2　_____

→ **答案在第 211 頁。**

還原提交

結果特里妮蒂為了找到一個可以舉辦桌遊之夜的一切搜尋全是徒勞。吉坦賈利和阿雷夫已經決定在他們家裡辦桌遊派對比較簡單。這樣子的話，假設派對玩到太晚，賓客不一定要晚上開車回家 ——他們可以直接在那借宿一宿。

很不巧特里妮蒂已經在她檔案庫中將 boardgame-venues.md 檔案（內有各個場地的選項）提交。她幫桌遊之夜建立一個 indoor-party.md 檔案，她在檔案內暗示過可能快要決定場地了。這就是特里妮蒂的提交歷史：

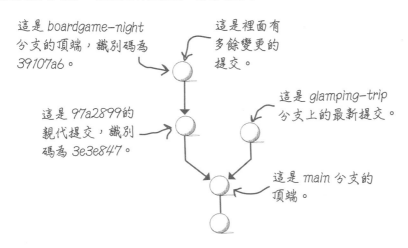

如你所見，特里妮蒂在 boardgame-night 分支上有一個提交，是個不再需要的提交。而且現在她得想辦法把這提交弄掉。

腦力激盪

本書到目前為止，你已經使用 git diff 指令來查看兩個提交之間的差異。你也知道要怎麼用 git rm 指令將一個檔案從檔案庫中移除。你能不能想出辦法來解決特里妮蒂進退兩難的情況呢？幫她把不需要的提交處理掉。如果你想到辦法處理後，你的提交歷史看起來會像什麼樣子呢？

用 reset 移除提交

特里妮蒂要怎麼還原一個提交呢？她有兩個方式。第一個方式是直接把 board-game 往後移動一個提交。如果這樣做，就能解決她一切的問題。基本上，把分支往後移動之後，她的提交圖看起來就會像這樣：

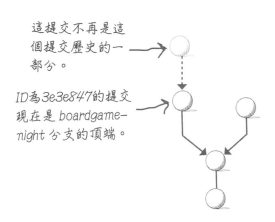

這提交不再是這個提交歷史的一部分。

ID為3e3e847的提交現在是 boardgame-night 分支的頂端。

換言之，你想要把 HEAD 移動到 HEAD~1。能讓你達到這功能的指令就是 git reset。你可以在 git reset 中附上指向提交的指稱，可能是提交 ID 或是用我們之前提過的操作工具，波浪符號（~）或插入符號（^）。

執行 reset 指令。 附上提交 ID。

或使用操作工具提供提交的指稱。

git reset 3e3e847 OR **git reset HEAD~1**

reset 指令會用上我們等等會提到的許多旗標。

git reset 指令有兩個立即的效果──它會移動 HEAD 和你指名提交的分支。但你在一個檔案庫中的每個提交會記錄著一系列的變更──你可能已新增或移除過檔案，或曾經編輯過既存的檔案，或是兩者皆有。那麼這些變更會發生什麼情況呢？

嗯，這是個價值數百萬的問題，對吧？

三種 reset

Git 有三個不同的地方給提交居住 —— 工作目錄、索引、物件資料庫。因此，`git reset` 指令提供三種還原提交的方式，每個方式會對你想要還原的變更執行不同的動作，以及它如何影響 Git 每一個區域。

請記得 `git reset` 指令一定都會移動 HEAD 和你指名提交的分支。我們唯一想要解答的問題就是，你已經提交的變更會發生什麼事情呢？假設你的檔案庫有兩個提交 —— 一個 ID 為 B 的提交和它的親代 A。

這是你想要還原的提交。

git reset --soft

`git reset` 指令可以搭配 `--soft` 旗標。這個旗標會帶著你提交的編輯並將它們移動回索引，然後它從索引複製那些變更到工作目錄中。

換言之，你已經提交的編輯（提交 B）已經從物件資料庫中消失。就好像你從來沒有執行過這個提交！但因為它們位於索引，你只差一個 `git commit` 指令就能將它們提交回去。你還是能存取那些變更 —— 在索引和工作目錄中。HEAD 目前指向提交 A。

Git 從提交 B 將變更移動到索引及工作目錄。

在 reset 後附上 --soft。

git reset --soft A

或

git reset --soft B~1

也就是說，索引和工作目錄看起來一樣。

然後它將索引內的內容複製到工作目錄。

這個看起來像是你在提交 A 內的版本，也就是說，HEAD 現在位於提交 A。

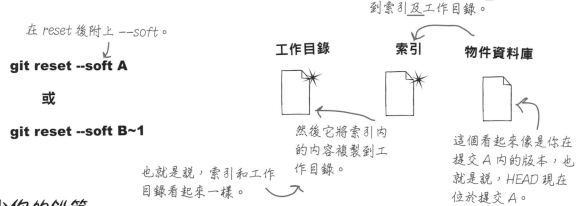

削尖你的鉛筆

假設在執行 `git reset --soft A` 之前，你的工作目錄是乾淨的。`git status` 會回報什麼結果呢？

這是你的提交歷史。

提示：回想第 3 章。工作目錄和索引、索引和物件資料庫之間有什麼差異呢？

答案在第 211 頁。

使用 git reset（或 git reset --mixed）

git reset 指令的預設模式是 --mixed，所以你可以執行 git reset 或 git reset --mixed，都可以得到同樣的結果。這是使用的方式：

git reset A 或 **git reset --mixed A**

--mixed 模式比 --soft 模式多了一點功能。有兩步驟：

❶ 首先，它將提交 B（你在還原的變更）內的變更移動到索引內，然後將那些變更從索引複製到工作目錄，**就像 --soft 模式一樣**。

❷ 然後它將**提交 A** 的內容**複製**到索引內。也就是說，那個索引現在看起來就和你剛剛重置的提交一模一樣。

我們再把這個圖拿給你看，你就不用翻來翻去。

這是你正在還原的提交。

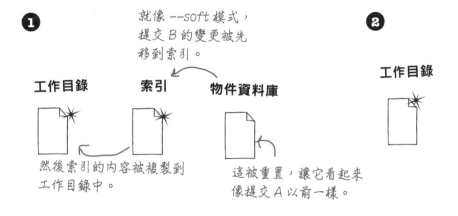

❶ 就像 --soft 模式，提交 B 的變更被先移到索引。

工作目錄 **索引** **物件資料庫**

然後索引的內容被複製到工作目錄中。

這被重置，讓它看起來像提交 A 以前一樣。

❷ 這看起來就像提交 A 以前一樣。

工作目錄 **索引** **物件資料庫**

然後 Git 會把提交 A 當時的內容複製到索引。

也就是說，HEAD 指向 A，而索引看起來就像是 HEAD。

比較一下軟模式和混合模式：--soft 模式讓索引和工作目錄保持變更的狀態。但是 --mixed 模式只會讓工作目錄保持變更的狀態。用混合模式，你在「B」內提交的變更只會居住在工作目錄──該索引看起來就像提交「A」的變更。

削尖你的鉛筆

我們重做一次上一個練習題，這次你從一個乾淨的工作目錄開始，並使用 git reset --mixed。git status 會回報什麼結果呢？

這是你的提交歷史。

B

A

──▶ 答案在第 211 頁。

git reset --hard

最後，reset 提供的第三個旗標是 --hard。別忘了，目的是要還原一個提交中的變更。--soft 模式將你在還原的提交的變更移動，並將它們放置在索引和工作目錄中。另一方面來說，--mixed 模式將你在還原的提交的變更（「B」）放到工作目錄中，但索引和物件資料庫看起來就像你要重置的提交一樣（「A」）。實際上，--mixed 把你剛還原的提交中的變更移動到工作目錄中。

最後，--hard 模式會把 --mixed 模式所進行的動作合理的結束。在混合模式，第二步會複製提交到「A」之中的內容並暫停。--hard 模式並不會。它會用（提交 A 變更所處的）索引中的內容覆寫工作目錄。這代表那個物件資料庫、索引、工作目錄看起來都一樣。就好像提交 B 從未發生！在硬重置後，工作目錄、索引、HEAD 全部看起來就像提交「A」。

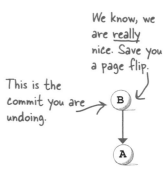

We know, we are really nice. Save you a page flip.

This is the commit you are undoing.

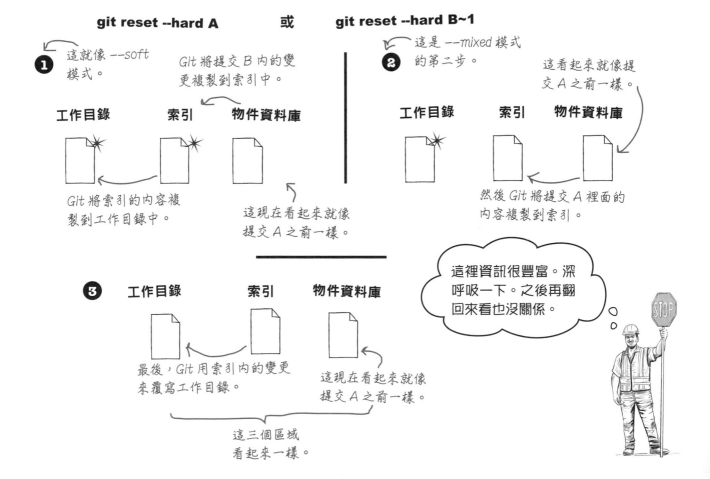

問：這一切看起來真的很令人困惑。你可以幫我濃縮一下嗎？

答：我們了解。別忘了，`git reset` 指令的目的是要還原提交。唯一的問題是——你想要對該提交中的變更做什麼事情？如果你想要讓這些變更出現在索引（所以以「將被提交之變更」出現），請使用 `--soft`。如果你想要讓它們出現在工作目錄的話（以「未被提交暫存之變更」出現），請使用 `--mixed`。如果你完全不想要看到它們，則使用 `--hard`。

問：你有提到 **reset** 指令可以拿取一個提交指稱。所以我可以重置任何提交嗎，而不只是親代提交？

答：是的，可以。例如，如果你執行 `git reset HEAD~3`，你可以叫 Git 把你退回三個提交。然後 Git 會收集你在三個（正在還原的）提交內執行的變更，而根據你使用的模式（`--soft`、`--mixed`、`--reset`），Git 會將那些變更放在索引或工作目錄，或直接丟棄。

但成功要一步一步來，對吧？我們一次往前一步就好。

問：用 **git reset --mixed** 和用搭配 **--staged** 旗標的 **git restore** 有什麼差別呢？它們都會將物件資料庫的內容複製到索引，對吧？

答：首先，`git restore` 指令只能在檔案層級作用，也就是說，一次只能影響一個檔案。`git reset` 指令可以在提交層級作用，基本上就是還原所有提交的變更。在你還原的提交中，可能有超過一個新增、編輯、修改的檔案。

再者，搭配 `--staged` 旗標的 `git restore` 指令會拿出你指名檔案在上次提交時的內容，然後複製到索引，基本上讓該索引中的檔案看起來就像你上次提交的時候一樣。但是它不會移動 HEAD——`git restore` 指令並**不會**修改你的提交歷史。

反之，然而 `git reset --mixed` 的確會複製它們上次提交時的所有檔案並將它們移動到索引，它也會移動 HEAD 到你指名的提交。當你使用 `git reset` 指令，你在靠清除掉歷史重新撰寫歷史！

問：我可不可以重置一個合併提交呢？

答：可以。但別忘了，合併提交有兩個親代。而 `git reset` 指令需要知道哪個提交用來重置 HEAD 以及對應的分支。所以，如果你要重置一個合併提交，退回到其中一個親代，你需要用插入符號（^）操作工具來提供你想要把哪個親代提交。

搭配 --hard 旗標的 git reset 是毀滅性的！

回顧上一節，你會發現 `--soft` 以及預設模式 `--mixed` 並**不會**丟棄未完成的提交中的任何變更，而 `--hard` 選項會真的把它們丟棄。所以用 `--hard` 旗標要小心。我們強烈建議平常就使用預設模式（`--mixed`）。你最好手動檢視這些變更，然後如果你百分之百確定你不再需要這些變更，只要用 `git restore` 就能得到一個乾淨的工作目錄。

而且：如果你用你最愛的搜尋引擎搜尋「我要如何在 Git 復原提交？」，很多搜尋結果都建議使用 `--hard` 選項。我有警告你了！

習題

花幾分鐘時間幫特里妮蒂還原她 boardgame-night 分支的最新提交。請先找到 chapter04 目錄中的 gitanjali-aref-step-7 資料夾。你應該要在 boardgame-night 分支上。如果需要的話，請先切換到此分支上。

這是特里妮蒂的提交歷史：

這是 *boardgame-night* 分支。

HEAD 指向此處。

這是 ID 為 *39107a6* 的提交，你打算要還原此提交。別忘記了，它<u>新增</u>一個名為 *boardgame-venues.md* 的新檔案，然後<u>編輯</u>了 *indoor-party.md* 檔案。

這是 *glamping-trip* 分支。

這是 ID 為 *3e3e847* 的親代提交。

這是 *main* 分支。

✳ 你要用 Git 操作工具復原 boardgame-night 分支上的最新提交：更明確來說，波浪符號（~）的操作工具及 --mixed 模式。在這列出你想要使用的 git reset：

✳ 執行 git status，然後解釋你所見的結果：

✳ 復原 indoor-party.md 來還原所有編輯，並刪除 boardgame-venues.md 檔案。執行 git status 以確保你將一切都清除乾淨了。

✳ 最後，再次執行 git log --graph --oneline --all，並確保 HEAD 指向 ID 為 **3e3e847** 的提交。

答案在第 212 頁。

你、就是你，時空旅者，恭喜你！

真的，你剛剛穿越時空了。這是一個長途旅程，但第一次，你已經會用 Git 的時空旅行技巧。git reset 指令會將工作目錄和索引的狀態，設定到你前一筆提交裡面記錄的狀態！也就是說，git reset 指令會重新撰寫你的歷史！別忘了，能力越強、責任越大。我們會在之後章節中提到這個方式的潛在陷阱，但現在就放鬆一下，沉浸在你新獲得的能力。

另一個還原提交的方式

當我們開始談還原提交，我們提到特里妮蒂有兩個選擇，第一個是使用 git reset 指令。

然而，Git 有提供另一個方式，但在我們探討該方式之前，我們先談一下什麼是提交。一個提交會記錄一系列的變更 —— 你可能已經編輯過一堆檔案，或許新增或刪除一些檔案了。如果你使用 git diff 指令來比較提交和它的親代，你會看到這些變更。它們會以一排加號（「+」）和減號（「-」）出現。這被稱為「delta」或兩個提交之間的變化。

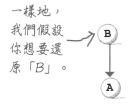

一樣地，我們假設你想要還原「B」。

另一個還原提交的方式就像拒絕一個提交一樣簡單 —— 每一個新增的檔案，你可以刪除該檔案，反之亦然。每個新增檔案中的每一行，你可以刪除，每一行被刪除資訊，也可以復原回來。

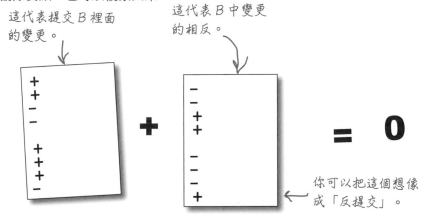

這代表提交 B 裡面的變更。

這代表 B 中變更的相反。

你可以把這個想像成「反提交」。

因為 Git 可以計算一個提交所引進的差異，它也可以計算那些差異的相反，或者你想要的話，稱為「反提交」（anti-commit）。而你可以使用這個來「復原」一個提交。

如果有幫助的話，你可以想像成物質和反物質互相接觸到彼此。最後結果：完全殲滅！

還原提交

你可以用 `git revert` 指令建立「反提交」。revert 指令就像 reset 指令，可以得到一個提交 ID 或指向提交的指稱。不過兩者之間有個明顯的差異——`git revert` 指令會得到提交 ID 或指向你想要還原提交的指稱。再次思考一下我們假設的檔案庫——假設你想要還原提交 B。這就是你要使用 `git revert` 指令的方式：

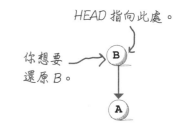

HEAD 指向此處。

你想要還原 B。

執行 revert 指令。　　　　此引數會指明你想要還原的提交。　　　　如果你想要還原最新的提交，這樣就超方便的。

git revert B　　　　　**或**　　　　　**git revert HEAD**

請注意，為了 revert，你提供你想要還原的提交 ID，與 reset 相反，這你需要附上你想要重置到的提交 ID！

Git 會看著引進 B 內的變更並計算出反提交。這是 Git 會準備的真實提交。現在就像其他提交一樣，這個提交需要一個提交訊息。所以 Git 會使用你預先設定的編輯器並開啟該編輯器，提醒你為一個新建立的提交提供訊息。

我們在第 2 章裡面看過這個：當我們合併兩個分支，會導致一個合併提交。別忘記 Git 會啟動你的編輯器並提醒你輸入提交訊息。

這是 VS 碼。

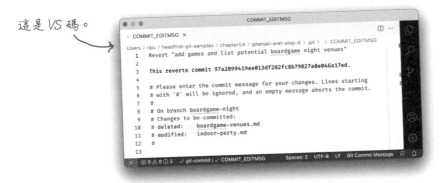

我們其實比較喜歡保留原本的訊息。一旦你關閉編輯器，Git 會確認創立一個新提交。所以 revert 的功能是什麼呢？在 revert 還原後，你的提交歷史看起來就像這樣子：

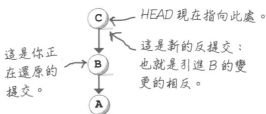

HEAD 現在指向此處。

這是你正在還原的提交。

這是新的反提交：也就是引進 B 的變更的相反。

就像 `git reset` 指令，`git revert` 指令會移動 HEAD 和該分支，只是這個情況中，你並沒有清除掉提交。反之，你正在新增新的提交。但是，兩種指令都能讓你「還原」提交。

圍爐夜話

今晚主題：**RESET** 和 **REVERT** 指令來回答這問題：「誰還原比較強？」

RESET 指令：	**REVERT 指令：**

RESET 指令：

你看，我擁有驚人的力量。我就是，你看看：我有抹除歷史的能力！大家一定都要選我來還原有問題的提交。

REVERT 指令：

是啊，但你太負面。回到過去？真的假的？我是個樂觀的人 —— 我透過新增到他們的提交歷史來還原他們的錯誤。這可以讓他們的提交歷史保持完整。更不用說，對大家來說我比較好搞懂。

所以負負會得正嗎？不可能！我讓人擁有一個乾淨的提交歷史。如果你不小心提交了一些工作，為什麼你會想要不斷地提醒？

當然。但你真的使用起來比較複雜。有「軟」模式，然後有「混合」模式。更不用說「硬」模式，這是毀滅性的。如果不小心用硬模式執行你可能會遺失他們的變更。

這叫彈性！我給人他們所要的 —— 選擇性。你做什麼？建立一個跟要還原的提交剛剛好相反的提交。啐！我們的讀者可以手動做到這件事。所以你有什麼優勢？

手動還原提交可能會牽扯到好幾百個檔案或變更。不只很煩，更不用說很容易出錯。我把這方式自動化。這不就是電腦存在的目的嗎？

好，隨便你。

我還有最後一件事要說，所以聽清楚：一旦我們讀者學會怎麼把 Git 當成協作工具，他們就不需要你了。或許你應該考慮轉行。

哈！我們等著瞧。

我們會在第 5 章回來探討這議題。敬請期待！

削尖你的鉛筆

你的下一個任務是再次幫助特里妮蒂最新的提交，只是這次你要使用 `git revert` 指令。一開始先到 chapter04 目錄的 `gitanjali-aref-step-8` 資料夾。

此檔案庫和你的前一個練習題擁有一樣的歷史。這又是那個提交歷史：

這是 *boardgame-night* 分支。

HEAD 指向此處。

這是 ID 為 *39107a6* 的提交，是你即將要還原的提交。別忘記，它會<u>新增</u>一個名為 *boardgame-venues.md* 的新檔案並編輯 *indoor-party.md* 檔案。

這是 *glamping-trip* 分支。

這是親代提交，ID 為 *3e3e847*。

這是 *main* 分支。

> 你即將要復原 HEAD。一開始先在此處將你會使用的指令列出：

> 接下來，執行該指令（請注意：你的編輯器應該會自動跳出）。請讓提交訊息保持原樣並關閉編輯器。

> 執行 `git log --graph --oneline --all` 並解釋你見的情況：

> 這和上次在 `gitanjali-aref-step-7` 的嘗試有何不同呢？

答案在第 213 頁。

要…要…結束了！

特里妮蒂為吉坦賈利和阿雷夫感到非常高興 —— 她投入規劃派對的努力終於收到成效。每個人在慶祝兩人的訂婚時都玩得很開心。特里妮蒂祝他們兩人世界幸福快樂。

特里妮蒂的提交歷史看起來很乾淨：她最喜歡的樣子。她還有一些善後工作要做，所以她把 `boardgame-night` 分支合併 `master` 分支內。她也刪除了未合併的 `glamping-trip` 分支。規劃這個奢華露營之旅的確花費很多心力，但嘿！只要她的客戶開心，特里妮蒂就開心。

更不用說，吉坦賈利現在也希望特里妮蒂幫她規劃婚禮！她希望很異國的婚禮（南極已經有被提出來一兩次 —— 特里妮蒂可能得想辦法說服她。或是沒關係！）。哦，好吧！是時候建立另一個檔案庫了。

> 我們在第 2 章提到要清理你的分支（合併的和未合併的）。

至於你，做的很棒！你已經學會很多怎麼在 Git 裡面還原你的工作了。只是要記得：大多的時候，當你還原時，Git 並不會有摧毀性的後果。換言之，如果需要的話你可以還原一個還原，所以可以好好放鬆。

重點摘要

- Git 有提供好幾個方式可以還原變更。

- `git restore` 指令讓你可以還原一個或以上檔案的變更 —— 工作目錄和索引內。你可以在 `git restore` 附上一串的檔案路徑。

- `git restore` 指令預設會藉由將最新新增到索引的檔案版本,取代工作目錄中的變更來還原變更。

- 要還原已經被新增到索引的檔案變更,你也可以使用 `git restore` 指令。然而,你會需要付上 `--staged` 旗標。

- `git restore --staged` 指令會用上次提交的版本取代索引內的檔案內容。

- 你可以用 `git rm` 指令刪除之前提交到 Git 的檔案。

- `git rm` 指令,就像 `git restore` 指令一樣,需要一個檔案路徑的清單,然後它會從工作目錄和索引中移除這些檔案。

- 你還是需要透過提交來記錄刪除了一個或多個檔案的結果。也就是說,刪除檔案是個兩步驟的流程 —— `git rm` 從工作目錄和索引中移除檔案,而之後進行的提交會記錄此次的刪除。

- 你可以用搭配 `--amend` 旗標的 `git commit` 指令來編輯提交訊息。

- 你應該只修改分支的頂端。

- 當你修改提交時,其實你並沒有變更該提交。Git 用新的提交訊息記錄新的提交、並取代你的提交歷史的先前提交。Git 最後會刪除舊的提交。

- 用搭配 `-m`(或 `--move`)旗標的 `git branch` 指令可以用來在 Git 內重新命名分支。

- 你目前位於的提交被稱為 HEAD。HEAD 是指向提交的指稱。

- HEAD 是 Git 知道你位於哪個分支的方式;這就很像地圖上的圖釘,顯示出你的地點。你每次切換或合併分支時,HEAD 就會更新。

- HEAD 指向的提交**就會是**檔案庫中下一個提交的親代。

- Git 有提供兩種操作工具來指稱相對於 HEAD 的祖先提交。你可以用波浪符號(~)的操作工具來指稱當前提交的親代。例如,HEAD~2 會帶你往後退兩代:代表是當前提交的祖父母。

- 你可以使用插入符號(^)的操作工具來指稱一個合併提交的親代。HEAD^1 指向第一個親代,而 HEAD^2 指向第二個。

- 波浪符號和插入符號的操作工具可以讓 `git diff` 等指令附上提交變得更容易,讓你省下複製貼上提交 ID 的力氣。

- Git 提供兩種復原提交的方式。`git reset` 指令將 HEAD 和分支「便利貼」移到不同的提交。

- `git reset` 指令有三種模式 —— soft、mixed、hard。每一個模式都有不同的效果,對未完成提交紀錄的變更有所影響。

- 要小心! `git reset` 指令的「硬」模式是摧毀性的:如果使用了這個,你會失去你的變更。**所以別用。**

- `git reset` 讓你可以進行「時空旅行」,因為實際上它會把你移到先前的提交。

- 另一個還原提交的方式就是用 `git revert` 指令,這會建立一個「反提交」 —— 一個引進一系列變更的提交,跟你想要還原的提交剛好是恰恰相反。

還原填字遊戲

這還有一個讓你撥亂反正的額外練習：請用鉛筆完成此填字遊戲。

橫向

3 Git reset 模式有軟模式、＿＿＿＿、硬模式

5 -m 旗標就是這個字的縮寫

6 用來比較索引和工作目錄內容的指令（兩個英文單字）

9 git ＿＿＿＿ 指令用索引內的檔案版本取代了工作目錄中的檔案版本

10 她要嫁給阿雷夫了

12 git branch 輸出結果中有出現一個字母可以告訴你 HEAD 在哪裡

13 本章都是關於 ＿＿＿＿ 你的錯誤

14 在你編輯提交前，要確保工作目錄是 ＿＿＿＿

15 搭配 git restore 指令的旗標來取得你檔案中最新提交內的最新內容

16 高級版本的露營

17 git add 指令的 -u 旗標是這個字的縮寫

縱向

1 HEAD 有一個字母來指稱提交的親代

2 git ＿＿＿＿ 指令將索引內容複製到物件資料庫內

4 是一種水果！

7 刪除檔案並不會將該檔案從物件 ＿＿＿＿ 移除

8 一筆能告訴你何時進行提交的後設資料

9 git ＿＿＿＿ 指令將 HEAD 和一個分支移動到特定的提交

11 讓你可以修改提交訊息中錯誤的旗標

15 使用 git ＿＿＿＿ 來檢查你 Git 檔案庫的狀態

16 ＿＿＿＿ ＿＿＿＿ 指令會從工作目錄和索引中移除已追蹤檔案（兩個英文單字）

答案在第 214 頁。

削尖你的鉛筆
解答

特里妮蒂已經在她的檔案庫進行了兩個提交。第一筆提交新增了兩個檔案，guest-list.md 和 gift-registry.md，而第二筆提交引進了 invitation-card.md 檔案的第一版草稿。在不偷看的情況下，列出 gitanjali-aref 檔案庫中的所有檔案。這個檔案中總共有多少檔案呢？解釋一下你的答案。

三個檔案。提交是建立在先前的提交上。因為第一個提交引進兩個檔案，而且第二個提交又新增了另一個，你最後就有三個檔案了。

這是第二個提交，新增了 *invitation-card.md* 檔案，所以你最後就有三個檔案了。

第一個提交引進了兩個檔案 —— *guest-list.md* 和 *gitft-registry.md*。

題目在第 161 頁。

習題
解答

是時候來練習一下你在第 3 章學到的技能。找到你下載本書中原始碼的位置，在 chapter04 資料夾中，你會找到一個名為 gitanjali-aref-step-1 的目錄。

用我們最愛版本的 git log 指令（也就是 git log --oneline --all --graph）來調查特里妮蒂的檔案庫並得知每一筆提交的提交 ID，包含她進行提交時所提供的提交訊息。這也是她的提交歷史。註釋一下！

這是第二個的提交，ID 為 8d704f8，訊息是「*first cut at invitation card*」（第一版的邀請函）。

這是第一個的提交，ID 為 6e16680，訊息是「*initial set of guests and gift registry*」（賓客名單與送禮清單的初步名單）。

題目在第 161 頁。

習題解答

輪到你來試試看還原檔案。假設你是特里妮蒂的實習生,你在用她的筆電,要幫她處理問題。就像上一個練習,先到你下載本書練習題的位置,然後開啟 chapter04 資料夾。在資料夾內,你可以找到 gitanjali-aref-step-2 資料夾。

一開始先用 git status 和 git diff 來確認哪個檔案曾被編輯過,以及工作目錄和暫存區之間的差異。

➤ 你的任務是復原檔案庫中曾編輯過的檔案,復原到上次提交的版本,在此列出你會需要用到的指令:

執行 restore 指令。　　　　　附上要復原檔案的路徑。

git restore invitation-card.md

➤ 執行指令,然後將 git status 的輸出結果寫在此處:

On branch master

nothing to commit, working tree clean

很棒!你現在有個乾淨的工作目錄。

題目在第 165 頁。

削尖你的鉛筆解答

題目在第 166 頁。

你會使用什麼指令來查看 invitation-card.md 內的變更呢?歡迎翻回第 3 章複習。將該指令列在此處:

git diff --cached　　　我們有在第 3 章提到這個,但這裡你也可以使用 --staged 旗標。

削尖你的鉛筆 解答

題目在第 168 頁。

回來工作了！這次你要用名為 gitanjali-aref-step-3 的資料夾，這就在 chapter04 資料夾中。找到這個檔案，然後試試看你能不能幫特里妮蒂復原她不小心新增到索引的檔案。

✱ 一如往常，一開始先用 git status 和 git diff --cached，然後看看你是否可以發現物件資料庫和索引之間有什麼變化。

✱ 接下來，用你所學來復原索引內的內容。將你會需要使用的指令列在此處：
                  git restore --staged invitation-card.md

✱ 之後，查看 git status 的輸出結果。你看到了什麼？透過描述 invitation-card.md 的狀態來解釋你的答案，請著重於工作目錄、索引、物件資料庫之間的差異。

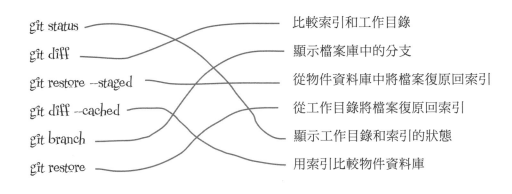

因為 invitation-card.md 是最新提交到索引的檔案，所以搭配 --staged 旗標的 git restore 會複製該檔案。

| 工作目錄 | 索引 | 物件資料庫 |

這代表 invitation-card.md 檔案。

在還原後，這兩個檔案看起來不再相同。

連連看？ 解答

題目在第 168 頁。

我們把 Git 指令都列出來，但它們被弄亂了。你可以幫我們搞清楚哪個指令有什麼功能嗎？

git status   比較索引和工作目錄

git diff   顯示檔案庫中的分支

git restore --staged   從物件資料庫中將檔案復原回索引

git diff --cached   從工作目錄將檔案復原回索引

git branch   顯示工作目錄和索引的狀態

git restore   用索引比較物件資料庫

習題
解答

題目在第 171 頁。

是時候換你練習移除追蹤中檔案了。請開啟 chapter04 目錄中的 gitanjali-aref-step-4 資料夾。

* 一開始列出工作目錄中的檔案：

```
File Edit Window Help

gift-registry.md      guest-list.md         invitation-card.md
```
就在這。

* 使用 git rm 指令來移除 gift-registry.md 檔案。別忘記檢查該檔案庫的狀態。

* 再次列出工作目錄中的檔案：

在這時間點，gift-registry.md 被從工作目錄和索引中移除。

```
File Edit Window Help

guest-list.md              invitation-card.md
```

* 最後，提交你的變更，訊息為「delete gift registry」（刪除送禮清單）。

削尖你的鉛筆
解答

題目在第 173 頁。

來確定一下你是否了解特里尼蒂截至目前的提交歷史。請先到 chapter04 資料夾內的 gitanjali-aref-step-5 資料夾。

➤ 一開始先列出分支，並說明你目前所在的分支。

            * camping-trip ← 你目前在 camping-trip 分支。
            master

➤ 使用你在第 3 章學到的技巧並將特里尼蒂的提交歷史畫出來。請使用 git log --oneline --all --graph 指令。

這是 camping-trip 分支上的最新提交，識別碼為 efa799d。

這是 master 分支上的最新提交，ID 為 8d704f8。

這是最一開始的提交，ID 為 6e16680。

習題
解答

題目在第 175 頁。

你可以幫特里尼蒂解決她提交訊息中的錯誤嗎？切換到你的終端機。開啟 chapter04 資料夾的 gitanjali-aref-step-5 目錄。請確保你位於 camping-trip 分支。

* 使用搭配 --amend 旗標的 git commit 指令來編輯 camping-trip 分支上最新的提交。將提交訊息修改成「initial outdoors plan」（初步室外計畫，並非「final outdoor plan」）。在這寫下你要用的第一個指令，然後試試看：

git commit --amend -m "initial outdoors plan"

* 然後，使用 git log --oneline --all --graph 來確保你可以在你的歷史中看到修改的提交。

這是個已編輯的提交。現在這提交有個新 ID，cf5e718，提交訊息為「initial outdoors plan」。

別忘記，你的提交 ID 會和我們的不一樣。

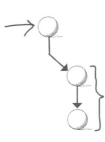

這兩個提交保持不受影響。

* 提交 ID 改變了嗎？請解釋一下。

當你修改提交時，Git 會建立一個新的提交。這個提交會記錄你現在正在編輯的提交的相同變更。它也會擁有一樣的後設資料 —— 作者的名字和電子郵件，還有時間戳記。然而，這個提交訊息是不同的，還有其他的資訊，Git 會用這些訊息來計算提交 ID。新的訊息，當然也有新的提交 ID。

習題
解答

題目在第 178 頁。

為什麼不花幾分鐘幫忙特里妮蒂把 camping-trip 分支重新命名呢？請先找到 chapter04 資料庫中的 gitanjali-aref-step-6。

✱ 你的第一步就是先確認目前位置是在 camping-trip 分支。寫下你要用來列出檔案庫中分支的指令。

git branch

✱ 接下來，用 switch 切換到 camping-trip 分支，並將其重新命名為 glamping-trip。請用此處空白列出你會用到的指令。

git branch -m "glamping-trip" ← 你正在重新命名當前的分支。

✱ 最後，再次列出所有分支：

```
File Edit Window Help
* glamping-trip   ← 這是確定的。
  master
```

✱ 然後，你要在**不切換到** *master* 的情況下將 master 重新命名為 main。請先在此處寫下你會用到的指令：

這裡你可以使用
-m 或 --move。

將 master「移動」
到 main。

git branch -m master main

✱ 為了確認你沒做錯，再次在此寫下你檔案庫中的所有分支。

```
File Edit Window Help
* glamping-trip
  main   ← 耶！成功了！
```

習題
解答

題目在第 179 頁。

你為什麼不花點時間查找一下特里妮蒂的檔案庫呢？先去 chapter04 目錄中的 gitanjali-aref-step-7
資料夾。

✳ 請列出此檔案庫中的分支，並標記你目前位於的分支：

```
File Edit Window Help
$ * boardgame-night
  glamping-trip
  main
```

✳ 使用 git log --oneline --all --graph 說明特里妮蒂的提交歷史：

這是 boardgame-night 分
支上的最新提交，ID 為
39107a6。

這是 glamping-trip
分支上的唯一提交，
ID 為 cf5e718。

這是 39107a6 的親
代，ID 為 3e3e847
的提交。

這是 master 分支上
的最新提交，ID 為
8d704f8。

最初的提交，ID
為 6e16680。

還沒做完！下一頁繼續。

習題解答

題目在第 180 頁。

接下來,看一下特里妮蒂在最新一次提交中所進行的幾個變更:她新增了一個新檔案並編輯了一個原有的檔案。這是她現在執行的指令:

```
git diff 3e3e847 39107a6
```

而這裡是輸出結果。你的任務就是要在上面註解(別忘記,她有新增了一個新檔案和編輯了另一個檔案)。開頭我們已經幫你完成了:

```
diff --git a/boardgame-venues.md b/boardgame-venues.md
new file mode 100644
index 0000000..c3684a0
--- /dev/null
+++ b/boardgame-venues.md
@@ -0,0 +1,6 @@
+# A list of potential game-cafe venues for board-game night
+
+- Winner's Game Cafe
+- Rogues and Rangers Tavern
+- Natural 20 Games & Coffee
+- Bottleship Gaming Bar
diff --git a/indoor-party.md b/indoor-party.md
index 2064ec5..6ca6def 100644
--- a/indoor-party.md
+++ b/indoor-party.md
@@ -16,5 +16,6 @@ Here are just a few of the games we can play:
 * Exploding Kittens

Feel free to bring your favorite games.
+Venue decision will probably happen at the roll of a 20-sided die!
And remember, as long as we are together, we're all winners.
```

你正在比較 ID 為 3e3e847 提交內的 *boardgame-venues.md* 檔案版本,和 ID 為 39107a6 提交內的變更。

boardgame-venues.md 是新檔案。

這是另一個大塊的一開始。

這顯示了 *indoor-party.md* 檔案內的差異。

「a」是 3e3e847 提交內的變更。「b」是提交 39107a6,前綴為「+」。

這行資訊被新增到 39107a6 的提交內。

削尖你的鉛筆解答

為什麼你不試試看追蹤 HEAD？你會用到 chapter04 資料夾內的 gitanjali-aref-step-7 資料夾。

➤ 一開始先用 `git log --graph --oneline --all`，並注意 HEAD 的位置。在這列出。那要怎麼告訴你目前所在的位置呢？

> 我看到這個：「*HEAD -> boardgame-night*」，這讓我知道我位於 *boardgame-night* 分支上。*git branch* 指令的結果可以證明這件事。

➤ 接下來，切換到 glamping-trip 分支，並再次使用 `git log --graph --oneline --all` 來看 HEAD 目前的位置。

> 這次我看到「*HEAD -> glamping-trip*」，這讓我知道我現在正在 *glamping-trip* 分支上。

➤ 切換到 main 分支（別忘了，你在上個練習題中把 master 重新命名為 main）。重複上面的練習。再次將 HEAD 的位置寫下來。

> 現在我看到「*HEAD -> main*」，這代表我位於 *main* 分支。

➤ **非常重要！**切換回 boardgame-night 分支，你應該已經準備迎接接下來的練習了。

題目在第 184 頁。

削尖你的鉛筆 解答

花一點時間來練習你新學的提交歷史導航技巧。這是個假設的提交歷史。我們已經用它們 ID 的字母來標記這些提交。

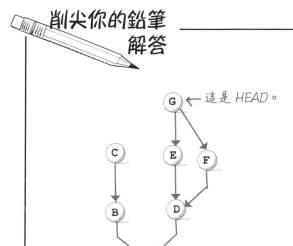

這是 *HEAD*。

你的任務就是去辨別哪個提交正在被指稱。

HEAD~1   <u>E (immediate parent)</u>

HEAD~3   <u>A (parent's parent's parent)</u>

HEAD^1   <u>E (G is a merge commit, so this is its first parent)</u>

HEAD^2~1 <u>D (G's second parent's parent)</u>

HEAD^2   <u>F (G's second parent)</u>

HEAD^1~2 <u>A (G's first parent's parent's parent)</u>

題目在第 187 頁。

削尖你的鉛筆 解答

假設在執行 `git reset --soft A` 之前，你的工作目錄是乾淨的。`git status` 會回報什麼結果呢？

這是你的提交歷史。

B → A

在「軟」模式，*git reset* 指令會把之前在提交B中提交的變更複製到索引和工作目錄中。在這時間點，索引和工作目錄看起來是一樣的。所以工作目錄和索引之間是沒有差異的，但索引和物件資料庫中有一個差異之處，所以 *git status* 會回報有變更需要被提交。

題目在第 190 頁。

削尖你的鉛筆 解答

我們重做一次上一個練習題，這次你從一個乾淨的工作目錄開始，並使用 `git reset --mixed`。`git status` 會回報什麼結果呢？

這是你的提交歷史。

B → A

這次 Git 會先把提交到 B 的變更拿到索引，然後再移到工作目錄中（就像是軟模式一樣）。但然後會把 A 中的變更複製到索引。這代表物件資料庫和索引看起來是一樣的。然而，索引和工作目錄看起來不一樣（工作目錄有原本在 B 裡面的變更，索引看起來就像 A）。所以 Git 會請你暫存你的變更。

題目在第 191 頁。

習題解答

題目在第 194 頁。

花幾分鐘時間幫特里妮蒂還原她 boardgame-night 分支的最新提交。請先找到 chapter04 目錄中的 gitanjali-aref-step-7 資料夾。你應該要在 boardgame-night 分支上。如果需要的話,請先切換到此分支上。

這是特里妮蒂的提交歷史:

這是 boardgame-night 分支。

HEAD 指向此處。

這是 ID 為 39107a6 的提交,你打算要還原此提交。別忘記了,它<u>新增</u>一個名為 boardgame-venues.md 的新檔案,然後編輯了 indoor-party.md 檔案。

這是 glamping-trip 分支。

這是 ID 為 3e3e847 的親代提交。

這是 main 分支。

✱ 你要用 Git 操作工具復原 boardgame-night 分支上的最新提交:更明確來說,波浪符號(~)的操作工具及 --mixed 模式。在這列出你想要使用的 git reset:

> git reset --mixed HEAD~1　　或　　git reset HEAD~1

預設模式是 --mixed。

✱ 執行 git status,然後解釋你所見的結果:

> 混合模式的 Git reset 只會影響到工作目錄。提交(ID:39107a6)會引進一個新檔案,名為 boardgame-venues.md 並修改 indoor-party.md 檔案。在用 reset 還原後,boardgame-venues.md 會以一個「未追蹤檔案」(新檔案)出現,而 indoor-party.md 檔案則是已編輯狀態。就好像你從來沒有進行過一開始的提交。

✱ 復原 indoor-party.md 來還原所有編輯,並刪除 boardgame-venues.md 檔案。執行 git status 以確保你將一切都清除乾淨了。

> 1. 用 Finder 或檔案總管刪除 boardgame-venues.md 檔案。

> 2. 用 git restore 還原 indoor-party.md。

✱ 最後,再次執行 git log --graph --oneline --all,並確保 HEAD 指向 ID 為 3e3e847 的提交。

題目在第 198 頁。

你的下一個任務是再次幫助特里妮蒂最新的提交,只是這次你要使用 git revert 指令。
一開始先到 chapter04 目錄的 gitanjali-aref-step-8 資料夾。

此檔案庫和你的前一個練習題擁有一樣的歷史。這又是那個提交歷史:

> 這是 boardgame-night 分支。

HEAD 指向此處。

這是 ID 為 39107a6 的提交,是你即將要還原的提交。別忘記,它會新增一個名為 boardgame-venues.md 的新檔案並編輯 indoor-party.md 檔案。

> 這是 glamping-trip 分支。

這是親代提交,ID 為 3e3e847。

> 這是 main 分支。

➤ 你即將要復原 HEAD。一開始先在此處將你會使用的指令列出:

git revert HEAD

➤ 接下來,執行該指令(請注意:你的編輯器應該會自動跳出)。請讓提交訊息保持原樣並關閉編輯器。

➤ 執行 git log --graph --oneline --all 並解釋你見的情況:

我看到一個新提交,是 ID 為 39107a6 的提交的子代,提交訊息為「Revert "add games and list potential boardgame night venues"」(「還原『新增遊戲並將潛在的桌遊之夜地點列出來』」)。

➤ 這和上次在 gitanjali-aref-step-7 的嘗試有何不同呢?

當你重設該提交時,ID 為 39107a6 的提交不再存在於提交歷史。就好像從來沒有發生過。當你還原時,ID 為 39107a6 的提交依然還存在於提交歷史圖中,但因為 revert 指令所建立的提交,它的效果會無效。

還原填字遊戲解答

這還有一個讓你撥亂反正的額外練習：請用鉛筆完成此填字　　**題目在第 201 頁。**
遊戲。

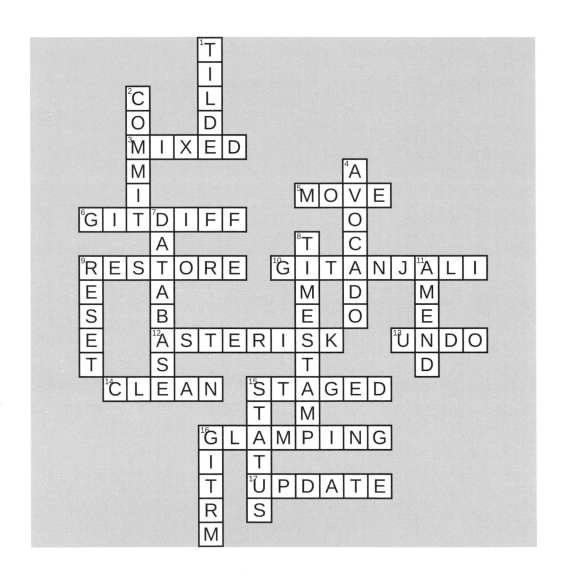

5 Git 協作（一）

遠距工作

我已經懂了！我們現在很有默契。

一個人工作很快就會變得枯燥乏味。在本書中，目前已經學了 Git 如何使用和如何使用 Git 檔案庫。我們之前使用的檔案庫是在本機使用 `git init` 指令創建的檔案庫。不過這樣也已經可以完成許多任務，可以創建分支、合併分支，使用 `git log`、`git diff` 等指令的功能來查看檔案庫的歷時變更狀況。但如果是個大型專案可不只這樣而已。通常會團隊合作或和朋友、同事一起做，Git 剛好有提供強大的協作模式，此協作模式可以用單一檔案庫分享彼此的工作進度。第一步就先將檔案庫設定為「開放公開存取」（publicly available），這樣專案的提交歷史紀錄就會變成「共享」的歷史紀錄。在公開的檔案庫中，可以執行所學過的所有功能（少數功能例外）。可以創建分支、提交、新增到提交歷史紀錄中等多種功能，所有人都可以查看並新增到同個歷史紀錄中。這就是 Git 的協作方式。

在開始協作工作前，我們先花點時間了解公開檔案庫的運作方式以及如何開始著手吧。組好隊伍吧！

另一個建立 Git 檔案庫的方式：複製

在第 1 章，我們有提到 git init 指令，此指令可以將一個你電腦上的資料夾轉變成一個 Git 檔案庫。Git 有另一個可以在本地主機上建立檔案庫的方式：可以用一個在別的地方之前就建立好的檔案庫。

這樣的情況要怎麼處理呢？想像一下你的朋友正在處理一個開源專案並請你幫個忙。他們可以建立一個 Git 檔案庫並分享給你。現在你們兩個可以一起來處理這個專案。

思考一下現在網路上有數以百萬計的開源專案（有些你說不定還用過）。如果不是所有的專案，至少絕大多數都有靠一堆各種的合作工具。你可以決定要幫一個類似的專案，幫忙除錯或新增一個很有必要的功能。但要達到此功能，你會需要程式碼。要怎麼取得呢？

你可以使用另一個 Git 指令：clone。就如此指令所示，git clone 指令讓你可以對既存的檔案庫建立一個副本（一個「克隆體」）。此複製的指令需要一個特別的 URL 網址作為它的引數。

Git 是個很強大的協作工具，將各行各業的人連在一起，打破政治與文化的隔閡，讓人可以聚在一起並實現他們心中的想法。

執行 clone 指令。

我們很快就會把告訴你這個看起來的模樣。

git clone <some-url>

當你執行 git clone 時，這就是此指令的運作方式。

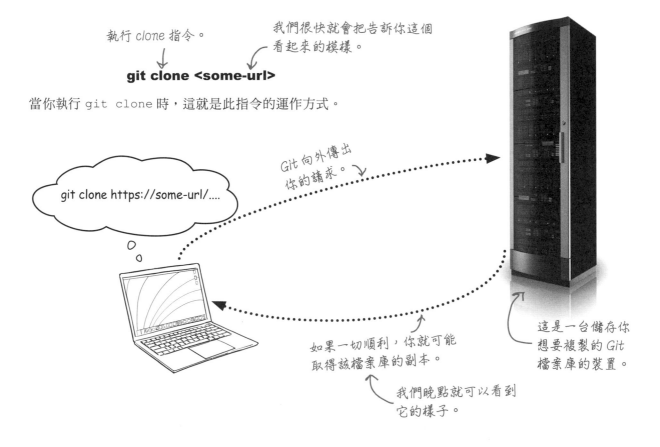

git clone https://some-url/....

Git 向外傳出你的請求。

如果一切順利，你就可能取得該檔案庫的副本。

我們晚點就可以看到它的樣子。

這是一台儲存你想要複製的 Git 檔案庫的裝置。

存放 Git 檔案庫

當你複製一個檔案庫，你就是請 Git 複製一個已經存在於某處的檔案庫。所以「他處」是指什麼意思？那就是你可以存取的電腦 —— 也就是，一個你可以透過網路（例如網際網路）連結的電腦，且你有取得從該電腦複製檔案庫的許可。

你可以在哪存放 Git 檔案庫？有很多選項。你可以架設一個私人伺服器，但這很麻煩：你得找一個地方來運作你的伺服器，還要學 Git 伺服器管理。最簡單的方式就是使用一個可以讓你存放 Git 檔案庫且最不麻煩的服務（對，我們最在乎這件事！）。

或許你聽過微軟的 GitHub 或 Atlassian 的 GitLab、Bitbucket。這些服務讓你可以存放你的檔案庫且開頭比較輕鬆。你需要的就是登入。就本書的目的，我們決定要 GitHub 示範 —— 但你從 GitHub 所學的大多技能都可以運用在類似的網站，不過還是有一些小差異。GitHub 有提供很慷慨的免費版供個人專案使用，所以你不用擔心價錢。

我們在本書緒論內有提到你得要想辦法登入 GitHub。如果你還沒有去處理，先翻回去並跟著指示操作。我們會在這等你。

我們在這列出三種服務，但其實還有很多的選項。

這些通常會被稱為「檔案庫管理平台」（repository manager）。

問：我的公司把 GitHub 作為一個協作工具，所以我已經有登入帳密。我需要在辦另一個帳號嗎？

答：我們喜歡將工作用的和休閒娛樂用的分開（就承認吧——讀這本書是件開心的事！）。如果你用公用電子郵件登入 GitHub，我們建議你用個人的電子郵件去辦一個帳號。

問：與其使用第三方的服務，我寧可營運我自己的伺服器。改變心意了。

答：存放一個 Git 檔案庫不只是要架設一個伺服器！你也需要透過網路將 Git 檔案庫放上雲端。可能還要用認證機制保護你的檔案庫，還需要一輩子去管理這個伺服器。這是個一生的承諾。

我們之所以選擇 GitHub 只是為了要告訴你怎麼把 Git 當成一個協作工具，所以我們把一切從簡。一次處理一件事就好，對吧？

初始設定：分叉檔案庫（邊欄）

在你開始前，你需要先進行一些初始設定。先用瀏覽器前往此網址：*https://github.com/looselytyped/working-with-remotes*。在右上角，你應該可以看到一個「Fork」（分叉）的按鈕。

我們知道這看起來有點怪 —— 我們不是在談複製嗎？我們等等會澄清一下 —— 先讓你把本章所需的初步設定準備好，稍微忍耐一下。

要跟著步驟做。

就是這個。按下去吧！

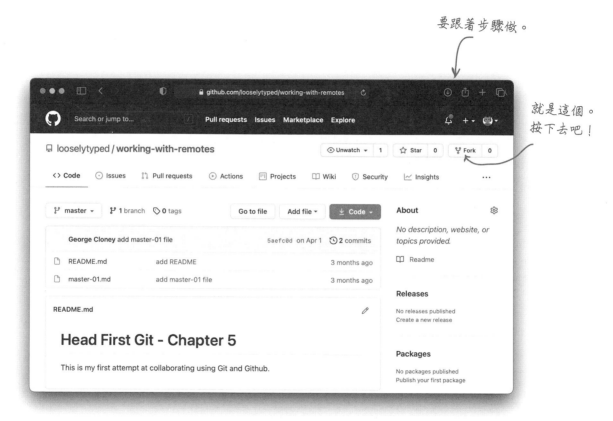

當你按下該按鈕，如果你還沒登入，GitHub 會要求你登入。然後它會複製我們在你的 *GitHub* 帳號內所建立的檔案庫。

請在完成後，注意你瀏覽器中的網址欄。它會跳轉到 *https://github.com/your_account_name/working-with-remotes*（你可能會想要把這個網頁存到我的最愛）。

所以剛剛發生什麼事了呢？我們所建立的檔案是在我們的帳號內，這代表當你可以看到該檔案庫時，你無法編輯該檔案庫。分叉（*forking*）是一個 **GitHub 功能**，讓你可以輕鬆地複製我們的檔案庫（或其他可公開取得的檔案庫）到你的帳號。

雖然我不想重複廢話，但是 *Git* 裡面其實並沒有「分叉」的這種功能。分叉是輔助協作的 *GitHub* 功能。

複製？分叉？好多喔。我的頭好痛。我不確定剛剛發生什麼事情了。為什麼我們現在在談這件事？

我們能感同身受。 我們一開始會先澄清分叉並不是 Git 功能：這是 *GitHub* 功能。所以為什麼我們要讓你做上一個練習題呢？這本書是關於 Git，不是 GitHub，對吧？

思考一下從第 1 章到第 4 章你做過的練習題：你有下載了一個包含所有練習題的 zip 壓縮檔。也就是說，你拿到一份我們為你建立的練習題副本，在你的本地硬碟中可以使用。這讓你可以盡情地嘗試看看。

就本章，我們已經做了一些不同的東西。我們幫你建立了一個 Git 檔案庫，但那個檔案庫是存在於我們的帳號。為了要修改我們的檔案庫（或任何非你所有的檔案庫），擁有者會需要給你明確許可才可以這樣做。在 GitHub，這代表你得需要把你的 GitHub 登入帳號傳給我們，這樣我們才能幫你新增為我們檔案庫的「協作者」。

雖然我們非常愛你（你也知道這點），但我們希望能夠擁有成千上萬的讀者。新增你們每一個人會很累，而且你在進行變更時可能會不小心惹惱其他人。

分叉一個檔案庫基本上就讓你可以有該檔案的專屬副本，存在於你的帳號內，這樣一來你就能隨心所欲地嘗試。就如同你在其他章節下載我們的檔案庫的方式，只是這次你是下載到你的 GitHub 帳號，而不是你的硬碟。

所以要怎麼把那個檔案庫弄到你的硬碟呢？複製它。

問：我可以在沒有分叉的情況下複製一個檔案庫嗎？如果可以的話，又代表什麼意義呢？

答：當然啊。你可以現在上 github.com 看看，隨便從數百萬的網路上的檔案庫中挑一個，然後複製其中一個。

然而，如果你想要在該專案上與他們協作，你得請求該擁有者給予該檔案庫的許可。在這章節內，你會對 `working-with-remotes` 檔案庫進行變更。透過分叉，你可以在你的 GitHub 帳號中得到我們檔案庫的一個副本，而且你可以對那個檔案庫進行任何操作，不需要取得我們的任何許可。這當然讓做事更方便許多。

各就各位，預備，複製！

你現在已經完成後續練習題所需的初步設定。如果你打開 GitHub 帳號，你應該就會看到 `working-with-remotes` 檔案庫。GitHub 有提供一種簡單的方式，讓你可以複製該檔案庫並在你的本地電腦上擁有一個副本。首先你需要我們之前提到的特別網址，你需要把該網址附在 `git clone` 指令後。

放輕鬆，喝點小酒。你等等就會有機會自己嘗試看看了。

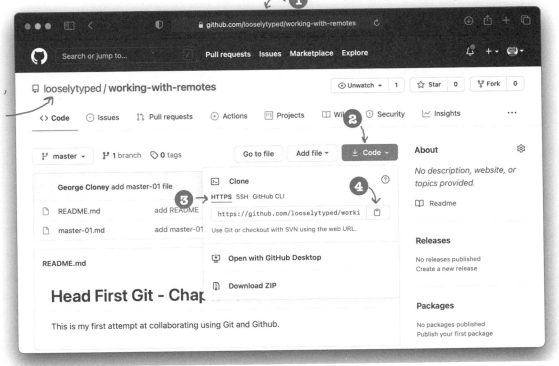

與其是 looselytyped，這裡你應該會看到自己的帳號。

① **請確定你的帳號有出現在網址中。**

請注意我們的網址裡面有 `looselytyped`，這就是我們的帳號。
你的網址裡面也要有你的 GitHub 帳號。

② **點擊綠色的「Code」按鈕。**

這會跳出三個分頁 —— `HTTPS`、`SSH`、`GitHub CLI`。

③ **請確定你選擇 HTTPS 的分頁。**

下面的網址會切換到一個以 `https` 開頭、`.git` 結尾的分頁。

④ **複製顯示的網址。**

你可以點擊網址旁邊的圖示，將網址複製到剪貼簿。

如果你沒有剪貼簿管理工具，複製網址後再複製其他東西的話，就會弄丟複製的網址，你就得重新再來一次。

各就各位，預備，複製！（續）

你現在有 git clone 指令所需的網址。我們仔細來看一下這網址。

現在沒東西給你做。不過晚點就有練習給你做。

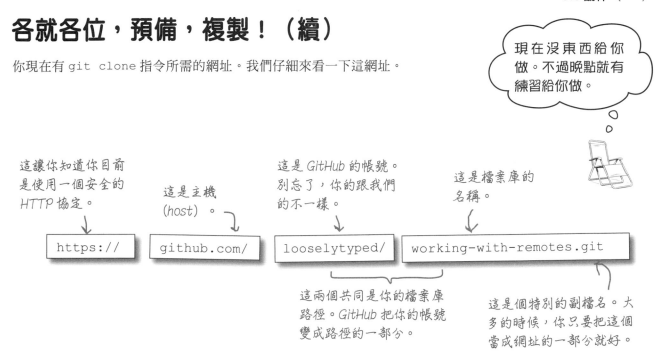

這讓你知道你目前是使用一個安全的 HTTP 協定。

`https://`

這是主機 (host)。

`github.com/`

這是 GitHub 的帳號。別忘了，你的跟我們的不一樣。

`looselytyped/`

這是檔案庫的名稱。

`working-with-remotes.git`

這兩個共同是你的檔案庫路徑。GitHub 把你的帳號變成路徑的一部分。

這是個特別的副檔名。大多的時候，你只要把這個當成網址的一部分就好。

你可以將此附在 git clone 指令後，並會從你的 GitHub 帳號複製該檔案。我們在一個名為 chapter05 的資料夾裡面複製該檔案庫，看起來長這樣：

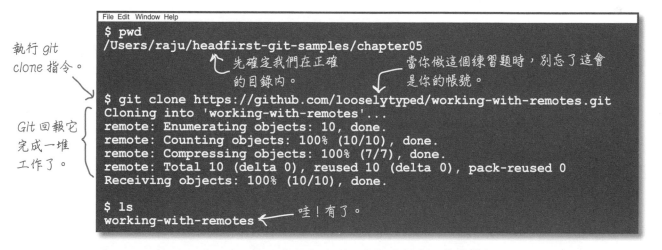

執行 git clone 指令。

Git 回報它完成一堆工作了。

```
File Edit Window Help
$ pwd
/Users/raju/headfirst-git-samples/chapter05
        先確定我們在正確          當你做這個練習題時，別忘了這會
        的目錄內。                是你的帳號。
$ git clone https://github.com/looselytyped/working-with-remotes.git
Cloning into 'working-with-remotes'...
remote: Enumerating objects: 10, done.
remote: Counting objects: 100% (10/10), done.
remote: Compressing objects: 100% (7/7), done.
remote: Total 10 (delta 0), reused 10 (delta 0), pack-reused 0
Receiving objects: 100% (10/10), done.

$ ls
working-with-remotes          哇！有了。
```

請注意，預設情況下，Git 會建立一個跟你複製的檔案庫同名的資料夾，然後繼續在該資料夾裡面建立該檔案庫。

瞧，你現在知道怎麼在你的工作站上取得一個 Git 檔案庫了。

習題

你應該已經把我們的檔案庫分叉到你的帳號中。現在你可以複製這個檔案庫了，用瀏覽器登入 GitHub 並前往 working-with-remotes 檔案庫。為了讓事情更方便，以下是網址：

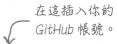

在這插入你的
GitHub 帳號。

https://github.com/your-GitHub-username/working-with-remotes

✻ 請跟著前幾頁的步驟找到複製用網址。

✻ 在這列出你複製檔案庫所需的指令：

✻ 使用終端機，前往你下載本書練習題存放檔案的位置，並複製 working-with-remotes 檔案庫（順便跟你說，我們喜歡先創建一個名為 chapter05 的資料夾，然後在 chapter05 資料夾內複製該檔案庫。讓東西看起來比較井然有序）。

✻ 請在檔案庫內花幾分鐘巡視一下，在此列出你工作目錄中的檔案：

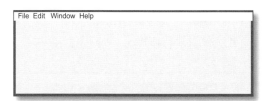

File Edit Window Help

✻ 接下來，列出所有的分支。寫下你的 HEAD 所在的位置：

File Edit Window Help

✻ 請用 git log --graph --oneline --all 來取出提交歷史。在此畫出你的提交歷史圖。

➜ **答案在第 261 頁。**

問：你叫我們先分支檔案庫，然後複製該檔案庫。這是平常的工作流程嗎？

答：看情況。針對工作上的專案，你很有可能會被設定為該專案的協作者，自動會提供你修改檔案庫的許可。這代表你不一定要分叉該檔案庫 —— 你可以直接複製該檔案庫並開始和你的同事協作。

但如果你想要嘗試看看開源的專案、或針對某個開源專案盡一份心力，你基本上就需要分支檔案庫，這對管理開源專案的人來說會比較方便，這樣一來他們就不用特定把你新增為協作者。

問：你有提到 `git clone` 指令預設會建立一個與要複製的檔案庫同名的資料夾。那如果我想要重新命名呢？可以嗎？

答：當然！這只是預設的行為。Git 建立的資料夾名稱和複製的動作沒有任何關聯。要變更該資料夾的名稱，你可以在 `clone` 指令後附上你想要變更的名稱作為該指令的第二個引數：

`git clone <url> name-of-folder-to-be-created`

或者，你可以在複製後重新命名該資料夾 —— 那只是目錄的名稱。Git 所需的所有資訊會被安全地存放在隱藏的 .git 資料夾。然而，我們通常喜歡讓目錄和要複製的檔案庫擁有一樣的名稱，除非和我們既有的東西衝突，例如擁有相同名稱的既有資料夾，剛好就在同樣的目錄裡面。

只是另一個 Git 檔案庫

你從 GitHub 複製然後存在硬碟內的 `working-with-remotes` 檔案庫和你目前所見的其他檔案庫沒有任何差異。你在本書中所學的一切，你所學的每一個 Git 指令，你都可以在這檔案庫用 —— 就如在上一個練習題所見一樣。

完整揭露：有個很小很小的差異，我們很快就會解釋這個差異。

各位，我只是個普通的舊 Git 檔案庫。繼續前進，這沒什麼特別的。

認真寫程式

你可能有注意到我們的遠端檔案庫網址開頭為 `https`，代表超文本傳輸安全協定（Hypertext Transfer Protocol Secure）。Git 支援各種不同的協定，可以與伺服器傳輸，例如 SSH，此為安全外殼協定（Secure Shell）。然而，SSH 有一點複雜，因為你還需要先設定你的 SSH 公鑰和私鑰，並把金鑰上傳到 GitHub。如果你以前沒用過 SSH，記得要查閱一下 GitHub 的使用說明文件。

複製的機制

你複製時會發生什麼情況？

如果你想要複製一個檔案庫，就一定得靠另一個檔案庫，這被稱為遠端檔案庫
（remote）。就像你目前所用過的檔案庫一樣，你複製的檔案庫包含提交、分支、
HEAD、提交歷史，以及檔案庫中所擁有的其他資訊。

當你複製這樣的一個檔案庫，Git 會執行以下動作：

1 Git 一開始會先在目錄中建立一個資料夾，就是你執行 git
clone 指令的目錄；該資料夾會擁有你想要複製的資料夾相同
的名稱（除非你特別指明另一個名稱）。在該資料夾內，它會
建立一個 .git 資料夾。

2 然後，它複製完整的提交圖，包含所有提交、分支、和一些其
他的東西，將這些從你要複製的資料庫複製到剛剛建立的 .git
資料夾內。

3 最後，它用 git switch 指令來檢查在原本（你要複製的）檔
案庫中檢查過的分支。

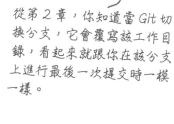

這和 HEAD 指向
的提交是同一個。

從第 2 章，你知道當 Git 切
換分支，它會覆寫該工作目
錄，看起來就跟你在該分支
上進行最後一次提交時一模
一樣。

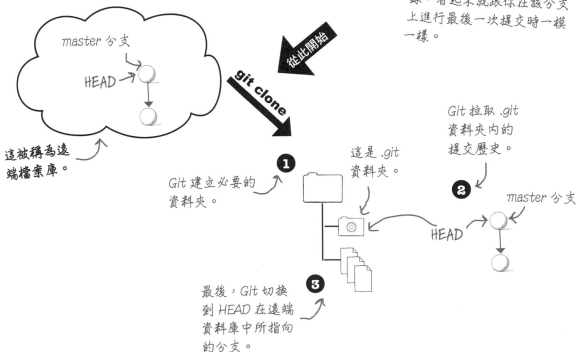

master 分支

HEAD

這被稱為遠
端檔案庫。

git clone

從此開始

Git 建立必要的
資料夾。

這是 .git
資料夾。

Git 拉取 .git
資料夾內的
提交歷史。

HEAD

master 分支

最後，Git 切換
到 HEAD 在遠端
資料庫中所指向
的分支。

我了解我有一個在本地可用的遠端檔案庫的副本。但它們有沒有某種連結？如果我對本地的副本進行變更，會出現在遠端檔案庫嗎？

很棒的問題！ 遠端檔案庫和本地副本是完全獨立於彼此（雖然本地副本知道自己是從哪裡所複製而來）。你可以對本地的副本進行任意數量的變更，而遠端檔案庫對於這些變更會毫不知情。

從這角度思考一下 —— 假設你用網路上眾多迷因製造機中的其中一個網站建了一個搞笑的迷因，並把這個分享在你最愛的社群媒體網站。你或許不知道有多少人看到這迷因（希望至少有一些），但每個看到此迷因的人都知道是你發的。在這情況中，你就是那個「遠端」—— 很多人看到（「複製」）你的迷因且都知道作者是你。

當你複製一個檔案庫，遠端檔案庫並不知道你複製了這個檔案庫。然而，你的本地副本知道它自己「源自於」哪個遠端檔案庫。這就是複製的檔案庫和你在本書目前所建立過的檔案庫的差別，你的本地檔案庫並不會有一個「遠端」的自己（晚點會再繼續談這個）。

我們再繼續用這比喻 —— 你的朋友可以決定要分享你的搞笑迷因給他們的追蹤者看。那些追蹤者會把你的朋友當成該迷因的「緣起」，對吧？

類似地，你可以分享你的分叉甚至本地檔案庫給其他用戶，從你的檔案庫複製出去的副本會把你的檔案庫當成它們的遠端。

所有這些特色都源自於 Git 的一個特色：Git 是個分散式版本控制系統。

Git 是分散式的

Git 屬於一個被稱為「分散式」的版本控制系統家族。在一個分散式的系統，複製一個檔案庫的人可以得到該檔案庫的完整副本。每個提交、每個分支 —— 就是所有東西。所以，如果你擁有正本的完整副本，你的副本和正本有什麼差異呢？

沒有差異。

可以存取你的副本的人現在可以把你的副本當成正本，或是「事實來源」（Source of Truth）。換言之，每個有複製檔案庫的人都是平等的。這樣的第一個好處就是如果原來的遠端檔案庫即將有什麼變動，每個人都可以切換成使用副本並作為自己的遠端檔案庫，再繼續工作。

如果你有用過或聽過 Subversion 或 CVS —— 這些都是集中式版本控制系統（Centralized Version Control System）的例子。

原始來源已消失。

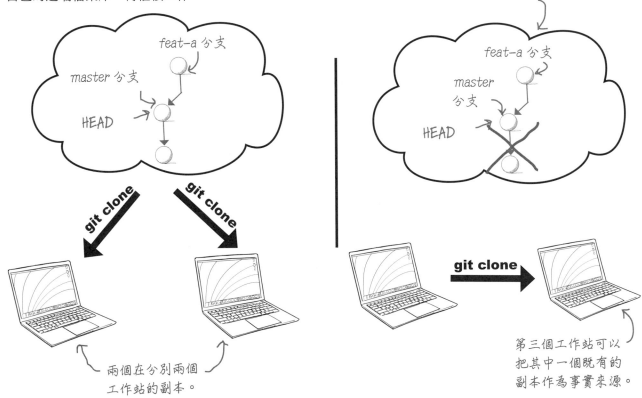

兩個在分別兩個工作站的副本。

第三個工作站可以把其中一個既有的副本作為事實來源。

這種模式有另一個巨大優點：你的本地副本是與遠端檔案庫完全切割開來。你基本上可以執行任何操作 —— 分支、提交、合併、用 git log 指令查看提交歷史、用 git diff 指令查看差異 —— 所有的動作都是在本地執行，遠端檔案庫完全不知。當你在本地完成工作的過程中，並**沒有任何伺服器通訊**。這代表你就算沒有連接到網際網路（例如在飛機上），也可以持續工作。

你現在可以直接試試看！把你的筆電斷網，再試試看查看你的提交紀錄。

問：Git 是分散式的。我懂。那為什麼要用 GitHub 或 GitLab 這類的服務呢？

答：第一點，GitHub 化繁為簡，提供 Git 檔案庫存放的一種便利方式，還有各種功能，例如內建的認證機制。這些服務讓經營 Git 伺服器變得更容易。

它們也有高度可用性。如果你要把 Git 檔案庫存放在你的筆電上，如果你休假時關機或你的裝置出現嚴重的故障，檔案庫可能就無法使用。

除此之外，這些服務很容易找（你只要用瀏覽器上

GitHub.com 或 GitLab.com 即可），也很好取得服務（你只要有登入的帳密即可）。對於檔案庫擁有者來說要新增協作者也比較容易，只要用他們的電子郵件或是登入帳號即可。

最後，如果你要和你的同事一起協作處理專案，你們得決定哪個是「事實來源」：整合所有人工作進度的位置。所有這些優點讓選擇 GitHub 等服務很輕鬆。

說了這麼多，沒有任何東西可以阻礙你營運自己的真實主機。不論你選擇哪種方式，我們在本書談到的所有一切都可以用上。

習題

我們來暖身一下，準備迎接後續幾節的內容。你的任務是要在你複製的檔案庫進行一些變更。是時候啟動你的終端機。

✳ 一開始先前往你存放 `working-with-remotes` 檔案庫副本的位置。

✳ 先檢查確認自己位於 `master` 分支上，且工作目錄的狀態是乾淨的。列出你可以在這使用的指令：

✳ 在你的文字編輯器中開啟 `master-01.md` 檔案並新增第二行，這樣一來編輯後看起來就如下：

你要新增第二行。

```
This file is on the master branch.
This is my first edit.
```

master-01.md

✳ 新增另一個名為 `master-02.md` 的檔案，內容如下：

這是你要建立的新檔案。

```
This is the second file on the master branch.
```

master-02.md

✳ 最後，將兩個檔案新增到索引。進行提交並附上訊息「my first commit on master」（我在 master 上的第一個提交）。

此空白處給你做筆記。

➜ 答案在第 262 頁。

好，所以我已經在本地對我的檔案庫進行一些變更。好像哪裡寫說，如果 git clone 指令將遠端檔案庫的提交歷史複製到我的本地工作站，就一定有辦法把我的變更推送到遠端檔案庫中，是嗎？

你剛剛已經自己回答這個問題了。 答案就是一個名為 git push 的 Git 指令。這可以讓你把你在本地檔案庫建立的新提交推送到遠端檔案庫中。換言之，git push 指令讓你可以將本地變更與遠端檔案庫進行同步。

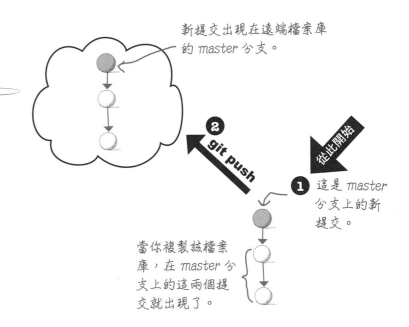

新提交出現在遠端檔案庫的 *master* 分支。

2 git push

從此開始

1 這是 *master* 分支上的新提交。

當你複製該檔案庫，在 *master* 分支上的這兩個提交就出現了。

先說清楚，要做到此功能需要網路連線到遠端檔案庫。你無法在斷網情況下執行 *push*。

把遠端檔案庫想像成另一個複製的提交歷史會比較好懂，但要注意，任何你對本地副本進行的變更最後都得與遠端檔案庫同步。push 指令讓你可以達到此功能。

可以把它想成一個遠端備份！

另一部分的 Git 配置

在開始推送我們的變更給遠端檔案庫前，我們還得進行一些設定。到目前為止，你的 working-with-remotes 檔案庫只有一個分支，當你在第一次複製檔案庫時此分支有出現。現在當你推送時，Git 會試圖更新在遠端檔案庫中的 master 分支，把你對本地 master 分支進行的變更更新到遠端。這樣一來，Git 會更新遠端的 master 分支，讓其看起來就像是本地的 master 分支。

但如果你同時間又建立一個新分支會怎麼樣呢？如果你決定推送新分支的變更，這些變更會跑去哪裡？跑到 master 分支？還是 Git 會在遠端檔案庫中新增一個和本地分支相同名稱的分支，然後更新來反映你的本地變更呢？或就會直接出現錯誤訊息呢？

現在我們先保持簡單，告訴 Git 在不知道該怎麼做的時候顯示錯誤訊息就好。一旦你比較熟悉 Git 也熟悉使用遠端檔案庫時，你可以幫 Git 選擇另一種行為。

這邊的設定調整基本上跟在第 1 章和第 2 章內進行變更的方式一樣。要達到這功能會用到終端機。這是你要需要做的事情：

啟動終端機並跟著做。

這會影響到 Git 的全域設定，所以你不一定要在任何一個特定目錄。

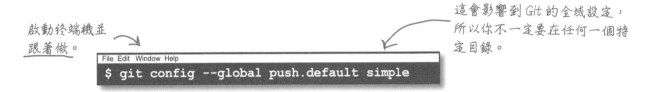

```
File Edit Window Help
$ git config --global push.default simple
```

Git 並不會確認這有沒有做了什麼事，但你可以問 Git 你的變更有沒有推送出去來確認：

Git 會回應 push.default 的數值，我們直接設定成「simple」（簡單的）。

```
File Edit Window Help
$ git config push.default
simple
```

我們來問看看 Git。

很輕鬆，對吧？現在我們已經都設定好了，來看看要怎麼做才能推送我們的變更到遠端檔案庫。

認真寫程式

「簡單的」推送設定常常被稱為「安全帶」選項，當要設定 git push 的行為方式，這是 Git 可用的所有選項中最安全的選擇（還有另外四種選項，如果你想知道的話）。

而且 Git 對新安裝的預設是簡單推送設定。所以為什麼我們做這個練習呢？嗯，首先，我們想要告訴你怎麼做。再者，有很低機率你設定成別的數值，這樣的設定可以確保我們都是一樣的狀況。小心駛得萬年船。

推送變更

分散式的 Git 的模式是很完美的，但最終你想要做你自己的工作、在分支上進行一些提交，並將你的變更推送到遠端檔案庫中。這樣一來，如果有人想要複製那個檔案庫，他們會複製裡面的一切，包含你剛剛進行並推送到遠端檔案庫的提交。所以那你要怎麼做到呢？我們已經有提到 git push 指令，一起來看看實際運用的狀況。

你知道的！還沒有要給你的練習，先喝口你最愛的飲料吧！

假設你剛剛在 master 分支上進行一個提交，且你想要將這個提交推送到遠端檔案庫，你就會用到 git push 指令。然而，因為 GitHub 需要確認你有正確的權限來寫入（很拗口對吧？）該檔案庫，它會提示你登入：

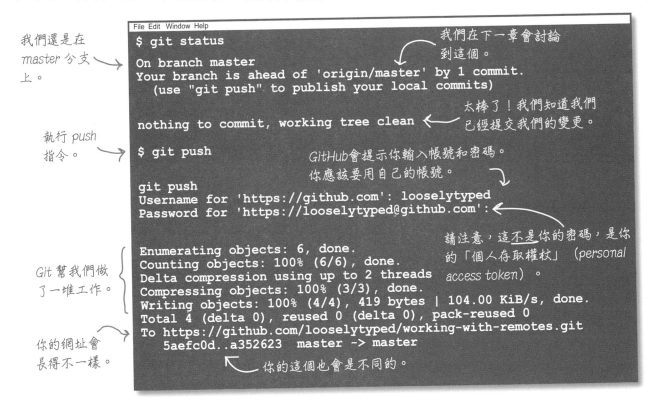

我們還是在 master 分支上。

我們在下一章會討論到這個。

```
$ git status

On branch master
Your branch is ahead of 'origin/master' by 1 commit.
  (use "git push" to publish your local commits)

nothing to commit, working tree clean

$ git push

git push
Username for 'https://github.com': looselytyped
Password for 'https://looselytyped@github.com':


Enumerating objects: 6, done.
Counting objects: 100% (6/6), done.
Delta compression using up to 2 threads
Compressing objects: 100% (3/3), done.
Writing objects: 100% (4/4), 419 bytes | 104.00 KiB/s, done.
Total 4 (delta 0), reused 0 (delta 0), pack-reused 0
To https://github.com/looselytyped/working-with-remotes.git
   5aefc0d..a352623  master -> master
```

執行 push 指令。

太棒了！我們知道我們已經提交我們的變更。

GitHub 會提示你輸入帳號和密碼。你應該要用自己的帳號。

請注意，這不是你的密碼，是你的「個人存取權杖」(personal access token)。

Git 幫我們做了一堆工作。

你的網址會長得不一樣。

你的這個也會是不同的。

如你所見，GitHub 在這提示輸入帳號與密碼。記得用你個人的帳號。這會有點令人困惑，雖然它說「密碼」，但它真正要的是你的「個人存取權杖」。我們在本書緒論時有告訴你該如何設定了，但如果你不知道把權杖放到哪了，你可以隨時透過 GitHub 個人檔案頁面的「個人存取權杖」面板來產生新的一組。而且，當你輸入你的權杖時，你其實看不到你輸入的權杖（安全考量），可能會讓人有點不安。要確定打對了！

然後，Git 會進行一連串的工作將你的提交傳送到遠端檔案庫中，如果一切順利，你就不會看到任何錯誤訊息。這是個好兆頭。但你有沒有辦法能確認是真的完成了呢？我們來試試看吧。

驗證 push 是否生效

推送你的變更需要把你本地進行的變更傳送到遠端檔案庫中。所以你怎麼知道有沒有生效？

對初學者來說，如果 Git 沒有在控制台中回報錯誤訊息，那你就知道一切順利。另一個檢查的方式就是看一下遠端檔案庫，此狀況的話就是看 GitHub。

確定你的帳號有出現在網址欄內。

這應該是你的帳號。

GitHub 會顯示出你檔案庫中的所有分支。現在我們只有一個分支，就是 master。

GittHub 也會顯示出 master 分支上的所有檔案。請注意新的 master-02. md 檔案。

你應該會在這看到你最新提交的 ID。別忘了，你的會長不一樣。

GitHub 會顯示關於你檔案庫的大量資訊，包含一個下拉式選單，會列出所有 GitHub 已知的分支，包含每個分支上最新提交的 ID。你也可以點擊其中一個檔案並可看到它們被提交時候的內容。

這還蠻好的，因為你可以使用 GitHub 的介面來尋找你的檔案庫，就像你用終端機和最愛的文字編輯器：你可以「切換」分支、點擊檔案來查看內容 —— 所有的好東西。

而且你也知道要怎麼用終端機達成這些功能。你瞧，你根本是個終端機忍者。

利用這介面是另一個檢查你的變更的確有上傳到 GitHub、推送成功的方式。在推送後可以執行一次，在你還沒完全熟悉使用遠端檔案庫前都可以這樣做。

照過來！

請確定密碼（咳咳，權杖）要打對！

當你嘗試使用提示字元提供 GitHub 密碼時，你可能會看到類似這樣的結果：

```
File Edit Window Help
$ git push
Username for 'https://github.com': looselytyped
Password for 'https://looselytyped@github.com':
remote: Support for password authentication was removed on August 13, 2021.
Please use a personal access token instead.
remote: Please see https://github.blog/2020-12-15-token-authentication-
requirements-for-git-operations/ for more information.
fatal: Authentication failed for 'https://github.com/looselytyped/test.
git/'
```

哎呦！這代表 *GitHub* 拒絕你的認證。

如果出現這狀況，代表可能發生兩件事 —— 其一是你的存取權杖打錯了，或者你不小心用到了 GitHub 密碼。不論是哪個原因，你都要確定是使用你的權杖，而且沒有打錯。直接複製貼上權杖可能會比用打得更簡單。

也要知道每次你想要推送到你的檔案庫，GitHub **每**次都會提示你進行認證。許多作業系統都有認證助手：例如 Windows 的認證管理員（Credentials Manager）或 Mac 的鑰匙圈存取（Keychain Access）。可以考慮把你的 GitHub 個人存取權杖儲存在那裡，這樣你就不用每次都複製貼上。

只要記得：你不論選擇什麼方式，記得將認證資訊保存好！

認真寫程式

還記得在第 1 章我們怎麼告訴 Git 我們的名字和電子郵件的方式（`user.name` 和 `user.email`）、及我們在前幾頁如何設定 `push.default` 為 `simple` 嗎？ Git 有提供另一個設定，名為 `credential.helper`，你可以設定使用你作業系統支援的認證管理員。一旦你的 Git 使用經驗多了，可以試試看。

問：我還滿確定我輸入的是正確的權杖，但我還是認證失敗。幫幫我！

答：GitHub 只會在你生成個人存取權杖時會顯示出來，所以沒有方式可以確認你的權杖是否正確。或許對你最好的行動步驟就是生成一個新的權杖並再次嘗試。在你知道你不再需要舊權杖時，別忘記把舊的刪除。

習題

準備好要推送一些提交了嗎？

✱ 首先，如果你還沒抵達你複製 `working-with-remotes` 檔案庫的位置，請先移動到該處。確定自己位於 `master` 分支，然後請使用 `git log` 指令並在這記錄你最新提交的提交 ID：

✱ 請列出你要將最新的提交推送到 GitHub 檔案庫中所需的指令（別忘記一定要先確認你目前的位置是位於哪個分支）：

✱ 執行推送。

✱ 請上 github.com 造訪你的檔案庫，你有沒有看到你的新提交 ID？（請回到兩頁前的螢幕截圖來查看 GitHub 顯示的位置。）

✱ 最後，請在 github.com 上瀏覽 `master-01.md` 和 `master-02.md`，並確保有看到你的編輯結果。

答案在第 263 頁。

沒有蠢問題

問：為什麼 Git 不在我提交時自動更新遠端檔案庫呢？

答：有好幾個原因。首先，Git 對於它進行的選擇很縝密小心；如果有任何疑慮，它會向你推遲選擇。在第 2 章，我們有看到當合併結果出現衝突，Git 就會直接無奈地要你解決該衝突。我們也知道推送變更會更新遠端檔案庫的內容。所以，一樣地，Git 會坐等你透過 `git push` 明確告訴它要更新遠端檔案庫。

第二個可能的原因是你不一定有連線。如果假設你在飛機上，沒有網路時，Git 試圖推送變更，推送就會失敗。一樣地，Git 會推遲推送，等你決定何時要推送。

另一個原因是 Git 允許你透過修改錯字、並使用 `git reset` 指令重置提交來還原提交訊息中的錯字（在第 4 章我們兩個都有提到）。所以它會等到你百分之百確定沒錯並準備進行時才會動作。

再者，你的檔案庫並不一定有遠端檔案庫！本書到目前為止，你已經使用過在你的本地電腦建立的獨立檔案庫。對這類的檔案庫來說，推送根本不合理對吧？

最後，Git 鼓勵對分支進行實驗性嘗試。你可能已經建立一個來嘗試新想法、新做法的分支，你可能還沒打算要和世界分享。Git 把進行提交和推送提交到遠端檔案庫分割開來，因此讓你可以決定何時和如何發生。你擁有決定權！

問：如果我推送一個已經推送過的分支會怎麼樣？

答：別擔心。如果你推送一個分支，然後又再推送一次，Git 會直接回覆 `Everything up-to-date` 訊息。又不會怎麼樣。

我們在這暫停一下並了解提交 ID 的重要性，現在你知道你可以從遠端檔案庫取得提交並將提交推送回去。你知道 Git 會把你的提交歷史來回運送，同時間保有一樣的提交 ID！這有很重大的意義，我們很快就會深入探討這個。

重點是，當你在本地工作，Git 並不在乎你是不是自己建立的提交、或是從複製的檔案庫中取得的。就 Git 所知，你提交歷史中的所有提交都是一樣的。

這重要嗎？你已經知道有一些 Git 操作是可以變更提交 ID（還記得編輯提交訊息？）並修改提交歷史（`git reset` 指令）。所以在使用遠端檔案庫時，這代表什麼意義呢？很高興你問了這問題——在我們談到此問題之前還有一些內容要先呈現，但在你繼續讀這本書時，請持續把這點記在腦海裡。

新車試駕

為什麼你不花點時間比較本地副本和遠端檔案庫的提交 ID 呢？先移動到你複製 `working-with-remotes` 檔案庫的位置，然後使用 `git log --oneline` 指令組合來查看你的提交歷史。

> 備註：我們這裡只有列出 *master* 分支上的提交。

接下來，移動到 github.com 上的檔案庫並點擊提交計數（commit count），如下：

> 我們只有一個分支，就顯示在這。

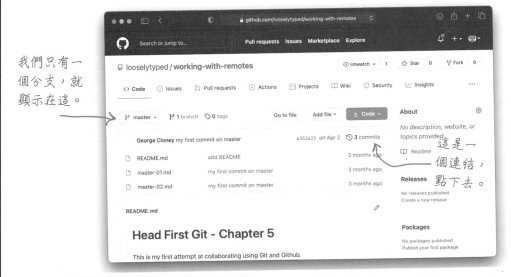

> 這是一個連結，點下去。

GitHub 會跳轉到一個頁面，上面有顯示**在 master 分支上**的提交。看看你在 GitHub 上看到的提交 ID 和本地的提交 ID 是否一致。

➡ **這是其中一個沒有解答的練習題。**

知道推送到哪裡：遠端檔案庫

現在你已經知道你可以將你的變更推送到遠端檔案庫。但 Git 怎麼知道要推送到哪裡？我們先前有提到當你複製一個檔案庫，克隆體知道遠端檔案庫的位置。如果你想知道遠端資料庫的位置，你可以用 remote 指令問 Git。

Git 會回覆你的遠端檔案庫的名稱。

歡迎跟著我們做。

執行 remote 指令。

有點失望嗎？ git remote 指令預設會列出 Git 給那個遠端檔案庫的「別名」，預設的別名是「origin」（源流檔案庫）（這只是個標籤——如果你想要的話可以重新命名）。要得到更多資訊的話，你可以透過 -v（或 --verbose）旗標叫 git remote 指令提供更詳細的資訊。

附上 -v 旗標。你也可以使用 --verbose。

我們很快會談這件事。

Git 給予遠端資料庫的「origin」標籤。

這就是你的帳號。

啊哈！這看起來很棒。

這看起來好多了。詳細模式（verbose mode）的 git remote 指令提供更多的資訊。第二行特別的有趣——這就是當你執行 git push 時，Git 之所以知道要做什麼的方式。Git 會看向 origin 遠端檔案庫旁的網址並把你的變更寄到該位置。

當你執行 git push 指令，Git 其實正在進行 git push origin。接下來，這會把你的變更推送到當你執行 git remote 指令時列在「推送」條目的網址。

git push = **git push origin**

你可以使用其中一個。你可能已經猜到，我們比較喜歡簡短的版本。

這是假設你沒有將遠端檔案庫的名稱從「origin」改成別的名稱。

重點摘要

- git init 是你的工作站啟動 Git 檔案庫的兩種方式其一。你也可以透過用 git clone 指令複製一個既有的檔案庫來啟動一個檔案庫。

- git clone 指令會把網址當成它的引數,此網址是從原始檔案庫所取得。

- 要讓檔案庫變成可分享的狀態,你可以使用 Git 檔案庫管理員。有一些可用的,包含 GitHub、GitLab、Bitbucket。

- 當你複製一個既有的檔案庫:

  - Git 會在本機建立一個存放該檔案庫的資料夾,且預設名稱會和你複製的檔案庫同名。

  - 然後 Git 會把原始檔案庫中的完整提交歷史拉到新建立的資料夾,包含所有的分支。

  - 最後,Git 會切換到該檔案庫中的「預設」分支。這會讓你在你的工作目錄中可以取得預設分支中的所有檔案。

- 我們把原始檔案庫稱為「遠端檔案庫」,而本地的副本則是「複製檔案庫」。

- 遠端檔案庫和複製檔案庫是完全分開的。

- 你可以在複製檔案庫中工作,就像在其他檔案庫中一樣 —— 你可以提交、建立新分支等 —— 因為 Git 是種分散式版本控制系統。

- 在一個分散式版本控制系統,並沒有原始的版本,因為每個複製檔案庫擁有原始檔案庫的一切。如果正本消失了,你可以把任何複製檔案庫當成事實來源。

- 因為遠端檔案庫與複製檔案庫是完全獨立於彼此,你在複製檔案庫中的工作並不會自動反映在遠端檔案庫。

- 如果你在一個分支上建立新提交且**複製檔案庫知道這些提交**,而你想要同步遠端檔案庫和複製檔案庫的提交歷史,你必須要明確告訴 Git 這樣做。

- 如果複製檔案庫和遠端檔案庫有一個共同的分支,你要想推送該分支的新提交,你得使用 git push 指令。

- 你可以透過造訪遠端檔案庫所在的位置確認推送是否成功。GitHub 等 Git 檔案庫管理員會列出所有的分支以及每一個分支上的單獨提交。

- Git 知道要推送要哪裡,因為複製檔案庫有記錄遠端檔案庫的網址。

- 你可以在複製檔案庫中使用 git remote 指令來查看關於遠端檔案庫的細節。

- 當你複製檔案庫,Git 預設會將遠端檔案庫命名為「origin」。

請勿拍照：公有和私有提交

本章節一開始你就先複製檔案庫（嗯，OK，你先分支然後複製）。這會複製我們為你準備好的提交歷史，在那裡面我們身為作者建立那些提交。然後你繼續進行一個新提交，你新增到 master 分支的提交歷史。針對這個新提交，你是建立者兼作者。別忘記，就 Git 而言，我們的提交和你的提交沒有任何差異。

然而，你在本地建立的提交和你推送的提交有個語意上的差異。本地提交是私有的 —— 只有你知道它的存在，你可以對它做什麼都可以。你可以選擇修改提交訊息，（你可能還記得在第 4 章）這樣就會變更提交 ID。你可以使用 git reset HEAD~1 並還原該提交。你可以決定完全不要推送該提交，把該提交永遠留在本地的 master 分支副本上。但你已經推送了。

所以當你推送時會發生什麼事？ Git 會試圖調和你本地擁有的和在遠端檔案庫上的。在你的情況中，它看到 master 分支上的新提交、並將其新增到遠端檔案庫的 master 分支（因為這是唯一的變更）。

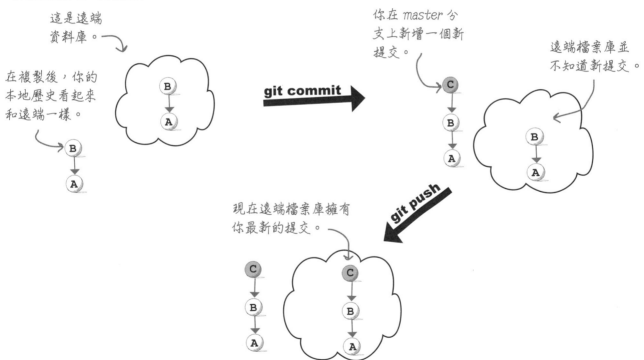

然而，你一旦推送提交到遠端檔案庫後，它就會變成公有的！它就在那裡而且全世界都知道。這意味著你要對它進行任何操作都必須小心謹慎。

公有和私有提交（續）

僅存在於本地檔案庫中的提交就很像你正在擬稿的推文，或是一個你剛剛用手機錄的影片但還沒有發布。你可以自由進行任何動作 —— 編輯提交、還原提交、新增更多資訊 —— 這是你私有的提交。

將提交推送到遠端檔案庫會讓提交變成公有。全世界現在都可以看到這個提交。這為什麼很重要呢？

嗯，別忘記當你推送時，你正在推送你的提交歷史，包含提交 ID。所以如果進行了一些會變更現在是公有提交的 ID，當你推送，但 ID 又不相符會發生什麼事情呢？

我們並不是要嚇你。因為你是這個檔案庫上的唯一貢獻者，所以這沒什麼特別的意義。在下一章，我們會談到多個協作人員一起使用同個檔案庫的方式。這時候公有和私有就變得真的很重要。

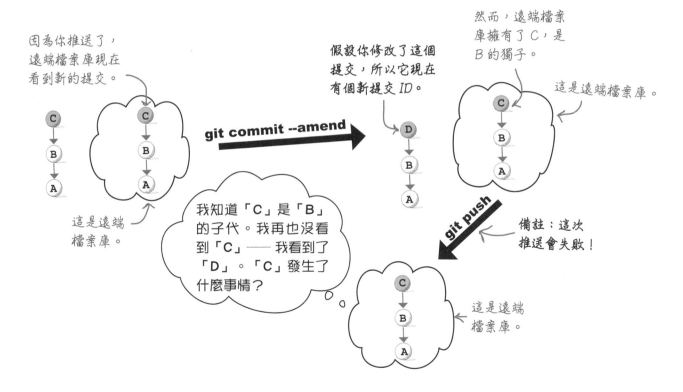

因為你推送了，遠端檔案庫現在看到新的提交。

這是遠端檔案庫。

假設你修改了這個提交，所以它現在有個新提交 ID。

git commit --amend

然而，遠端檔案庫擁有了 C，是 B 的獨子。

這是遠端檔案庫。

我知道「C」是「B」的子代。我再也沒看到「C」—— 我看到了「D」。「C」發生了什麼事情？

git push

備註：這次推送會失敗！

這是遠端檔案庫。

Git 會拒絕你的推送，告訴你（我們很快會揭露複雜的術語）兩個提交歷史並不一致。

要記得，分享就是關懷。一旦你與外界分享你的提交，請謹慎以對。

如果你想知道怎麼避免這種難題，別擔心。我們很快就會告訴你怎麼做。只是我們還有一些東西要先跟你說。

腦力
激盪

你已經很了解要如何使用遠端檔案庫 —— 現在你已經知道將你的提交推送到遠端檔案庫會讓那些
提交變成「公有的」。你覺得為什麼要特別帶著關懷的心來對待公有提交呢？

提示：如果你有團隊夥伴也已經辦了回樣的檔案庫呢？那就算一個
公有提交的 ID 看看他們有什麼影響？

標準作業流程：分支

你是不是在本地電腦使用 `git init` 指令來建立你的 Git 檔案庫、或是透過 `git clone`
指令複製其實都不重要。Git 檔案庫就是 Git 檔案庫，你在本書到目前所學的一切都可以
用上 —— 包含如何使用分支。你在第 2 章有學到我們推薦的工作流程：你一直都是使用
分支工作，而且當你完成工作時，你將該分支合併進一個整合分支。

類似地，對一個複製檔案庫，你（而且或許你的團隊）決定哪個分支要扮演整合分支的
角色，所有人的工作在這整合。

這代表不論何時你想要工作，你應該從整合分支建立一個分支。要記得，遠端檔案庫完
全不會知道你正在做的工作。你可以建立一個分支、新增提交、重新命名分支、甚至刪
除分支：就遠端檔案庫而言，這些都不重要。就像那些你準備的提交，那些提交是私有
的，你在本地電腦建立的分支也是私有的。

你已經知道其中一個將變更合併到一個整合分支的方法 —— 你只要把你的分支合併進去。
但現在你有一個遠端檔案庫，這對整合你的變更有什麼意義呢？是不同的嗎？如果是這
樣，如何？所以我們從那開始吧。（在這個議題討論的最後我們有為你準備一個驚喜。
別轉台！）

習題

* 啟動你的終端機並移動到你複製 `working-with-remotes` 檔案庫的位置。請用 `git status` 指令來確保你還是位於 master 分支上、且確定你擁有一個乾淨的工作目錄。

* 使用 `git branch` 指令來建立一個名為 `feat-a` 的分支,然後切換到此分支。

* 使用你的文字編輯器建立一個名為 `feat-a-01.md` 的新檔案並輸入以下內容:

這新檔案中只有一行資訊。→

> **This file is on the feat-a branch.**

`feat-a-01.md`

* 將 `feat-a-01.md` 新增到索引。提交該檔案,附上提交訊息「my first commit on feat-a」(我在 feat-a 分支上的第一個提交)。

← 這裡有一些空白處讓你列出即將使用的指令。

* 切換回 master 分支並建立另一個檔案(命名為 `master-03.md`),讓內容看起來如下:

在 master 分支新增此檔案。→

> **This is the third file on the master branch.**

`master-03.md`

* 將此檔案新增到索引並提交該檔案,附上提交訊息「my second commit on master」(我在 master 分支上的第二個提交)。

答案在第 264 頁。

腦力激盪

在先前的練習題中,你建立了一個名為 `feat-a` 的新分支並提交一個新檔案。然後你切換回到 master 分支,引進另一個檔案,也將該檔案提交。

現在來放鬆你的大腦:如果你要將 `feat-a` 分支合併進 master 分支,這是快轉合併嗎?或 Git 會建立合併提交嗎?

提示:回答這一下題之前,畫圖看看有幫助。你現在的分支有哪些?

合併分支：選項 1（本地合併）

好消息：如果你想要跟著合併進整合分支的標準模式，你不需要做任何不同的事情。如果你已經在一個功能分支完成你的工作，合併進一個整合分支（例如 master），然後將 master 分支推送回遠端檔案庫。

現在你已經完成上一個練習，這就是你的提交歷史看起來的樣子：

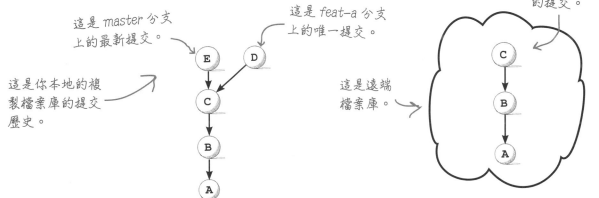

這是 master 分支上的最新提交。

這是 feat-a 分支上的唯一提交。

這是你本地的複製檔案庫的提交歷史。

這些是你的遠端檔案庫所知的提交。

這是遠端檔案庫。

請記得，這個檔案庫和你以前所用過的檔案庫無任何差異。你知道要怎麼把你的功能分支（feat-a）合併進 master 分支。所以你要怎麼更新遠端檔案庫呢？你已經猜到了——你可以使用 git push 指令將 master 分支推送到遠端檔案庫！

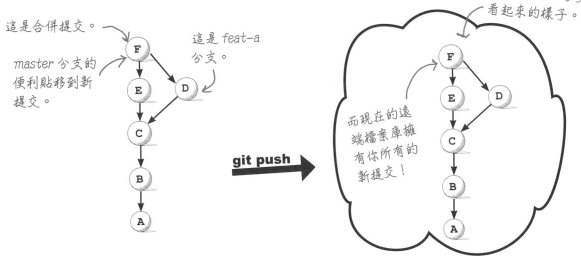

這是合併提交。

這是 feat-a 分支。

master 分支的便利貼移到新提交。

git push

而現在的遠端檔案庫擁有你所有的新提交！

在你推送後，這就是遠端檔案庫中的 master 分支看起來的樣子。

有一件要注意的事情就是遠端檔案庫只擁有合併提交「F」以及它的兩個親代：（master 分支上的）「E」和（feat-a 分支上的）「D」。然而，遠端檔案庫並**沒有** feat-a 分支。別忘了，你只推送了 master 分支。feat-a 分支依然還存在於你的本地檔案庫。

削尖你的鉛筆

你已經設定好分支並準備好合併進 master。準備好要動作了嗎？使用你的終端機，移動到你複製 working-with-remotes 檔案庫的位置。

➤ 一開始先確認你位於 master 分支。你會使用什麼指令呢？

➤ 現在將 feat-a 分支合併到 master 分支。這**會**建立一個合併提交，這代表 Git 會提示你使用設定的文字編輯器輸入提交訊息。我們建議你就使用預設的合併訊息。

使用此處空白列出你即將使用的指令。

➤ 請在此處列出要將 master 分支推送到遠端檔案庫的指令。然後使用該指令進行推送。

➤ 造訪 GitHub 上**你的**檔案庫頁面。你應該會看到列出**六個**提交（如以下的螢幕截圖）。你可以解釋你在此處看到的結果嗎？歡迎在你的終端機中使用 git log --oneline 並比較你我的筆記。

記得，這只會顯示出你位於分支的提交歷史，在此情況，就是 master。

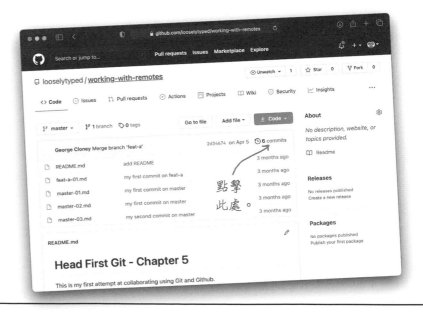

點擊此處。

➤ 答案在第 265 頁。

問：我已經將我的程式碼合併進 **master** 分支並進行推送了，所以我現在該對我的功能分支做什麼？

答：刪除它！你的工作已經被合併進整合分支內，所以沒理由還要留著那個功能分支。

問：如果在合併我的整合分支後，我忘記要推送 **master** 分支到遠端檔案庫怎麼辦？

答：說實話，這或許是新手使用遠端檔案庫時最容易犯的錯（說實話，就算是像我們這樣經驗豐富的使用者有時候也會忘記要推送）。

這帶我們回到 Git 的分散式特性。要記得，遠端檔案庫是完全不知道你進行的分支或合併工作。如果你決定不要（或更慘，忘記了）推送 master 分支回到原點的遠端檔案庫，那麼遠端檔案庫就永遠不會知道。

如果你打算推送一個分支，在完成合併後就盡快進行。然後，如果你不確定，你都可以再次推送。Git 會做它最擅長的事 —— 把你的提交傳送到遠端檔案庫。但別忘記：如果你接連推送一個分支兩次，而且又沒有任何變化，Git 只會回覆 Everything up-to-date 並不會執行任何動作。

GitHub 介面的速記

你到現在或許已經注意到當你移動去查看提交時，GitHub 會顯示所有的特定分支「可觸及的」提交。

我們在第 2 章最後有提到「可觸及的」提交。

這是 GitHub 中的畫面，此列出特定分支的所有提交。

你在上個練習題中有用到此功能。

這裡有個下拉式選單，列出了 GitHub 已知的所有分支。

你隨時都可以使用該下拉式選單來查看其他分支的提交歷史（假設你有其他分支的話），但在撰寫本書的時候，還沒有辦法一次看到你檔案庫中的完整提交歷史。這就是為什麼我們在第 3 章教你使用 `git log` 指令及眾多的旗標！使用終端機來閱讀並了解提交歷史是必備的技能，所以要一直練習。

推送 master 分支，我感覺很好。但如果我想要推送我的功能分支到遠端檔案庫怎麼辦？我可以這樣做嗎？我的意思是，一個分支就是一個分支，對吧？

當然！ Git 的強大之處就是可以輕鬆（又便宜地）建立分支。我們推薦的工作流程包含為所有工作建立功能分支，然後當你完成後，合併回整合分支。

你可能會基於很多原因想要推送一個功能分支到遠端檔案庫。例如，你可以會想要遠端備份你的工作，以免你的工作站發生什麼事情。

也或許你會想要一個同事或朋友幫你看一下你的變更。如果你的分支可以在 GitHub（或其他 Git 檔案庫管理員）上面存取的話，他們可以用他們瀏覽器查看你的變更（我們會在下一章針對使用 Git 和 GitHub 協作深入探討）。

還記得我們提到整合你的變更時說有個驚喜嗎？來了——你可以用 GitHub 等檔案庫管理員來執行合併！

我們實在太開心了！我們現在就來回答你的問題——要怎麼推送本地的功能分支到遠端檔案庫？

推送本地分支

我們為了你建立的 `working-with-remotes` 檔案庫只有一個分支 master，上面有兩個提交。當你在本章一開始複製這個檔案庫，master 分支和兩個提交會一起被複製。因為該遠端檔案庫已經知道 master，Git 會允許你用 `git push` 指令推送回到該分支。Git 知道遠端檔案庫中有個 master，所以會讓遠端的 master 分支和出現在你本地 master 分支的提交同步資訊。

但如果你在本地建立了一個新功能分支（就像你在上個練習題內建立的分支），遠端檔案庫並不知道。如果你推送該功能分支，會發生什麼事情呢？

放輕鬆，享受這段旅程。現在還沒東西給你做。

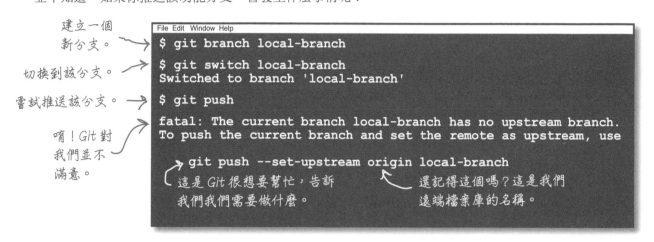

建立一個新分支。 →
切換到該分支。 →
嘗試推送該分支。 →
唷！Git 對我們並不滿意。

```
File  Edit  Window  Help
$ git branch local-branch

$ git switch local-branch
Switched to branch 'local-branch'

$ git push

fatal: The current branch local-branch has no upstream branch.
To push the current branch and set the remote as upstream, use

    git push --set-upstream origin local-branch
```

這是 Git 很想要幫忙，告訴我們我們需要做什麼。

還記得這個嗎？這是我們遠端檔案庫的名稱。

嗯，這一定跟預期的狀況不一樣。發生什麼事情了？

當你嘗試推送一個分支到遠端檔案庫，Git 會試圖了解到底哪個遠端分支應該要更新。但是如果該分支是個全新的分支，Git 不會在遠端中看到自己的分身。它不知道要做什麼，所以它直接雙手一攤，直接問！你需要明確告訴 Git 要用克隆體中提交更新的遠端分支名稱。遵循 Git 的建議可以使一切順利運作：

```
File  Edit  Window  Help
$ git push --set-upstream origin local-branch
Total 0 (delta 0), reused 0 (delta 0), pack-reused 0
remote:
remote: Create a pull request for 'local-branch' on GitHub by visiting:
remote: https://github.com/looselytyped/working-with-remotes/pull/new/local-branch
remote:
To github.com:looselytyped/working-with-remotes.git
 * [new branch]      local-branch -> local-branch
Branch 'local-branch' set up to track remote branch 'local-branch' from 'origin'.
```

我們晚點會談到這個。

啊哈！這看起來很棒。

推送本地分支（續）

在你推送一個本地分支到遠端檔案庫，你可以透過在 GitHub 造訪你的檔案庫來查看你的新分支是否有出現在分支選單，以確認是否一切順利：

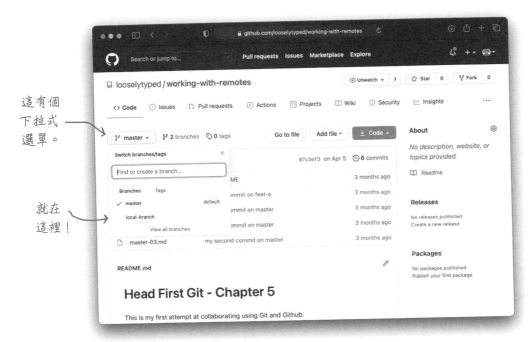

而這就是你如何將一個新建立的本地分支推送到遠端檔案庫的方式！

注意！如果你喜歡的話，你可以使用 -u 旗標搭配 git push，不一定要用 --set-upstream。它們是一樣的。

認真寫程式

你可能會想知道為什麼你需要在設定一個分支的上游目的地時需要指明遠端檔案庫的名稱（origin）。Git 本來就知道遠端檔案庫，對吧？所以為什麼我們得明確指名呢？

因為 Git 允許你的本地檔案庫與多個遠端檔案庫溝通。你可能複製了一個檔案庫，但決定要把你的變更推送到另一個檔案庫。

為什麼？嗯，這是另一本書要探討的範圍。就目前來說，只要知道當你設定一個分支的上游目的地時，你需要告訴 Git 要推送到哪個遠端檔案庫。對我們來說，一定就是「origin」。

 新車試駕

為什麼你不嘗試推送一個本地分支到遠端檔案庫呢？回到你的終端機；請確定你變更目錄到你複製 working-with-remotes 檔案庫的位置。

➤ 先檢查確認你位於 master 分支。使用 git branch 指令建立另一個分支，將它命名為 feat-b 並切換到該分支。

➤ 使用你的文字編輯器建立一個名為 feat-b-01.md 的新檔案，內容如下：

此檔案內只有一行資訊。

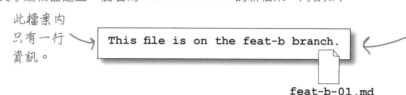

```
This file is on the feat-b branch.
```
feat-b-01.md

在你下載本書的原始碼裡面有提供這些檔案。如果不想要自己打出所有內容，歡迎直接複製貼上。

➤ 新增 feat-b-01.md 檔案到索引並將其提交，附上提交訊息「my first commit on feat-b」（我在 feat-b 上的第一個提交）。

➤ 試圖將 feat-b 分支推送到遠端檔案庫。**這樣會失敗！**請跟著 Git 提供的建議來解決此問題。

➤ **請上 GitHub 造訪你的檔案庫。**請確保你可以在分支的下拉式選單中看到 feat-b 分支。

➤ 回到你的複製檔案庫！使用你的終端機，切換回 master 分支。建立並以 master-04.md 名稱儲存檔案，內容如下：

再次強調，只需要一行指令就能讓事情保持簡單。

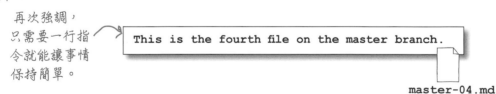

```
This is the fourth file on the master branch.
```
master-04.md

➤ 同樣地，新增 master-04.md 到索引。提交該檔案。使用此提交訊息「my third commit on master」（我在 master 上的第三個提交）。

➤ 也將 master 分支到遠端檔案庫。

➤ 要記得上 GitHub 檢查你的檔案庫，確保一切順利。你可以使用 git log --oneline --all --graph 來查詢提交 ID。檢查並確認這些也有出現在 GitHub 上。

──────➤ **這是其中一個沒有解答的練習題。**

問：為什麼我們要「設定上游」？

答：當你正在使用一個像 Git 的分散式系統，上游和下游這兩個詞可能有點令人混淆，但卻受到廣泛使用。當我們複製一個檔案庫，然後檔案庫取得了資料並把它放在我們的本地電腦中，本地電腦就是下游。

當我們推送時或從本地寄送資料到遠端檔案庫，遠端檔案庫就是對我們來說的上游。而且是的，在我們的情況中，設定上游就和設定遠端檔案庫一樣。

問：每次我推送一個本地分支時，我有必要每次都設定上游嗎？

答：一旦你為一個本地分支設定上游，你沒有必要為該分支再次設定。

然而，如果你建立了另一個本地分支且你想要推送該分支，你會得為該分支設定上游。

削尖你的鉛筆

➤ 稍微停下來思考一下你的提交圖。你可以畫出來嗎？試試看靠記憶畫出來：

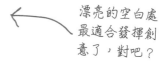

漂亮的空白處最適合發揮創意了，對吧？

➤ 一旦完成後，使用 `git log --oneline --all --graph` 來確認是否成功。

➤ 在前個練習題中，你推送了 `feat-b` 和 `master` 兩個分支。你覺得遠端檔案庫中的提交歷史在推送後看起來長什麼樣子呢？在此處做筆記。

答案在第 266 頁。

合併分支：選項 2（拉取請求）

坐下來好好閱讀。
我們等等會有練
習題。

你知道你可以建立一個分支、進行一些提交、合併到整合分支，然後推送整合分支
回到遠端檔案庫中。完成！

但有另一個方式。GitHub 等檔案庫管理員除了僅僅存放 Git 檔案庫外還有很多功
能。你已經看過如何使用瀏覽器來尋找檔案、列出你推送到遠端檔案庫中的分支，
以及查看每一個分支的所有提交。

Bitbucket 也把此功
能稱為「拉取請求」
（pull request），但
GitLab 把此功能稱為
「合併請求」（merge
request）。差異是一
樣的——它們都是以
類似的方式運作。

但 GitHub 和其他檔案庫管理員也讓你可以用瀏覽器來管理你的 Git 檔案庫，包含執
行合併！這有個非常好用的功能，叫做拉取請求（*pull request*）。如果你的團隊或
公司已經決定使用 GitHub 來協作，很有可能你可以使用拉取請求來合併。我們來幫
你準備好要一舉成功！

在上一個練習題中，當你推送你的 feat-b 分支到遠端資料庫，GitHub 會告知你可
以在指令的提示字元建立一個拉取請求。以下是上一個練習題的控制台輸出結果：

```
File Edit Window Help
$ Enumerating objects: 4, done.
Counting objects: 100% (4/4), done.
Delta compression using up to 16 threads
Compressing objects: 100% (2/2), done.
Writing objects: 100% (3/3), 313 bytes | 313.00 KiB/s, done.
Total 3 (delta 1), reused 0 (delta 0), pack-reused 0
remote: Resolving deltas: 100% (1/1), completed with 1 local object.
remote:
remote: Create a pull request for 'feat-b' on GitHub by visiting:
remote:      https://github.com/looselytyped/working-with-remotes/pull/new/feat-b
remote:
To github.com:looselytyped/working-with-remotes.git
 * [new branch]          feat-b -> feat-b
Branch 'feat-b' set up to track remote branch 'feat-b' from 'origin'.
```

就在這。別忘了——你的網址
跟我們的不一樣。

如果你關閉或清空你的控
制台，別擔心，還有其他
方式可以前往該網址。

我們再來看看兩種可以建立拉取請求的方式——就算你已經關閉你的控制台也可以。

建立拉取請求

放輕鬆，
還沒輪到你。

第一個建立拉取請求的方式很簡單 —— 只要在瀏覽器視窗裡面輸入網址。
就在這，有附上完整的註釋。

這應該是你
的帳號。

檔案庫名稱

「新合併」請求

這是你想要合併
的分支名稱。

```
https://github.com/looselytyped/working-with-remotes/pull/new/feat-b
```

這可能有點麻煩 —— 誰想要靠自己的手把那麼長的網址打出來呢？其實，如果你在推送一
個分支到遠端檔案庫後馬上造訪你的 GitHub 檔案庫，你會看到 GitHub 顯示一個漂亮的橫
幅協助你開始，不需要靠自己打字。這就是看起來的樣子：

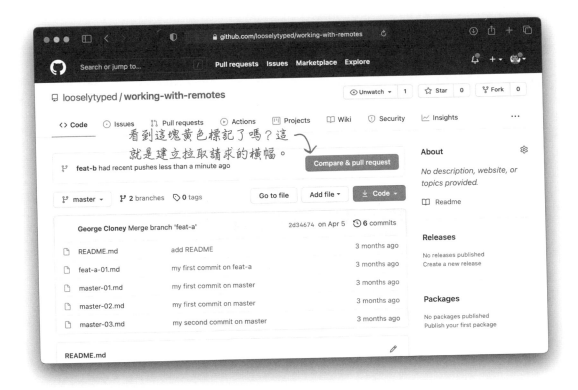

這橫幅只會短暫出現，所以如果你推送後很快就造訪 GitHub 檔案庫頁面，你可能會沒
看到。因此，我們來看看另一個建立拉取請求的方式…

建立拉取請求（續）

如果你造訪你的 GitHub 檔案庫頁面，你應該會在上面看到「拉取請求」的頁籤。

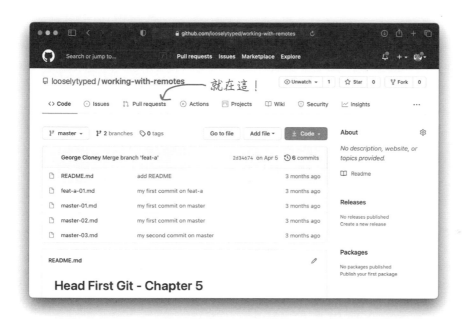

這會帶你到另一個頁面，此頁面會列出所有你檔案庫中的拉取請求。因為這是我們的首次嘗試使用拉取請求，這裡並沒有太多的內容。別擔心 —— 我們會解決這問題。你有看到可以建立一個新拉取請求的按鈕了嗎？

建立拉取請求（呀！快結束了）

點擊「Create pull request」（建立拉取請求）按鈕最後會帶你看有趣的東西：這畫面會讓你選擇要合併哪個分支（來源）、和哪個是要合併進去的分支（標的）。

這就是來源：你想要合併的分支。我們使用那個下拉式選單來換更成feat-b。

這就是基準（base）或標的（target）；要合併進去的分支。

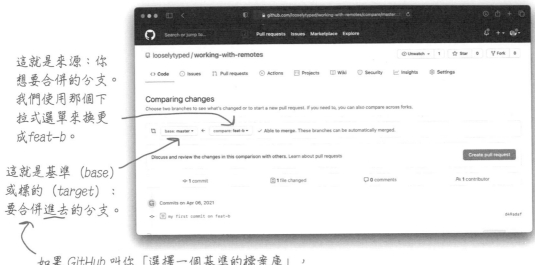

如果 GitHub 叫你「選擇一個基準的檔案庫」，
請確定要選擇有你帳號名稱的檔案庫。

「比較變更」的畫面允許你選擇你想要合併的分支。你只要知道我們在本書把這個稱為標的，GitHub 把這稱為基準：也就是你想要合併進去的分支。在上面的螢幕截圖中，我們已把master 當成基準，feat-b 當成來源。點擊「建立拉取請求」的按鈕會帶你到可以新增一些關於新拉取請求資訊的畫面。

這表單讓你可以填入一些關於拉取請求的資訊。

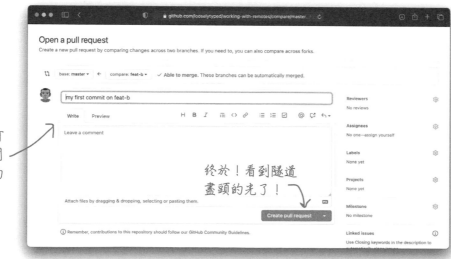

终於！看到隧道盡頭的光了！

全新閃亮亮的拉取請求

終於！你看 —— working-with-remotes 檔案庫內的第一個拉取請求。我們很快就會談到這代表什麼意義和你可以執行什麼動作，但現在你何不停下來一下、喘口氣呢？這是趟很漫長的旅程。

新車試駕

要換你自己建立新的拉取請求了。

➤ 先上 GitHub 並找到你的檔案庫。使用「Pull requests」頁籤建立新的拉取請求。

➤ 請確定將 master 作為基準，然後使用「比較」的下拉式選單將 feat-b 分支設定成來源。

➤ 你可以保留拉取請求建立表單的預設設定。

這是其中一個沒有解答的練習題。

腦力激盪

花一點時間四處查看你新建立的拉取請求。在 GitHub 中，點選上面的「拉取請求」頁籤，然後點擊你剛剛建立的單獨拉取請求。請特別注意「提交」和「變更之檔案」頁籤。你有注意到什麼嗎？

拉取請求或合併請求？

拉取請求是一個要求你的程式碼被合併進另一個分支，通常是像 master 的整合分支。思考一下 —— 假設你和幾個同事一起工作，分享同個 Git 檔案庫，這就是選擇存放在 GitHub 的檔案庫（就像我們這樣）。你的檔案庫的整合分支是 master。你們都是獨立作業，在各自的複製檔案庫中工作並使用自己的功能分支。

當你完成時，你想要將你的工作合併回 master。現在，別忘了，你的同事也正在做一樣的動作 —— 在你同事開始工作前，他們在整合分支上建立分支。換言之，當你合併你的工作成果到整合分支時，你的變更會影響到其他所有正在使用同個檔案庫的人！有這麼多人，這件事可能會很棘手。

與其直接把你的本地分支合併進 master，你推送該分支到遠端檔案庫並建立一個拉取請求。這動作就告訴你的同事你需要合併一些工作並顯示變更的提交和檔案，所以他們知道你進行了什麼變更。提交請求也讓你的同事有個方式可以提供建議，讓你可以進行變更或改進你的工作。一旦他們批准你的提交請求，你就可以直接合併你的變更。完成了！

你可以把提交請求想像成「公開合併」 —— 你的同事有機會可以檢視你的工作，之後該工作成果才會成為整體的一部分。

> 我們在第 2 章最後有提到這工作流程。有需要的話，歡迎翻回前面來複習一下。

> 感謝你提出拉取請求。現在我可以看到你進行的變更，且我們可以在 **GitHub** 的網頁介面上公開討論有什麼改進空間。

如果你把提交請求想像成合併請求可能會很有幫助，因為它們就是合併請求——要求一分支的程式碼合併進另一個分支的請求。

桑吉塔

問：只有我一個人在使用這個檔案庫。我進行拉取請求有什麼好處？對我來說使用拉取請求合理嗎？

答：很好的觀點。當你的專案有超過一個協作人員時，拉取（或合併）請求真的很好用。你可以得到他們對你的變更的想法，並通知他們你已經準備好要合併你的程式碼。

真的要說實話，對獨立進行的專案，我們偏好直接在本地合併進我們的整合分支，然後再推送該整合分支到遠端檔案庫。我們相信熟能生巧，所以你應該要多練習發布拉取請求幾次來學習這個技巧。

當我們以團隊進行工作，就是不同的方式：我們會使用拉取請求。我們非常喜歡協作工作與清晰的團隊溝通，而拉取請求對這兩個目的都可派上用場。

問：假設我發布一個拉取請求。誰的工作是負責要合併它呢？

答：這就靠你和你的團隊決定的工作流程——每個團隊在這方面都有非常不同的做法。

其中一個方式就是指派一名或多名團隊成員負責——或許挑選比較有經驗的成員，他們可以確保細節正確，之後就可以合併提交請求。

其他團隊通常會設定一個限制，至少要兩個其他的成員在合併一個提交請求之前，必須查看提交請求並批准請求。

別忘記，提交請求的角色是允許溝通、協作，和常常負責知識分享。對你和你的團隊最適合的方式就是你該選擇的方式。沒有對錯之分。

問：提交請求建立表單會要求輸入標題與描述。這有什麼意義呢？

答：因為提交請求就是溝通和協作，這些機制會鼓勵你對你在引進的什麼變更和原因要明確表達。

有時候我們得嘗試一個以上的方式來解決問題。我們已經發現請求的描述是個好地方，可以寫清楚我們怎麼嘗試用手解決問題的方式，以及我們為何選擇該方式的原因。提供一個完善的描述能讓人查看你的拉取請求，並了解為什麼你這樣做和你做了什麼。

最後，這是個適合附上一些有用的連結的地方：例如，如果你的工作會使用一個報修系統（Ticketing System），你可能會想連結到相關的通知單。

問：你有提到拉取請求會讓其他人來檢視我的工作、並建議我進行變更。如果我已經發布拉取請求，然後有人發現回應中有錯字或建議我把變數重新命名，我要怎麼變更呢？

答：好問題！你只要開啟你的文字編輯器，對你的本地變更進行建議的變更，提交並再次推送。推送會拿走你的最新提交並更新遠端檔案庫。提交請求會**自動**更新並反映該分支上的所有提交，所以你的同事可以再次查看，他們想要的話可以選擇要不要跟著做。

合併一個拉取請求

關於拉取請求我們還有很多事情可以說。對於引進的變更可以有所討論 —— 你可以應用標籤並指派特定的審閱者來負責拉取請求。

但是,因為你正在閱讀的是《深入淺出:*Git*》,而不是《深入淺出:*GitHub*》,我們會告訴你如何使用合併請求合併程式碼,然後剩下的就留給你自己去探索。合併一個提交請求很簡單:你只要造訪拉取請求的頁面,然後你應該會看到一個按鈕,讓你可以合併。

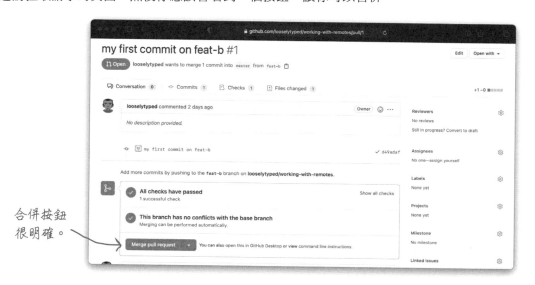

合併按鈕
很明確。

因為你正在合併程式碼,GitHub **會建立一個合併提交**。而因為每個提交都需要提交訊息,當你選擇要合併拉取請求,GitHub 會顯示另一個表單,讓你能夠附上一個提交訊息。一旦你這樣做並確認合併,就完成了!

結束了!

用這按鈕來刪除
該功能分支。

一旦你合併後,你應該要清理乾淨 —— GitHub 有提供一個按鈕來刪除你剛剛合併的功能分支。

問：你說過 GitHub 每次都會建立一個合併提交。但如果這是快轉合併怎麼辦？

答：GitHub 的預設行為每次都會建立一個合併提交。當合併時，GitHub 會使用一個特別的旗標迫使 Git 建立一個合併提交。

GitHub 的確有提供其他合併分支、但不會建立合併提交的方式，但這是另個時間的討論。就目前為止，只要記得使用 GitHub 的預設動作會建立一個合併提交。

問：我知道 GitHub 每次都會建立一個合併提交，我仍然不知道為什麼。

答：合併提交代表兩個分支的融合。出現在你的提交歷史的合併提交，可以在合併發生時更容易辨別（因為提交會記錄它們被建立時的時間戳記）。同時，因為合併提交有兩個親代，就很容易在輸出的 Git 紀錄中看清楚。

問：如果合併兩個分支導致合併衝突會發生什麼事情？

答：你問這問題真聰明！如果 GitHub 偵測出兩個合併的分支會發生衝突，GitHub 會推遲動作等你解決該問題。GitHub 就像 Git 一樣，希望盡可能幫助用戶，所以它會顯示出你所有需要的步驟來解決衝突。

當然，你一定可以選擇在本地合併分支，解決衝突（如第 2 章所示），然後推送合併提交到上游，就像你到目前為止進行過的所有推送。雖然拉取請求是一種可以執行合併的方式，在本地合併永遠都是你其一的選項。

順帶一提，我們在下一章會提到各種避免此問題的方式。（誰說只有懸疑作品能吊人胃口呢？）

新車試駕

是時候要練習你的拉取請求合併技巧。請上 GitHub 造訪 `working-with-remotes` 檔案庫的分叉，且先透過頁面上方的「拉取請求」頁籤找到所有拉取請求的清單。你應該只會看到一個拉取請求。點選該拉取請求，然後點擊「合併拉取請求」（Merge pull request）按鈕。

一旦你找到設定橫幅，別忘記點擊「刪除分支」（Delete branch）來刪除 `feat-b` 按鈕。

⟶ **這是其中一個沒有解答的練習題。**

接下來呢？

在完成一個重要里程碑後又來了一個，對吧？在前幾頁，你建立了你的第一個拉取請求。然後，在你的上一個練習題中，你將它合併進去了！以一個章節來說是巨大的進步。

但還有些待辦的工作得要處理。別忘記在合併後，GitHub 有提供刪除功能分支的按鈕。在我們的上一個練習題中，就是 `feat-b` 分支。我們刪除了該分支 —— 但只刪除了遠端檔案庫內的分支。那你的本地複製檔案庫呢？這就是現在的事情：

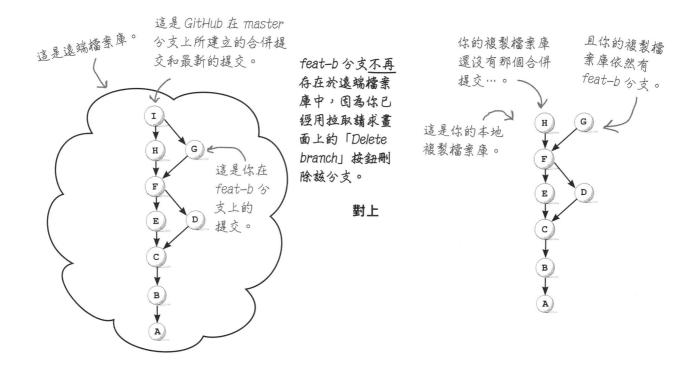

這是遠端檔案庫。

這是 GitHub 在 master 分支上所建立的合併提交和最新的提交。

feat-b 分支不再存在於遠端檔案庫中，因為你已經用拉取請求畫面上的「Delete branch」按鈕刪除該分支。

這是你在 feat-b 分支上的提交。

對上

你的複製檔案庫還沒有那個合併提交⋯。

且你的複製檔案庫依然有 feat-b 分支。

這是你的本地複製檔案庫。

這只是 Git 分散式本質的特色 —— 當你在遠端檔案庫中進行操作時，就像合併兩個分支或刪除分支，你的本地複製檔案庫是完全不知道發生了什麼事。

我們知道要怎麼透過 `git push` 指令的各種版本，來更新遠端檔案庫的新提交或新分支。但要怎麼把遠端檔案庫中發生的變更同步到本地檔案庫呢？你要怎麼把合併提交應用到你的遠端檔案庫呢？嗯，這是下一章的主題。

唷，另一個吊胃口的梗！

削尖你的鉛筆

我們來花點時間思考一下遠端檔案庫和複製檔案庫的差異 —— 你使用一個拉取請求已經把 feat-b 分支合併到 master，並刪除了遠端檔案庫中的 feat-b 分支。所以現在，Git 會讓你刪除你複製檔案庫中的 feat-b 分支嗎？比較前一頁的提交歷史來查看你是否可以想出答案。有個提示：如果你要刪除 feat-b 分支，思考一下提交「G」的「可觸及性」（如果你需要複習一下的話，當我們在第 2 章結尾時有談到刪除分支）。

➡ **答案在第 266 頁。**

重點摘要

- 當你推送你的提交到遠端檔案庫，Git 同步複製檔案庫和遠端檔案庫之間的提交歷史。這包含所有的提交和它們的提交 ID。

- 任何推送到遠端檔案庫的提交現在都變成公有提交。一旦你推送後，你應該避免執行任何會改變歷史的操作：例如，不要執行 git reset 或編輯提交訊息（這會變更提交 ID）。

- 使用一個複製檔案庫和使用任何一個 Git 檔案庫都一樣。如果你正在處理一個新的功能或除錯，你應該要在像 master 的整合分支上建立分支。

- 一旦你在一個分支上完成工作後，你有兩個方式可以將你的程式碼合併進整合分支：

  - 第一個選項就是在本地合併進一個整合分支，然後推送該整合分支到遠端檔案庫。

  - 第二個選項是「公開合併」，就是你使用 Git 檔案庫來執行合併。提供「拉取請求」的方式來執行合併。其他檔案庫管理員也有提供類似的機制。

- 如果你選擇要用拉取請求，你就從推送功能分支到遠端檔案庫開始。

- 要推送一個遠端檔案庫不知道的（新的）本地分支，你會用到 git push 指令，搭配 set-upstream（或短版的 -u）旗標。這會讓你指明遠端檔案庫的名稱，和你想要在遠端檔案庫建立的分支名稱。

- 在將一個本地分支推送到遠端檔案庫後，你可以發布一個拉取請求，在該請求中，你挑選標的（或基準）分支 —— 也就是要合併進去的分支 —— 和來源，或是你想要合併的分支。

- 一個拉取請求（或合併請求）可以讓其他協作人員來重新檢視你想要合併的變更。你甚至可以和他們開啟談話。

- GitHub 的網頁介面讓你將你的變更合併進整合分支、並刪除功能分支。（別忘記要刪除功能分支！）

- 因為遠端檔案庫不知道複製檔案庫的存在，在遠端檔案庫刪除分支並不會刪除複製檔案庫中的本地分支。你得靠自己做。

推送填字遊戲

既然你已經知道要怎麼使用遠端檔案庫,用這個「推送」填字遊戲來測試自己。

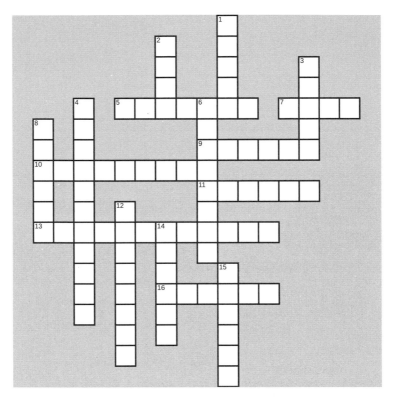

橫向

5 ____ ____ 指令將你的本地變更和遠端檔案庫同步(2個英文單字)

7 要複製一個檔案庫到你的 GitHub 帳號,____ 那個檔案庫

9 在所有 git push 設定中,這是「安全帶」選項

10 Atlassian 的知名檔案庫管理員

11 往上游推送會把你的變更推送到 ____ 檔案庫

13 要讓一個人變更你在 GitHub 上的檔案庫,把他們變成 ____

16 Microsoft 的知名檔案庫管理員

縱向

1 你在複製時該選擇的網址類型

2 GitHub、GitLab、和私人伺服器都是 ____ 檔案庫的地方

3 要把一個檔案庫複製到你的硬碟中,____ 該檔案庫

4 Subversion 和 CVS 都是 ____ 版本控制系統的實例

6 git push 指令會以此方向寄送你的變更

8 每個人都可以看到一個 ____ 檔案庫

12 你得提供 GitHub 你的帳號和 ____

14 遠端檔案庫的預設名稱

15 一個共享的檔案庫擁有一個 ____ 提交歷史

答案在第 267 頁。

習題
解答

題目在第 222 頁。

你應該已經把我們的檔案庫分叉到你的帳號中。現在你可以複製這個檔案庫了，用瀏覽器登入 GitHub 並前往 `working-with-remotes` 檔案庫。為了讓事情更方便，以下是網址：

在這插入你的
GitHub 帳號。

https://github.com/your-GitHub-username/working-with-remotes

* 請跟著前幾頁的步驟找到複製用網址。

* 在這列出你複製檔案庫所需的指令：

你的網址內會有
你的帳號。

git clone https://github.com/looselytyped/working-with-remotes.git

* 使用終端機，前往你下載本書練習題存放檔案的位置，並複製 `working-with-remotes` 檔案庫（順便跟你說，我們喜歡先創建一個名為 `chapter05` 的資料夾，然後在 `chapter05` 資料夾內複製該檔案庫。讓東西看起來比較井然有序）。

* 請在檔案庫內花幾分鐘巡視一下，在此列出你工作目錄中的檔案：

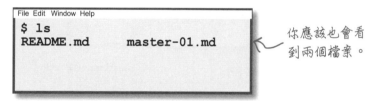

你應該也會看
到兩個檔案。

* 接下來，列出所有的分支。寫下你的 HEAD 所在的位置：

看似我們只有一個
分支，所以 HEAD
指向此處。

* 請用 `git log --graph --oneline --all` 來取出提交歷史。在此畫出你的提交歷史圖。

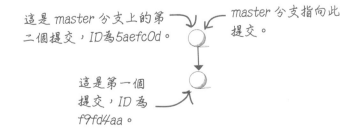

這是 master 分支上的第
二個提交，ID為5aefc0d。

master 分支指向此
提交。

這是第一個
提交，ID 為
f9fd4aa。

習題
解答

題目在第 227 頁。

我們來暖身一下，準備迎接後續幾節的內容。你的任務是要在你複製的檔案庫進行一些變更。是時候啟動你的終端機。

❋ 一開始先前往你存放 `working-with-remotes` 檔案庫副本的位置。

❋ 先檢查確認自己位於 `master` 分支上，且工作目錄的狀態是乾淨的。列出你可以在這使用的指令：

git branch

git status ← 別忘了，*git status* 也會告訴你目前位於的分支。

❋ 在你的文字編輯器中開啟 `master-01.md` 檔案並新增第二行，這樣一來編輯後看起來就如下：

你要新增第二行。 →

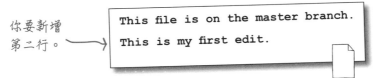

```
This file is on the master branch.
This is my first edit.
```

master-01.md

❋ 新增另一個名為 `master-02.md` 的檔案，內容如下：

這是你要建立的新檔案。 →

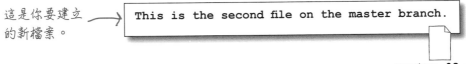

```
This is the second file on the master branch.
```

master-02.md

❋ 最後，將兩個檔案新增到索引。進行提交並附上訊息「my first commit on master」（我在 master 上的第一個提交）。

首先，新增兩個檔案到索引。

git add master-01.md master-02.md ←

git commit -m "my first commit on master"

git status ← 隨時要檢查狀態，確保狀況良好。

習題
解答

題目在第 233 頁。

準備好要推送一些提交了嗎？

✳ 首先，如果你還沒抵達你複製 `working-with-remotes` 檔案庫的位置，請先移動到該處。確定自己位於 master 分支，然後請使用 `git log` 指令並在這記錄你最新提交的提交 ID：

a352623 ← 你的提交 ID 會是不一樣的。

✳ 請列出你要將最新的提交推送到 GitHub 檔案庫中所需的指令（別忘記一定要先確認你目前的位置是位於哪個分支）：

git branch ← 在推送前檢查你目前位於的分支總是件好事。

git push ← 這會把該分支的新提交傳到遠端檔案庫。

✳ 執行推送。

✳ 請上 github.com 造訪你的檔案庫，你有沒有看到你的新提交 ID？（請回到兩頁前的螢幕截圖來查看 GitHub 顯示的位置。）

✳ 最後，請在 github.com 上瀏覽 `master-01.md` 和 `master-02.md`，並確保有看到你的編輯結果。

習題解答

題目在第 240 頁。

✱ 啟動你的終端機並移動到你複製 working-with-remotes 檔案庫的位置。請用 git status 指令來確保你還是位於 master 分支上、且確定你擁有一個乾淨的工作目錄。

✱ 使用 git branch 指令來建立一個名為 feat-a 的分支，然後切換到此分支。

> git branch feat-a
>
> git switch feat-a

✱ 使用你的文字編輯器建立一個名為 feat-a-01.md 的新檔案並輸入以下內容：

這新檔案中只
有一行資訊。 →

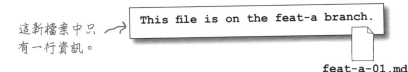

This file is on the feat-a branch.

feat-a-01.md

✱ 將 feat-a-01.md 新增到索引。提交該檔案，附上提交訊息「my first commit on feat-a」（我在 feat-a 分支上的第一個提交）。

> git add feat-a-01.md
>
> git commit -m "my first commit on feat-a"

✱ 切換回 master 分支並建立另一個檔案（命名為 master-03.md），讓內容看起來如下：

在 master 分支
新增此檔案。 →

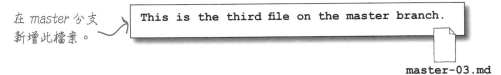

This is the third file on the master branch.

master-03.md

✱ 將此檔案新增到索引並提交該檔案，附上提交訊息「my second commit on master」（我在 master 分支上的第二個提交）。

> git add master-03.md
>
> git commit -m "my second commit on master"

削尖你的鉛筆
解答

題目在第 242 頁。

你已經設定好分支並準備好合併進 master。準備好要動作了嗎？使用你的終端機，移動到你複製 working-with-remotes 檔案庫的位置。

➤ 一開始先確認你位於 master 分支。你會使用什麼指令呢？

git branch   如果你位於的分支並不正確，你可以使用 *git switch* 切換分支。

➤ 現在將 feat-a 分支合併到 master 分支。這**會**建立一個合併提交，這代表 Git 會提示你使用設定的文字編輯器輸入提交訊息。我們建議你就使用預設的合併訊息。

git merge feat-a   因為你位於 *master* 分支，這會將 *feat-a* 分支合併到 *master* 分支。

➤ 請在此處列出要將 master 分支推送到遠端檔案庫的指令。然後使用該指令進行推送。

git push

➤ 造訪 GitHub 上你的檔案庫頁面。你應該會看到列出**六個**提交（如以下的螢幕截圖）。你可以解釋你在此處看到的結果嗎？歡迎在你的終端機中使用 git log --oneline 並比較你我的筆記。

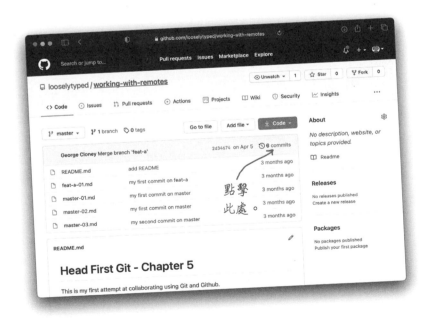

削尖你的鉛筆
解答

題目在第 248 頁。

➤ 稍微停下來思考一下你的提交圖。你可以畫出來嗎？試試看靠記憶畫出來：

這是 *master* 分支上的最後一個提交，你在此分支上提交了 *master-04.md* 檔案。

這是 *feat-b* 分支上的唯一一個提交，此提交引進了 *feat-b-01.md* 檔案。

這是當你合併 *feat-a* 到 *master* 時，*Git* 建立的（合併）提交。

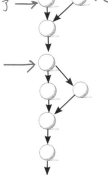

➤ 一旦完成後，使用 `git log --oneline --all --graph` 來確認是否成功。

➤ 在前個練習題中，你推送了 feat-b 和 master 兩個分支。你覺得遠端檔案庫中的提交歷史在推送後看起來長什麼樣子呢？在此處做筆記。

因為你剛剛推送 *feat-b* 分支和 *master* 分支，兩個分支上的所有提交現在都位於遠端檔案庫。這代表遠端檔案庫中的提交歷史應該看起來就像你在複製檔案庫看到的樣子。你全部都同步好了！

削尖你的鉛筆
解答

題目在第 259 頁。

我們來花點時間思考一下遠端檔案庫和複製檔案庫的差異——你使用一個拉取請求已經把 feat-b 分支合併到 master，並刪除了遠端檔案庫中的 feat-b 分支。所以現在，Git 會讓你刪除你複製檔案庫中的 feat-b 分支嗎？比較前一頁的提交歷史來查看你是否可以想出答案。有個提示：如果你要刪除 feat-b 分支，思考一下提交「G」的「可觸及性」（如果你需要複習一下的話，當我們在第 2 章結尾時有談到刪除分支）。

Git 不會在沒有使用 *branch* 指令的 *-D*（強制）選項的情況下讓你刪除 *feat-b* 分支。這是因為雖然 *feat-b* 在遠端檔案庫被合併進 *master* 分支，但你的複製檔案庫並不知情！所以如果你要刪除複製檔案庫的 *feat-b*，提交「G」並沒有其他指向它，讓它變成無法觸及。如果你可以先從遠端檔案庫取回合併提交，然後在 *feat-b* 已經刪除後，提交「G」就會變成可觸及。

推送填字遊戲解答

既然你已經知道要怎麼使用遠端檔案庫，用這個「推送」填字遊戲來測試自己。

題目在第 260 頁。

6 Git 協作（二）

團隊合作

準備好要帶團隊加入了嗎？ Git 很適合協作工作，我們也有很棒的教學想法。在本章節中你要和另一個人一起合作！你們要利用前一個章節所學。如你所知，一個像 Git 這樣的分散式系統會有許多可變動的部分。所以 Git 要怎麼讓整個過程變得很簡單呢？你在協作工作時有什麼要謹記在心的呢？有沒有什麼工作流程能讓協作工作更順利呢？準備好來發掘這些解答吧！

各就各位，預備，複製！

辦公室對話

我們的熱狗交友應用程式的初評結果看起來很好。但我們還是需要一個常見問題的頁面和個人檔案範例，所以我們可以快速引導顧客。我覺得這會是個快速就能有成效的項目，對顧客旅程會有很大的影響。也可以達到綜效並與整個生態系接軌。別忘了，內容為王！

如果你想知道的話，我們上網搜尋了「最令人厭煩的流行語」。

「熱狗交友」
專案經理

艾迪森：顯然我們得尋找「綜效」。你有什麼想法嗎？

桑吉塔：我知道明確要做什麼。我最近在讀《深入淺出：*Git*》來學習用 Git 協作工作。我們一開始先從 GitHub 內的共享檔案庫開始，然後你和我可以用 Git 協作工作。嘿，瑪吉！你可以幫我們在 GitHub 上建立一個檔案庫嗎？

瑪吉：喔好，沒問題。放輕鬆。弄好了會再跟你說。

桑吉塔：瑪吉，謝了。你沒問題吧，艾迪森？

艾迪森：你有做給我看怎麼用遠端檔案庫，所以我覺得我知道要怎麼做 —— 複製那個檔案庫、在 master 上建立一個分支、開始工作。

桑吉塔：耶！沒錯。你來複製常見問題，我來處理個人檔案範例可以嗎？

艾迪森：沒問題。那我準備好要合併我的工作到 master 時該怎麼做？我可以直接合併嗎？

桑吉塔：別忘了，我們兩個**都**會在**同一個**檔案庫的副本中工作。我還有些工作要教你，所以我們不會干擾到彼此。

艾迪森：我覺得我現在可以開始工作了。

桑吉塔：你準備好後我們可以再「回頭」。

同步作業

要製作一輛車需要組裝許多複雜的零組件。想像一下，如果有個人得一個一個、照順序製作一輛車的零組件。這個人得先從底牌開始製作，然後是引擎本體，然後是變速箱等。看起來慢吞吞的，對吧？

當然，這不是現實生活中做事的方式。這就是為什麼會有生產線的發明。要讓一切速度加快，我們會有一個負責底盤的團隊，同時間另一團隊在組裝引擎，而變速箱小隊在他們的小角落處理汽車的動力系統和變速箱。大家同步作業有效率多了！

當然，在某個時間點，所有東西必須放在一起。因為變速箱小隊花了大多時間熱烈地討論全輪驅動和四輪驅動的差別（說真的 —— 如果全輪不代表四輪，那是不是表示有四個輪子以上的車呢？），引擎團隊也許已經完成工作。然後我們把底盤和引擎組裝在一起。當變速箱團隊準備好的時候，他們得要想辦法把他們的工作成果和其他已經組裝好的部分整合在一起。

汽車專家 —— 我們知道我們對汽車製作的描述並不精確。我們把過程簡化了，只是用來譬喻而已。無心冒犯！

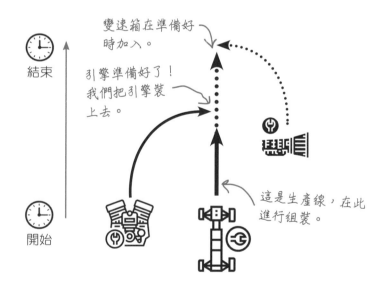

變速箱在準備好時加入。

引擎準備好了！我們把引擎裝上去。

結束

開始

這是生產線，在此進行組裝。

同樣的邏輯也能應用到眾多情境中。不同團隊會負責一個計畫中的一部分 —— 當平面設計師正在忙著設計圖片與圖示的時候，或許一個軟體開發團隊可能會隨便設計一些新功能。這些團隊可以同步作業並在準備好時整合他們的工作。

我們已經知道要如何在 Git 中同步進行任務 —— 我們使用分支達成。提到這個…

在 Gitland⋯同步作業

所以這一切在 Git 是怎麼運作呢？你已經知道祕訣 —— 共享檔案庫！你可以使用任何一個檔案庫管理員，例如 GitHub，讓所有協作人員都可以共享一個檔案庫，每一個成員都會透過複製來得到該檔案庫的副本。然後他們會開始同步作業，就像是汽車生產線，當準備好後再組裝起來。

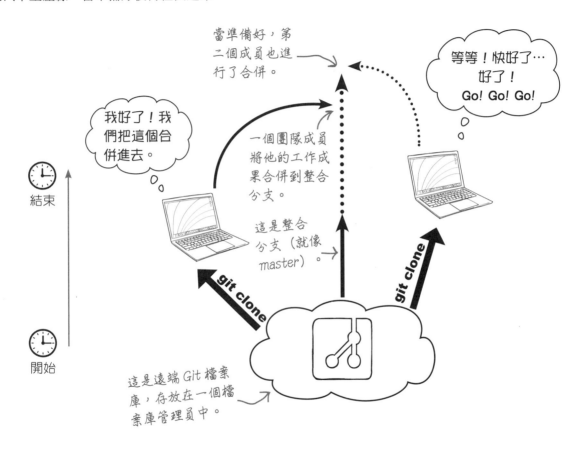

在複製檔案庫後，每個協作人員會繼續跟著我們全書一直使用的工作流程 —— 先在整合分支上建立一個分支，然後開始工作。當他們準備好整合工作成果時，便可以將他們的工作合併到整合分支，或是推送他們的分支到遠端檔案庫並發布拉取請求。

當然，當數個成員在一個分散版本控制系統上協作工作時，就會出現挑戰。我們會花點時間談論這件事，但別擔心！在本章的最後，你會成為一位揮舞著提交的協作忍者！

新車試駕

你已經準備好要把踏板安裝上金屬支架了嗎？我們已經幫你建立了一個檔案庫練習。

➤ 你的第一個任務是分支我們的檔案庫，所以在你的 GitHub 帳號內有一份該檔案庫的副本。先用你最愛的瀏覽器前往 *https://github.com/looselytyped/hawtdawg-all-ears* 登入（如果你還沒準備好），然後點擊上方的「分叉」（Fork）：

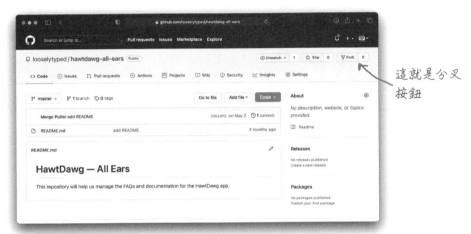

這就是分叉按鈕

這會是你的 *GitHub* 帳號，不是我們的帳號。

➤ 網址看起來會像 *https://github.com/looselytyped/hawtdawg-all-ears*，但裡面是你的帳號名稱。請把它寫在這裡，這樣你就不會弄丟了。

——————➤ 這是其中一個沒有解答的練習題。

辦公室對話（續）

瑪吉：我已經在 GitHub 上建立了一個檔案庫，你準備好開始工作時，歡迎直接複製。

艾迪森：瑪吉，謝了！我知道他們要趕快完成。所以我要馬上開始了。

桑吉塔：動作很快。我會盡快開始處理。我們還在針對範例個人檔案激盪一些想法。不論怎樣，還是很謝謝你，瑪吉！

用 Git 方式協作

大概是時候要告訴你，如果你可以找個人一起陪你工作，本章會有趣**很多**。畢竟這章是關於協作！你和你的夥伴會扮演艾迪森和桑吉塔的角色來幫助我們展現兩位不同的協作人員 —— 每個人都以自己的步伐進行 —— 都可以使用 Git 有效地協作。每一個成員都在他自己的工作站工作 —— 一個扮演艾迪森，另一個扮演桑吉塔。

問問看你的配偶或夥伴，賄賂你的小孩，捉弄你的同事，騙你的親戚 —— 都好。我們在生活中都可以用到一點 Git，對吧？

一開始，我們要請你建立剛剛分叉的 hawtdawg-all-ears 檔案庫的**兩個副本**。如果你找到一個願意一起的夥伴（或毫不知情的人 —— 我們不挑），你們每個人都應該**在你們各自的工作站上**複製 hawtdawg-all-ears 檔案庫，因此總共會建立兩個複製檔案庫。請決定誰要扮演哪個角色。

如果你打算要自己一個人，你得要複製該檔案庫兩次（別擔心 —— 我們會告訴你怎麼做）。你會**同時**扮演艾迪森和桑吉塔的角色。

先講清楚，我們會指定一個人扮演選手一號艾迪森、一個人扮演選手二號桑吉塔。每次練習都會有個圖示告訴你哪個選手要做這個練習題。

這個一指圖示代表此練習是給選手一號（艾迪森）。如果你一個人做這練習，切換到代表艾迪森的複製檔案庫的目錄。（我們會提醒你）

不論何時看到這個兩指圖示，這就輪到選手二號（桑吉塔）來做練習題。

把你們的名字寫在角色旁邊，這樣你就不會忘記誰扮演什麼角色。

———— 扮演艾迪森

———— 扮演桑吉塔

對於兩個選手都要做的練習題，你會同時看到兩個圖示 —— 這是提醒所有人都要工作的提示。

現在，就算還沒輪到你，你還是要注意！**要閱讀所有練習題**，這樣你才知道另一個人正在做什麼。

這些聽起來可能很可怕，但別擔心 —— 我們都會陪著你，引導你完成所有練習。

我們來做練習吧！

在 GitHub 的雙協作人員設定

毫無疑問地，我們非常希望你可以找到人在這一章一起協作 —— 我們保證，這樣的體驗會更好！如果你打算只靠自己完成這一章 —— 也就是說你扮演艾迪森和桑吉塔的角色 —— 你可以跳過此部分。

提醒你一下，當你分支 `hawtdawg-all-ears` 時，GitHub 會在你的帳號下建立一個副本。現在，如果你要和一個人一起在分叉的副本上協作，你會需要在 GitHub 上把它們新增為協作人員。這讓他們可以推送分支和提交到你帳號下的檔案庫。一開始，先上 *GitHub.com* 瀏覽你建立分叉的檔案庫。

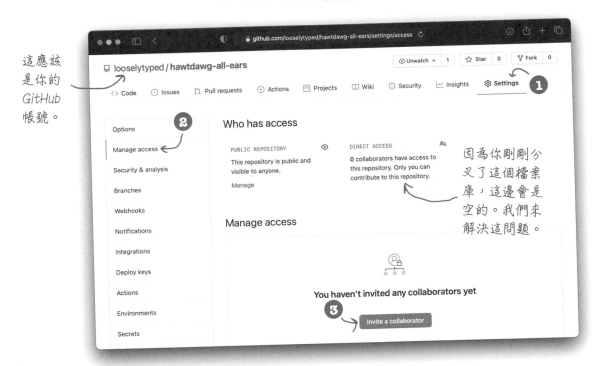

這應該是你的 *GitHub* 帳號。

因為你剛剛分叉了這個檔案庫，這邊會是空的。我們來解決這問題。

❶ **一開始先點擊「設定」（Settings）頁籤。**

這會開啟一個 GitHub 面板，有很多轉盤和板手，可以讓你管理檔案庫。就目前，我們會專注在新增協作人員的功能。

❷ **點擊左邊選單的「管理存取」（Manage access）。**

因為你剛剛分叉檔案庫，你現在沒有任何協作人員。

❸ **點擊綠色的「邀請協作人員」（Invite a collaborator）按鈕。**

當你點擊這個按鈕，GitHub（很有可能）會提示你再次輸入你的密碼。輸入密碼後，然後頁面跳轉…

在 GitHub 的雙協作人員設定（續）

你幾乎要準備好了！GitHub 讓你搜尋協作人員輕鬆很多 —— 你可以使用你同事的 GitHub 帳號或電子郵件，且會有自動完成的下拉式選單，所以你可以更快找到他們：

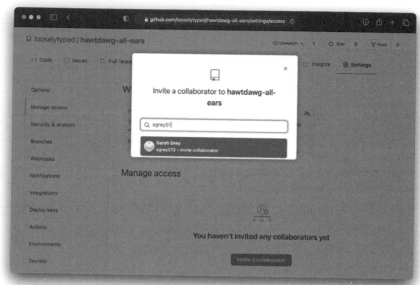

要確定名字沒打錯！一旦選好協作人員，GitHub 會在你的檔案庫中顯示出協作人員的清單，所以你可以確認一切順利：

別忘記 —— 只有你們兩位其中一個要分叉我們的檔案庫。你們兩個會在同一個檔案庫上協作。

好了。你和你的夥伴可以推送分支和提交到你們對 `hawtdawg-all-ears` 檔案庫的分叉。是時候要開始工作了。

新車試駕

這練習兩個選手都要做。
如果你一個人練習，你
要做這個練習題兩次。
別煩惱 —— 我們已經把
練習題變得很簡單了。

➤ 第一件事 —— 先找到該檔案庫副本的網址。可以先前往 GitHub 上的分叉檔案庫來找到那個網址。記得一定要挑選 HTTPS 的網址！

記得，不論誰分叉
了我們的檔案庫，
這就是他的帳號。

先點擊這個。

就是這個！

複製這個
網址。

➤ 一開始，先開啟終端機，然後移動到你儲存本書所有練習題檔案的位置。（我們為本章所有練習題建立了一個名為 chapter06 的資料夾，但你選擇你自己的方式！）

➤ 你已經做好一切的前置準備，但這練習題還沒做完。請翻頁。

下頁繼續…

新車試駕

回想一下，當你複製檔案庫時，Git 會建立一個和遠端檔案庫相同名稱的資料夾。為了避免混淆而且為了一個人練習的人更輕鬆一點，我們要將 Git 建立的資料夾重新命名，來指名這是誰的複製檔案庫。舉例來說，艾迪森的複製檔案庫會放在一個名為 addisons-clone 的資料夾。要達到此目的，我們會用 git clone 指令的特別版本：

我們在第 5 章時有順便
提到這個 *git clone* 指令
的變化。

這會是你的
帳號名稱。

附上你要建立的
資料夾名稱。

```
git clone https://github.com/username/hawtdawg-all-ears.git    folder-name
```

如果這是個你在玩的雙選手比賽，那
這個就是給選手一號的，也就是扮演
艾迪森的那位選手。如果你一個人練
習，那你應該要做這個練習。

➤ 選手一號，準備好了嗎？你等等要將最近分叉的 hawtdawg-all-ears 檔案庫在本地複製。這是你會用到的指令：

在這插入分叉我們檔案庫的
選手的帳號名稱。

git clone https://github.com/username/hawtdawg-all-ears.git addisons-clone

以恰當名稱對此資料夾命名。

很重要！如果你一個人練習，先還**不要**變更目錄 —— 你還有多一個複製檔案庫要用。

這是給選手二號的練習
題。如果你一個人練習，
這也可以應用在你身上。

➤ 選手二號！你要把遠端檔案庫複製到名為 sangitas-clone 的資料夾，例如：

請確定要用複製檔案庫
的人的帳號名稱。

為選手二號
正確命名。

git clone https://github.com/username/hawtdawg-all-ears.git sangitas-clone

⟶ 這是其中一個沒有解答的練習題。

我們目前的設定

哇！你在這已經完成很多，所以我們要往回一步來看目前的情況。我們要把這個對話分成兩部分：我們會先開始看一下目前這兩名選手版本發生了什麼事情，然後再看看一個人練習的版本。

雙選手設定

你們其中一位一開始先把我們為你建立的 `hawtdawg-all-ears` 檔案庫分叉，然後你們把那個檔案庫分別複製到各自的工作站：`addisons-clone` 資料夾有一個，`sangitas-clone` 資料夾有一個。這是看起來的樣子：

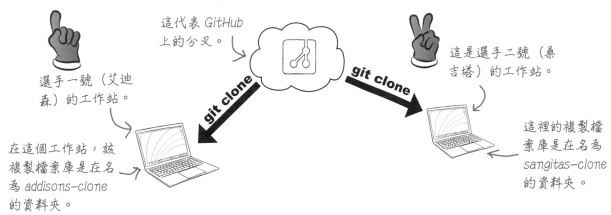

單選手設定

你分叉了 `hawtdawg-all-ears` 檔案庫，而且繼續複製該檔案庫兩次 —— 一次在 `addisons-clone` 資料夾內，然後在另一個兄弟資料夾 `sangitas-clone` 內再一次：

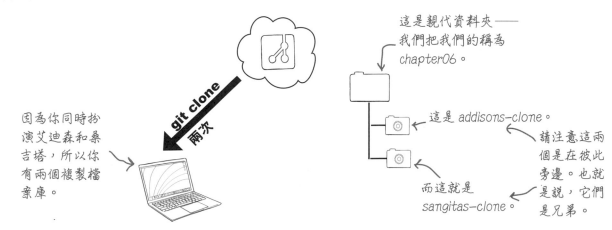

習題

這練習題是
兩個選手都
要做的。

你得花點時間看一下你複製的檔案庫。每個選手都應該先移動到他們各自複製檔案庫位於的位置。**如果你是一個人練習，請到** addisons-clone **進行這道練習題。**

* 一開始先用 git log --graph --oneline --all 來檢查你檔案庫的歷史。使用下面提供的空白處將其畫出來：

答案在第 332 頁。

腦力激盪

到目前為止，同個檔案庫有兩個複製檔案庫。如果對你來說，是個雙選手比賽，然後，每一層都有一個複製體在個人工作站上。如果你都是靠自己，那麼你的裝置上兩個不同的目錄中有兩個分別的複製體。

兩個複製體的歷史是否看起來相同呢？回答時請一併附上原因。

問：這可能有點離題，但當你複製時通常都會重新命名資料夾嗎？

答：我們得承認這是有點少見的操作。我們通常比較喜歡用我們複製遠端檔案庫的名稱繼續作為資料夾名稱。

我們發現，重新命名複製檔案庫名稱的好時機，就是當衝突產生的時候。也就是說：不知為何，我們即將要複製的檔案庫剛好和檔案庫中的另一個目錄擁有一樣的名稱。就如可能想像的，這情況很罕見。

然而，在本章中，我們使用了 git clone 指令的特別版本來幫助你分別兩個複製檔案庫 —— 就這原因。

削尖你的鉛筆

這是給扮演艾迪森角色的選手的
練習題。如果你是一個人，請完
成此練習。

➤ 選手一號，是時候輪到你對檔案庫進行一些編輯。先用你的終端機移動到 addisons-clone 位於的位置。
首先，在 master 分支上建立一個新分支，把新分支命名為 addison-first-faq。請用下方的空白處列
出你會用到的指令。（**提示**：隨時都要確認狀態並在建立新分支前確認自己位於的分支。）

➤ 使用你的文字編輯器來建立一個名為 FAQ.md 的新文字檔，內容如下：

這是 *FAQ.md* 檔
案應該要看起
來的樣子。

你可以在你下載本書程
式碼的位置找到此檔
案，位於 *chapter06* 資
料夾，名為 *FAQ-1.md*。
<u>一定要記得重新命名為</u>
FAQ.md！

```
# FAQ


## How many photos can I post?


We know you want to show off your fabulous furry face, so we've given you
space to upload up to 15 photos!

For those who are camera-shy, we recommend posting at least one to bring
your profile some attention.

Showcase your best self—whether that means a fresh-from-the-groomer glamour
shot or an action shot from your last game of fetch.
```

FAQ.md

➤ 儲存檔案，將 FAQ.md 新增到索引，然後提交該檔案，附上提交訊息「addison's first commit」（艾迪森
的首個提交）。

➤ 使用 git log --graph --oneline --all，在此處畫出你的提交歷史：

➤ 如果你要將 addison-first-faq 合併進 master，這會不會建立一個子代提交或快轉合併呢？請在此
處解釋你的答案：

➤ 答案在第 333 頁。

辦公室對話（續）

艾迪森：嘿，桑吉塔！我把你分享給我的檔案庫複製了、且對常見問題頁面進行了一次編輯。我完成這次變更了。接下來呢？

桑吉塔：哇！很快耶。我才剛複製好檔案庫。我不想拖到你。你直接將你的工作成果合併到 master 分支，然後推送 master 分支到遠端檔案庫。我整天都要忙著開會，不過我會盡力在明天把一些個人檔案範本先做好。

艾迪森：沒問題。桑吉塔，謝了。

習題

這是給選手一號（艾迪森）和個人練習的練習題。

你這次的任務是要讓艾迪森在 addison-first-faq 分支的工作成果可以出現在遠端檔案庫。就如我們在第 5 章教你的，有兩個做法：在本地合併，然後推送到整合分支；或者推送 addison-first-faq 分支到遠端檔案庫，然後在 GitHub 再發布拉取請求。在這個練習中，我們將保持簡單，選擇在本地合併。（雖然通常你是團隊作業的話，要遵循既定慣例。）

＊ 一開始先將 addison-first-faq 合併進 master 分支。在你合併前列你會用到的指令可能會有幫助。（**提示**：隨時要記得檢查狀態。要記得，你會需要切換到 master 分支，因為你即將要把 addison-first-faq 合併進 master 分支。）

請注意這是個快轉合併。

＊ 接下來，請用 git push 指令將 master 分支推送到遠端檔案庫。

請利用此處列出你要使用的指令。

＊ 因為你在功能分支的工作成果已經被合併到 master，所以你可以安全地刪除 addison-first-faq 分支。

答案在第 334 頁。

落後遠端檔案庫

Git 是分散式的。遠端檔案庫並不知道你對複製檔案庫進行的任何變更，例如建立分支或進行提交。結果這是個雙面刃！如果一個協作人員提送一個提交到分支（例如，像 master 的整合分支），你的複製檔案庫無法以任何方式得知。這就是 hawtdawg-all-ears 檔案庫目前的發展。我們來看一下目前的情況：

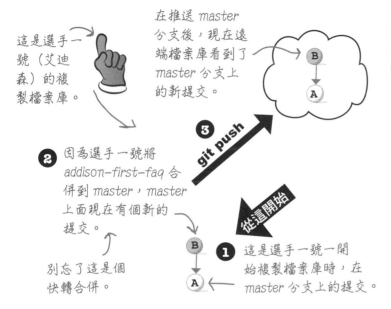

這是選手一號（艾迪森）的複製檔案庫。

在推送 master 分支後，現在遠端檔案庫看到了 master 分支上的新提交。

2 因為選手一號將 addison-first-faq 合併到 master，master 上面現在有個新的提交。

別忘了這是個快轉合併。

3 git push

從這開始

1 這是選手一號一開始複製檔案庫時，在 master 分支上的提交。

這是選手二號（桑吉塔）的複製檔案庫。

選手二號的複製檔案庫只有原本一開始複製檔案庫時，在 master 分支上的第一個提交。

這個複製檔案庫對於遠端檔案庫中的 master 有個新提交完全不知情。

1 **選手一號複製了 hawtdawg-all-ears 檔案庫。**

複製了 hawtdawg-all-ears 檔案庫把 master 分支的一個分支（「A」）也一起帶來。

2 **選手一號在 master 上引進一個新提交。**

選手一號在他的複製檔案庫上開始工作 —— 他在 master 上建立了一個分支，進行了一個提交，然後將該分支合併回到 master 裡面。現在他的 master 分支指向新提交（「B」）。

3 **選手一號推送 master 分支到遠端檔案庫。**

選手一號將 master 分支推送到遠端檔案庫，因此更新了遠端檔案庫。在推送之後，遠端檔案庫也擁有那個新提交（「B」），是初始提交（「A」）的獨子。

選手一號（艾迪森）的工作一直都很忙，而選手二號（桑吉塔）只複製了那個檔案庫。這代表，雖然選手二號的複製檔案庫擁有在複製檔案庫時原本就在分支上的第一個提交，但這檔案庫並沒有出現在遠端檔案庫中的最新變更！

辦公室對話（續）

艾迪森：嘿，桑吉塔！我整個星期都沒看到你。你開會很忙嗎？無論如何，只是想跟你說一下──我把我的變更合併到 master 分支並推送了。

桑吉塔：做得好。我今天有點時間，所以我會開始動手做個人檔案範例。我或許應該要先確定我遠端檔案庫中有最新的提交，包含你推送到 master 分支的變更。

艾迪森：所以，如果我推送了，你會需要拉取嗎？

桑吉塔：對阿，沒錯！你一直在 Git 上面研究嗎？

艾迪森：啊，沒有啦！我剛剛是在講笑話啦。

桑吉塔：有時候就這樣剛好，真有趣。Git 提供了一個名為 pull 的指令，讓你可以追上遠端檔案庫中的變更。使用 git pull 指令，我可以更新我本地的 master 分支，更新你推送到遠端檔案庫的提交。

艾迪森：會介意我坐下，看一下怎麼用嗎？

桑吉塔：當然！我們現在開始吧。

我們來學習 git pull 指令。準備好了嗎？

早就準備好了！

削尖你的鉛筆

站在桑吉塔（選手二號）的角度（如果你還沒這樣看過），為什麼你的複製檔案庫有沒有 master 分支上的最新提交會很重要？

提示：當建立一個新的功能要建立一個新分支時，新分支是要匯聚到哪裡建立起呢？

答案在第 335 頁。

追上遠端檔案庫（git pull）

一個人要怎麼「追上」遠端檔案庫中的變更呢？答案就是另一個 Git 指令：pull。
git pull 指令的角色是檢查遠端檔案庫的特定分支上是否有任何新提交，而且
這樣的話，可以取回那些提交並用新提交更新你的本地分支。

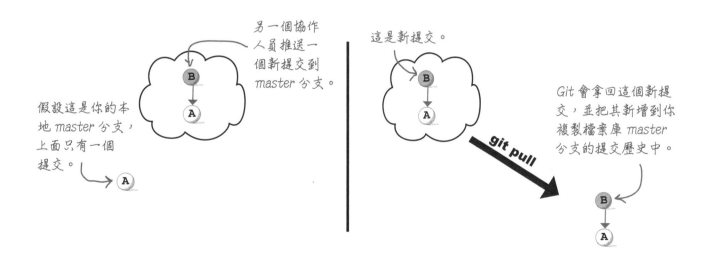

另一個協作
人員推送一
個新提交到
master 分支。

這是新提交。

假設這是你的本
地 master 分支，
上面只有一個
提交。

Git 會拿回這個新提
交，並把其新增到你
複製檔案庫 master
分支的提交歷史中。

git pull

git pull 指令會試圖尋找你所在分支的遠端分身，然後會詢問遠端檔案庫該分支上
是否有任何新提交。如果有新提交，就會取回這些提交並新增到你本地歷史中。

追上遠端檔案庫（git pull，續）

我們來看看當你執行 `git pull` 指令時 Git 會執行什麼動作。別忘記了，你一定是從特定分支拉取變更，所以一開始最好先確認你位於正確的分支上。

坐下來喝點飲料。我們很快就有給你做的練習題。

```
File Edit Window Help
$ git branch
* master          ← 請確保你位於正確的分支。

$ git pull          ← 請 Git 拉取最新的提交。
remote: Enumerating objects: 4, done.
remote: Counting objects: 100% (4/4), done.
remote: Compressing objects: 100% (3/3), done.
remote: Total 3 (delta 0), reused 0 (delta 0), pack-reused 0
Unpacking objects: 100% (3/3), 518 bytes | 259.00 KiB/s, done.
From github.com:looselytyped/hawtdawg-all-ears
   32b1d92..1975528  master      -> origin/master
Updating 32b1d92..1975528
Fast-forward
 FAQ.md | 7 ++++++
 1 file changed, 7 insertions(+)
 create mode 100644 FAQ.md
```

Git 取回遠端檔案庫中的新提交。

現在可以先忽略這個。

啊！看起來我們現在已經擁有 FAQ.md 檔案了。

很簡單！現在遠端檔案庫 master 分支上的最新提交，會在複製檔案庫的提交歷史中出現。

習題

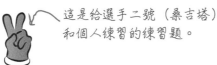

這是給選手二號（桑吉塔）和個人練習的練習題。

★ 我們先確定桑吉塔的複製檔案庫擁有艾迪森推送到遠端檔案庫 master 分支的所有提交。先在你的終端機中移動到 `sangitas-clone`。請寫下要用遠端檔案庫提交更新你本地 master 分支所需的指令。

提示：在拉取前，一定要先確認你目前位於的分支！

★ 接下來，執行你列出的指令來更新你的本地 master 分支。

答案在第 335 頁。

問：有 git pull 指令，還有拉取請求 —— 這些看起來很類似。它們有什麼關聯嗎？

答：不。我們知道這會很容易搞混，但這兩個是不同的。拉取請求是 GitHub 功能，可以想像成「合併請求」，就如我們在上一章的描述。它們有提供一個機制，可以告訴其他協作人員你的一個分支有些變更想要合併到另一個分支，通常是整合分支。一切都在 GitHub 進行 —— 也就是遠端檔案庫。

另一方面，git pull 指令會讓你在你的複製檔案庫中用提交更新分支，可能是在遠端檔案庫中的分身分支出現的提交。

問：我怎麼知道遠端檔案庫有新東西可以讓我拉取？

答：不知道。然而，如果你使用 git pull 指令且沒有新東西可以拉取，Git 就會直接回報「Already up to date」（已是最新狀態）。沒有什麼壞處。

問：這看起來有點蠢 —— 為什麼 Git 不能直接告訴我遠端檔案庫中有變更呢？這不就是電腦的角色嗎？將單調的東西自動化。

答：這觀點很合理。如果你還記得，我們在上一章曾經警告過你 —— 使用者最常忘記的一件事，就是推送他們想要在遠端檔案庫看到的提交。原因就是 Git 的分散式特性 —— 這系統天生設計如此，所以遠端檔案庫就不知道有變更，例如新分支或你在複製檔案庫中進行的提交。

一樣的原因也應用在遠端檔案庫的變更。檔案庫可能有好幾個複製檔案庫，所以期待遠端檔案庫告訴你每個複製檔案庫有變更不是很可行。

所以為什麼不讓你的複製檔案庫自動定時檢查遠端檔案庫，來查看是否有新的變化呢？嗯，你可能不在乎遠端檔案庫裡面發生什麼變更。你可能在乎某些分支上的新提交，而不是其他的。你可以會比較在乎另一個人推送到遠端檔案庫的新分支，或者你可能也不在乎。

透過讓你擁有掌控，Git 讓你不用去猜測。如果或當你想知道某分支的新狀況，你要明確的執行 git pull 指令。

問：git pull 指令是 git push 指令的相反嗎？

答：看起來的確如此，是吧？git push 指令會把你的本地提交傳送到遠端檔案庫，而且 git pull 指令會把遠端提交帶到本地來更新你的本地分支。然而，它們不完全是相反的。

我們很快就會解釋當你執行 git pull 時發生了什麼事情，但就目前為止，只要你知道 git pull 指令在做什麼，就已經夠了。

認真寫程式

Git 提供了大量不同的方式來配置它的行為。例如,我們在第 5 章把 push.default 設定成 simple。所以當你推送或拉取一個分支時,只有你目前位於的分支會被推送(或拉取)。隨著你越來越熟悉 Git,歡迎查看手冊來查看其他可用的選項。

但如果你問我們,我們永遠都會用 simple 選項,因為我們感覺這是最不容易令人混淆且驚嚇度最低的。我們建議你就這樣做。

> 每次我執行 git push 或 git pull,我都看到指向「origin/master」的指稱。「origin」是我遠端檔案庫的名稱,所以我在想這代表要對遠端檔案庫做什麼動作吧?

對!每次檢查狀態看到的指稱,對於要了解如何使用遠端檔案庫**超級重要**。所以,沒錯!你覺得這代表要對遠端檔案庫進行動作是絕對正確的。

我們會花很多時間來詳細討論這些指稱,但現在我們先用宏觀的角度看看它們在檔案庫中扮演的角色:

1 它們是 Git 的書籤,所以 Git 知道你推送一個分支到遠端檔案庫的時候要做什麼。

2 它們可以幫助你了解在遠端檔案庫發生什麼事,所以你每次都是使用最新的版本在工作。

3 它們可以告訴你你在複製檔案庫中有提交,不是在遠端檔案庫 —— 也就是說,你得要推送。

4 它們提供一個安全的方式來「追上」遠端檔案庫。

它們看起來很有用,對吧?天啊!我們等不及要告訴你這些有用的小功能。你感覺到它們的能量了嗎?你還在等什麼?該翻到下一頁了!

介紹中間人，也就是遠端追蹤分支

你已經知道當你複製一個 Git 檔案庫時會發生什麼事情 —— Git 會建立必要的資料夾、複製提交歷史到你的本地 .git 目錄，且最後切換到預設的分支。

它還有另外一個功能。

它會建立和遠端檔案庫分支擁有相同名稱的一組分支，除非分支的前綴是遠端檔案庫的名稱（預設為 origin）。舉例來說，如果你複製的檔案庫已經有個 master 分支，你複製的本地檔案庫會有個 origin/master 分支。當複製完成後，你的本地 master 分支、origin/master 分支、遠端檔案庫的 master 分支全部都指向同個提交 ID。

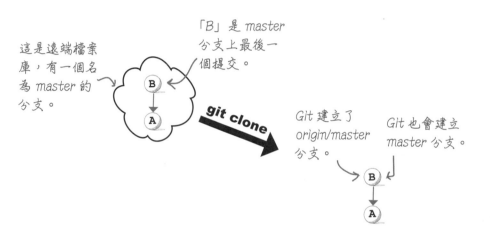

如果你需要複習一下這邊的細節可以翻回到第 5 章。

還記得你可以用 git remote -v（或 -vv）指令來找到遠端檔案庫的「名字」。預設名稱一定都是「origin」。

忘卻目前的煩惱。練習題就快來了。

當你複製時，Git 建立的這些分支名為**遠端追蹤分支**（名稱前綴會是遠端檔案庫的名稱）。Git 在許多指令的輸出結果都會暗示它們的存在 —— 當你檢查檔案庫狀態時，你可能已經看過指向遠端追蹤分支的指稱。例如：

```
File Edit Window Help
$ git status
On branch master
Your branch is up to date with 'origin/master'.

nothing to commit, working tree clean        ← 就在這！
```

遠端追蹤分支和你目前用過的分支都不一樣 —— 你無法切換到這種分支，你沒辦法建立或刪除這些分支。事實上，你對這些分支沒有掌控權。它們原本就是由 Git 管理。在前一頁，我們列出了遠端追蹤分支所扮演的眾多角色。現在我們來深入探討這些細節。

這是重點！

遠端追蹤分支存在的原因 1：知道往哪推送

還沒有給你的
練習。

遠端追蹤分支存在的第一個原因，是讓 Git 知道當你執行特定 Git 操作時（例如推送或拉取）該做什麼。Git 可以告訴你本地的複製檔案庫中，哪些分支是連結到遠端檔案庫中的分支。你可以透過 git branch 指令詢問，例如：

執行搭配 -vv（very verbose，非常簡短）旗標的 git branch 指令。

你已經在第 2 章用過搭配 -v 旗標的 branch 指令。

沒有 -vvv 的選項。但這種嘗試不錯唷。;-)

```
File Edit Window Help
$ git branch -vv        這是英文字母「v」
                        重複兩次。

* master 1975528 [origin/master] add first FAQ
        這個 master 分支與遠端檔案庫
        (origin) 的 master 分支有所連結。
```

你可能還記得（在第 2 章），branch 指令有一個名為 verbose（-v 的短版）的旗標，這會顯示你分支的詳細資訊。git branch 指令還支援雙 -v（-vv）旗標，這代表非常簡短（*very verbose*）。使用此選項會揭露更多關於你的分支的資訊，包含與該分支相關的遠端追蹤分支名稱（如果有的話）。你下次推送（或拉取）的時候，Git 知道本地的 master 分支在（名為 origin）遠端檔案庫的分身是一個名為 master 的分支（因此為 origin/master）。這代表下次你推送的時候，Git 會用你新增到本地 master 分支的新提交來更新遠端的 master 分支。

腦力
激盪

我對於遠端追蹤分支的討論的確會讓人產生一個問題——如果你在複製檔案庫中建立一個新分支會怎麼樣？它會有遠端嗎？如果沒有，要怎麼得到一個遠端？要不要大膽猜猜看？

我們會提示你一下——在第 5 章，我們有教你當試圖要推送一個**全新的分支**（假設是 feat-a）遠端檔案庫，推送第一次失敗了。Git 會請你「設定」「上游」，例如：

git push --set-upstream origin feat-a　　要記得 --set-upstream 就是 -u 旗標的長版。

你覺得 --set-upstream（或 -u）旗標的功能是什麼？為什麼？在這寫下你的筆記：

遠端追蹤分支存在的原因 1：知道往哪推送（續）

現在你已經知道為什麼遠端追蹤分支存在的其中一個原因，但問題還是沒解決，新分支呢？Git 怎麼知道要把一個新建立的分支推送到哪裡呢？嗯，如果你嘗試在上一個腦力激盪題中回答過這個問題，那或許你已經知道答案了（或隱約知道）。我們來一次揭開 `--set-upstream` 旗標背後的祕密。想一下我們在本章所練習使用的檔案庫。那檔案庫只有一個分支，叫 `master`。

喝點飲料。輪到你的時候我們會通知你。

我們在第 5 章有談過這個。

以詳細模式
(verbose mode)
列出分支。

建立一個
新分支。

再次檢查
我們的分支。

切換到
新分支。

嘗試推送。
我們從第 5
章的經驗得
知這會失敗。

當我們推
送時，設
定上游。

以非常詳細
模式 (very
verbose mode)
再次列出分支。

```
File Edit Window Help
$ git branch -vv
* master 1975528 [origin/master] add first FAQ

$ git branch feat-a

$ git branch -vv
  feat-a 1975528 add first FAQ
* master 1975528 [origin/master] add first FAQ

$ git switch feat-a
Switched to branch 'feat-a'

$ git push
fatal: The current branch feat-a has no upstream branch.
To push the current branch and set the remote as upstream, use

    git push --set-upstream origin feat-a

$ git push --set-upstream origin feat-a
Total 0 (delta 0), reused 0 (delta 0), pack-reused 0
To  github.com:looselytyped/hawtdawg-all-ears.git
 * [new branch]      feat-a -> feat-a
Branch 'feat-a' set up to track remote branch 'feat-a' from 'origin'.

$ git branch -vv
* feat-a 1975528 [origin/feat-a] add first FAQ
  master 1975528 [origin/master] add first FAQ
```

我們只有一個分支有遠端
追蹤分支。

請注意我們的分支還沒有擁有遠端
追蹤分支。

Git 很貼心地告訴
我們要做什麼。

現在，這看起來很棒！

現在我們的新分支有
追蹤分支了。

我們知道這裡的資訊量很大，
所以喘息一下、冷靜個幾分
鐘。我們不會跑掉。

當我們「設定」一個分支的「上游」時——例如我們這個範例中的 origin feat-a——我們就是在告訴 Git 它應該要在遠端檔案庫追蹤哪個分支（這個情況裡面就是 origin），這裡的就是名為 feat-a 的分支。

所以在你推送後，你的檔案庫提交歷史看起來會變怎麼樣呢？看下一頁！

在推送後的遠端追蹤分支

當你推送時，你正在要求 Git 用遠端檔案庫中的提交來同步本地分支的提交。換言之，遠端分支會和你的本地分支一樣都指向同一個提交。但遠端追蹤分支會在哪裡呢？我們來繼續前一頁的討論：

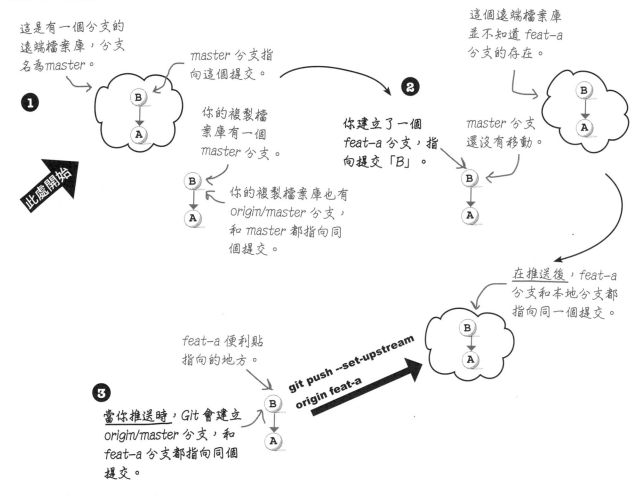

這是有一個分支的遠端檔案庫，分支名為master。

master 分支指向這個提交。

你的複製檔案庫有一個 master 分支。

你的複製檔案庫也有 origin/master 分支，和 master 都指向同個提交。

此處開始

這個遠端檔案庫並不知道 feat-a 分支的存在。

你建立了一個 feat-a 分支，指向提交「B」。

master 分支還沒有移動。

在推送後，feat-a 分支和本地分支都指向同一個提交。

feat-a 便利貼指向的地方。

當你推送時，Git 會建立 origin/master 分支，和 feat-a 分支都指向同個提交。

git push --set-upstream origin feat-a

如你所見，**等你一推送**，你的本地分支、遠端檔案庫的分支、和新建立的遠端追蹤分支（本範例中的 origin/feat-a）全部都指向同一個提交 ID。別忘記了，一旦你設定了一個分支的上游，你就再也不用重新執行一次 —— 而現在你知道原因了。有了遠端追蹤分支的協助，Git 可以記錄下要推送分支到哪個地點。

這就解釋了為什麼 Git 會建立追蹤分支的其中一個原因，以及你會去為了新的本地分支來設定遠端檔案庫。

遠端追蹤分支還有更多秘辛。但首先，為什麼不花點時間跟遠端追蹤分支相處一下呢？

習題

這是給選手一號的練習；如果你一個人練習，那你也要做。

✱ 是時候讓你花點時間調查遠端追蹤分支在你們各自的複製檔案庫如何運作。使用你的終端機先找到 addisons-clone。使用搭配 -vv（雙 -v）旗標的 git branch 分支，列出你所有的分支及它們各自的遠端追蹤分支（如果有的話）：

```
File Edit Window Help




```

✱ 在 master 分支上建立一個名為 addison-add-faqs 的分支，然後切換到該分支。我們有提供一塊空白處讓你列出你要使用的指令：

✱ 編輯檔案庫內的 FAQ.md 檔案並**新增**第二個常見問題，例如：

新增此條目到 *FAQ*.md 檔案。 ⟶

或者你可以使用我們在第 6 章原始碼中提供的 *FAQ-2*.md 檔案。請務必覆寫目前的 *FAQ*.md。

```
## Where do I list my favorite treats?


Open the Hawt Dawg app and click on "Edit Profile."

Scroll down to the section called "Passions" and tell
potential mates and friends all about the treats and toys
that make your tail wag.

When you're done, click "Save Changes" to show the world.
```

FAQ.md

✱ 將 FAQ.md 檔案新增到索引並提交該檔案，附上提交訊息「add second FAQ」（新增第二個常見問題）。

下頁繼續…

推送練習

習題

還是選手一號！
個人選手也要做。

＊ 使用搭配 -vv 旗標的 git branch 指令並寫下你所見的內容。（備註：你還看不到新建立的 addison-add-faqs 分支的遠端追蹤分支。）

```
File Edit Window Help



```

＊ 接下來，推送 addison-add-faqs 分支到遠端檔案庫。在此處列出你要用到的指令：

＊ 再次執行 git branch 指令，搭配使用「非常詳細」旗標。你有沒有看到那個遠端追蹤分支？

```
File Edit Window Help



```

快問快答！ ← 滴答！
滴答！

＊ 你的檔案庫中有多少分支（包含遠端追蹤分支）？

＊ 遠端檔案庫中有多少分支？

＊ 是非題。你的本地 addison-faq-branch、origin/addison-faq-branch 和遠端檔案庫的 addison-faq-branch 都指向同個提交。

＊ 桑吉塔的複製檔案庫知道新建立的 addison-add-faqs 分支嗎？

→ 答案在第 337 頁。

習題

這是給選手二號和個人練習的練習題。

如果你一個人練習，這些步驟可能看起來有點重複，但不要跳過。這是為你後續的討論所進行的設定。

✱ 就像選手一號，你也要花點時間調查遠端追蹤分支運作的方式。因為你扮演的是桑吉塔的角色，請用你的終端機移動到 sangitas-clone。請使用搭配 -vv（雙 -v）旗標的 git branch 指令，列出你的分支和它們各自的遠端追蹤分支（如果有的話）：

```
File Edit Window Help



```

✱ 在 master 上建立一個新分支，命名為 sangita-add-profile，並切換到該分支。在此處列出你會用到的指令：

✱ 使用你的文字編輯器在 sangitas-clone 裡面建立一個名為 Profile.md 的檔案。新增以下的內容：

我們在第 6 章的原始碼中有提供這個檔案，檔案名稱為 Profile-1. md。要記得將其重新命名為 Profile.md！

```
# Profile


Name: **Roland H. Hermon**


Age: **3**


Breed: **Beagle**


Location: **Philadelphia**
```

Profile.md

✱ 將 Profile.md 檔案新增到索引並提交該檔案，附上訊息「add sample profile」（新增個人檔案範本）。

下頁繼續⋯

習題

沒錯！還是選手二號
和個人選手！

＊ 搭配「非常詳細」（-vv）旗標的 git branch 指令，再次檢查你所有的分支及它們的遠端追蹤分支（如果有的話）。（請注意新建立的 sangita-add-profile 分支。）

```
File Edit Window Help



```

＊ 推送 sangita-add-profile 分支到遠端檔案庫。一開始先列出你會使用到的指令：

＊ 最後，再次使用搭配 -vv 旗標的 git branch。你新建立 sangita-add-profile 的分支現在有一個遠端追蹤分支嗎？

```
File Edit Window Help



```

快問快答！

如果你是一個人練習，你可以跳過這些問題。你已經在 addisons-clone 那回答過這些問題了。

然後，熟能生巧...

＊ 你的檔案庫中有多少分支（包含遠端追蹤分支）？

＊ 遠端檔案庫中有多少分支？

＊ 是非題。你的本地 sangita-add-profile、origin/sangita-add-profile 和遠端檔案庫的 sangita-add-profile 都指向同個提交。

＊ 桑吉塔的複製檔案庫知道新建立的 sangita-add-profile 分支嗎？

答案在第 338~339 頁。

問：我們已經在 Git 中追蹤檔案，而且現在我們在探討（遠端）追蹤分支。有什麼關係嗎？

答：沒關係。我們知道這會令人混淆（例如 git push 和拉取請求），但這些基本上沒什麼關心。一個「追蹤的」檔案就是一個 Git 知道的檔案 —— 你在某時刻新增該檔案到索引。

如我們所見，遠端追蹤分支是要幫助 Git 知道要推送到哪裡。你可以把它們想像成「書籤」—— 它們幫助 Git 記得如何將本地的分支和遠端的分支連結起來。簡而言之，它們對追蹤分支有幫助。

問：我覺得我好像少了什麼 —— 為什麼 Git 還需要「書籤」？我的意思是，我不會每次都想要推送我們本地 master 分支到遠端的 master 分支嗎？雖然看起來答案很明顯。

答：別忘記遠端追蹤分支的名稱有兩部分。思考一下 origin/master —— 這裡的「origin」代表複製時 Git 給你的遠端檔案庫的預設名稱（git remote -v 指令輸出結果裡面有）。我們在第 5 章有提交你可以變更遠端檔案庫的名稱，改成 origin 以外的名稱。假設你改成 upstream。如果你這樣做，那遠端追蹤分支的名稱就會變成 upstream/master。如你所見，遠端檔案庫名稱就不是很明顯。

而且，沒有規定一定要把你的本地 master 分支推送到遠端的 master 分支。記得，當你設定上游時，第二個引數就是遠端檔案庫的分支名稱 —— 這代表你可以把你本地 master 分支的遠端分支設定給另一個分支！然而，這不是常見的做法 —— 通常你會推送你的本地分支到遠端檔案庫中有相同名稱的分支。

問：我知道我推送的時候，Git 會更新那個遠端檔案庫，而且它也會更新我的遠端追蹤分支讓它指向新提交。但 git pull 呢？這會影響到遠端追蹤分支嗎？

答：好問題！是，的確是。當你執行 git pull，Git 會抓取它在遠端檔案庫中看到的該特定分支新提交、並更新該遠端追蹤分支。然後會繼續更新你的分支讓它指向同個提交，遠端追蹤分支也指向同個提交。

換言之，在你執行 git pull 指令之後，該遠端分支、你的遠端追蹤分支、和你的本地分支都會指向同一個提交 ID。

連連看？

答案在第 340 頁。

你到目前為止已經學到夠多 Git 指令了！我們來看看你是否可以把每個指令和它的描述配在一起：

clone	顯示該遠端檔案庫的細節
remote	列出你所有的分支
branch	列出所有分支和它們的遠端追蹤分支（如果有的話）
push	另一個啟動 Git 檔案庫的方式
branch -vv	用你在本地進行的任何提交更新遠端檔案庫的分支

推送到遠端檔案庫：總結

唷！已經練習很多。我們來快速複習一下來確定我們都了解了。

選手一號（艾迪森），使用的是 addisons-clone，在 master 建立了一個名為 addison-add-faqs 的新分支，進行了一個提交，並推送該分支到遠端檔案庫。

同時，選手二號（桑吉塔），使用的是 sangitas-clone，建立了一個名為 sangita-add-profile 的新分支，新增了一個個人檔案範本，進行了一個提交，並推送到遠端檔案庫。

說到最後，這就是目前的情況：

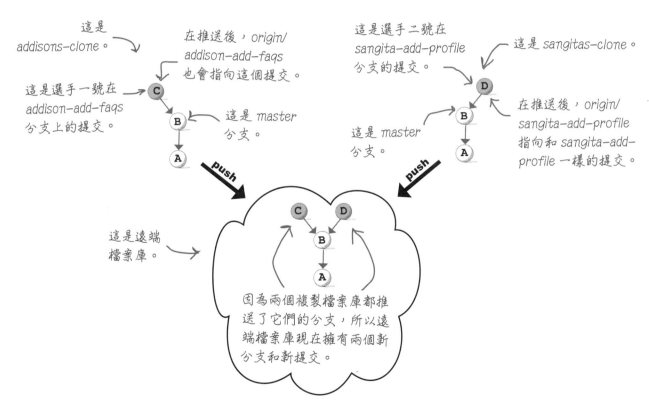

如你所見，因為兩個複製檔案庫已經推送它們各自的變更，所以遠端檔案庫擁有完整的提交歷史。然而，選手一號的複製檔案庫並沒有選手二號的變更，反之亦然。但是如果選手二號（扮演桑吉塔）想要查看選手一號（扮演艾迪森）在他們的分支上做了什麼要怎麼做？他們要怎麼從遠端檔案庫取得 addison-add-faqs 分支呢？

此問題的答案就藏在 Git 擁有遠端追蹤分支的第二個原因中。

抓取遠端追蹤分支

以協作功能來說，Git 能大放異彩。建立分支成本很低！分支基本上就是指向你提交歷史中提交的便利貼。在準備好合併之前，它們讓你可以在不影響整合分支的情況下去實驗、引進新功能、除錯。分支可以繼續維持私有，或在推送到遠端檔案庫後設定為公有。

你已經知道要怎麼將本地分支推送到遠端檔案庫。但另一位協作人員要怎麼樣取得該分支呢？答案就是另一個 Git 指令，名為 fetch。git fetch 指令的角色就是將所有新提交和分支從遠端檔案庫下載下來。但這指令靠稍微轉一下來達到此效果！git fetch 指令會更新你的複製檔案庫，且不會影響到你任何的一個本地分支。你想問怎麼做到的？它更新了遠端追蹤分支。

假設你有一個檔案庫，裡面只有一個名為 master 的分支。你只要執行 git pull 指令，所以你的複製檔案庫就可追上了遠端檔案庫。

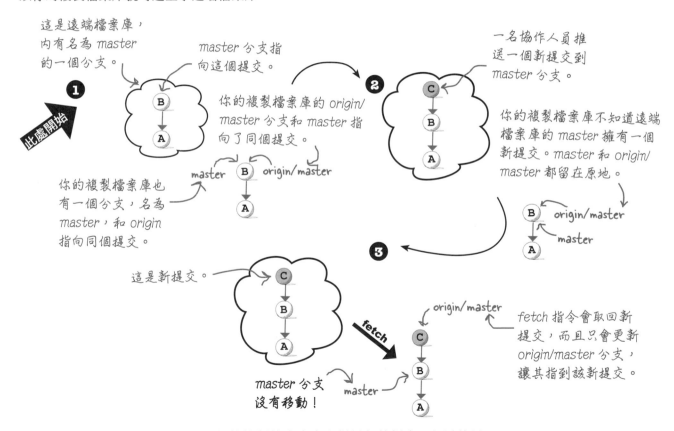

這是遠端檔案庫，內有名為 master 的一個分支。

master 分支指向這個提交。

你的複製檔案庫的 origin/master 分支和 master 指向了同個提交。

你的複製檔案庫也有一個分支，名為 master，和 origin 指向同個提交。

一名協作人員推送一個新提交到 master 分支。

你的複製檔案庫不知道遠端檔案庫的 master 擁有一個新提交。master 和 origin/master 都留在原地。

這是新提交。

master 分支沒有移動！

fetch

fetch 指令會取回新提交，而且只會更新 origin/master 分支，讓其指到該新提交。

當你執行 fetch，就很像 pull，你的複製檔案庫會取得最新的提交。但這就是 fetch 和 pull 不一樣的地方——fetch **只會**更新遠端追蹤分支，然而如你所知，pull 會同時更新遠端追蹤分支和你的本地分支。

遠端追蹤分支存在的原因 2：
從遠端檔案庫取得（所有）更新

放輕鬆，
還沒輪到你。

你知道 git fetch 指令做什麼 —— 它會抓取遠端檔案庫的變更，而且更新你的追蹤分支來反映那些變更。但 fetch 有個很重要的特色還沒跟你說。

當你執行 git fetch 指令，它會從遠端檔案庫取得**所有**新提交和分支，並用那些變更來更新你的複製檔案庫。這在實務上代表什麼？假設一位協作人員在他的複製檔案庫中建立了一個新分支，進行一些提交，推送那些提交到遠端檔案庫。如果你現在要用 fetch 抓取，你會得到那個新分支和它的所有提交，是 fetch 的一部分，只是作為遠端追蹤分支，它在你的複製檔案庫中會是「已追蹤」的狀態。

假設你是桑吉塔，在 sangitas-clone 開心地工作。同時間，艾迪森推送她的 addison-add-faqs 分支到遠端檔案庫。如果你在 sangitas-clone 裡面進行 git fetch，這就是你會看到的狀況：

執行 *git fetch*。

Git 做了很多工作。

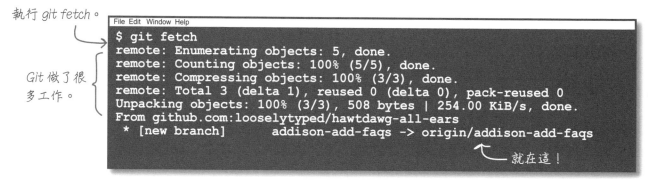

```
$ git fetch
remote: Enumerating objects: 5, done.
remote: Counting objects: 100% (5/5), done.
remote: Compressing objects: 100% (3/3), done.
remote: Total 3 (delta 1), reused 0 (delta 0), pack-reused 0
Unpacking objects: 100% (3/3), 508 bytes | 254.00 KiB/s, done.
From github.com:looselytyped/hawtdawg-all-ears
 * [new branch]      addison-add-faqs -> origin/addison-add-faqs
```
就在這！

你可以使用搭配 -a（--all 的短版）旗標的 git branch 指令來查看你檔案庫中**所有**分支的清單：也就是說，本地和遠端追蹤分支的完整清單。

```
$ git branch -a
  master
* sangita-add-profile
  remotes/origin/HEAD -> origin/master
  remotes/origin/addison-add-faqs
  remotes/origin/master
  remotes/origin/sangita-add-profile
```
如果你比較喜歡寫得更明確，這裡你也可以使用--all。

而這是 addison-add-faqs 分支。

如你所見，抓取功能可以讓你取得目前你的複製檔案庫中沒有的、但遠端檔案庫有的所有新提交和分支。但是要記得，你的本地分支是不受影響的。只會更新遠端追蹤分支。

削尖你的鉛筆

答案在第 341 頁。

每個選手都要在各自的複製檔案庫中做這個練習。你已經準備好了！我們知道你準備好了！

如果你是一個人練習，你得把這個練習做<u>兩次</u>——每個檔案庫中各一次。

我們來練習 git fetch 指令，並且看看它對你檔案庫的遠端追蹤分支有什麼影響。複習一下，遠端檔案庫同時擁有 addison-add-faqs 和 sangita-add-profile 分支。

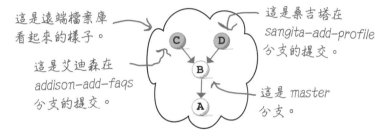

這是遠端檔案庫看起來的樣子。

這是桑吉塔在 sangita-add-profile 分支的提交。

這是艾迪森在 addison-add-faqs 分支的提交。

這是 master 分支。

➤ 使用你的終端機，移動到你的複製檔案庫——假設你是選手一號，那就是 addisons-clone；假設你是選手二號，那就是 sangitas-clone。如果你是一個人練習，先從 addisons-clone 開始，接下來再換 sangitas-clone。請用 git branch --all 或 git branch -a 列出你檔案庫中的所有分支並寫在此處：

➤ 使用 git fetch 指令來抓取遠端檔案庫中的新東西。

➤ 叫你的 Git 檔案庫再次列出所有的分支。寫在此處並標註什麼有所變更。

問：當我執行 `git pull`，我知道我應該待在需要更新的分支上。當我執行 `git fetch` 時，我需要待在特定分支嗎？

答：不需要。請記得，`git fetch` 會取回所有位於遠端檔案庫但複製檔案庫中沒有的分支和提交。再者，`fetch` 只會更新遠端追蹤分支——不會動到你的本地分支。

這代表當你抓取時，不論你在哪個分支都沒關係。

事實上，我們建議你在使用複製檔案庫時養成常常抓取的習慣。沒有副作用。如果遠端檔案庫中沒有新東西的話，不會造成什麼負面影響。而且如果有新東西，你的本地分支不會受到影響——一樣地，沒有負面影響。

Git 分支旗標湯

Git 指令有一大堆不同功能的旗標。列在此處的旗標都是你目前在本書中看過的 `git branch` 指令用的旗標，此外還有一個額外的驚喜！

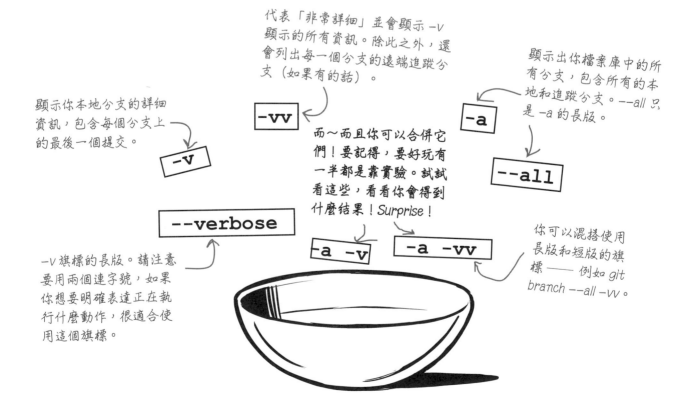

代表「非常詳細」並會顯示 −v 顯示的所有資訊。除此之外，還會列出每一個分支的遠端追蹤分支（如果有的話）。

顯示出你檔案庫中的所有分支，包含所有的本地和追蹤分支。--all 只是 -a 的長版。

顯示你本地分支的詳細資訊，包含每個分支上的最後一個提交。

而～而且你可以合併它們！要記得，要好玩有一半都是靠實驗。試試看這些，看看你會得到什麼結果！Surprise！

你可以混搭使用長版和短版的旗標——例如 *git branch* --all -vv。

−v 旗標的長版。請注意要用兩個連字號，如果你想要明確表達正在執行什麼動作，很適合使用這個旗標。

辦公室對話（續）

艾迪森：太好了，今天終於遇到你了！—— 我真的卡住了。我對常見問題已經腸枯思竭了。

桑吉塔：如果你想要的話，我可以幫你看一下。不過我的個人檔案範本也不是進展很大。這麼做吧 —— 我們今天交換一天看看。你負責個人檔案範本，我處理常見問題。或許換一雙眼睛可以讓情況有所進展。

艾迪森：這樣太好了！我已經提交並把我的分支推送到遠端檔案庫。但我不確定要怎麼用你推送的分支工作。我的確有學用 `git fetch` 檔案庫，所以我執行了一次。這會讓我得到遠端檔案庫中的所有一切，對吧？

桑吉塔：沒錯。只是 `fetch` 不會更新你的本地分支 —— 它只會更新你的複製檔案庫中的遠端追蹤分支。

艾迪森：嗯，我了解了。我還是不太懂我要怎麼幫忙你的個人檔案。我的理解是你無法新增事物到遠端追蹤分支的提交歷史。我的意思是，這些也不是我建立的 —— 是 Git 建立的。

桑吉塔：哈！嗯，Git 的確是可以讓你切換到那些分支的。像這樣：

```
git switch sangita-add-profile
```

如果遠端檔案庫名稱是 origin/sangita-add-profile，你可以跳過「origin/」的部分。

桑吉塔：有看懂要怎麼在沒有遠端檔案庫名稱的情況下提供 Git 你想要切換到的分支，就像你平常切換到其他分支的方式？當你這樣做的時候，Git 會建立一個和遠端追蹤分支同名的本地分支。且這個新分支就像你目前用過的其他分支 —— 你可以進行提交、推送或拉取。

艾迪森：這很簡單。讓我試試看，希望我們可以很快就有成果。

時間差不多了！我的交友檔案需要一點魅力。這應該會有幫助。人類，動手吧！

與他人協作

我們還在討論遠端追蹤分支的
第二個原因。

現在還沒有東
西給你做。

透過抓取所有的新提交和分支，git fetch 指令開啟了一種協作的方式。思考一下 —— 如果你的同事在處理一個任務或試圖除錯，使用我們在第 2 章分享的工作流程，他會在一個像 master 的整合分支建立一個分支。

但如果他想要叫你看一下他的變更或請你幫忙處理一個棘手的問題？嗯，你可以走過去他的工作站，幫忙瞻前顧後。

或者他們可以推送他們的分支到遠端檔案庫。在你的那邊，你會執行 git fetch，會抓取所有的遠端分支和它們的提交。接下來，你切換到該分支，就像你對其他分支會做的方式。所以 —— 你有一個你可以看也可以用的本地分支。

假設你是桑吉塔而且你想要看一下艾迪森引進 addison-add-faqs 分支的變更。艾迪森已經推送 addison-add-faqs 分支到遠端檔案庫，而且你已經執行 fetch。這是現在目前的狀況：

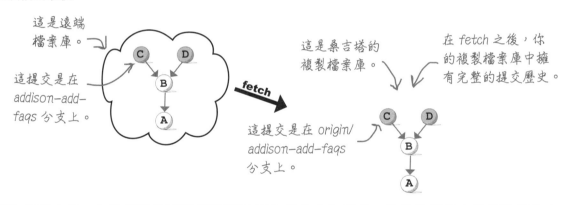

這是遠端
檔案庫。

這提交是在
addison-add-
faqs 分支上。

這是桑吉塔的
複製檔案庫。

在 fetch 之後，你
的複製檔案庫中擁
有完整的提交歷史。

這提交是在 origin/
addison-add-faqs
分支上。

在你抓取之後，你的複製檔案庫擁有艾迪森的新分支和提交，只是他們是在遠端追蹤分支（origin/addison-add-faqs）。如果你想要擁有該分支的本地副本，直接切換到該分支：

```
File Edit Window Help
$ git switch addison-add-faqs

Branch 'addison-add-faqs' set up to track remote branch 'addison-add-
faqs' from 'origin'.
Switched to a new branch 'addison-add-faqs'
```

使用 switch 指令切換。

Git 告訴你它在
做什麼。

我們到這了！

請注意你在名稱中跳過了「origin/」。Git 認可你擁有一個該名字的遠端追蹤分支，所以它會建立一個名為 addison-add-faqs 的本地分支。它的遠端追蹤分支會自動設定到 origin/addison-add-faqs（因為這就是它起源的地方）。

與他人協作（續）

切換一個和遠端追蹤分支一樣名稱的分支就足以告訴 Git 要做什麼 —— 建立一個新的本地分支，和遠端追蹤分支擁有同個名字，和遠端追蹤分支指向同個提交，同時還有它的遠端追蹤分支組。在切換後，你的檔案庫看起來就像這樣：

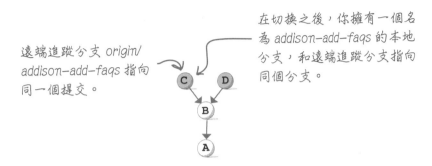

遠端追蹤分支 origin/
addison-add-faqs 指向
同一個提交。

在切換之後，你擁有一個名
為 addison-add-faqs 的本地
分支，和遠端追蹤分支指向
同個分支。

因為你有一個本地分支，跟你檔案庫中的其他分支並無差異。你可以新增提交、切換到另一個分支並切換回來，或推送、拉取這個分支。你可以透過 `git branch -vv` 指令來驗證：

```
File Edit Window Help
$ git branch -vv
            你目前位於 addison-add-faqs 分支。           遠端檔案庫已自動幫你
                                                          設定好。

* addison-add-faqs   c08f7f7 [origin/addison-add-faqs] add second FAQ
  master             1975528 [origin/master] add first FAQ
  sangita-add-profile 2657e9f [origin/sangita-add-profile] add sample profile
```

Git push/pull 以及遠端追蹤分支

我們來比較一下遠端追蹤分支怎麼用在你建立的分支和協作人員建立的分支。如果你建立一個新分支，當你推送時，你得設定上游，在你的複製檔案庫中建立一個遠端追蹤分支。

你建立的一個
本地分支。

`feat-a`

git push --set-upstream origin feat-a

`origin/feat-a`

跟 `fetch` 指令不同的是，`fetch` 是抓取遠端檔案庫中所有的新分支和新提交，並幫你在複製檔案庫中建立遠端追蹤分支的參照。

其他人推送到
遠端檔案庫的
分支。

`feat-b`

git fetch

`origin/feat-b`

Git 在兩個案例
中，Git 在你的
複製檔案庫中
建立遠端追蹤
分支。

削尖你的鉛筆

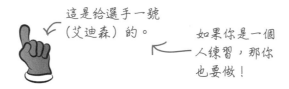

這是給選手一號（艾迪森）的。

如果你是一個人練習，那你也要做！

選手一號，你要幫忙桑吉塔處理個人檔案範本。在上一個練習題中，你執行了 `git fetch` 指令在你的複製檔案庫，所以你可以追上遠端檔案庫。你要新增一些有幫助的內容到她在 `sangita-add-profile` 分支中處理的個人檔案範本。

➤ 你要切換到 `sangita-add-profile` 分支（桑吉塔推送到遠端檔案庫的那個分支）。一開始先列出你要用到的指令。

➤ 接下來，使用搭配 `--vv` 旗標的 `git branch` 指令，然後寫下你看到的畫面：

```
File  Edit  Window  Help



```

➤ 更新你在複製檔案庫中的 `Profile.md` 檔案，並且**新增**下方這行資訊到檔案最下方：

新增此行資訊到 Profile.md 檔案最下方。

我們已經在第 6 章的原始碼裡面提供這個檔案，名為 Profile-2.md。記得要重新命名為Profile.md！

```
Skills: Following scent trails, digging holes, treeing
squirrels, looking after small children, guarding the pack,
stealing chimkin when the little humans isn't looking
```

Profile.md

➤ 新增 `Profile.md` 檔案到索引，然後提交該檔案，並附上提交訊息「update profile」（更新個人檔案）。

➤ 你可以描述一下你剛剛達成什麼了嗎？在此處寫下筆記：

答案在第 342 頁。

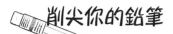

削尖你的鉛筆

這是給選手
二號的。

如果你是一個人練習，
那你當然也要做！

就像選手一號，你要付出努力並幫忙艾迪森新增一個新問題到她一直在處理的 FAQ.md 檔案。你已經在上個練習題中抓取了所有遠端，所以你要先切換到 addison-add-faqs 分支，然後對 FAQ.md 檔案進行一些編輯。

➤ 一開始，切換到 addison-add-faqs 分支（對，就是艾迪森推送到遠端檔案庫的分支）。先列出你要用到的指令。

➤ 接下來，使用搭配 --vv 旗標的 git branch 指令，然後寫下你看到的畫面：

```
File  Edit  Window  Help



```

➤ 你要在你複製檔案庫中看到的 FAQ.md 檔案中新增一個新問題：

新增此行資訊
到 FAQ.md 檔案
最下方。

歡迎使用我們放在本章
原始碼內的 FAQ-3.md
檔案。記得要重新命名
為 FAQ.md！

> ## Photos are nice and all, but I don't see very well. How can I smell the other dogs?
>
>
> We regret that we are unable to offer our customers smell-o-vision at this time.
>
> As soon as human technology catches up to dog noses, we'll be sure to add a scent feature to the app.
>
> In the meantime, why not meet up at the dog park to get a whiff of your new friend?

FAQ.md

➤ 新增 FAQ.md 檔案到索引，然後提交該檔案，並附上提交訊息「add third FAQ」（新增第三個常見問題）。

➤ 花點時間思考一下剛剛發生了什麼。在此處寫下筆記：

答案在第 343 頁。

與他人協作：總結

你剛剛完成了你在本書還沒有做過的事情 —— 你在一個協作人員建立的分支上進行了一些提交。

選手一號（艾迪森）一開始切換到 sangita-add-profile（一個桑吉塔建立並推送到遠端檔案庫的分支），然後在那個分支上新增一個提交。

同一時間，選手二號（桑吉塔）抓取了（艾迪森建立的）addison-add-faqs 分支並進行一個提交。

這就是你的個人複製檔案庫看起來的樣子：

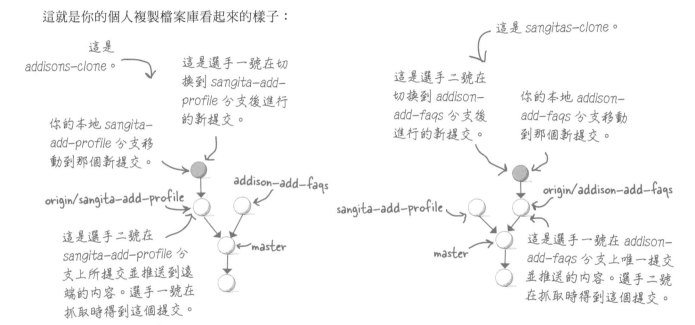

請注意，抓取功能會讓你得到另一個選手的分支，但那是個遠端追蹤分支（例如，在 addisons-clone 裡面的 origin/sangita-add-profile）。切換到該分支會提供你擁有相同名稱的本地分支（sangita-add-profile）作為遠端追蹤分支，而現在這個只是你檔案庫中的另一個分支。你可以在上面提交，但那代表你的本地分支現在已經新增到該分支的提交歷史。換言之，你的分支現在在遠端追蹤分支的前面。所以有沒有辦法得知目前的狀況？這是我們等等要探討的主題。

放輕鬆 ┈┈┈

這裡有很多資訊。

這章是很長的一章，有深入探討的提交歷史而且還有很多的新概念。休息一下，小睡片刻，給你的大腦一點時間來吸收所有的新材料。

遠端追蹤分支存在的原因 3：知道你需要推送

坐下休息，忘卻目前的煩惱。

在第 5 章，我們有警告你，大家在 Git 最容易犯的錯之一就是忘記推送，這就是遠端追蹤分支真的好用的地方。要記得抓取功能會更新遠端追蹤分支到 Git 在遠端檔案庫中所見的最新提交。換言之，遠端追蹤分支是你本地的鏡子可以照向遠端檔案庫 —— 這些分支告訴你（和 Git）提交圖在你上次抓取時看起來的樣子。所以如果你進行任何新提交，Git 可以使用遠端追蹤分支來告訴你什麼已經變更。想像一下你的遠端檔案庫和複製檔案庫都只有一個分支 —— master。如果你還沒進行任何變更，這就是 Git 狀態看起來的樣子：

這代表你還沒進行任何新提交。

此處，Git 告訴你，自從你上次的抓取（更新了遠端追蹤分支 origin/master）後，你沒有對 master 分支進行任何提交。現在假設你在 master 分支進行了提交 —— git status 會顯示什麼？

提交後，你已超前一個提交。

Git 還建議你要做什麼！

這是你的複製檔案庫看起來的樣子：

這是你上次抓取後各個東西目前的位置。

因為你剛剛提交，你的本地 master 分支是在 origin/master 的前面一個。

這就是為什麼要一直檢查你的 Git 狀態的另一個原因。對於擁有遠端追蹤分支的分支，Git 可以比較你的本地分支和遠端追蹤分支，並告知你可能要考慮推送你的提交。

習題

花一點時間來查看 `git status`，可以幫助你知道你的分支相對於你的遠端追蹤分支的位置。

這裡我們把兩位選手的指示合併在一起。如果你是一個人練習，然後要確定從頭仔細地閱讀並扮演雙方的角色。

* 選手一號：移動到你存放 addisons-clone 的位置。從你的上個練習題，你應該還是在 sangita-add-profile 分支上（如果不是，切換到該分支）。使用 `git status` 指令並閱讀其輸出結果。你可以解說你看到的資訊嗎？

* 選手二號：你要移動到你存放 sangitas-clone 的位置。請確保你位於 addison-add-faqs 分支，然後使用 `git status` 來查看 Git 對於你的當前分支要說什麼。可以針對你在此處所見的內容多加解釋嗎？

兩位選手：──→
在此處做筆記。

如果你是一個人練習，請仔細閱讀這個指示。

* 兩位選手現在應該推送（如果你是一個人練習，請確定要從 addisons-clone 和 sangitas-clone 進行推送），然後再次使用 `git status`。你應該會看到「Your branch is up to date with...」（你的分支已經更新到最新狀態…）。請解釋剛剛發生的狀況：

有更多空
白處供你 ──→
做筆記。

──→ 答案在第 344 頁。

遠端追蹤分支存在的原因 4：準備好推送

遠端追蹤分支可以告訴你的分支相對於遠端追蹤分支的位置。然而，要記得，遠端追蹤分支不會更新自己。它們會等你執行 git fetch 指令。那代表什麼意思？我們回到之前假設的檔案庫，你在遠端檔案庫中和複製檔案庫中有一個 master 分支，你現在開心地繼續工作。有可能，同時間你的其他協作人員推送了一個在 master 分支上的新提交到遠端檔案庫！我們來看一下。

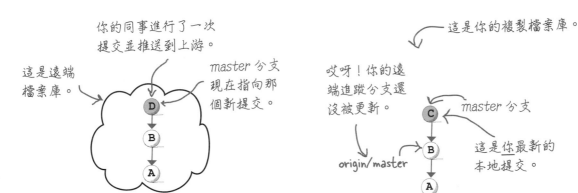

因為你還沒有抓取，你的複製檔案庫並不知道新提交！

這導致了一個難題。

我頭好痛。在遠端檔案庫的 **master** 分支已經變更，**而且**我的本地 **master** 分支也是這樣。所以，這是怎麼運作的？

確實如此！如你所見，你的 master 分支和它在遠端的分身已經分叉。提交 B 在遠端檔案庫的子代是提交 D，然而在你的複製檔案庫中，提交 B 的子代是 C。

原因 4（續）

我們晚點會教你最佳的做法。

一個分支在遠端的分身會和本地分支分叉也不是很罕見 —— 特別是當兩個或以上協作人員同時在同個分支上工作並推送到遠端檔案庫時。假設你的本地分支（假設是 master）已經真的從它遠端的分身分叉出去。你推送時發生什麼事情了？

繼續往下之前要仔細閱讀此部分。

```
File  Edit  Window  Help
$ git push
To github.com:looselytyped/hawtdawg-all-ears.git
 ! [rejected]         master -> master (fetch first)
error: failed to push some refs to 'github.com:looselytyped/hawtdawg-all-ears.git'
hint: Updates were rejected because the tip of your current branch is behind
hint: its remote counterpart. Integrate the remote changes (e.g.
hint: 'git pull ...') before pushing again.
hint: See the 'Note about fast-forwards' in 'git push --help' for details.
```

啊！這就會影響。

Git 拒絕你推送的嘗試。原因很簡單：Git 在遠端檔案庫和你複製檔案庫的 master 分支看到新提交，而且無法自動調和它們。所以你現在要幹嘛？嗯，這是遠端追蹤分支真正大放異彩的地方。那個名字 —— 遠端追蹤分支 —— 有兩個不同的部分：

請注意，Git 告訴你要推送。我們知道這不是我們常做的操作，但我們現在要先忽略 Git 的建議。

remote tracking　　branches

你不一定要建立、刪除、或重新命名（或就此事來說，就是任何動作）遠端追蹤分支。它們是 Git 的簿記。然而，你可以用 git fetch 指令來更新它們。你每次抓取時，遠端追蹤分支會被更新，看起來變得像遠端的分身。換言之，遠端追蹤分支「追蹤」那個遠端檔案庫。

而且因為它們是分支，你可以把它們合併到其他分支！

你等等就會知道這有多重要。

所以這一切到底對我們目前的難題有什麼幫助呢？請翻到下一頁。

原因 4（繼續下去）

到目前為止，你已經發現遠端追蹤分支會告知你可能需要推送提交（原因 3），但它們看起來對於讓你推送沒有太大的幫助 —— 特別是如果你的本地分支已經從遠端的分身分叉出來。還是它們很有幫助嗎？如果在這情境中執行 git fetch 指令會發生什麼事？我們來看一下：

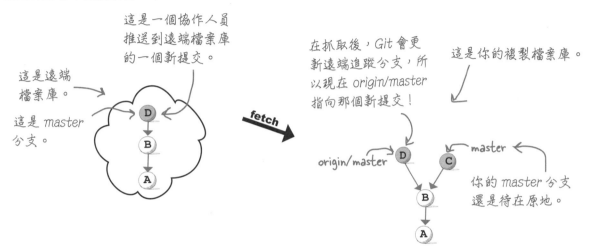

這是一個協作人員推送到遠端檔案庫的一個新提交。

這是遠端檔案庫。

這是 master 分支。

在抓取後，Git 會更新遠端追蹤分支，所以現在 origin/master 指向那個新提交！

這是你的複製檔案庫。

origin/master

master

你的 master 分支還是待在原地。

要記得，git fetch 指令會更新所有的遠端追蹤分支，讓它們看起來就像遠端的那些分支。在此情境中，遠端追蹤分支 origin/master 現在指向提交 D（因為這是遠端的 master 指向的提交）。

如果你想要推送你的變更（而且你知道 Git 不會讓你），你會需要幫忙 Git 調和 origin/master（這是遠端 master 分支所擁有的分支，因為你剛剛才抓取）和本地 master 分支之間的差異。

接下來我們看看要怎麼做！

腦力 激盪

仔細認真地查看上面顯示的複製檔案庫的提交歷史。如果你要把 origin/master 合併到 master 分支，會是快轉合併嗎？還是會建立一個合併提交？

提示：這歷史歷史有有分叉分叉的的情況情況嗎？

原因 4（耶！快結束了！）

你現在知道遠端追蹤分支其實就是分支。這代表你可以把 `origin/master` 合併到本地 `master` 分支。這就是看起來的樣子：

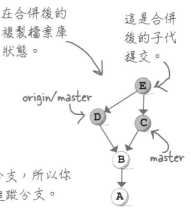

我們還在討論階段，先好好休息。

```
File Edit Window Help
$ git status
On branch master                               嗯。我們在 master。

                                               Git 在 origin/master
                                               和你的本地 master
Your branch and 'origin/master' have diverged,  看到新提交。
and have 2 and 1 different commits each, respectively.
  (use "git pull" to merge the remote branch into yours)
                                               我們現在要先忽略
nothing to commit, working tree clean          Git 的建議。

                           將 origin/master
                           合併到 master。
$ git merge origin/master                       這可能會開啟你的預設
Merge made by the 'recursive' strategy.         編輯器，所以你可以輸
 FAQ.md | 11 +++++++++++                         入提交訊息。
1 file changed, 11 insertions(+)
```

將 `origin/master` 合併到本地 `master` 的合併就跟其他合併一模一樣。別忘記第 2 章中如果兩個分支已經分叉，那 Git 就會嘗試建立一個子代提交，並在你面前開啟設定好的編輯器讓你輸入提交訊息。如果分支還沒有分叉，那就會變成一個快轉合併。

在把 `origin/master` 合併到本地 `master`，你的本地 `master` 分支同時擁有引進你遠端 `master` 的變更和你的變更 —— 這代表你已經調和這兩個分支之間的差異。你現在可以嘗試推送了！

在合併後的複製檔案庫狀態。

這是合併後的子代提交。

因為你無法切換到遠端追蹤分支，所以你無法將分支合併到那個遠端追蹤分支。

你可能會遇到合併衝突！

當你合併出現在遠端追蹤分支的變更到你的本地分支時，有可能會遇到一個或以上的合併衝突。

只要記得 —— 將遠端追蹤分支合併到本地分支跟其他的合併並沒有任何差別。請用上你在第 2 章所學會的所有技巧。你可以的！

問：哇！別這麼快！你說我可以「嘗試推送」──你是不是有什麼沒跟我說？

答：被你發現了──我們本來想要瞞著你。有可能當你忙著把那個遠端追蹤分支合併到本地時（可能會出現你得要解決的衝突），一個協作人員再次推送到遠端的 master。這代表如果你試著推送，Git 會再次拒絕你的推送，因為它會在遠端檔案庫看到你本地沒有的新提交。如果這樣的話，你必須從頭再來過──執行 git fetch，然後將遠端追蹤分支合併到你的本地分支，再試一次。

別忘了，Git 會推遲等你解決它無法自動解決的問題。

問：這聽起來是個艱鉅的任務。這可能會永遠持續下去，而且我可能一直都沒辦法推送。這樣合理嗎？

答：看起來也沒那麼糟糕。當然，如果你有很多開發人員都在直接推送到一個共享的分支，你可能會出現頗具爭議的推送。但別擔心！我們很快就會為你和你的協作人員描述一個合理的工作流程，

問：如果遠端追蹤分支真的是分支，什麼會阻止我們合併遠端追蹤分支到隨便一個功能分支，假設是 origin/master 遠端追蹤分支？Git 會不讓我這麼做嗎？

答：不會！你說得非常好。遠端追蹤分支就只是分支，而且當它們在幫忙一個本地分支追蹤一個遠端分支時，沒有東西會阻止你合併，例如合併 origin/master 到 feat-a 分支。這就是為什麼你應該先檢查你的狀態（這會特別告訴你位於的分支）。

你應不應該要合併遠端追蹤分支到其他分支，這是我們等等會提到的工作流程的一部分。

你剛剛描述的這些步驟──先抓取，再將遠端追蹤分支合併到我的本地，感覺就很像「追上遠端檔案庫」。但早些時候，我們是用 **git pull** 指令來達成此功能。它們感覺就像在做一樣的事情，我這樣的想法是對的嗎？

你沒有說錯！ 事實上，完全正確。抓取功能會讓你得到遠端檔案庫中的所有新東西，而且將遠端追蹤分支合併到本地分支代表你的本地現在已經「追上」它的遠端追蹤分支。其實就正是 git pull 的功能。

而這就是我們在下一頁要跟你分享的祕訣。但是如果你在找前導預告片，就在這裡── git pull 就和先 git fetch 再 git merge 是一樣的！

要播邪惡雙胞胎登場的音效。

我們覺得這在「Git：音樂劇」會很適合。

git pull 就是 git fetch + git merge！

看吧！我們說過了。`git pull` 指令基本上就是我們剛剛描述的 —— 一開始執行
`git fetch`（更新遠端追蹤分支），然後將你位於的分支的遠端追蹤分支合併到
本地的分身。

這很重要嗎？因為有時候當你拉取時，Git 的行為可能跟你的期待不一致。再次思
考一下這個情境：

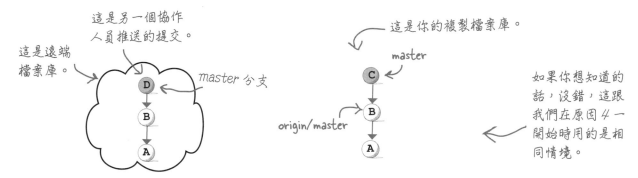

這是另一個協作
人員推送的提交。

這是你的複製檔案庫。

這是遠端
檔案庫。

master 分支

master

origin/master

如果你想知道的
話，沒錯，這跟
我們在原因 4 一
開始時用的是相
同情境。

你的本地 `master` 已經從遠端檔案庫的 `master` 中分叉。如果你執行 `git pull` 會
發生什麼事情？（記得，Git 會為你先執行 `git fetch` 再 `git merge`。）

```
File Edit Window Help
$ git pull
hint: Pulling without specifying how to reconcile divergent branches is
hint: discouraged. You can squelch this message by running one of the following
hint: commands sometime before your next pull:
hint:
hint:    git config pull.rebase false  # merge (the default strategy)
hint:    git config pull.rebase true   # rebase
hint:    git config pull.ff only       # fast-forward only
hint:
hint: You can replace "git config" with "git config --global" to set a default
hint: preference for all repositories. You can also pass --rebase, --no-rebase,
hint: or --ff-only on the command line to override the configured default per
hint: invocation.
hint: Waiting for your editor to close the file...
```

而且 Git 會開啟你的預設編輯器
讓你輸入提交訊息。

Git，冷靜！你看，Git 一瞬間執行抓取並啟動合併 —— 而且如果你還不知道遠端檔案庫
的 `master` 分支已經從你的本地分叉出來，然後它的行為會很驚人。

現在你知道 `git pull` 就是 `git fetch` + `git merge`。所以哪個方式比較好呢？

多用 git fetch + git merge。少用 git pull

我們不喜歡驚喜（我們即使在自己的生日派對也常常掌握不好）。我們對這個的反應是：git pull 雖然很方便，但是太過魔幻了。我們個人比較喜歡使用 git fetch 然後再 git merge 來「追上遠端檔案庫」。而且我們對此選擇是有好理由的！

如果你想知道為什麼我們還提到 git pull，嗯，因為你在很多教學影片或文章中都會看到這個指令。我們只是想讓你知道它的功能。

❶ 執行 git fetch 並不會影響你的本地分支。

別忘記，git fetch 對於你的本地分支沒有任何影響，這代表你可以隨時執行 git fetch。我們稍早有跟你說過要養成常常抓取的習慣 —— 這樣一來，那你可以使用 git status 來查看你的本地分支是否有分叉，而且知道你必須要將那個遠端追蹤分支合併到本地分支。另一方面，git pull 的確會更新你的本地分支，讓其看起來像遠端追蹤分支一樣。這就代表只有在你準備好要更新你的本地分支時，才能執行拉取。

❷ 執行 git fetch 會給你有機會來思考要做什麼事。

在你執行 git fetch 後，你可以隨時檢查你的 git status 來得知你的本地分支相對於遠端追蹤分支的位置，然後決定你想要執行的動作。你甚至可以執行 diff 來讓這兩個差異化（就像我們第 3 章教你的），因為它們兩個都是分支。使用 git pull 就沒有這樣的機會。

這代表使用 git pull 完全免談嗎？不，也不完全是。我們的建議是 —— 繼續使用我們建議的工作流程：先 git fetch 再 git merge。隨著你越來越熟練 Git，你可以隨時決定哪種是最適合你的方式。

腦力激盪

請思考這個情境：你還沒新增任何提交到你的本地分支，但當你執行 git fetch，你的遠端追蹤分支會從遠端接收到新的提交（因為一個協作人員推送了一些提交到那個分支）。如果你之後合併遠端追蹤分支到你的本地分支的話會發生什麼事情呢？

或者，你如果已經新增提交到你的本地分支，但當你抓取時，你沒有得到任何提交怎麼辦呢？合併遠端追蹤分支到你的本地分支會有什麼結果呢？

提示：在兩種情境中 —— 遠端與你自己都沒有分叉的提交 —— 有什麼分叉的提交嗎？

削尖你的鉛筆

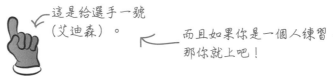

這是給選手一號
（艾迪森）。

而且如果你是一個人練習，
那你就上吧！

在這個練習題中，你會看到你如何可以使用 git fetch 然後合併來「追上遠端檔案庫」。這就是你目前所做的：你有一個名為 addison-add-faqs 的本地分支，你有對其進行一些提交。因為你卡住了，你向選手二號（桑吉塔）尋求幫助。在桑吉塔完成後，她推送了她的提交到遠端檔案庫。你只是還不知道，因為你還沒有抓取！

➤ 一開始先抓取，然後用 switch 切換到 addison-add-faqs 分支。這裡有空間給你寫出你即將使用的指令：

別忘記，這裡的順序
不重要。不論你在哪
個分支都可以抓取。

➤ 接下來，使用 git status 指令來查看目前的狀況。在這解釋你所見的狀況。

➤ 將 origin/addison-add-faqs 分支合併到本地的 addison-add-faqs 分支。這是快轉合併嗎？為什麼？

➤ 再次檢查你的狀態。你可以推送嗎？直接試試看吧。會執行什麼動作嗎？為什麼呢？

答案在第 345 頁。

削尖你的鉛筆

這是給選手
二號。

而且如果你是一個人
練習，嗯，你應該也
要做這練習題。

我們先用 git fetch，然後再進行合併以「追上遠端檔案庫」。回想一下，你建立了 sangita-add-profile 分支並將其推送到上游，然後你請艾迪森幫你添加一些內容到個人檔案，她在新提交中完成了這個任務。艾迪森將她的變更推送到上游。你將使用我們跟你說的、如何把艾迪森的提交合併到你的本地 sangita-add-profile 分支的工作流程。

➤ 一開始先用 fetch 抓取，然後用 switch 切換到 sangita-add-faqs 分支。在此列出你即將使用的指令：

在抓取前，可以隨時切
換。別忘了，抓取只會
影響遠端追蹤分支。

➤ 接下來，查看 git status 提供的資訊。請解釋結果的資訊。

➤ 將 origin/sangita-add-profile 分支合併到本地的 sangita-add-profile 分支。這應該是快轉合併。為什麼？

➤ 再次檢查你的狀態。你可以推送嗎？直接試試看吧。會執行什麼動作嗎？為什麼呢？

答案在第 346 頁。

理想情境

你知道當兩個分支分叉時,合併它們會建立一個子代提交。但如果它們還沒有分叉怎麼辦?嗯,這會導致一個快轉合併,對吧?看一下以下兩個情境,哪個描述了你抓取後複製檔案庫的情況?

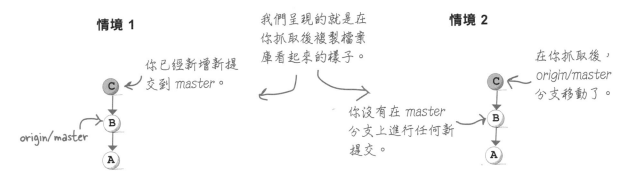

在情境 1,你已經新增一個或以上的提交到 master 分支。但當你抓取時,遠端檔案庫沒有任何新提交,所以 origin/master 並沒有移動。

在情境 2,你並沒有對本地的 master 分支進行任何變更。但當你抓取時,你的遠端追蹤分支會出現一些新提交。

在兩個情境中,你可以看到遠端追蹤分支和它的本地分支並沒有分叉。這代表當你合併遠端追蹤分支到本地分支時,你將會得到一個快轉合併。這就是我們在本章一開始給你看 git pull 指令的時候所發生的確切狀況。以下是本章之前出現過的控制台結果:

```
$ git pull
remote: Enumerating objects: 4, done.
remote: Counting objects: 100% (4/4), done.
remote: Compressing objects: 100% (3/3), done.
remote: Total 3 (delta 0), reused 0 (delta 0), pack-reused 0
Unpacking objects: 100% (3/3), 518 bytes | 259.00 KiB/s, done.
From github.com:looselytyped/hawtdawg-all-ears
   32b1d92..1975528  master      -> origin/master
Updating 32b1d92..1975528
Fast-forward
 FAQ.md | 7 ++++++
 1 file changed, 7 insertions(+)
 create mode 100644 FAQ.md
```

就在這!

這是因為 git pull 偷偷執行了一個合併。即使你已經抓取並合併 origin/master 到 master,你會得到一樣的結果。而且一個快轉合併就是你要的!所以你怎麼做到的?當你追上遠端檔案庫時,要怎麼讓結果永遠都會是快轉合併呢?

我們在第 2 章也有提到這個 —— 當合併時,快轉是最好的情況。

一般工作流程：起點

這裡是總結了你目前所學。當你的本地分支從遠端的分支分叉時，事情就變複雜了。為什麼？因為當你嘗試要追上，會導致合併，還可能有合併衝突。所以你可以避免合併嗎？

那如果你想要達到這目的，讓遠端檔案庫只看到你推送到該處的提交要怎麼做？換言之，不應該有任何推送到那分支。要怎麼做到呢？嗯，理想上來說，每個貢獻者都應該在他們各自的功能分支上工作。這樣一來，除了你以外的人都無法推送到你的遠端分支。問題就解決了！

我們來看看這看起來像什麼樣子，你被指派一個新任務，所以你一開始要先確認你複製檔案庫中的整合分支（假設是 master）已經「追上」遠端檔案庫。

然後你會跟著我們在第 2 章裡面介紹的一樣工作流程。在整合分支中建立一個新分支，進行你的提交，且當你覺得你已準備好，就推送。這邊有個要記得的重點就是這個功能分支是你的，你的分支是單獨的。沒有其他人推送此分支，這代表你永遠不會看到你的本地分支和你的遠端追蹤分支合併（而有可能出現對應的合併衝突）。

現在你已經準備好合併。

如果你覺得這好像是前一頁的情境 1，你完全正確。只有你的本地分支會引進新提交。

這很重要！你一定會想要嘗試並從整合分支上的最新提交建立新功能分支。

記得，要追上要先抓取然後再把 *origin/master* 合併到 *master*。

持續將你的工作成果推送到遠端檔案庫是個好習慣，即使你還沒完成。這樣一來，遠端檔案庫上就有你的工作成果的副本，以免你的工作站發生什麼事情。

問：如果我需要和另一個團隊夥伴共同在同個分支上工作呢？假設這是個重大任務而且不能單靠一人完成。那要怎麼做？

答：這種做法沒有問題。有些任務很複雜，需要多位貢獻者一起在同個分支上協作才能完成。只是要記得——當你埋首於工作時，你的同事有可能已經將提交推送到共同分支。當你準備好要推送，要先抓取，然後合併遠端追蹤分支到你的本地分支，最後再進行推送。

問：如果我是單一分支上唯一一個人推送新提交，那還需要抓取嗎？為什麼要這麼麻煩呢？

答：你完全正確——如果你是唯一一個新增到分支的人，然後遠端檔案庫只有你目前推送的提交。這代表當你抓取時，Git 不會在遠端檔案庫看到新的東西，所以沒有東西可以在本地追蹤分支更新。

要記得，抓取功能會更新你複製檔案庫中的所有遠端分支，包含像是 master 整合分支。雖然這對你正在工作的分支沒有立即性的好處，但確保你的遠端追蹤分支是和遠端檔案庫同步更新到最新狀態是個好做法。所以請持續抓取！

一般工作流程：準備好合併

你的工作流程大多都是在你的本地功能分支上工作（以及偶爾的推送）。但最後，你會想要把你的程式碼放到一個整合分支中（為了範例解說，我們將其稱為 master）。所以這樣看起來長怎樣？

你已經知道，當你建立功能分支時，一定要把功能分支建立在當時 master 分支上的最新提交上。

然而，那個整合分支的角色就是要合併所有人的工作成果！這代表當你忙著繼續工作時，你的協作人員可以已經將他們的工作合併到 master。在你合併之前，最好要先知道你的工作成果和其他人的可不可以搭載一起。要怎麼做到呢？就在你合併你的工作之前，合併 master 上的工作到你的功能分支。實際上，你的功能分支現在已經追上該整合分支。

這有兩種做法：

① 執行 git fetch 然後將 origin/master 合併到 master。然後將 master 合併到你的功能分支。

② 執行 git fetch 然後將 origin/master 合併到你的功能分支。

如果你想知道的話，這是在本書我們第一次合併整合分支到一個功能分支。凡事都有第一次，對吧？

我們在上一個「沒有蠢問題」單元有暗示這件事。

更新整合分支後，這是你的複製檔案庫狀況。

這是在你的功能分支上進行的一個提交。

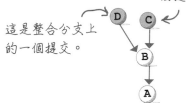

這是整合分支上的一個提交。

你的功能分支移動到了那個合併提交。

這整合分支在你核定到你的功能之後沒有移動。

我們的律師逼我們放這個的。

不論你選哪個選項，最後的結果會是一樣的。你的功能分支現在擁有你所有的新工作成果和你的貢獻者合併進整合分支的工作。你可以現在進行一些抽檢或進行測驗來確定一切運作順利。

現在你已經準備好合併了！

⚠ 照過來！ 注意！

強制性合併衝突警告

這個工作流程內含一個合併，隨時都可能導致合併衝突。要

一般工作流程：本地合併或發布拉取請求？

你知道你有兩個方式可以將你的工作合併到那個整合分支中：你可以在本地合併到整合分支、或者推送分支到上游然後發布拉取請求。我們在第 5 章最後有提過這兩個的差異：在本地合併代表你在本地新增提交到整合分支（這在合併後你得推送到上游）。第二個選項代表你得用你的 Git 檔案庫管理員（例如 GitHub）合併 —— 也就是說，合併是發生在遠端檔案庫。

我們比較喜歡使用拉取請求來將我們的程式碼合併到整合分支，有一個原因：我們希望避免在我們的複製檔案庫的整合分支新增提交。要記得，不只有你在使用這個共享檔案庫工作。你的同事也正在使用那個檔案庫。假設你真的在本地合併程式碼到整合分支 —— 另一個貢獻者可能會在他的複製檔案庫中同時兼做一樣的事情。如果他捷足先登把整合分支推送到遠端檔案庫，當你試圖推送時會發生什麼事情？Git 會拒絕你的推送，因為那個遠端分支現在已經從你的本地副本分叉出去。這就是我們一直想要避免的問題！

問：那如果整合分支上沒有新提交怎麼辦呢？我還是需要在推送前把整合分支合併到我的功能分支嗎？

答：跟著這樣的工作流程做沒有任何缺點。如果整合分支上沒有任何新提交，那 Git 就會直接回報「Already up to date」（已是最新狀態）。

重點是要開發出一套一致的工作流程，所以就可以輕鬆、快速地完成任務。

問：等等。我們將整合分支合併到我的功能分支，然後將功能分支核定回到整合分支？看起來好像有很多合併動作。為什麼不乾脆把我的功能分支合併回整合分支呢？

答：這裡的目標是要讓你的工作成果進去整合分支。然而，最好要檢查在合併後一切看起來狀況良好。

當你將整合分支合併到你的功能分支時，你基本上就「追上」那個整合分支。你可以解決任何衝突並透過檢查確保一切狀況良好。如果有東西看起來不太對，你還是可以在你的功能分支建立額外的提交來解決那些問題。

第二個分支要將你的功能分支合併到整合分支，這將讓你達成目標 —— 你們的工作成果現在已經整合在一起了。

一般工作流程圖解

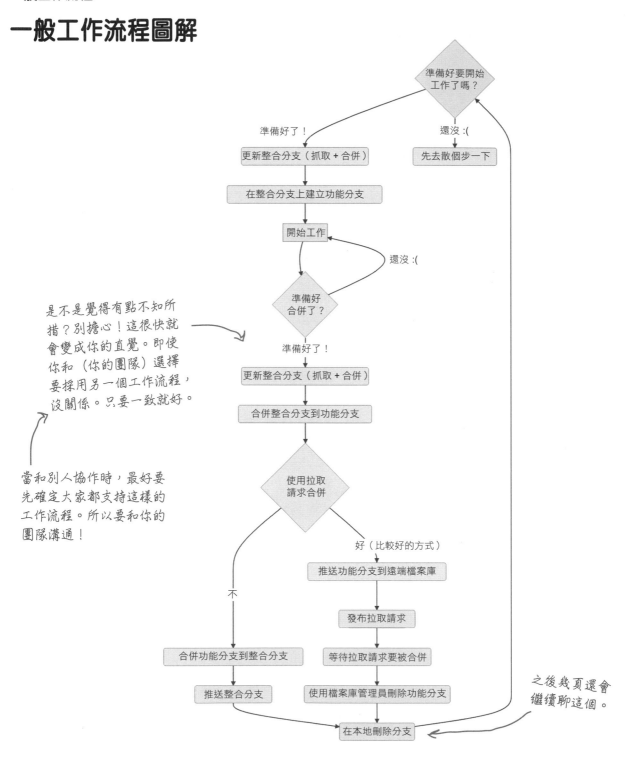

準備好要開始工作了嗎？

準備好了！   還沒 :(

更新整合分支（抓取＋合併）   先去散個步一下

在整合分支上建立功能分支

開始工作

還沒 :(

準備好合併了？

是不是覺得有點不知所措？別擔心！這很快就會變成你的直覺。即使你和（你的團隊）選擇要採用另一個工作流程，沒關係。只要一致就好。

準備好了！

更新整合分支（抓取＋合併）

合併整合分支到功能分支

當和別人協作時，最好要先確定大家都支持這樣的工作流程。所以要和你的團隊溝通！

使用拉取請求合併

好（比較好的方式）

不

推送功能分支到遠端檔案庫

發布拉取請求

合併功能分支到整合分支

等待拉取請求要被合併

推送整合分支

使用檔案庫管理員刪除功能分支

之後幾頁還會繼續聊這個。

在本地刪除分支

新車試駕

你已經到最後階段！你所有的提交已經被推送到遠端檔案庫，是時候要合併了。

我們把要給兩個
選手的指示合併
在一起了。

➤ 兩個選手都要用 GitHub 介面來建立拉取請求來將他們的程式碼合併到 master 分支。選手一號會為 addison-add-faq 合併到 master 建立一個拉取請求，而選手二號也會為 sangita-add-profile 進行一樣的動作。

歡迎翻回第 5 章，如果你需要稍微提醒一下要怎麼建立拉取請求，但這裡的是簡略版的說明。一開始先點擊上方的「Pull requests」（拉取請求），然後拉下「compare」（比較）選單並選擇你的分支。然後選擇「Create pull request」（建立拉取請求）。

這必須是進行
分叉檔案庫的
人的帳號名稱。

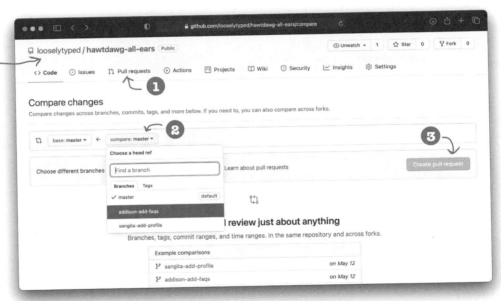

➤ 請你的協作人員將你的拉取請求合併。在拉取請求已經被合併後，**請確保**你有點擊「Delete branch」（刪除分支）的按鈕。

⟶ **這是其中一個沒有解答的練習題。**

清理遠端分支

還記得童子軍規則（scouting rule）：「離開營地前，讓營地比使用前更加乾淨。」（Always leave the campground cleaner than you found it.）嗎？嗯，這規則也適用在使用遠端檔案庫的情況。你的工作流程就是建立分支、在分支上進行提交、推送和拉取。但總有一天你會完成手上的任務，你就得在合併到整合分支後刪除分支。但遠端追蹤分支和對應的遠端分支呢？

我們先從你管理的分支開始看（也就是說，可能是你建立、推送、現在已用完的分支），而且想要在你的複製檔案庫和遠端檔案庫中刪除。你已經在第 2 章學會如何刪除一個本地分支 —— 你可以使用搭配 -d（或 --delete）旗標的分支指令來刪除那個本地分支。但這樣還是沒有刪除遠端追蹤分支和在遠端檔案庫的分支。答案其實有點違反直覺 —— 你得推送分支刪除到遠端檔案庫。架設你想要刪除一個在遠端檔案庫名為 feat-a 的分支。

> 請記得，git fetch 會從遠端檔案庫抓取所有新的東西，並使用遠端追蹤分支來追蹤那個變更。

你使用推送指令。　　你也可以選擇使用 --delete 旗標。　　遠端檔案庫的名稱，預設名稱就是 origin。　　你想要在遠端檔案庫中刪除的分支名稱。

git push　-d　origin　feat-a

請記得當你第一次推送一個分支時，你得設定（使用 --set-upstream 或 -u 旗標）上游。當你設定完，Git 會在遠端檔案庫建立該分支，然後在你的複製檔案庫中建立其遠端追蹤分支。

類似地，當你推送刪除時，Git 會先在遠端檔案庫刪除該分支，然後在你的複製檔案庫中清除其遠端追蹤分支。看起來沒那麼違反直覺了，對吧？

如果你跟著我們建議的方式來使用拉取請求，在你的拉取請求被合併後，使用 GitHub 上的「Delete branch」（刪除分支）按鈕刪除該分支。這就會處理遠端檔案庫中的分支。但還是會留著遠端追蹤分支和本地分支。

有解決方案嗎？請翻到下一頁。

當你推送刪除時，Git 出現錯誤訊息

如果 Git 回報類似這樣的錯誤訊息 error: failed to push some refs（錯誤：部分指稱推送失敗），這代表該名稱的分支並不存在於遠端檔案庫中。

- 檢查你附在 git push -d 指令後的原始和分支名稱。

- 你可以隨時檢查 GitHub，並查看你是否可以在分支的下拉選單中看到該分支。它可能已經被刪除了。

清理遠端分支（續）

遠端追蹤分支是由 Git 所管理，所以當遠端檔案庫中不再有它們的分支時，最好讓 Git 刪除那些遠端追蹤分支。遠端追蹤分支會出現在複製檔案庫中有兩個原因：你建立了一個本地分支並推送到上游，或者是一位協作人員建立了一個分支、推送到上游，然後你抓取了該分支。

要清理掉已經沒有遠端分支的遠端追蹤分支，最簡單的方式就是使用抓取指令支援的 -p（或 --prune）旗標。透過這方式，你可以讓所有新分支和提交都出現在遠端檔案庫中，但同時清理掉所有沒有遠端分支的遠端追蹤分支！買一送一嗎？是的，夫人！

假設你是艾迪森，而你已列出你檔案庫中的所有分支：

```
File  Edit  Window  Help
$ git branch -vv          以非常詳細模式列出所有分支。

* addison-add-faqs      d7a1f12 [origin/addison-add-faqs] add third FAQ
  master                1975528 [origin/master] add first FAQ
  sangita-add-profile   b584453 [origin/sangita-add-profile] update profile
```

你現在有一個本地的 addison-add-faqs 分支以及連結的遠端追蹤分支，origin/addison-add-faqs。現在，我們假設 addison-add-faqs 被刪除了 —— 或許在你的拉取請求已經被合併後，你已經使用 GitHub 介面刪除該分支。如果你執行 git fetch，搭配 -p（--prune 的短版）旗標，這就是你會看到的結果：

```
File  Edit  Window  Help
$ git fetch -p   這裡你可以使用 --prune 旗標。        Git 告訴你該遠端分支
                                                    已經被刪除了。
From github.com:looselytyped/hawtdawg-all-ears
- [deleted]        (none)        -> origin/addison-add-faqs
                             列出的分支會告訴你遠端
                             追蹤分支也已經消失。
$ git branch -vv
* addison-add-faqs      d7a1f12 [origin/addison-add-faqs: gone] add third FAQ
  master                1975528 [origin/master] add first FAQ
  sangita-add-profile   b584453 [origin/sangita-add-profile] update profile
```

當你抓取時，順便請 Git 幫你整理一下，Git 會比對遠端檔案庫中的分支列表，和複製檔案庫中的遠端追蹤分支列表。它注意到 addison-add-faqs 分支已經在遠端檔案庫中被刪除，所以它幫你刪除了你的遠端追蹤分支。剩下的就是刪除本地分支（第 2 章中有教過）。

習題

這是給兩個選手的練習題。

如果你是一個人練習，在兩個複製檔案庫中都要做這練習題。

我們來清理一下。在上個練習題中，每個選手把另一個人的拉取請求合併到共享的 `hawtdawg-all-ears` 檔案庫中。但你還是有你的本地分支和對應的遠端追蹤分支——更不用說，你的 master 分支並不包含合併後的最新提交！

✱ 使用你的終端機，移動到你的複製檔案庫。執行搭配 -vv 的 git branch 指令並寫下你看到的結果：

File Edit Window Help

✱ 接下來，執行搭配修剪（-p）旗標的 git fetch 指令。請特別注意 Git 在結果中回報的資訊，然後執行 git branch -vv 並在此處寫下你看到的結果：

File Edit Window Help

✱ 你的功能分支已經在遠端檔案庫中被刪除，而且 Git 已經將遠端追蹤分支修剪乾淨。唯一所剩的就是你的本地功能分支。刪除掉該分支。這有一處空白讓你寫下你會用到的指令：

✱ 最後的任務——你需要更新你的本地 master 分支。請記得，你已經抓取了，所以你的 origin/master 已經擁有遠端檔案庫中的所有提交。將 origin/master 合併到 master 分支。

✱ 執行搭配 --graph --oneline --all 旗標的 git log 指令，來查看你從本章一開始所建立的美麗協作歷史。

→ **答案在第 347 頁。**

我們知道我們一直告訴你要養成常常抓取的習慣。真正的建議是要養成常常使用 _git fetch -p_（或 _--prune_）的習慣。這可確保你的遠端追蹤分支清單一直都會反映在遠端檔案庫中的內容。這樣一來，你就知道應該在本地刪除哪個本地分支。

這真是一趟很棒的旅程。我們真心希望你在本章協作過程中玩得開心，而且你已經學會如何使用遠端來他人一起工作。你已經看過如何使用遠端追蹤分支，以及如何配對 git fetch 指令和 git merge 來追上遠端檔案庫。

你已經準備好了！前進並開始協作。

艾迪森，感謝你的幫忙！我覺得常見問題頁面以及個人檔案範本對於我們的顧客會很有幫助。

謝謝你，桑吉塔！接下來你還可以跟我分享一些用 Git 工作的訣竅嗎？

重點摘要

- Git 在協作時可大放異彩。Git 讓多個貢獻者在一個共享的檔案庫上工作。每個貢獻者可以複製同一個檔案庫並獨立工作不影響到他人。

- 你的檔案庫並不知道發生在遠端檔案庫內的任何變更,包含協作人員推送到遠端檔案庫的分支和提交。

- git pull 指令會更新一個特定分支。它抓取了遠端檔案庫上的所有新提交並更新本地分支的提交歷史,讓其看起來就像遠端檔案庫的提交歷史。

- Git 把遠端追蹤分支當成複製檔案庫的本地分支、和遠端檔案庫中的對應分支之間的聯絡橋樑。

- 遠端追蹤分支是完全受 Git 管理的分支。Git 建立、更新、刪除這些分支。

- 當你推送一個本地分支到遠端檔案庫,Git 使用遠端追蹤分支來得知遠端檔案庫中的哪個分支應該需要更新。

- 當你推送一個新分支到遠端檔案庫,你必須先設定上游。Git 會把上游當成一個遠端追蹤分支。

- Git 有提供另一個指令 git fetch,此指令會取得遠端檔案庫中的所有新分支和提交,然後更新複製檔案庫中的遠端追蹤分支。git fetch 指令並**不會**影響到複製檔案庫的本地分支。

- 你可以使用搭配 -a(--all 的短版)旗標的 git branch 指令來查看你的檔案庫中所有的分支,包含本地和遠端追蹤分支。

- 你也可以使用搭配非常詳細(-vv)旗標的 git branch 指令來列出你的所有分支和他們的遠端追蹤分支(如果有的話)。

- 要在別人建立並推送到遠端檔案庫的分支上工作,你可以使用 git switch 指令(就像你對其他分支做的方式)。Git 會建立一個和遠端追蹤分支擁有相同名稱的新本地分支,這樣就可以讓多人可以共享他們的工作成果。

- 如果你新增提交到一個本地分支,此分支有個連結的遠端追蹤分支,Git 可以比較提交並告知你需要推送。

- 在推送之前,先用 fetch 抓取是個好習慣。因為 fetch 只會更新遠端追蹤分支,Git 可以告訴你是否本地分支已經從遠端分支分叉出去。

- 要用遠端追蹤分支上的任何提交更新本地分支的話,你可以將遠端追蹤分支合併到本地分支。

- 這兩個步驟 —— 先 git fetch 再 git merge —— 就是 git pull 執行的功能。

- 最好要避免使用 git pull 指令。反之,先 git fetch 再 git merge。這會讓你有機會可以思考一下,如果你的本地分支已經從遠端檔案庫分叉出去,你想要做什麼。

- git fetch 指令支援修剪(-p 或 --prune)旗標。這會透過所有的新分支和提交來更新你複製檔案庫中的遠端追蹤分支。它也會刪除遠端檔案庫中已經不存在的遠端追蹤分支。

- 使用 -vv 旗標列出你所有的分支會把所有已經刪除的遠端分支標記成「gone」(消失),表示該本地分支不再擁有一個遠端的分身。

協作填字遊戲

為什麼不找個夥伴來完成這個填字遊戲呢？畢竟，兩個臭皮匠勝過一個諸葛亮。

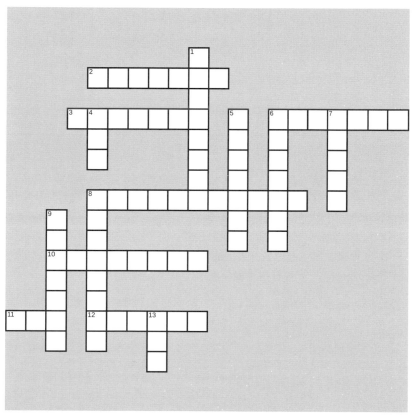

橫向

2 搭配 git branch 指令指示的 -vv 旗標代表「非常 ____」

3 GitHub 是一個檔案庫 ____

6 你建立了一個名為 addison-____-____ 的分支（兩個英文單字）

8 聽起來像是 git pull，但其實不一樣（兩個英文單字）

10 遠端 ____ 分支是另一種自動建立的分支

11 你附在 git clone 指令後的引數是 ____

12 你可以使用一個 ____ 來輸入提交訊息

➡ **答案在第 348 頁。**

縱向

1 當你分叉時，請檢查那個網址並確認該網址有包含你的 GitHub____

4 -a 旗標（與 git branch 指令搭配使用）代表 ____

5 這個指令會從你的本地分支寄送變更到遠端檔案庫（兩個英文單字）

6 在著手處理常見問題頁面的熱狗交友員工

7 git ____ 指令會從遠端檔案庫下載新提交和分支

8 Git 允許多人在 ____ 內工作

9 這個指令會讓你的本地分支追上遠端檔案庫（兩個英文單字）

13 在練習題中，桑吉塔是選手 ____ 號

習題
解答

題目在第 280 頁。

這練習題是兩個
選手都要做的。

你得花點時間看一下你複製的檔案庫。每個選手都應該先移動到他們各自複製檔案庫位於的位置。**如果你是一個人練習,請到** addisons-clone **進行這道練習題。**

✻ 一開始先用 git log --graph --oneline --all 來檢查你檔案庫的歷史。使用下面提供的空白處將其畫出來:

這只有一個
分支,名為
master。

此 master 分支只有一個由
瑪吉進行的提交,識別碼
為 32b1d92。

削尖你的鉛筆
解答

題目在第 281 頁。

這是給扮演艾迪森角色的選手的練習題。如果你是一個人，請完成此練習。

➤ 選手一號，是時候輪到你對檔案庫進行一些編輯。先用你的終端機移動到 addisons-clone 位於的位置。首先，在 master 分支上建立一個新分支，把新分支命名為 addison-first-faq。請用下方的空白處列出你會用到的指令。（**提示**：隨時都要確認狀態並在建立新分支前確認自己位於的分支。）

```
git switch master
git branch addison-first-faq
git switch addison-first-faq
```

➤ 使用你的文字編輯器來建立一個名為 FAQ.md 的新文字檔，內容如下：

這是 FAQ.md 檔案應該要看起來的樣子。

你可以在你下載本書程式碼的位置找到此檔案，位於 chapter06 資料夾，名為 FAQ-1.md。**一定要記得重新命名為 FAQ.md！**

```
# FAQ


## How many photos can I post?


We know you want to show off your fabulous furry face, so we've given you
space to upload up to 15 photos!

For those who are camera-shy, we recommend posting at least one to bring
your profile some attention.

Showcase your best self—whether that means a fresh-from-the-groomer glamour
shot or an action shot from your last game of fetch.
```

FAQ.md

➤ 儲存檔案，將 FAQ.md 新增到索引，然後提交該檔案，附上提交訊息「addison's first commit」（艾迪森的首個提交）。

➤ 使用 git log --graph --oneline --all，在此處畫出你的提交歷史：

你的 ID 是不同的。

這是艾迪森在 addison-first-faq 分支的第一個提交，ID 為 1975528。

這是瑪吉在 master 分支上進行的首個提交。

➤ 如果你要將 addison-first-faq 合併進 master，這會不會建立一個子代提交或快轉合併呢？請在此處解釋你的答案：

這會是一個快轉合併，因為 addison-first-faq 和 master 還沒有分叉。

習題
解答

題目在第 282 頁。

這是給選手一號（艾迪森）
和個人練習的練習題。

你這次的任務是要讓艾迪森在 addison-first-faq 分支的工作成果出現在遠端檔案庫。就如我們在第 5 章教你的，有兩個做法：在本地合併，然後推送到整合分支；或者推送 addison-first-faq 分支到遠端檔案庫，然後在 GitHub 再發布拉取請求。在這個練習中，我們將保持簡單，選擇在本地合併。（雖然通常你是團隊作業的話，要遵循既定慣例。）

✱ 一開始先將 addison-first-faq 合併進 master 分支。在你合併前列出你會用到的指令可能會有幫助。（**提示**：隨時要記得檢查狀態。要記得，你會需要切換到 master 分支，因為你即將要把 addison-first-faq 合併進 master 分支。）

```
git switch master
git merge addison-first-faq
```

請注意這是個快轉合併。

✱ 接下來，請用 git push 指令將 master 分支推送到遠端檔案庫。

```
git status
git push
```

在推送之前，一定要使用狀態指令來檢查分支資訊。

或者，你可以使用 git branch 指令。

✱ 因為你在功能分支的工作成果已經被合併到 master，所以你可以安全地刪除 addison-first-faq 分支。

```
git branch -d addison-first-faq
```

削尖你的鉛筆
解答

題目在第 285 頁。

站在桑吉塔（選手二號）的角度（如果你還沒這樣看過），為什麼你的複製檔案庫有沒有 master 分支上的最新提交會很重要？

> 一個像 master 的整合分支是所有人的工作成果匯聚在一起的地方。我總是希望可以在整合分支的最新提交上工作 —— 這代表我在開始工作時就已經擁有其他人已經整合的工作成果。

習題
解答

題目在第 286 頁。

 這是給選手二號（桑吉塔）和個人練習的練習題。

✱ 我們先確定桑吉塔的複製檔案庫擁有艾迪森推送到遠端檔案庫 master 分支的所有提交。先在你的終端機中移動到 sangitas-clone。請寫下要用遠端檔案庫提交更新你本地 master 分支所需的指令。

git switch master
git pull

在拉取之前，隨時要確定位置是正確的分支。

✱ 接下來，執行你列出的指令來更新你的本地 master 分支。

習題
解答

題目在第 293 頁。

這是給選手一號的練習；
如果你是一個人練習，
那你也要做。

✻ 是時候讓你花點時間調查遠端追蹤分支在你們各自的複製檔案庫如何運作。使用你的終端機先找到 addisons-clone。使用搭配 -vv（雙 -v）旗標的 git branch 分支，列出你所有的分支及它們各自的遠端追蹤分支（如果有的話）：

```
File Edit Window Help
$ git branch -vv
* master 1975528 [origin/master] add first FAQ
```

✻ 在 master 分支上建立一個名為 addison-add-faqs 的分支，然後切換到該分支。我們有提供一塊空白處讓你列出你要使用的指令：

```
git switch master
git branch addison-add-faqs
git switch addison-add-faqs
```

✻ 編輯檔案庫內的 FAQ.md 檔案並**新增**第二個常見問題，例如：

新增此條目 →
到 FAQ.md
檔案。

或者你可以使用我們在
第 6 章原始碼中提供的
FAQ-2.md 檔案。請務必
覆寫目前的 FAQ.md。

```
## Where do I list my favorite treats?


Open the Hawt Dawg app and click on "Edit Profile."

Scroll down to the section called "Passions" and tell
potential mates and friends all about the treats and toys
that make your tail wag.

When you're done, click "Save Changes" to show the world.
```

FAQ.md

✻ 將 FAQ.md 檔案新增到索引並提交該檔案，附上提交訊息「add second FAQ」（新增第二個常見問題）。

下頁繼續⋯

習題解答

題目在第 294 頁。

還是選手一號！
個人選手也要做。

* 使用搭配 -vv 旗標的 `git branch` 指令並寫下你所見的內容。（備註：你還看不到新建立的 addison-add-faqs 分支的遠端追蹤分支。）

```
File Edit Window Help
$ git branch -vv
* addison-add-faqs c08f7f7 add second FAQ
  master           1975528 [origin/master] add first FAQ
```

你會有個不同的 ID。

* 接下來，推送 addison-add-faqs 分支到遠端檔案庫。在此處列出你要用到的指令：

git push –u origin addison-add-faqs ← 或者，使用 --set-upstream 旗標。

* 再次執行 `git branch` 指令，搭配使用「非常詳細」旗標。你有沒有看到那個遠端追蹤分支？

```
File Edit Window Help
$ git branch -vv
* addison-add-faqs c08f7f7 [origin/addison-add-faqs] add second FAQ
  master           1975528 [origin/master] add first FAQ
```

快問快答！

* 你的檔案庫中有多少分支（包含遠端追蹤分支）？

四個。master 和 addison-add-faqs 分支和它們對應的遠端追蹤分支。

* 遠端檔案庫中有多少分支？

兩個。master 和 addison-add-faqs 分支。

* 是非題。你的本地 addison-faq-branch、origin/addison-faq-branch 和遠端檔案庫的 addison-faq-branch 都指向同個提交。

是，因為我們剛剛推送，而且自從那時候開始，我們已經沒有在我們的本地進行額外的提交。

* 桑吉塔的複製檔案庫知道新建立的 addison-add-faqs 分支嗎？

不。只有遠端檔案庫知道該次推送。

習題
解答

這是給選手二號
和個人練習的練
習題。

如果你是一個人練習，這些步驟可能
看起來有點重複，但不要跳過。這是
為你後續的討論所進行的設定。

題目在第 295 頁。

✱ 就像選手一號，你也要花點時間調查遠端追蹤分支運作的方式。因為你扮演的是桑吉塔的角色，請用你的終端機移動到 sangitas-clone。請使用搭配 -vv（雙 -v）旗標的 git branch 指令，列出你的分支和它們各自的遠端追蹤分支（如果有的話）：

```
File  Edit  Window  Help
$ git branch -vv
* master 1975528 [origin/master] add first FAQ
```

✱ 在 master 上建立一個新分支，命名為 sangita-add-profile，並切換到該分支。在此處列出你會用到的指令：

> git switch master
> git branch sangita-add-profile
> git switch sangita-add-profile

✱ 使用你的文字編輯器在 sangitas-clone 裡面建立一個名為 Profile.md 的檔案。新增以下的內容：

我們在第 6 章的原始碼中有提供這個檔案，檔案名稱為 Profile-1.md。要記得將其重新命名為 Profile.md！

```
# Profile

Name: **Roland H. Hermon**

Age: **3**

Breed: **Beagle**

Location: **Philadelphia**
```

Profile.md

✱ 將 Profile.md 檔案新增到索引並提交該檔案，附上訊息「add sample profile」（新增個人檔案範本）。

下頁繼續⋯

習題
解答

題目在第 296 頁。

沒錯！還是選手二號
和個人選手！

* 搭配「非常詳細」（-vv）旗標的 git branch 指令，再次檢查你所有的分支及它們的遠端追蹤分支（如果有的話）。（請注意新建立的 sangita-add-profile 分支。）

```
File Edit Window Help
$ git branch -vv
  master                1975528 [origin/master] add first FAQ
* sangita-add-profile 2657e9f add sample profile
```

你的 ID 是不一樣的。沒關係。

* 推送 sangita-add-profile 分支到遠端檔案庫。一開始先列出你會使用到的指令：

git push –u origin sangita-add-profile ← 或者，使用 --set-upstream 旗標。

* 最後，再次使用搭配 -vv 旗標的 git branch。你新建立 sangita-add-profile 的分支現在有一個遠端追蹤分支嗎？

```
File Edit Window Help
$ git branch -vv
  master                1975528 [origin/master] add first FAQ
* sangita-add-profile 2657e9f [origin/sangita-add-profile] add sample profile
```

快問快答！

* 你的檔案庫中有多少分支（包含遠端追蹤分支）？

　　四個。master 和 sangita-add-profile 分支和它們對應的遠端追蹤分支。

* 遠端檔案庫中有多少分支？

　　兩個。master 和 sangita-add-profile 分支。

* 是非題。你的本地 sangita-add-profile、origin/sangita-add-profile 和遠端檔案庫的 sangita-add-profile 都指向同個提交。

　　是，因為我們剛剛推送，而且自從那時候開始，我們已經沒有在我們的本地進行額外的提交。

* 桑吉塔的複製檔案庫知道新建立的 sangita-add-profile 分支嗎？

　　不。只有遠端檔案庫知道該次推送。

連連看 解答 ?

題目在第 297 頁。

你到目前為止已經學到夠多 Git 指令了！我們來看看你是否可以把每個指令和它的描述配在一起：

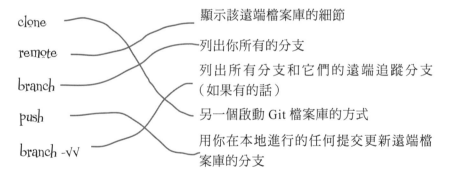

clone

remote

branch

push

branch -vv

顯示該遠端檔案庫的細節

列出你所有的分支

列出所有分支和它們的遠端追蹤分支（如果有的話）

另一個啟動 Git 檔案庫的方式

用你在本地進行的任何提交更新遠端檔案庫的分支

削尖你的鉛筆
解答

題目在第 301 頁。

每個選手都要在各自的複製檔案庫中做這個練習。你已經準備好了！我們知道你準備好了！

如果你是一個人練習，你得把這個練習做兩次——每個檔案庫中各一次。

我們來練習 git fetch 指令，並且看看它對你檔案庫的遠端追蹤分支有什麼影響。複習一下，遠端檔案庫同時擁有 addison-add-faqs 和 sangita-add-profile 分支。

這是遠端檔案庫看起來的樣子。

這是艾迪森在 addison-add-faqs 分支的提交。

這是桑吉塔在 sangita-add-profile 分支的提交。

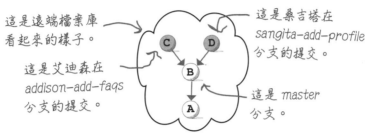

這是 master 分支。

➤ 使用你的終端機，移動到你的複製檔案庫——假設你是選手一號，那就是 addisons-clone；假設你是選手二號，那就是 sangitas-clone。如果你是一個人練習，先從 addisons-clone 開始，接下來再換 sangitas-clone。請用 git branch --all 或 git branch -a 列出你檔案庫中的所有分支並寫在此處：

```
File Edit Window Help
$ git branch --all
* addison-add-faqs
  master
  remotes/origin/HEAD -> origin/master
  remotes/origin/addison-add-faqs
  remotes/origin/master
```

這是從選手一號（艾迪森）的複製檔案庫得到的結果。

➤ 使用 git fetch 指令來抓取遠端檔案庫中的新東西。

➤ 叫你的 Git 檔案庫再次列出所有的分支。寫在此處並標註什麼有所變更。

```
File Edit Window Help
$ git branch --all
* addison-add-faqs
  master
  remotes/origin/HEAD -> origin/master
  remotes/origin/addison-add-faqs
  remotes/origin/master
  remotes/origin/sangita-add-profile
```

就在這！

削尖你的鉛筆
解答

題目在第 306 頁。

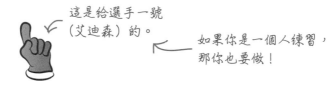

這是給選手一號
（艾迪森）的。

如果你是一個人練習，
那你也要做！

選手一號，你要幫忙桑吉塔處理個人檔案範本。在上一個練習題中，你執行了 `git fetch` 指令在你的複製檔案庫，所以你可以追上遠端檔案庫。你要新增一些有幫助的內容到她在 `sangita-add-profile` 分支中處理的個人檔案範本。

➤ 你要切換到 `sangita-add-profile` 分支（桑吉塔推送到遠端檔案庫的那個分支）。一開始先列出你要用到的指令。

> git switch sangita-add-profile

➤ 接下來，使用搭配 `--vv` 旗標的 `git branch` 指令，然後寫下你看到的畫面：

```
File Edit Window Help
  addison-add-faqs       c08f7f7 [origin/addison-add-faqs] add second FAQ
  master                 1975528 [origin/master] add first FAQ
* sangita-add-profile 2657e9f [origin/sangita-add-profile] add sample profile
```

➤ 更新你在複製檔案庫中的 Profile.md 檔案，並且**新增**下方這行資訊到檔案最下方：

新增此行資訊到
Profile.md 檔案
最下方。

我們已經在第 6 章的
原始碼裡面提供這個
檔案，名為 Profile-2.
md。記得要重新命名
為 Profile.md！

```
Skills: Following scent trails, digging holes, treeing
squirrels, looking after small children, guarding the pack,
stealing chimkin when the little humans isn't looking
```

Profile.md

➤ 新增 Profile.md 檔案到索引，然後提交該檔案，並附上提交訊息「update profile」（更新個人檔案）。

➤ 你可以描述一下你剛剛達成什麼了嗎？在此處寫下筆記：

我抓取之後，我取得了桑吉塔推送到遠端檔案庫的分支。切換到該分支的
時候自動設定的遠端檔案庫會建立一個本地分支。然後我在那個分支上建
立一個新提交，並把這提交新增到原本就包含桑吉塔提交的提交歷史。

削尖你的鉛筆
解答

題目在第 307 頁。

這是給選手
二號的。

如果你是一個人練習，
那你當然也要做！

就像選手一號，你要付出努力並幫忙艾迪森新增一個新問題到她一直在處理的 FAQ.md 檔案。你已經在上個練習題中抓取了所有遠端，所以你要先切換到 addison-add-faqs 分支，然後對 FAQ.md 檔案進行一些編輯。

➤ 一開始，切換到 addison-add-faqs 分支（對，就是艾迪森推送到遠端檔案庫的分支）。先列出你要用到的指令。

git switch addison-add-faqs

➤ 接下來，使用搭配 --vv 旗標的 git branch 指令，然後寫下你看到的畫面：

```
File Edit Window Help
* addison-add-faqs     c08f7f7 [origin/addison-add-faqs] add second FAQ
  master               1975528 [origin/master] add first FAQ
  sangita-add-profile  2657e9f [origin/sangita-add-profile] add sample profile
```

➤ 你要在你複製檔案庫中看到的 FAQ.md 檔案中新增一個新問題：

新增此行資訊
到 FAQ.md 檔案
最下方。

歡迎使用我們放在本章
原始碼內的 FAQ-3.md
檔案。記得要重新命名
為 FAQ.md！

```
## Photos are nice and all, but I don't see very well. How can
I smell the other dogs?

We regret that we are unable to offer our customers smell-o-
vision at this time.

As soon as human technology catches up to dog noses, we'll be
sure to add a scent feature to the app.

In the meantime, why not meet up at the dog park to get a whiff
of your new friend?
```

FAQ.md

➤ 新增 FAQ.md 檔案到索引，然後提交該檔案，並附上提交訊息「add third FAQ」（新增第三個常見問題）。

➤ 花點時間思考一下剛剛發生了什麼。在此處寫下筆記：

在抓取後，我擁有了遠端檔案庫中的所有分支，包含艾迪森推送的分支，除了那個是我複製檔案庫中的遠端追蹤分支。切換到該分支會讓我擁有一個本地分支，而且我可以在該分支上面提交，新增到艾迪森在該分支開始的歷史。

習題
解答

題目在第 310 頁。

花一點時間來查看 git status，可以幫助你知道你的分支相對於你的遠端追蹤分支的位置。

這裡我們把兩位選手的指示
合併在一起。如果你是一個
人練習，然後要確定從頭仔
細地閱讀並扮演雙方的角色。

＊ 選手一號：移動到你存放 addisons-clone 的位置。從你的上個練習題，你應該還是在 sangita-add-profile 分支上（如果不是，切換到該分支）。使用 git status 指令並閱讀其輸出結果。你可以解說你看到的資訊嗎？

＊ 選手二號：你要移動到你存放 sangitas-clone 的位置。請確保你位於 addison-add-faqs 分支，然後使用 git status 來查看 Git 對於你的當前分支要說什麼。可以針對你在此處所見的內容多加解釋嗎？

> *Git* 在告訴我，我的分支已經「超前」一個提交。
> 這很合理，因為自從我抓取後，我在我的本地分
> 支進行了一個提交，這提交是不存在於遠端追蹤
> 分支的。

＊ 兩位選手現在應該推送（如果你是一個人練習，請確定要從 addisons-clone 和 sangitas-clone 進行推送），然後再次使用 git status。你應該會看到「Your branch is up to date with...」（你的分支已經更新到最新狀態…）。請解釋剛剛發生的狀況：

> 自從我推送後，*Git* 在告訴我，我的分支已經跟遠端檔案
> 庫一樣更新到最新狀態了。自從我推送後，*Git* 用我最新
> 的提交和遠端追蹤分支更新該遠端檔案庫。換言之，在
> 推送後，遠端檔案庫、遠端追蹤分支、我的本地分支全
> 部都指向同一個遠端。

削尖你的鉛筆
解答

題目在第 318 頁。

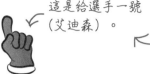

這是給選手一號
（艾迪森）。

而且如果你是一個人練習，
那你就上吧！

在這個練習題中，你會看到你如何可以使用 `git fetch` 然後合併來「追上遠端檔案庫」。這就是你目前所做的：你有一個名為 `addison-add-faqs` 的本地分支，你有對其進行一些提交。因為你卡住了，你向選手二號（桑吉塔）尋求幫助。在桑吉塔完成後，她推送了她的提交到遠端檔案庫。你只是還不知道，因為你還沒有抓取！

➤ 一開始先抓取，然後用 `switch` 切換到 `addison-add-faqs` 分支。這裡有空間給你寫出你即將使用的指令：

```
git fetch
git switch addison-add-faqs
```

這裡的順序不重要，因為抓取功能只會影響遠端追蹤分支。

➤ 接下來，使用 `git status` 指令來查看目前的狀況。在這解釋你所見的狀況。

git status 跟我說我的本地 addison-add-faqs 分支落後遠端追蹤分支一個提交。因為當我抓取時，Git 會拿取桑吉塔在 addison-add-faqs 分支上進行的提交、並推送該提交到遠端檔案庫上。因為我的本地分支並沒有這個提交，Git 跟我說我需要「追上」。

➤ 將 `origin/addison-add-faqs` 分支合併到本地的 `addison-add-faqs` 分支。這是快轉合併嗎？為什麼？

是的，自從我上次推送，我還沒有變更 addison-add-faqs 分支。這代表我的分支只是落在遠端檔案庫後面，而且還沒從遠端檔案庫分叉出去。

➤ 再次檢查你的狀態。你可以推送嗎？直接試試看吧！會執行什麼動作嗎？為什麼呢？

Git 跟我說「Everything is up-to-date」（一切已是最新狀態）。這是因為我還沒有新增任何新事物到 addison-add-faqs 分支，所以沒有任何東西可以推送。

削尖你的鉛筆
解答

題目在第 319 頁。

這是給選手二號。

而且如果你是一個人練習，嗯，你應該也要做這練習題。

我們先用 git fetch，然後再進行合併以「追上遠端檔案庫」。回想一下，你建立了 sangita-add-profile 分支並將其推送到上游，然後你請艾迪森幫你添加一些內容到個人檔案，她在新提交中完成了這個任務。艾迪森將她的變更推送到上游。你將使用我們跟你說的、如何把艾迪森的提交合併到你的本地 sangita-add-profile 分支的工作流程。

➤ 一開始先用 fetch 抓取，然後用 switch 切換到 sangita-add-faqs 分支。在此列出你即將使用的指令：

> 我可以用各種順序進行這個動作，因為抓取功能並不會影響到我的本地分支。

git fetch
git switch sangita-add-profile

➤ 接下來，查看 git status 提供的資訊。請解釋結果的資訊。

> *git status 跟我說我的本地 sangita-add-profile 分支落後遠端追蹤分支一個提交。因為當我抓取時，Git 會拿取艾迪森在 sangita-add-profile 分支上進行的提交、並推送該提交到遠端檔案庫上。因為我的本地分支並沒有這個提交，Git 跟我說我需要「追上」。*

➤ 將 origin/sangita-add-profile 分支合併到本地的 sangita-add-profile 分支。這應該是快轉合併。為什麼？

> *是的，自從我上次推送，我還沒有變更 sangita-add-profile 分支。這代表我的分支只是落在遠端檔案庫後面，而且還沒從遠端檔案庫分叉出去。*

➤ 再次檢查你的狀態。你可以推送嗎？直接試試看吧。會執行什麼動作嗎？為什麼呢？

> *Git 跟我說「Everything is up-to-date」（一切已是最新狀態）。這是因為我還沒有新增任何新事物到 sangita-add-profile 分支，所以沒有任何東西可以推送。*

習題解答

這是給兩個選手的練習題。

如果你是一個人練習，在兩個複製檔案庫中都要做這練習題。

題目在第 328 頁。

我們來清理一下。在上個練習題中，每個選手把另一個人的拉取請求合併到共享的 `hawtdawg-all-ears` 檔案庫中。但你還是有你的本地分支和對應的遠端追蹤分支——更不用說，你的 master 分支並不包含合併後的最新提交！

✳ 使用你的終端機，移動到你的複製檔案庫。執行搭配 `-vv` 的 `git branch` 指令並寫下你看到的結果：

```
File Edit Window Help
$ git branch -vv
  addison-add-faqs     d7a1f12 [origin/addison-add-faqs] add third FAQ
  master               1975528 [origin/master] add first FAQ
* sangita-add-profile b584453 [origin/sangita-add-profile] update profile
```

✳ 接下來，執行搭配修剪（`-p`）旗標的 `git fetch` 指令。請特別注意 Git 在結果中回報的資訊，然後執行 `git branch -vv` 並在此處寫下你看到的結果：

```
File Edit Window Help
$ git branch -vv
  addison-add-faqs     d7a1f12 [origin/addison-add-faqs: gone] add third FAQ
  master               1975528 [origin/master: behind 6] add first FAQ
* sangita-add-profile b584453 [origin/sangita-add-profile: gone] update profile
```

Git 刪除了這些遠端追蹤分支。

✳ 你的功能分支已經在遠端檔案庫中被刪除，而且 Git 已經將遠端追蹤分支修剪乾淨。唯一所剩的就是你的本地功能分支。刪除掉該分支。這有一處空白讓你寫下你會用到的指令：

你不可以位於你要刪除的分支上！先切換！

```
git switch master
git branch -d addison-add-faqs
```

我們顯示給你看的是我們在艾迪森複製檔案庫進行的動作。

✳ 最後的任務——你需要更新你的本地 master 分支。請記得，你已經抓取了，所以你的 origin/master 已經擁有遠端檔案庫中的所有提交。將 origin/master 合併到 master 分支。

每次都要先確認你目前位於的分支。

```
git branch
git merge origin/master
```

✳ 執行搭配 `--graph --oneline --all` 旗標的 `git log` 指令，來查看你從本章一開始所建立的美麗協作歷史。

協作填字遊戲解答

為什麼不找個夥伴來完成這個填字遊戲呢？畢竟，兩個臭皮匠勝
過一個諸葛亮。

題目在第 331 頁。

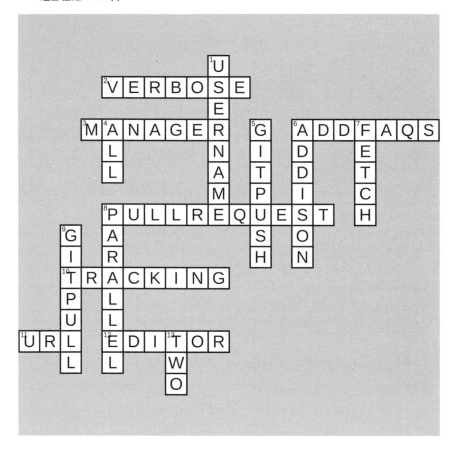

7 搜尋 *Git* 檔案庫

Git 的 Grep 指令

事實上，專案檔案和提交歷史紀錄會變越來越大。 有時候你會需要在檔案中搜尋只為了找到一段特定的文字。或是你想要知道是修改了某個檔案、修改的時間，還有變更的提交。Git 全部都可以做到。

接下來是你的提交歷史紀錄。每次提交就代表一次變更。Git 可以讓你搜尋專案中一段文字的物件，也可以查到新增和移除的時間，還可以搜尋提交訊息。最重要的是，有時候你想要找到導致錯誤或錯字的原因，Git 有一個特殊工具可讓你直接鎖定那一次的提交。

還在等什麼？一起在 Git 檔案庫裡面尋寶吧！

往上提升一個等級

業務蒸蒸日上！特里妮蒂的活動企劃公司真的蓬勃發展起來了，多虧有回頭客的支持。說到這個，吉坦賈利和阿雷夫又再次聘請特里妮蒂 —— 這次是要規劃他們的婚禮。

習題

你可以在此處找到特里妮蒂和阿姆斯壯針對吉坦賈利和阿雷夫婚禮計畫所建立的檔案庫：*https://github.com/looselytyped/gitanjali-aref-wedding-plans*。

✳ 將該檔案庫複製到本地。一開始先在此處列出你要使用的指令：

✳ 稍微看一下這個檔案庫並回答以下的問題：

此檔案庫中有幾個分支？ _____

master 分支上有多少個提交呢？ _____

✳ 最後，執行 `git log --graph --oneline --all` 指令來查看歷史。請仔細閱讀所有提交訊息。

⟶ 答案在第 387 頁。

問：在上一章，你叫我在複製前要先分叉。現在我們又回到只要複製。這是怎麼回事呢？

答：在上一章，我們的練習題都需要推送提交到遠端檔案庫。為了達到此功能，你需要取得可以寫入該檔案庫的授權許可，你在分支該檔案庫時會自動取得許可，因為 GitHub 會把原本的檔案庫複製到你的帳號。

這一章則是著重於搜尋 Git 檔案庫，所以你只要有一個複製檔案庫，就可以做到我們叫你做的所有事情了。換言之，你只會在你的複製檔案庫中工作 —— 不需要推送或拉取。不過，如果你想要的話，你可以隨時分支，然後再複製。只是要確定使用的複製檔案庫網址是正確的。在分叉後，複製檔案庫網址裡面就會出現你的帳號名稱，而不是我們的帳號名稱。

從頭走完整個提交歷史

我們來快速遊覽 `gitanjali-aref-wedding-plans` 檔案庫的提交歷史，這樣一來我們的了解就會是一致的。

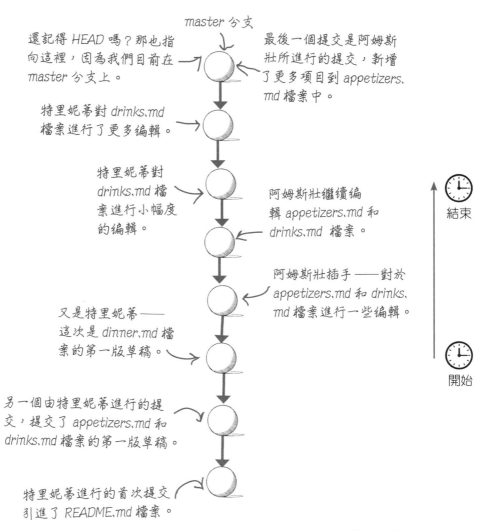

master 分支

還記得 HEAD 嗎？那也指向這裡，因為我們目前在 master 分支上。

最後一個提交是阿姆斯壯所進行的提交，新增了更多項目到 appetizers. md 檔案中。

特里妮蒂對 drinks.md 檔案進行了更多編輯。

特里妮蒂對 drinks.md 檔案進行小幅度的編輯。

阿姆斯壯繼續編輯 appetizers.md 和 drinks.md 檔案。

阿姆斯壯插手——對於 appetizers.md 和 drinks. md 檔案進行一些編輯。

又是特里妮蒂——這次是 dinner.md 檔案的第一版草稿。

結束

開始

另一個由特里妮蒂進行的提交，提交了 appetizers.md 和 drinks.md 檔案的第一版草稿。

特里妮蒂進行的首次提交引進了 README.md 檔案。

如你所見，這個檔案庫中已經有許多活動，特里妮蒂和阿姆斯壯都進行了好幾個提交。我們只有一個分支——master——而且我們目前是位於此分支：HEAD 和 master 都是指向同個提交 ID。

我們在第 4 章有討論過 HEAD，如果你需要複習一下，請翻到前「頭」看（有看到我們做了什麼嗎？）。我們會在這裡等你。

辦公室對話

阿姆斯壯：嘿，特里妮蒂！我剛剛跟吉坦賈利通完電話。我們討論到提供賓客無酒精飲料的選擇，我有看到 drinks.md 檔案裡面的變更，但我不記得有進行這個變更。是你嗎？

特里妮蒂：我猜是我們其中一個人。很重要嗎？

阿姆斯壯：嗯，我們傳給吉坦賈利和阿雷夫的菜單範本裡面沒有列無酒精飲料的選項，所以我想知道這個範本是在我們變更前寄出的嗎？還是印刷廠那裡出了什麼紕漏？

特里妮蒂：嗯，這就是我們為什麼用要 Git！我們可以很輕鬆地得知某檔案的特定一行或多行資訊什麼時候被變更了。

阿姆斯壯：真的嗎？教我 —— 知道這件事真好。

特里妮蒂：這個魔法咒語就是 git blame 指令。它會針對一個檔案中的每一行資訊顯示出上次該行受到變更時候的提交 ID、作者資訊、時間戳記與提交訊息。

阿姆斯壯：我現在就要試試看。謝了！

查看誰用 git blame 在何時變更了什麼東西

你每進行一個提交就會引進與先前變更的「差異化」（diffs）—— 有檔案會被新增或移除，或是針對既有檔案的編輯，例如新增或移除內容。而且 Git 是非常擅長追蹤這些變更：它可以確切告訴你某一行資訊在何時被變更、是誰進行變更、引進變更的提交 ID。要看到這些資訊，請用 git blame 指令：

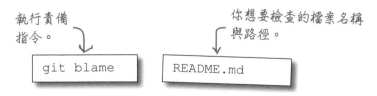

執行責備指令。 → `git blame`　你想要檢查的檔案名稱與路徑。 → `README.md`

我們接下來討論一下結果。

使用 git blame

我們花點時間看一下 git blame 有什麼功能。要看到 drinks.md 檔案的所有編修版本，你需要執行：

git blame drinks.md

然後你就會看到這樣：

git blame 會顯示出該檔案的每一行資訊，附上關於上次修改該行資訊的提交細節。

我們拉近來看這一行。

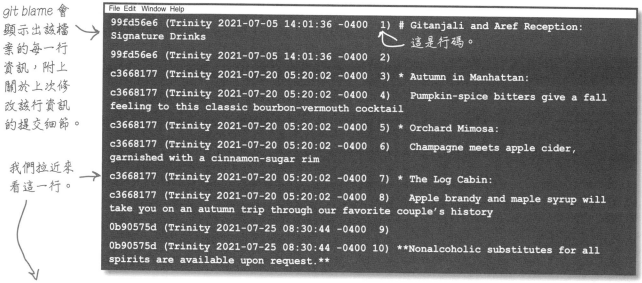

放輕鬆，還沒輪到你。

這是行碼。

再深入一點地看，這就是這一行 git blame 輸出結果的各部分說明：

上次變更該行的提交 ID　該提交作者的名稱　該提交進行的日期與時間　行碼　該行的內容

c3668177 (Trinity 2021-07-20 05:20:02 -0400 7) * The Log Cabin:

git blame 指令很像 git log 和 git diff，都是使用分頁器來顯示結果。所以如果結果超過你的終端機視窗長度的話，你可以使用向上或向下鍵來查看，而你得輸入「q」（代表離開）來回到提示字元。

如你所見，git blame 可以告訴你誰是上一個變更某一行資訊的人、和該變更的提交相關細節。這是個超級方便又快速的方式，可以找出最後一個編輯或新增一行資訊的人是誰。

git blame 無法告訴你某一行的資訊是否有新增或變更的方式 —— 它只能提供關於該行資訊上次修訂的細節。再者，因為 git blame 只會在你執行該指令時查看檔案中每一行的資訊，所以無法告訴你被刪除的行列。

「q」代表「離開」(quit)。

使用向上或向下鍵在紀錄中移動。

使用 Git 檔案庫管理員的 git blame

`git blame` 指令非常好用,所以幾乎每個 Git 檔案庫管理員的網站介面都可以讓你輕鬆查看該指令的結果。如果你在 GitHub 上移動到該檔案庫並查看檔案的內容,這就是你會看到的結果:

如果你點擊「Blame」(責備)按鈕,這就是你所見的結果:

如果在同個提交中編輯了多行,GitHub 會很貼心幫你整理這些資訊、並以比較「人性化」的格式來顯示日期。除此之外,輸出結果是一樣的!

git blame 的其他細節

當你執行 git blame 指令，請注意 HEAD 正指向哪個提交。Git 預設會顯示出提交當時為了變更檔案所進行的修訂。

這兩個指令在功能面是一樣的。

git blame HEAD drinks.md　　　　　　**git blame drinks.md**

這代表我們可以請 git blame 顯示出一個檔案在任何提交時的編修歷史，只要提供提交 ID 和檔案名稱即可！假設你在 git blame 結果中看到其中一個提交剛好就是 c3668177。你可以在 git blame 附上該 ID，然後就會顯示提交當時的修訂歷史。

git blame c3668177 drinks.md

提供此提交 ID 給 git blame。

後面接著檔案名稱。

備註：順序很重要。一定要先輸入提交 ID，然後再輸入檔案名稱。

削尖你的鉛筆

我們來實際操作一下 git blame，讓你有些實務經驗。

➤ 你得使用 git blame 指令來查看你在本章一開始複製的 gitanjali-aref-wedding-plans 檔案庫中，appetizers.md 檔案所經歷過的修訂。一開始先在此處列出你會用到的指令：

➤ 接下來，請回答以下的問題：

有多少作者對此檔案有所貢獻？ ＿＿＿＿＿＿＿＿＿＿＿＿＿＿

這個檔案上一次被編輯是什麼時候？ ＿＿＿＿＿＿＿＿＿＿＿＿＿＿

誰是最後編輯第 5 行資訊的人？ ＿＿＿＿＿＿＿＿＿＿＿＿＿＿

當你完成時，請務必點擊「q」鍵返回提示字元。

➤ 然後，使用 GitHub 網站介面來查看你是否也能看到 git blame 的結果。

答案在第 388 頁。

認真寫程式

從本書一開始到現在，我們已經探討了許多的指令。log 和 branch 等眾多指令都支援可以微調指令行為的大量旗標。git blame 指令當然也是！不想要看到作者和時間戳記資訊嗎？附上代表抑制（suppress）的 -s 旗標，然後 Git 就會只顯示提交 ID 和行碼。你甚至還可以調整 git blame 結果呈現日期的方式。

如你所見，你可以在 git blame 指令附上提交 ID 來查看你提交歷史中特定檔案在特定時間的修訂。你甚至可以附上分支名稱 —— 如果你想要查看某一個檔案如何在另一個分支被編輯的（提醒一下，每個分支都會指向一個提交 ID —— 所以當你在 git blame 指令附上提交 ID 時，你就是在請 Git 使用分支指向的該提交 ID）。

搜尋 Git 檔案庫

阿姆斯壯：你會不會覺得有時候我們太得意了？

特里妮蒂：什麼意思呢？

阿姆斯壯：我們手上有很多專案，有時候我覺得我們過度使用特定單字和片語了。我覺得我們在給吉坦賈利和阿雷夫的婚禮菜單中同時有用到秋季（*autumn*）和秋天（*fall*）。

特里妮蒂：嗯，我們隨時都可以搜尋到那個專案，對吧？

阿姆斯壯：嗯，但我才剛切換工作區來處理齊默爾曼的公司年度旅遊計畫，要再切換回去感覺很麻煩。或許晚點我有空的時候再處理。

特里妮蒂：我可以給你個提示 —— 查看 grep 指令。我覺得這樣會讓你的生活輕鬆很多。

阿姆斯壯：你什麼都知道呢，對吧？

用 grep 搜尋 Git 檔案庫

你可能偶爾得需要在你的 Git 檔案庫中搜尋特定單字或片語。或許你已經知道大多的編輯都可以在一個專案的所有檔案中進行全域搜尋。但你知道嗎？ Git 也可以幫上忙！你在找的指令就是 git grep（全域搜尋），而且你可以對此附上任何字串，例如：

坐下並忘卻生活的煩惱。

使用 grep 指令。

後面接著你想要搜尋的字串。

```
git grep
```

```
fall
```

如果你是想要搜尋一個片語，請用雙引號框起來：

這段引述文字即是告訴 Git 該片語的開始與結束。

你也可以使用單引號 —— 記得要一致。如果前面是用單引號，最後也要是單引號。

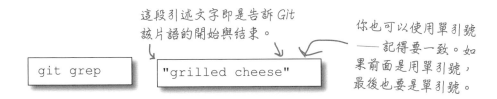

```
git grep
```

```
"grilled cheese"
```

假設你想要找到所有你曾使用到阿雷夫（Aref）名字的地方。你可以全域搜尋該字串（使用 git grep Aref），這就是 Git 會呈現的結果：

git prep 會列出所有包含你搜尋字符的檔案和獨立行列。

```
File  Edit  Window  Help
README.md:# Gitanjali/Aref wedding plans
README.md:This repository will help us manage Gitanjali and Aref's wedding night menus.
appetizers.md:# Gitanjali and Aref Reception: Appetizers
dinner.md:# Gitanjali and Aref Reception: Dinner Menu
drinks.md:# Gitanjali and Aref Reception: Signature Drinks
```

git grep 的結果裡面有一些要注意的重點。首先，Git 會列出所有包含搜尋字串的結果，這代表你可能會看到同一個檔案名稱列出好幾次（如果你在搜尋的字剛好在單一檔案中出現一次以上）。Git 也會以英文字母順序列出檔案，讓你在尋找特定檔案時比較容易找到。

大寫英文字母會出現在小寫英文字母前面。

就和 git blame 一樣，Git 的 grep 會將搜尋結果顯示在分頁器中，所以你會用到向上或向下鍵來移動、並須使用「q」鍵離開分頁器。

接下來，我們來看看 git grep 指令支援的幾個好用方式。

git grep 選項

grep 指令也支援許多旗標應該不會讓你感到驚訝。這裡是其中比較好用的幾個：

不區分大小寫的搜尋（Case-insensitive search）

git grep 指令預設會尊重你輸入的字串大小寫。如果你搜尋「cheese」（起司），Git 的全域搜尋功能並不會列出「Cheese」（大寫「C」）或「CHEESE」（全部皆大寫）、或任何並沒有完全符合「cheese」的搜尋結果。但你往往不知道（或記不得）你是輕聲細語地要起司、還是聲嘶力竭的大叫。你可以使用 -i（或是長版的 --ignore-case）讓你的搜尋不區分大小寫：

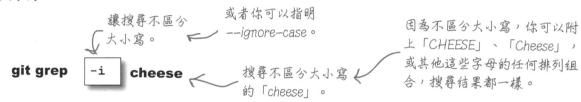

讓搜尋不區分大小寫。

或者你可以指明 --ignore-case。

因為不區分大小寫，你可以附上「CHEESE」、「Cheese」，或其他這些字母的任何排列組合，搜尋結果都一樣。

git grep -i cheese

搜尋不區分大小寫的「cheese」。

顯示行碼

你可能已經注意到 git grep 的結果只有列出檔案名稱和對應包含搜尋字符的內容。對某些搜尋來說，這是可以接受的，但如果你還想要 grep 列出行碼，那你就得附上 -n（--line-number 的短版）。如果檔案庫包含了一大堆檔案，這個選項就可以派上用場。

出現行碼！

你也可以指明此旗標 --line-number。

git grep -n dressing

僅列出檔名

有時候你不在乎符合的是哪幾行，只想知道哪些檔案包含特定字符。-l（小寫的「L」，--name-only 的短版）只會列出符合檔案的名稱。這個符合的清單也是依照英文字母排序。然而，一個檔案只會列出一次，即使該檔案內有多行資訊皆符合。

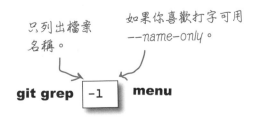

只列出檔案名稱。

如果你喜歡打字可用 --name-only。

git grep -l menu

git grep 的旗標組合套餐

幫我加一份薯條，謝謝！

當然，通常把這些旗標組合在一起也很合理。當使用 `git grep` 指令時，我們最愛的組合就是不區分大小寫的搜尋模式，同時顯示出行碼。以下是如何執行這個操作：

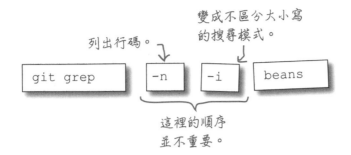

列出行碼。

變成不區分大小寫的搜尋模式。

```
git grep   -n   -i   beans
```

這裡的順序並不重要。

照過來！

git grep 只會搜尋 Git 已知的檔案！

`git grep` 指令的功能非常明確 —— **預設情況下**它只會搜尋 Git 已知的檔案。也就是說，`git grep` 只會搜尋 Git 在追蹤的檔案。

這代表如果你的檔案庫中有你還沒新增到索引的檔案，`git grep` 就不會搜尋那些檔案！

而且，也有辦法可以叫 Git 忽略某一目錄中的檔案（下一章會深入討論此功能）。Git 的 grep 指令也會忽略這些檔案。這是好事也是壞事：如果因為實際上這些檔案不屬於你的檔案庫，所以你不想要搜尋那些檔案，那就很棒，但如果你想要搜尋這些檔案來找尋特定的使用範例就不適用。

對於後者，你可能比較適合使用文字編輯器的尋找功能或工具，例如 Bash 的 `grep` 指令。

認真寫程式

還有一個名為「規則表達式」（regular expression）的機制，此機制可以讓你去設定要尋找的模式 —— 例如，如果你想要尋找剛剛好是 10 個字元長的單字，你可以將其設定為一個規則表達式模式，像是這樣 `\w{10}`。`git grep` 指令支援基本式（basic）和擴充式（extended）規則表達式語法！

我們好像聽到有人迫不及待地折手指了！

問：為什麼我要用 **git grep** 而不是我的編輯器的搜尋功能？

答：有些種類的專案裡面擁有實際上不算是該檔案庫的檔案。例如，如果你正在處理原始碼，你可能有一個依賴項資料夾（dependencies folder）。你的編輯器可能不知道該在搜尋時忽略那些檔案，所以你可能會搜尋到你很在乎的符合結果。但是 Git 知道要忽略那些檔案，因為 Git 並沒有在追蹤它們。我們

知道我們還沒告訴你要怎麼跟 Git 說要忽略那些檔案，但這是我們在下一章會探討的主題之一。

問：我很熟悉 Bash 的全域搜尋指令。為什麼我要優先選擇其中一個呢？

答：Git 的全域搜尋指令預設並不會搜尋你的檔案，相反地，它會搜尋索引和資料庫，所以就能讓你善加利用 Git 的內存空間。

這代表 Git 的全域搜尋功能比 Bash 的全域搜尋功能快很多。另一方面，如果你想要搜尋一個專案中的所有檔案，包含已追蹤和未追蹤的檔案，Bash 的全域搜尋功能就是你的好朋友。

然而，這並不是個二選一的問題——要看使用的情況，我們已經知道可以靠一個或另一個達到效果。

習題

是時候來練習你的新 Git 全域搜尋偵探技能。在你的終端機中移動到 `gitanjali-aref-wedding-plans` 檔案庫。

✱ 你要怎麼搜尋所有包含「menu」單字的檔案？請寫在此處：

✱ 你找到了多少檔案？

✱ 接下來，讓搜尋變成不區分大小寫。將指令列在此處：

✱ 你這次得到了多少次符合結果？

✱ 最後，如果你也想要查看行碼，`git grep` 指令看起來會是什麼樣子呢？

━━━━━━▶ 答案在第 389 頁。

git blame 力有未逮的情況

git blame 指令是很棒的。會針對特定檔案提供大量的資訊，而且你可以輕鬆查看誰變更了該檔案的任何一行，包含影響到那一行的提交細節。

然而，Git 責備功能只能在單行作用！Git 責備功能可以告訴你特定某行最後一次變更是在什麼時候，但它沒辦法告訴你當該提交進行時，那一行有什麼變更。而且最後，git blame 一次只看一個檔案。

看起來蠻複雜的，所以要再多讀一次。

想像一下，一個檔案庫中某一個**單行檔案**，它在三個提交內有三個變更，如下所示：

提交 2 將單字從「*tired*」（累）取代成「*lazy*」（懶）。

1 **The brown fox jumps over the tired dog**
（棕色狐狸跨過累狗）

備註：提交 2 是在提交 1 之後，而提交 3 是在提交 2 之後。

2 **The brown fox jumps over the [-tired-]{+lazy+} dog**
（棕色狐狸跨過懶狗）

這是搭配 --word-diff 旗標的 *git diff* 所得的結果。

3 **The {+quick+} brown fox jumps over the lazy dog**
（敏捷的棕色狐狸跨過懶狗）

你可以在本章的原始碼中找到此歷史。請找到名為 *why-pickaxe* 的資料夾。

提交 3 新增了單字「*quick*」（快）。

如果只有一種方式在我的提交歷史中搜尋一段文字。

如果你要執行 git blame 指令，將檔案當成引數，它會告訴你提交 3 變更了該行（要記得該行裡面只有一行），只是你不知道什麼被變更了。

所以如果你想要在「lazy」那個字是何時出現在那一行？或者「tired」那個字什麼時候消失的？

你可能已經猜到一個方式 —— 使用 git diff 指令。一開始先比較第三個提交和第二個提交，而且如果你沒有找到你想找的東西，然後用 diff 讓第二個和第一個差異化。這種方式會生效，只是沒有那麼有效率，而且如果你有很多提交，這麼做可能會讓你變得很累。

有解決方法嗎？嗯，Git 知道你已經進行這個提交，而且你知道一個提交會記錄下該檔案當時在索引的狀態。這代表 Git 應該可以將每個提交和它的前者比較，並查看特定文字是否有被新增或刪除。

git log 的「十字鎬」功能（-S）

*其實聽起來沒那麼可怕。
我們打勾勾。*

*我們還在討論
階段。*

如果你曾經想要知道特定一段文字何時被新增或移除的，你需要的就是我們最近的好朋友和盟友 `git log` 指令。它會提供各種方式來搜尋每個提交所引進的「差異」——也就是說，`git log` 可以幫助你搜尋每個提交引進的變更。看一下我們在前一頁給你看的前兩個提交：

*單字「tired」在本次
提交中出現。*

1　**The brown fox jumps over the tired dog**

*單字「tired」在本次提交
中被刪除。*

2　**The brown fox jumps over the [-tired-]{+lazy+} dog**

如果你想要知道單字「tired」第一次出現或消失的時間，你可以使用搭配 `-S` 旗標（大寫「S」）的 `git log` 指令。這讓你搜尋每個提交的差異，例如：

*git log 提供的搜尋功能
被稱為「十字鎬」功
能。-S 是達到此功能
的其一方式。我們會告
訴你另一個搜尋方式。*

執行記錄指令。

*使用 -S 旗標，複製你想要
搜尋的文字。*

```
git log        -S tired
```

*你正在搜尋的文字一定要
是 -S 旗標的引數。*

這是 Git 會顯示的結果：

*這個也是使用分頁器，
所以你要用向上/向下
鍵移動，而且「q」代
表離開。*

*Git 列出了兩個新
增或移除了單字
「tired」的提交。*

```
File  Edit  Window  Help
commit 8c05de2eaf10764d0337a799a2ca7b423f8904ba
Author: Raju Gandhi <raju.gandhi@gmail.com>
Date:   Thu Jul 29 13:43:53 2021 -0400

    qualify dog

commit b76b2b04b317cc6951fd6ff1c64ca7eea2345bb2
Author: Raju Gandhi <raju.gandhi@gmail.com>
Date:   Thu Jul 29 09:03:27 2021 -0400

    introduce pangram
```

git log -S 對上 blame

git log 和 git blame 的搜尋結果有幾個差異。首先，十字鍬選項（-S）並不僅限於單一檔案。在我們的範例中，我們使用了十字鍬選項來搜尋你整個檔案庫中的「tired」——並不僅限於單一檔案。你可以設限 git log 只顯示單一檔案的紀錄，只要在最後附上檔案名稱。

git log -S tired `pickaxe-demo.md` 在最後附上檔案名稱。

可以這樣思考——git blame 是將單一檔案的變更認為是某人導致的方式，然而 git log 的十字鍬選項則是一個可以用在整個檔案庫的搜尋機制。

習題

讓我們動動手指，展現你的搜尋技巧。首先，移動到 gitanjali-aref-wedding-plans 檔案庫。

* 要怎麼才能在你的檔案庫中找到每個新增或移除單字「classic」的提交呢？一開始先在此處列出你會用到的指令：

* 執行！你的搜尋揭露了多少個提交？ _____

答案在第 389 頁。

腦力激盪

這裡有個給你的謎題——在上個練習題中，你可不可以分辨那個字是被新增或移除呢？如果這樣的話，哪個提交新增了它，哪個提交移除了它？git log 指令還可以提供什麼來幫助你呢？**提示**：要記得，每個提交會引進一批變更或「差異」。

請確保你的旗標和引數的順序是正確的！

如果在使用 -S 旗標，Git 回報錯誤訊息：fatal: ambiguous argument（致命錯誤：模稜兩可的引數），最有可能的原因就是把旗標和引數的順序錯置了。你在搜尋的字串一**定要**放在 -S 旗標後面，否則 Git 會搞混。

用「補丁」旗標搭配 git log

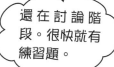

還在討論階段。很快就有練習題。

如果你曾經想要看到每個提交引進的實際差異，你可以使用 git log 的另一個旗標，就是 -p（--patch 的短版）。git log 在本書我們目前所見的每個範例都適用。例如，你可以把我們最愛的 git log 旗標和 -p 旗標合併使用，如下：

附上 -p 旗標。 或者你可以使用 --patch。

git log --oneline --all --graph `-p`

有這個「補丁」旗標，Git 會以你以前看過的方式顯示提交圖，並一併顯示每個提交引進的差異：

這是縮寫的提交 ID。

後面接著引進的差異。

我們已經截短此紀錄來強調其豐富的細節。

```
File Edit Window Help
* 5555624 (HEAD -> master) qualify fox
| diff --git a/pickaxe.md b/pickaxe.md
| index 832d941..84102df 100644
| --- a/pickaxe.md
| +++ b/pickaxe.md
| @@ -1 +1 @@
| -The brown fox jumps over the lazy dog
| +The quick brown fox jumps over the lazy dog
```

回到搜尋——將十字鎬旗標（-S）和 -p（--patch）旗標合併使用，git log 會顯示出在它的差異中有該搜尋字串的所有提交，也包含差異本身！

補丁旗標

後面接著十字鎬旗標和你在搜尋的文字。

請記得，如果你要搜尋的是一個片語，請務必使用引號框起來（單引號或雙引號皆可）。

git log `-p` `-S tired`

在我們把輸出結果給你看之前，請注意這裡的順序**非常**重要，-S 後面一定要是你在搜尋的字串。也就是說，「tired」是 -S 旗標的引數。不過，你可以交換旗標本身的順序，例如：

這兩個是對等的。

git log `-S tired` `-p`

所以這有讓我們更加了解單字「tired」何時出現或被刪除嗎？我們來查清楚吧。

用「補丁」旗標搭配 git log（續）

如果你在提供搜尋單字（-S）附上補丁旗標（-p），這就是 Git 提供的結果：

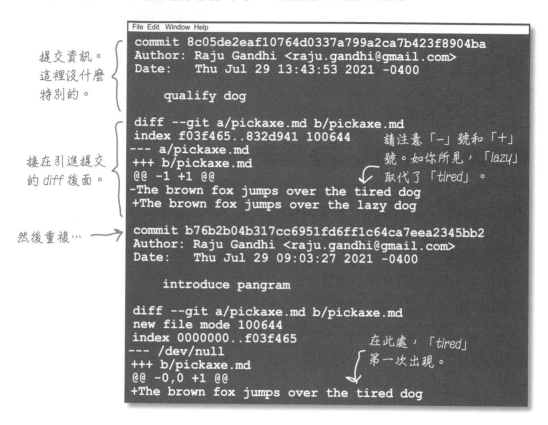

提交資訊。這裡沒什麼特別的。

接在引進提交的 diff 後面。

請注意「−」號和「＋」號。如你所見，「lazy」取代了「tired」。

然後重複…

在此處，「tired」第一次出現。

請別忘記 git log 指令會按時間順序由近至遠顯示，所以引進該單字「tired」的提交是在輸出結果的最下面，前一個是將「tired」取代為「lazy」的提交。

而且最後一部分會讓你的生活更輕鬆 —— 就像 diff 指令一樣，log 指令在顯示補丁時也支援 --word-diff 旗標！所以如果上面的資訊對你來說太過詳細了，而且你希望輸出結果可以盡可能簡潔一點，達成這技巧的咒語就是：

--word-diff 旗標顯示了單獨文字如何變化，而不是以整行為單位。我們在第 3 章有提過。

git log -p --oneline -S tired `--word-diff`

同樣地，只要搜尋文字跟在 -S 旗標後面，你可以以任何順序提供這些引數。

用「補丁」旗標搭配 git log（要結束了）

全部合在一起！我們要使用十字鎬旗標和補丁旗標以及我們其他的 `git log` 旗標，
例如：

git log -p --oneline -S tired --word-diff ← *你也可以在這新增 --graph
和 --all 旗標。*

你會看到這個：

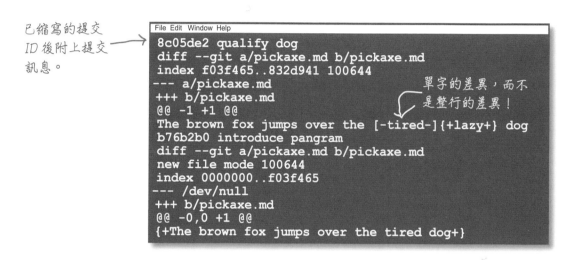

*已縮寫的提交
ID 後附上提交
訊息。*

```
File Edit Window Help
8c05de2 qualify dog
diff --git a/pickaxe.md b/pickaxe.md
index f03f465..832d941 100644
--- a/pickaxe.md
+++ b/pickaxe.md
@@ -1 +1 @@
The brown fox jumps over the [-tired-]{+lazy+} dog
b76b2b0 introduce pangram
diff --git a/pickaxe.md b/pickaxe.md
new file mode 100644
index 0000000..f03f465
--- /dev/null
+++ b/pickaxe.md
@@ -0,0 +1 @@
{+The brown fox jumps over the tired dog+}
```

*單字的差異，而不
是整行的差異！*

現在，你不只可以看到新增或移除單字「tired」的每一個提交，你還可以看到差異本身。

習題

* 在 `gitanjali-aref-wedding-plans` 檔案庫使用補丁和單字差異的旗標，搜尋所有新增或刪除單字
「**walnut**」（核桃）的提交。哪個提交新增了這個詞，而且哪個提交移除了它？

→ 答案在第 390 頁。

git log 的另一個「十字鎬」旗標（-G）

Git 記錄指令的 -S 旗標可以幫助你找到所有新增或刪除特定文字的每一個提交，這功能非常好用。但如果你想要找到特定文字在一個提交差異中出現的每個時候要怎麼辦？我們回到之前的單行檔案範例並看一下最近兩個提交的差異 —— 請注意單字「lazy」：

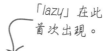

「lazy」在此首次出現。

 The brown fox jumps over the [-tired-]{+lazy+} dog

該差異並不會影響到單字「lazy」，但包含該單字的那一行在此提交中的確有變更。在此情況中，新增了單字「quick」。

 The {+quick+} brown fox jumps over the lazy dog ←

在此案例中的 -S 旗標只會列出提交 2，因為它只會列出搜尋文字（此案例中「lazy」）被新增或刪除的提交。-S 旗標**不會**列出提交 3，因為不會影響到單字「lazy」出現的次數 —— 反之，提交 3 會影響到包含單字「lazy」的那一行。

為什麼要執行像這樣的搜尋呢？或許有人在包含單字「lazy」的那一行引進了一個錯字 —— 在該行以某種方式變更的任何時候，搜尋「lazy」的動作就會很突出。或者如果你想要看到一個函式的引數會如何隨著時間變化 —— 你可以直接搜尋該函式的名稱。

就如我們之前的討論，git log 的 -S 旗標不會就此執行該功能，所以你會想要使用 -G 的方式。就像是 -S 選項一樣，而且這樣會強調每個其中差異有包含你想要搜尋單字的提交。

我們提到關於 -S 旗標的一切都適用在 -G 旗標 —— 你可以顯示所有的對每一個以 -p（或 --patch）旗標的提交的單獨補丁，而且你也可以使用 --word-diff 和 --oneline 旗標。

認真寫程式

對於熱愛規則表達式的人來說，我們看到更多的好消息了 —— -G 選項有支援把規則表達式作為引數（跟 -S 不一樣，預設只接受字串）。所以讓你的規則表達式旗幟高飛吧！

✽ 在 `gitanjali-aref-wedding-plans` 檔案庫的提交歷史中搜尋單字「classic」（經典的），只是這次你要使用 `-G` 旗標。請務必選擇顯示縮寫的提交 ID，並請使用 `--word-diff` 選項。一開始先在此處列出該指令：

✽ 有多少提交回報在你提交歷史中的單字「classic」？

✽ 將此和 `-S` 旗標的輸出結果相比較 —— 為什麼用 `-G` 旗標比你之前用 `-S` 旗標有比較多提交？

答案在第 390 頁。

削尖你的鉛筆

這裡的某些指令跟其他的不一樣。有些是無法運作的！

假設你在 `gitanjali-aref-wedding-plans` 檔案庫中搜尋單字「classic」。以下所列的都是 `git log` 的十字鎬選項的各種組合，只是其中有一些並無法使用。你有辦法辨識哪些是無法使用的嗎？**提示：**仔細地查看旗標和引數的順序。

```
git log -p --oneline -S classic
```

```
git log -G -p classic
```

```
git log -p -G classic --oneline --all
```

```
git log -p classic -S
```

```
git log -S classic --all
```

答案在第 391 頁。

搜尋提交訊息

我們已經看到我們要如何使用 `git log` 指令來搜尋單獨提交的差異。但是 `git log` 提交還藏有另一個祕密功能 —— 它也可以幫你搜尋提交訊息。你可能會想知道 —— 這樣有什麼好用的？你可以隨時使用 `git log` 指令列出所有提交並掃描這些提交，對吧？當然可以。如果你的提交並不多這就可以用 —— 但隨著專案數的增加，你可能最後會有數百個、甚至上千個提交，搜尋那些提交訊息會比較適合讓電腦來做。

假設你想要找到每個提交訊息有包含片語「first draft」（第一版草稿）的提交：

還沒輪到你！

執行 git log 指令。

--grep 旗標會搜尋提交訊息。

附上你要搜尋的文字。我們用雙引號將這兩個字框起來，因為我們在搜尋的是一個片語。

```
git log        --grep        "first draft"
```

文字必須放在 --grep 後！

你應該已經猜到了，這也用到分頁器。點擊「q」離開分頁器。

這是你會看到的結果。

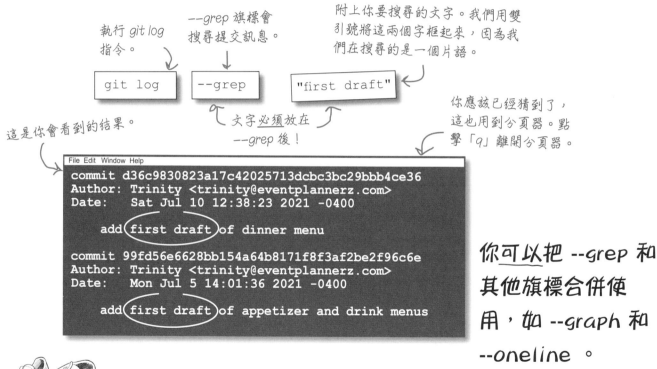

你可以把 --grep 和其他旗標合併使用，如 --graph 和 --oneline。

習題

* 你會用什麼指令來找 `gitanjali-aref-wedding-plans` 檔案庫中，每一個包含單字「menu」的提交？

* 你找到了多少提交？請將它們的 ID 列在此處：

答案在第 391 頁。

Git log 旗標湯

git log 指令是個很有彈性的小夥子，對吧？它提供的大量選項很驚人，我們還沒窮盡
整個清單！為了將所有的選項整合在一起，這是我們最新版本的 git log 旗標湯：

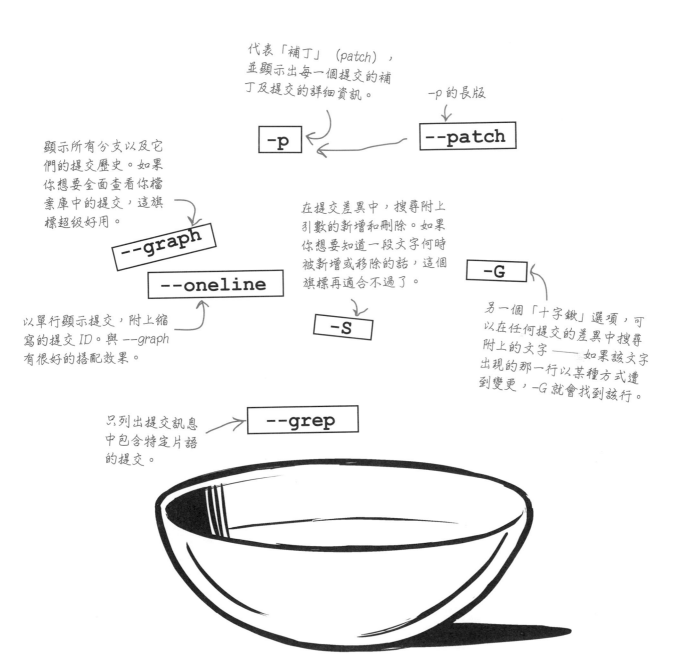

代表「補丁」（patch），
並顯示出每一個提交的補
丁及提交的詳細資訊。

-p 的長版

-p

--patch

顯示所有分支以及它
們的提交歷史。如果
你想要全面查看你檔
案庫中的提交，這旗
標超級好用。

--graph

在提交差異中，搜尋附上
引數的新增和刪除。如果
你想要知道一段文字何時
被新增或移除的話，這個
旗標再適合不過了。

-G

--oneline

以單行顯示提交，附上縮
寫的提交 ID。與 --graph
有很好的搭配效果。

-S

另一個「十字鎬」選項，可
以在任何提交的差異中搜尋
附上的文字 —— 如果該文字
出現的那一行以某種方式遭
到變更，-G 就會找到該行。

只列出提交訊息
中包含特定片語
的提交。

--grep

我已經安靜很久了！*git log* 指令可以顯示所有以某種方式影響一段文字的提交，這樣很棒，但有時候只看到差異還不夠。如果我想要確切地看到當我進行該提交時，儲存庫中所有檔案的內容是什麼樣子要怎麼做？一個提交就是一個快照，對吧？我想我可以「翻回去」到我想要看的那個提交，那不是該進行提交的時間嗎？

對，對⋯很對！一個提交就是在你進行提交的時候對索引狀態拍下的快照 —— 它捕捉每個檔案在你提交時看起來的樣子。

在我們談論的同時，你已經在提交之間「翻閱」！還記得你每次切換分支時會發生什麼事情嗎？ Git 會覆寫你的工作目錄，讓其看起來就像該分支指向的提交。換言之，你「翻閱」到分支指向的該提交。

但每一個分支只會指向最新的提交。就如你所說，假設你已經使用十字鎬選項辨識出一個提交中有段特定文字被新增或修改了。雖然補丁旗標可以告訴你什麼有變更，但無法明確顯示出你的檔案庫在當時看起來的樣子。

但是 Git 可以。回到你的比喻，Git 提供一個機制讓你可以「翻回去」該提交。我們來看看吧？

取出一個提交是什麼意思？

等等，
先消化一下。

Git 中的一個提交就是一張快照。是一種機制，可以冷凍乾燥你索引中的內容、並將它們存放在倉庫（也就是 Git 的物件資料庫）。所以當你想要看看你在這塞了什麼時要怎麼把它們弄出來呢？ Git 提供一個名為 `checkout` 的指令，當附上一個提交 ID 時，會將你的工作目錄覆寫，讓其看起來就像你進行提交的樣子。想一下 `gitanjali-aref-wedding-plans` 檔案庫，如果你將在 `master` 分支中的所有檔案列出，你就會看到這個：

在 master 分支中的所有檔案。

```
File Edit Window Help
$ ls
README.md          appetizers.md  dinner.md          drinks.md
```

master 分支

HEAD 也指向此處。

如果你翻回到本章最一開始，在那我們有列出 `gitanjali-aref-wedding-plans` 檔案庫的提交歷史，你在最一開始的提交中注意到那個，特里妮蒂只新增了一個名為 `README.md` 的檔案。如果你要取出看看最一開始的提交，Git 會覆寫你的工作目錄讓其看起來就像當時的樣貌：

假裝我們是取出提交 ID 6b11ec8 的提交。

```
File Edit Window Help
$ ls
README.md
```

這是最一開始的提交，提交 ID 為 6b11ec，特里妮蒂在此提交新增了 README.md 檔案。

或許你可以想像，這和切換分支也沒有差很多。當你切換分支時，Git 會看記錄在該分支便利貼裡面的提交 ID、並將該提交內冷凍乾燥的檔案「復水」──而且會用那些檔案取代你工作目錄中的所有檔案。

✏️ 削尖你的鉛筆

➤ 善用你的 `git log` 調查技巧來找到附有「add first draft of appetizer and drink menus」（新增第一版的開胃菜和飲品菜單草稿）訊息的提交。在此處寫下該提交 ID，因為你之後的練習會用到。

➤ 誰進行本次提交？它們在此提交中引進了什麼變更？**提示**：使用補丁選項來查看差異。

答案在第 392 頁。

取出提交 ← 嗯！看起來很棒！

好好坐著，忘卻煩惱。我們晚點就會讓你忙起來。

我們知道取出一個提交的意思了，那我們要怎麼取出特定提交呢？

執行 *checkout*。

```
git checkout
```

附上提交 ID。

```
6b11ec8
```

這就是你會看到的結果：

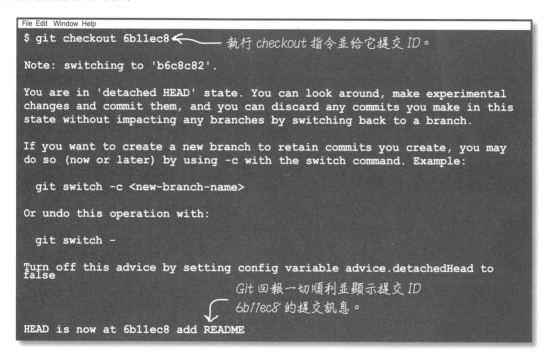

```
File Edit  Window Help
$ git checkout 6b11ec8 ← 執行 checkout 指令並給它提交 ID。

Note: switching to 'b6c8c82'.

You are in 'detached HEAD' state. You can look around, make experimental
changes and commit them, and you can discard any commits you make in this
state without impacting any branches by switching back to a branch.

If you want to create a new branch to retain commits you create, you may
do so (now or later) by using -c with the switch command. Example:

  git switch -c <new-branch-name>

Or undo this operation with:

  git switch -

Turn off this advice by setting config variable advice.detachedHead to
false
                       Git 回報一切順利並顯示提交 ID
                       6b11ec8 的提交訊息。

HEAD is now at 6b11ec8 add README
```

我們沒有看到任何錯誤，所以它看起來似乎成功了。然而，Git 似乎對某件事情有點擔心，我們花點時間來剖析它的訊息。

還記得 HEAD 嗎？如果你還記得，我們在第 4 章談了很多 HEAD 的事情（甚至還面試了它）。為了讓你複習記憶，HEAD 在 Git 中有很多目標。最重要的，也是與目前對話最相關的，就是不論 HEAD 指向哪一個提交都會變成下一個提交的親代！而這就是為什麼當你取出一個提交時，Git 會散發出恐怖氣息的原因。

在你翻到下一頁前，請回頭仔細閱讀 git checkout 指令的結果。

master 分支還是在這裡。

但 HEAD 現在指向這裡了。

斷頭狀態

當你用一個提交 ID 取出該提交時，Git 會說「You are in 'detached HEAD' state」（你目前已在「斷頭」狀態）。這個的意思就代表你不再位於一個分支上。這有什麼重要的呢？有兩件事情需要記住：

① **HEAD 指向的提交會是下個提交的親代。**

② **沒有東西可以在這時候阻擋你在你的檔案庫進行編輯和進行提交！**

如果你真的進行了一個提交，你的歷史看起來會如何呢？你的提交歷史看起來會像這樣：

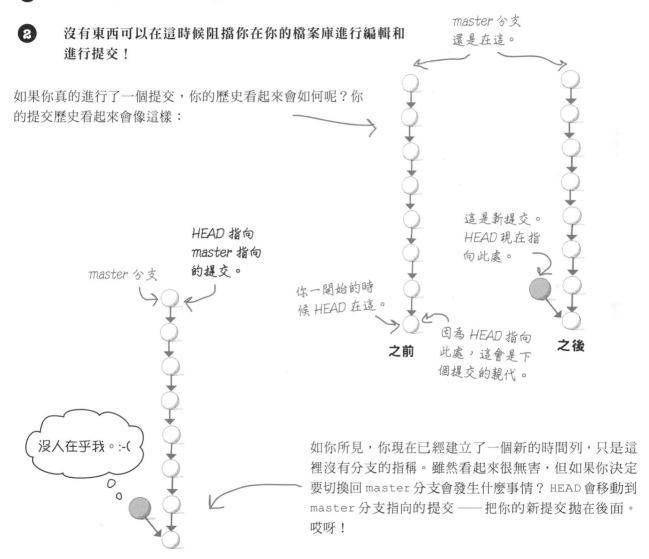

master 分支還是在這。

這是新提交。HEAD 現在指向此處。

HEAD 指向 master 指向的提交。

master 分支

你一開始的時候 HEAD 在這。

因為 HEAD 指向此處，這會是下個提交的親代。

之前　　　**之後**

沒人在乎我。:-(

在建立一個新提交後，你切換到 master。

如你所見，你現在已經建立了一個新的時間列，只是這裡沒有分支的指稱。雖然看起來很無害，但如果你決定要切換回 master 分支會發生什麼事情？HEAD 會移動到 master 分支指向的提交——把你的新提交拋在後面。哎呀！

斷頭故事狀態的道德規範

Git 會給你極度的彈性和無上的力量。如你所見,你可以取出任意的提交並開始進行新提交。你要冒的風險是,如果你切換到另一個提交或分支 —— 你會將所有提交放在腦後,而且除非你記得提交 ID,不然沒辦法輕易把它們找回來!

這裡的課題是什麼呢?如果你曾想要看看你的檔案庫在特定時間的樣子,使用 Git 的取出功能就能達到此目標。然而,當你在斷頭狀態,請務必先建立一個分支、並在進行任何編輯前切換到該分支!別忘了,分支的成本很低。如果你稍後決定不想保留這些更改,直接刪除分支就好。這樣一來,你的工作都可以安全地待在一個分支上,而且如果想要,你可以隨時切換回去,不用冒著失去你的變更的風險。雙贏!

當你將沒有指稱的提交放在身後時,Git 會顯示警告。但重點還是存在 —— 如果你沒看到那個警告訊息,你得要想辦法把那些提交找回來!

習題

為什麼不試試看取出一個提交呢?

✱ 用你的終端機移動到 `gitanjali-aref-wedding-plans` 檔案庫。一開始先將你工作目錄中的檔案列出來:

```
File  Edit  Window  Help
```

✱ 在上個練習題中,你記錄了一個提交 ID。特里妮蒂建立的這個提交引進了兩個新檔案 —— `appetizers.md` 和 `drinks.md`。寫下你要取出此提交會用到的指令:

✱ 接下來,再次列出你工作目錄中的檔案:

```
File  Edit  Window  Help
```

✱ 什麼檔案不見了,為什麼?請解釋你的答案:

答案在第 393 頁。

問：這個討論讓我有點不安。如果我有可能會遺失工作成果的話，為什麼 Git 還讓我們去取出提交？

答：Git 的強大之處就在單獨的提交和有向無環圖，就是它的提交歷史。每一次在你提交時，透過捕捉索引的狀態，Git 可以讓你隨時重度那個時刻。再者，你可能會有個需要回到過去的好理由 —— 或許你想到了一個可以更好解決手上的問題的方法。很彈性，對吧？

而且 Git 不會把你晾在一邊 —— 不只會提醒你目前檔案庫的狀態，還會針對你該執行的動作提供提示，這樣一來你就不用冒著遺失任何工作成果的風險。

取出提交一定算是在游泳池比較深的那一側游泳，但 Git 就在那裡注意著你的安全。

連連看？

本章如同旋風般地介紹了 Git 的搜尋功能。何不試試能不能把每個指令和它的描述連起來？

log --grep   將 HEAD 移到指定的提交。

grep   搜尋所有提交的差異。

blame   只搜尋提交訊息。

log -S   顯示所有該行包含文字以某種方式變更的提交。

checkout   在所有已追蹤檔案中搜尋一段文字。

log -G   顯示一個檔案中每一行的提交和作者資訊。

答案在第 394 頁。

辦公室對話

特里妮蒂：你有看到這個嗎？我們的 `appetizers.md` 檔案中看起來好像有個錯字。

阿姆斯壯：哎呀！什麼意思？

特里妮蒂：應該是拼成 B-L-I-N-I-S，不是 B-L-I-N-N-I-S！我知道在第一版草稿的時候我沒拼錯，因為當時我有用拼字檢查器。

阿姆斯壯：想知道什麼時候發生的？我猜你可以用十字鍬選項來找到一個提交的差異何時第一次出現「blinnis」。

特里妮蒂：你學得很快，對吧？我當然可以。但讓我教你另一個方式來找到哪個提交引進了一個特定變更，就是 `git bisect`。它會用一個很有效率的搜尋演算法來幫你搜尋你所有的提交，那個搜尋演算法叫做二分搜尋（binary search）。

阿姆斯壯：請繼續說。

特里妮蒂：假設你的檔案庫中有五個提交。你知道你在最新的提交中有個錯字，但第一個提交內沒有。

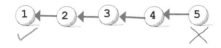

現在假設我給你看了檔案庫的狀態，就像提交 3 的樣子，而且在你四處查看後，你確定錯字不在那裡。也就是說，提交 3 是「沒問題」的。那這告訴你什麼資訊了呢？

阿姆斯壯：這代表錯字是出現在提交 4 或提交 5！

特里妮蒂：沒錯！如果提交 3 是「有問題」的，那錯誤在哪呢？

阿姆斯壯：我們知道它不是在提交 1，所以一定就是 2 或 3。

特里妮蒂：對。你剛剛就進行了一個提交的二分搜尋 —— 你選兩個提交並在兩者之間找到其中一個 —— 假設是提交 3。如果錯字不在那裡，這代表不是 4 就是 5。否則你就要往回找，一直把注意力集中到正確的那個提交。

阿姆斯壯：而且 Git 在這方面可以幫到你嗎？太棒了！

削尖你的鉛筆

在我們進行下一個討論前，你何不來試試看一、兩個範例，讓自己可以更熟悉二分搜尋演算法的運作方式（我們很確定你已經了解這個演算法很快就會變得重要）。如果你選擇接受這任務，你的任務是在一連串數字中找到我們教出來的數字。規則如下：

1. 永遠從清單中間開始。如果因為該清單是偶數個項目，所以沒有正中間的項目，就選擇盡可能接近中間的項目（例如，一個內含四個項目的清單中，請選第二個或第三個）。

2. 如果我們叫你尋找的那個數字大於正中間的那個數字，你會往右移動。如果我們叫你尋找的數字是小於正中間的數字，就往左移動。如果找到該數字就停止。

3. 當你（向右或向左）移動時，你會移動到剩餘數字的中間。一樣地，如果沒有真正的中間數字，選擇靠近中間的一個數字。

4. 回到第二步。

以下有個我們如何進行的範例，這樣你就會知道是如何進行的。以這個清單來說，我們要找到 61。

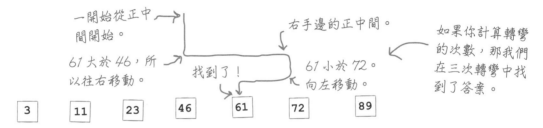

換你了！用二分搜尋演算法找到數字 9：

你轉彎了幾次才找到答案呢？

答案在第 395 頁。

使用 git bisect 搜尋提交

Git log 的十字鎬選項（-S 和 -G）非常強大。然而，當你不知道要搜尋什麼的時候就無法達到效果。想像一下這個情境，你在 master 分支中找到一個錯誤。你不知道為什麼會出現這個錯誤，所以你不知道要搜尋什麼 —— 這代表十字鎬選項幫不上忙。

但或許你真的知道一個方式來驗證你的應用程式的功能性 —— 以視覺方式檢查檔案或執行應用程式來檢查。所以你要怎麼辨識出引進錯誤的提交呢？嗯，你現在知道了 git checkout 指令。你可以找到你目前位於的提交的親代提交，並將那個提交取出。Git 會努力地將你的工作目錄中的所有文件替換為那次提交中的文件。你可以四處看一下，運行你的應用程式，或許執行一些測試，而且如果你找到了那個錯誤，就完成了！但如果你還沒找到，嗯，回到那個畫板 —— 再往回多一個提交。重複整個流程。

或者，你可以在你的提交歷史中對提交進行二分搜尋！（當你需要震撼表情圖示（mind-blown emoji）時，該去哪兒找呢？

你可能在上一個練習題中注意到了二分搜尋可以比線性搜尋一系列的數字快非常多，而且 Git 可以透過同個演算法幫你搜尋你的提交。

Git 中要對提交進行二分搜尋的指令就是 bisect 指令。但在我們教你怎麼做之前，先看一下這個工作流程。

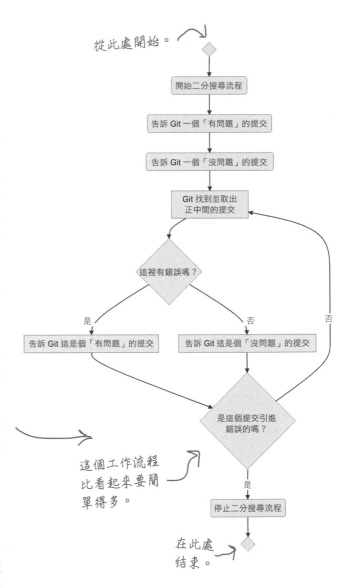

Git 的 bisect 指令幫你將尋找提交來檢查的流程自動化，所以你可以確定你在尋找的錯誤是否存在，隨著時間將提交的清單縮小範圍，來找到該錯誤第一次出現的地方。

我們來看看這個如何在指令列上運作。

使用 git bisect

我們一起來操作學習 `git bisect`。我們會用一個假想的檔案庫,內有五個提交。我們剛剛注意到最新的提交裡面有個錯誤。我們來動手處理,假設第一個提交是沒問題的。

坐下並好好閱讀,等等會有練習題。

假設這個提交 ID 是 6b11ec8。

我們知道這個提交並沒有錯誤。

我們在這發現了一個錯誤。

HEAD 指向此處。

要開始二分搜尋提交的話,我們首先要告訴 Git 開始一個二分搜尋的區段。

開始吧!一定會很好玩!

```
File Edit Window Help
$ git bisect start          ← 開始二分搜尋。Git 並無回報任何
                              內容。但你可以使用 git status。
$ git status
On branch master
Your branch is up to date with 'origin/master'.

You are currently bisecting, started from branch 'master'.
  (use "git bisect reset" to get back to the original branch)

nothing to commit, working tree clean
```

接下來,你得告訴 Git「有問題」的提交 ID —— 在此情況中,HEAD 有個錯誤,所以我們要跟 Git 說這件事。

```
File Edit Window Help
$ git bisect bad          一樣地,Git 並無
                          回報任何內容。
```

這相當於 git bisect bad HEAD。

然後你告訴 Git 那個「沒問題」的提交 ID,在此案例中,它的提交 ID 是 6b11ec8。

```
File Edit Window Help
$ git bisect good 6b11ec8
Bisecting: 3 revisions left to test after this (roughly 2 steps)
[b6c8c826ed98583a175ea4616ba9aad48ec0b1ad] replace meat dishes with vegetarian items
```

透過告訴 Git「有問題」和「沒問題」的提交在哪裡,你提供 Git 一個提交的範圍可以搜尋。Git 馬上就開始工作 —— 開始二分搜尋。它在「有問題」和「沒問題」的提交之間中間某處找到了一個提交,並使用 `git checkout` 指令來取出那個提交。

你準備就緒了!現在你去找那討人厭的提交吧!

使用 git bisect（續）

`git bisect` 的區段已經全部設定好了，而且 Git 已經幫你取出一個提交。Git 狀態指令確認了這個：

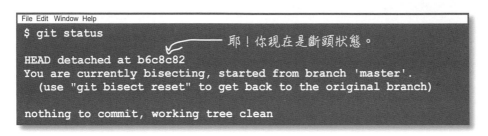

目前事情的位置在哪裡？還記得取出一個提交代表 Git 已經取代了你工作目錄中的所有檔案，讓它們看起來就像你進行提交時的樣子：

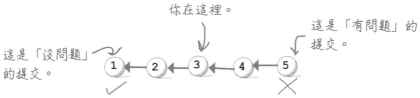

此時，你可以用你的編輯器來查看你專案中的檔案，你有辦法可以發現那個錯誤嗎？或者你可以執行那個應用程式、進行你的測驗等。你可能會得出以下其中一個結論 —— 這個提交中有錯誤，或者這個提交中沒有錯誤。如果**真的**在那個提交中**看到**了那個錯誤，然後你這麼告訴 Git：

另一方面，你可能沒注意到那個錯誤，然後你使用 `git bisect good`。

告訴 Git 一個提交是否有問題，會讓 Git 知道它該往哪方向繼續搜尋。如果你說「有問題」，Git 將會搜尋你目前提交更之前的索引。否則，它會搜尋後一個的提交。

不論如何，Git 會重複你一開始時所做的事情 —— 取出另一個提交並讓你有機會可以檢查提交，直到你最後找到引起問題的提交。

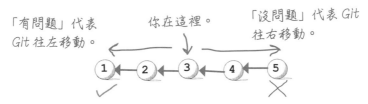

完成 git bisect

在用 `git bisect` 進行過幾個迭代後（要看它得搜尋多少提交），Git 會顯示出你已經判斷出是引進錯誤的提交。

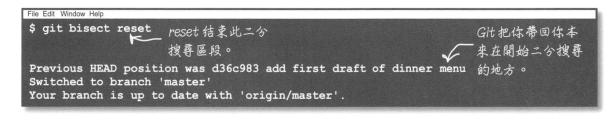

```
File  Edit  Window  Help
$ b6c8c826ed98583a175ea4616ba9aad48ec0b1ad is the first bad commit
commit b6c8c826ed98583a175ea4616ba9aad48ec0b1ad
Author: Armstrong <armstrong@eventplannerz.com>
Date:    Tue Jul 13 04:25:01 2021 -0400

    replace meat dishes with vegetarian items

appetizers.md | 4 ++--
dinner.md     | 4 ++--
2 files changed, 4 insertions(+), 4 deletions(-)
```

就在這！

所以現在你知道哪個提交引進了錯誤。你可以檢查所有檔案並查看那個錯誤是如何偷偷出現的，或許甚至決定還原那個提交（參見第 4 章）！

但在你繼續進行任何變更之前，別忘了你還在 `git bisect` 區段中。你需要向 Git 發出信號，表示你已經完成了：

```
File  Edit  Window  Help
$ git bisect reset       reset 結束此二分
                          搜尋區段。                              Git 把你帶回你本
                                                                 來在開始二分搜尋
Previous HEAD position was d36c983 add first draft of dinner menu  的地方。
Switched to branch 'master'
Your branch is up to date with 'origin/master'.
```

照過來！

務必在你的編輯器中重新載入檔案！

隨著你進行 `git bisect` 區段時，Git 取出一個提交後就會接著取出下一個。每次它都會覆寫你的工作目錄，讓其看起來就像你在提交時候的樣子。如果你把你的專案檔案開啟，有可能你的編輯器不會知道那些檔案在硬碟上已經變更，並會繼續呈現你工作目錄中沒有的該檔案版本。

VS Code 等編輯器都會自動更新，所以你隨時都是看到該檔案的正確版本 —— 但並不是所有編輯器都這樣。許多編輯器有提供「重新整理」按鈕來強制檔案內容重新載入，所以一定要記得用這功能。或是在 Git 每次取出一個新提交時，只要關閉再重新開啟你的編輯器，這樣一來你可以確定你正在看檔案的正確修訂版本。

習題

你是否可以花點時間幫助特里妮蒂了解清楚哪個提交引進「blinnis」錯字？這有一些你需要的細節：

- HEAD 有那個錯誤。換言之，HEAD 是「有問題」的。

- 我們幫你查看了 Git 紀錄 —— 我們知道 ID 6b11ec8 的提交是「沒問題」的。

* 使用你的終端機移動到 gitanjali-aref-wedding-plans 檔案庫。開始 git bisect 的對談。

* 一定要告訴 Git「有問題」和「沒問題」的提交。

* 每次 Git 取出一個提交，一定要在你的編輯器中重新載入檔案。**要注意 appetizers.md 的檔案。**

* 試試看你可不可以辨識出引進錯字的提交。在這裡寫下該提交 ID：

* 記得用 git bisect reset 來結束你的 Git 二分搜尋區段。

⟶ 答案在第 396 頁。

重點摘要

- Git 提供很多好用的工具，可以用來搜尋檔案庫內容、提交紀錄、提交。

- 你可以在 Git 檔案庫中使用 git blame 註釋任何的追蹤檔案。這會以單行的方式把最新變更該行的提交細節顯示給你看，包含提交 ID、作者資訊、變更的日期。

- GitHub 等大多的 Git 檔案庫管理員都可以輕鬆地在你的瀏覽器中使用 git blame 註釋檔案。

- 你可以在 git blame 指令附上特定提交 ID 來查看一個檔案在提交時候的修訂歷史。

- 你可以在你的檔案庫中使用 git grep 指令來搜尋所有追蹤檔案的內容。

- git grep 指令預設在搜尋時是區分大小寫的。你可以使用 -i（--ignore-case 的短版）旗標讓你的搜尋不區分大小寫。

- git grep 指令也支援 -n（--line-number 的短版）旗標，可以顯示符合結果的行碼。

- git grep 指令會列出它找到的每一個符合結果。你可以使用 -l（--name-only 的短版）旗標限制輸出結果只顯示檔案的名稱。

- 為了找到哪個提交新增或移除了一段文字，你可以使用 git log 指令支援的 -S 旗標。-S 旗標是 Git 支援的兩種「十字鎬」選項之一，而且它接受你附上想要搜尋的文字作為引數。

- 十字鎬選項會搜尋整個提交歷史，但可以透過在 git log 指令附上檔案名稱來限縮只檢查單一檔案的歷史。

- git log 指令也可以使用 -p（--patch 的短版）旗標顯示每個提交引進的補丁。這可以和 -S 旗標合併使用，可以查看搜尋文字是否在特定提交中被新增或移除。

- 使用 -S 旗標在 Git 檔案庫中搜尋文字，會顯示出新增或移除該段文字的提交。

- git log 指令的 --grep 旗標會搜尋提交訊息。

- 你可以使用 git checkout 指令在你的提交歷史中「翻回」到任何一個提交。

- 當你取出一個提交，Git 會覆寫你的工作目錄，讓其看起來就像你在提交時候的樣子。

- 取出一個提交會讓你進入「斷頭」狀態。這代表你再也不會在分支上工作。

- 你可以繼續進行編輯和提交，但切換離開那個提交歷史代表你會拋棄你的提交（因為它們沒有受到分支的指稱）。

- 在斷頭狀態時，最好是不要進行任何提交。

- 你可以使用 git bisect 指令來搜尋引進錯字的提交，它利用二分搜尋演算法在你的提交歷史中搜尋，並快速地縮小範圍到你在尋找的提交。

- 在 git bisect 區段中的每一步，Git 會取出一個提交，把你處於斷頭狀態。因為 Git 會覆寫你的工作目錄，所以你可以四處查看，看能不能發現不受歡迎的行為。

- 看你有沒有發現那個問題，你可以告訴 Git 當前的提交是不是「有問題」的，這會告訴 Git 在提交歷史該往哪個方向搜尋。這動作會重複執行，一直到你將有回報問題的提交單獨找出來。

搜尋線索

你還沒完成搜尋 —— 是時候在本章的填字遊戲中挖掘出所有答案。

橫向

4 -S 和 -G 有時候被稱為 Git 的 ＿＿＿ 搜尋選項

5 使用 git log 指令時搭配此旗標讓你可以搜尋提交訊息

9 git ＿＿＿ 指令會告訴你誰在什麼時候對特定檔案做了什麼事情

11 當你搜尋時是不是大寫並不重要時，使用搭配此旗標的 git grep 指令（兩個英文單字）

13 使用搭配 -n 旗標的 git grep 指令會在輸出結果顯示 ＿＿＿ 碼

14 特里妮蒂的生意夥伴

17 為了找到引進錯誤的提交，使用 git ＿＿＿ 指令搜尋提交

答案在第 397 頁。

縱向

1 一種非常有效率的搜尋

2 我們最愛的旗標之一，搭配 git log 指令使用，可以將輸出結果變更簡潔

3 特里妮蒂和阿姆斯壯的初始檔案追蹤開胃菜、晚餐和 ＿＿＿

6 為了在提交的時候對你的檔案拍一張快照，＿＿＿ ＿＿＿ 那個提交（兩個英文單字）

7 git log --grep 指令的輸出結果會用此顯示

8 就像旗標一個，你可以在很多 Git 指令後附上這些

10 ＿＿＿ 棕色狐狸跨過懶狗

12 當你取出提交時，你就在 ＿＿＿ 頭狀態

15 Git 提供一些不同的方式在檔案庫中來 ＿＿＿ 一段文字

16 使用搭配 git log 指令的這個旗標，會將你的提交歷史和差異合併在一起

習題
解答

題目在第 351 頁。

你可以在此處找到特里妮蒂和阿姆斯壯針對吉坦賈利和阿雷夫婚禮計畫所建立的檔案庫：*https://github.com/looselytyped/gitanjali-aref-wedding-plans*。

✱ 將該檔案庫複製到本地。一開始先在此處列出你要使用的指令：

git clone https://github.com/looselytyped/gitanjali-aref-wedding-plans.git

✱ 稍微看一下這個檔案庫並回答以下的問題：

此檔案庫中有幾個分支？ *1*

master 分支上有多少個提交呢？ *8*

✱ 最後，執行 `git log --graph --oneline --all` 指令來查看歷史。請仔細閱讀所有提交訊息。

削尖你的鉛筆
解答

題目在第 356 頁。

我們來實際操作一下 **git blame**，讓你有些實務經驗。

➤ 你得使用 `git blame` 指令來查看你在本章一開始複製的 `gitanjali-aref-wedding-plans` 檔案庫中，`appetizers.md` 檔案所經歷過的修訂。一開始先在此處列出你會用到的指令：

　　　　　　git blame appetizers.md

➤ 接下來，請回答以下的問題：

有多少作者對此檔案有所貢獻？ 2

這個檔案上一次被編輯是什麼時候？ 2021年7月26日

誰是最後編輯第 5 行資訊的人？ 阿姆斯壯

➤ 然後，使用 GitHub 網站介面來查看你是否也能看到 `git blame` 的結果。

習題
解答

題目在第 361 頁。

是時候來練習你的新 Git 全域搜尋偵探技能。在你的終端機中移動到 gitanjali-aref-wedding-plans 檔案庫。

* 你要怎麼搜尋所有包含「menu」單字的檔案？請寫在此處：

    git grep menu

* 你找到了多少檔案？ 1

* 接下來，讓搜尋變成不區分大小寫。將指令列在此處：

    git grep -i menu

* 你這次得到了多少次符合結果？ 2

* 最後，如果你也想要查看行碼，git grep 指令看起來會是什麼樣子呢？

    git grep -i -n menu

習題
解答

題目在第 364 頁。

讓我們動動手指，展現你的搜尋技巧。首先，移動到 gitanjali-aref-wedding-plans 檔案庫。

* 要怎麼才能在你的檔案庫中找到每個新增或移除單字「classic」的提交呢？一開始先在此處列出你會用到的指令：

    git log -S classic

* 執行！你的搜尋揭露了多少個提交？ ___1___

題目在第 367 頁。

* 在 `gitanjali-aref-wedding-plans` 檔案庫使用補丁和單字差異的旗標，搜尋所有新增或刪除單字「walnut」（核桃）的提交。哪個提交新增了這個詞，而且哪個提交移除了它？

> b6c8c82 added it
>
> e9beff3 removed it

題目在第 369 頁。

* 在 `gitanjali-aref-wedding-plans` 檔案庫的提交歷史中搜尋單字「classic」（經典的），只是這次你要使用 `-G` 旗標。請務必選擇顯示縮寫的提交 ID，並請使用 `--word-diff` 選項。一開始先在此處列出該指令：

> git log -p --oneline -G classic --word-diff

* 有多少提交回報在你提交歷史中的單字「classic」？

> 2

* 將此和 `-S` 旗標的輸出結果相比較 —— 為什麼用 `-G` 旗標比你之前用 `-S` 旗標有比較多提交？

> 用 -S 旗標搜尋只會顯示出一個提交。這是因為 -S 只會尋找當「classic」被新增（或移除）的時候。-G 旗標只會搜尋影響到包含「classic」的那一行的提交，在 ID c366817 的提交中變更了。

削尖你的鉛筆
解答

題目在第 369 頁。

這裡的某些指令跟其他的不一樣。有些是無法運作的！

假設你在 gitanjali-aref-wedding-plans 檔案庫中搜尋單字「classic」。以下所列的都是 git log 的十字鎬選項的各種組合，只是其中有一些並無法使用。你有辦法辨識哪些是無法使用的嗎？**提示**：仔細地查看旗標和引數的順序。

搜尋的字串（本案例中的「*classic*」）一定要放在 –G 旗標後。

```
git log -p --oneline -S classic
```

```
git log -G -p classic
```

```
git log -p -G classic --oneline --all
```

```
git log -p classic -S
```

```
git log -S classic --all
```

同樣地，「*classic*」一定要是 –S 旗標的引數。

習題
解答

題目在第 370 頁。

* 你會用什麼指令來找 gitanjali-aref-wedding-plans 檔案庫中，每一個包含單字「menu」的提交？

        git log --grep menu

* 你找到了多少提交？請將它們的 ID 列在此處：

        兩個。d36c983 and 99fd56e

題目在第 373 頁。

> 善用你的 git log 調查技巧來找到附有「add first draft of appetizer and drink menus」（新增第一版的開胃菜和飲品菜單草稿）訊息的提交。在此處寫下該提交 ID，因為你之後的練習會用到。

99fd56e

> 誰進行本次提交？它們在此提交中引進了什麼變更？**提示：**使用補丁選項來查看差異。

這個提交的作者是特里妮蒂。這個提交引進了兩個新檔案 —— appetizers.md 和 drinks.md。我知道它們是新檔案，因為我在 diff 結果看到兩個檔案有寫「new file mode」（新檔案模式）。

習題
解答

題目在第 376 頁。

為什麼不試試看取出一個提交呢？

✷ 用你的終端機移動到 `gitanjali-aref-wedding-plans` 檔案庫。一開始先將你工作目錄中的檔案列出來：

```
File Edit Window Help
README.md     appetizers.md
dinner.md     drinks.md
```

✷ 在上個練習題中，你記錄了一個提交 ID。特里妮蒂建立的這個提交引進了兩個新檔案 —— `appetizers.md` 和 `drinks.md`。寫下你要取出此提交會用到的指令：

git checkout 99fd56e

✷ 接下來，再次列出你工作目錄中的檔案：

```
File Edit Window Help
README.md     appetizers.md     drinks.md
```

✷ 什麼檔案不見了，為什麼？請解釋你的答案：

取出 ID 是 99fd56e 的提交把我翻回到 dinner.md 新增前的時間點。因為 Git 會覆寫我的工作目錄，讓其看起來就像提交時候的樣子，因此我無法再取得 dinner.md。

連連看解答？

題目在第 377 頁。

本章如同旋風般地介紹了 Git 的搜尋功能。何不試試能不能把每個指令和它的描述連起來？

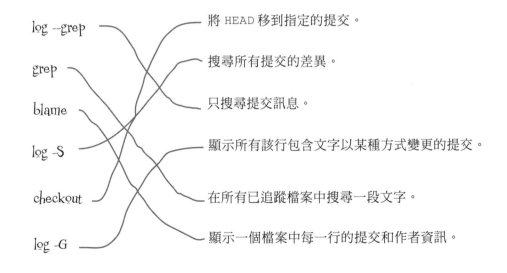

log --grep

grep

blame

log -S

checkout

log -G

將 HEAD 移到指定的提交。

搜尋所有提交的差異。

只搜尋提交訊息。

顯示所有該行包含文字以某種方式變更的提交。

在所有已追蹤檔案中搜尋一段文字。

顯示一個檔案中每一行的提交和作者資訊。

削尖你的鉛筆 解答

題目在第 379 頁。

在我們進行下一個討論前，你何不來試試看一、兩個範例，讓自己可以更熟悉二分搜尋演算法的運作方式（我們很確定你已經了解這個演算法很快就會變得重要）。如果你選擇接受這任務，你的任務是在一連串數字中找到我們教出來的數字。規則如下：

1. 永遠從清單中間開始。如果因為該清單是偶數個項目，所以沒有正中間的項目，就選擇盡可能接近中間的項目（例如，一個內含四個項目的清單中，請選第二個或第三個）。

2. 如果我們叫你尋找的那個數字大於正中間的那個數字，你會往右移動。如果我們叫你尋找的數字是小於正中間的數字，就往左移動。如果找到該數字就停止。

3. 當你（向右或向左）移動時，你會移動到剩餘數字的中間。一樣地，如果沒有真正的中間數字，選擇靠近中間的一個數字。

4. 回到第二步。

以下有個我們如何進行的範例，這樣你就會知道是如何進行的。以這個清單來說，我們要找到 61。

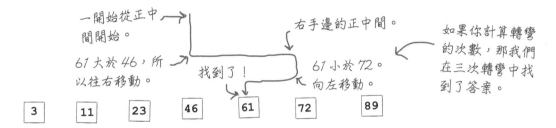

換你了！用二分搜尋演算法找到數字 9：

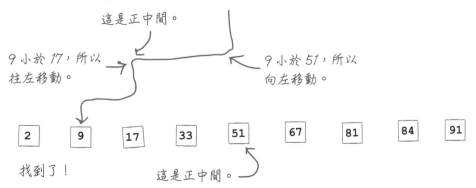

你轉彎了幾次才找到答案呢？ 三次

習題
解答

題目在第 384 頁。

你是否可以花點時間幫助特里妮蒂了解清楚哪個提交引進「blinnis」錯字？這有一些你需要的細節：

- HEAD 有那個錯誤。換言之，HEAD 是「有問題」的。

- 我們幫你查看了 Git 紀錄 —— 我們知道 ID 6b11ec8 的提交是「沒問題」的。

＊ 使用你的終端機移動到 gitanjali-aref-wedding-plans 檔案庫。開始 git bisect 的對談。

＊ 一定要告訴 Git「有問題」和「沒問題」的提交。

＊ 每次 Git 取出一個提交，一定要在你的編輯器中重新載入檔案。**要注意 appetizers.md 的檔案。**

＊ 試試看你可不可以辨識出引進錯字的提交。在這裡寫下該提交 ID：

b6c8c82 是有問題的提交。 ← 這就是你找到
的提交嗎？

＊ 記得用 git bisect reset 來結束你的 Git 二分搜尋區段。

搜尋線索解答

你還沒完成搜尋 —— 是時候在本章的填字遊戲中挖掘出所有答案。

題目在第 386 頁。

8 *Git* 讓你人生更輕鬆

前輩的建議

我謹代表深入淺出系列的所有機組員，歡迎您搭乘此班機。

我們會盡力確保您今天可以擁有舒適的體驗。感謝您選擇了我們。

本書目前已經教你 Git 的使用方式。但你也可以調整 Git 來符合你的需求。所以改變 Git 的能力就很重要，你在前幾個章節已經看過如何去改變 Git，所以在本章節，我們會深度探討你可以做什麼改變讓一切變得更輕鬆。配置（configuration）的功能也能幫你定義快捷，「落落長」的 Git 指令再見！

你有很多方式可以讓使用 Git 變得更輕鬆。我們會告訴你如何和 Git 溝通，去忽略特定類型的檔案，這樣你就不會不小心提交了這些檔案。我們會提供撰寫提交訊息的建議以及分支該如何命名。最後我們會探討 Git 的圖像化使用者介面對你的工作流程的重要意義。#快走吧 #迫不及待

設定 Git

Git 一開始會搭配一定的預設設定。目前在本書中，你已使用了 `git config` 指令來設定或覆蓋某一些設定以因應你的需求。但它並不止於此 —— 你可以微調 Git 的行為來進行所有的動作，讓你的生活更輕鬆。了解 Git 將配置儲存在哪裡以及這個配置的能力，可以明顯提升你的整體體驗。

這邊我們快速複習一下我們要怎麼告訴 Git 我們的名字，這樣一來，Git 就知道我們每次提交時可以表揚我們的功勞：

執行 config 指令。　　我們等等會談這個。　　我們在設定的那個「東西」。　　我們希望帳號變成的數值。

`git config`　　`--global`　　`user.name`　　`"Raju Gandhi"`

你或許還記得我們可以用這個來設定電子郵件（第 1 章）、我們的預設編輯器（第 2 章）、和推送分支時 Git 的行為（第 5 章）。

`git config` 指令可以接受一個旗標（此案例中的 `--global`）、一個選項（`user.name`）、最後是我們要設定選項的數值（「Raju Gandhi」）。`--global` 旗標特別地有趣，因為它會告訴 Git 要怎麼應對這個配置變更。

在本書中，你已經使用過好幾個不同的檔案庫，而且你可能已經注意到不論是在哪個檔案庫，你的名字和電子郵件永遠都是一樣的。那就是因為 `--global` 旗標。這個旗標會告訴 Git 你想要將此設定應用到你在那特定工作站所使用的所有 Git 檔案庫。這也是為什麼你執行這個指令時不一定要待在特定的目錄中！接下來，我們會看看你的配置位於哪裡、還有你可以對其做什麼動作。

問：我還記得 `user.name` 和 `user.email` 的設定，但這些看起來就像我們在設定很特定的東西。有沒有地方可以讓我找到 Git 允許我配置的所有東西的列表？

答：沒錯，`user.name` 和 `user.email` 都很「特別」。但很不巧 Git 說明文件中並沒有單一位置全面性地列出你可以配置的完整項目清單。如果你在說明文件中查看 `git config` 指令（使用 `git help config` 或 `git config --help`），你就會看到一個超過 600 個可設定項目的清單。但這清單還沒有窮盡所有項目！你如果閱讀特定指令的說明頁面，常常就會發現針對特定指令有額外的可配置項目。

不要被嚇到了。我們會教你學到一定的程度，而且隨著你使用 Git 的經驗越來越多、並開始發現你想要變更的預設設定，你隨時都可以使用你最愛的搜尋引擎來搜尋。

全域 .gitconfig 檔案

當你搭配 --global 旗標執行 git config 指令時會發生什麼事情呢？Git 知道你想要在你所有使用的檔案庫中進行特定的設定，所以 Git 會在起始目錄中的一個名為 .gitconfig 檔案中安裝該設定。對 Linux 和 macOS 作業系統的使用者來說，你的起始目錄就是 ~/，而對 Windows 使用者來說，預設就是在 C:\Users 之下帶有你帳號名稱的目錄。你可以使用你的終端機來定位該檔案：

將目錄變更到「~」（起始）目錄。

就在這！

我們截短了這個清單，你或許會在這看到很多檔案和資料夾。

如果你用文字編輯器開啟這個檔案，這就是你會看到的內容：

這是一個「區段」(section)。

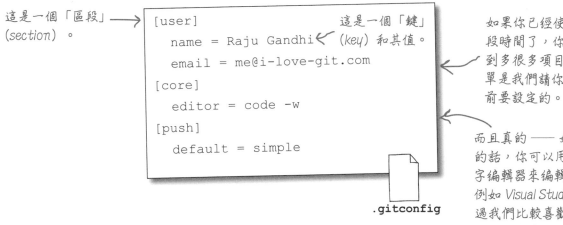

這是一個「鍵」(key) 和其值。

如果你已經使用 Git 一段時間了，你可能會看到多很多項目。這個清單是我們請你在本書目前要設定的。

而且真的 —— 如果你想要的話，你可以用單純的文字編輯器來編輯這個檔案，例如 Visual Studio Code，不過我們比較喜歡使用 git config 指令。

.gitconfig

如你所見，這個檔案有一堆區段（以方括號框起來），每一個後面會接著一個或以上的鍵和值。一個 setting.key 組合被稱為一個選項 —— 例如，user.name 就是一個選項。或許你可以看到這個 Git 指令是如何運作的：附上 --global 旗標來編輯你初始目錄中的 .gitconfig 檔案。而且附上 user.name 就代表我們嘗試要在 user 區段下配置 name 鍵。

區段名稱　　鍵名　　　　　　　　　　　　鍵值

.gitconfig 檔案不一定都是可見的。

.gitconfig 檔案（就像是檔案庫中的 .git 目錄）是個「隱藏」檔案。如果你使用 Finder 或檔案總管移動到你的起始目錄，你可能會看不到那個檔案。那是因為大多的作業系統預設都不會列出隱藏檔案。你得去開啟查看隱藏檔案的選項。

對於 Mac 用戶來説，開啟一個新的 Finder 視窗、移動到起始目錄，如果你看不到 .gitconfig 檔案，使用 Command + Shift + .（沒錯，就是英文句尾的句點）來開啟顯示隱藏檔案的選項。至於使用 Windows 的人，開啟一個新的檔案總管視窗、移動到你的起始目錄，點擊「檢視」頁籤，然後勾選「隱藏的項目」。

習題

為什麼不花點時間來用用看你的 Git 全域設定呢？

✱ 使用終端機，移動到你的起始目錄，然後列出所有的檔案，包含隱藏的檔案。試試看你有沒有辦法看到 .gitconfig 檔案。使用此處空白處寫下你即將要使用的指令：

你可能還記得要檢查鍵值的指令跟要設定鍵值的指令幾乎一模一樣。例如：

git config --global user.email "me@i-love-git.com"

將你的電子郵件進行全域設定。

versus

git config --global user.email

不提供一個值，代表你正在叫 Git 向你顯示出特定選項的值。

✱ 使用終端機來試試看是否可以檢查 core.editor 的鍵值。請先在此處列出你會用到的指令：

✱ 使用你的文字編輯器開啟 Git 全域設定的檔案。花一點時間查看——列出的區段和鍵值搭配看起來很眼熟嗎？

答案在第 435 頁。

如果有「全域」設定，是不是代表也有「區域」設定呢？如果有的話，那代表什麼意思呢？

好問題！ Git 就是高度彈性。Git 知道不同情況會有不同的要求，而且會盡力來幫助你。假設你的 Git 大多都是用在工作上的專案 ── 對你來說在全域設定中設定工作的電子郵件是合理的選項。這樣一來，不論你在使用哪個檔案庫，在那個工作站上所有檔案庫的每一個提交中記錄的電子郵件，就會是你的工作用電子郵件。

但如果你決定要進行一項個人專案或在工作之餘要幫忙一個開源專案。針對該專案，你會希望每個提交中記錄的是你的個人電子郵件。Git 也允許你安裝特定檔案庫專用的特定設定，會複寫你的全域設定。我們接下來看看要怎麼做。

專案專用的 Git 設定

Git 的全域設定很好用，可以儲存你平常希望 Git 所使用的選項（例如你的名字，應該不會太常變更）。但偶爾，你可能會希望針對特定專案使用不同的設定。Git 就能幫上忙 —— 我們可以針對特定專案覆寫全域設定的選項。git config 指令支援另一個旗標：

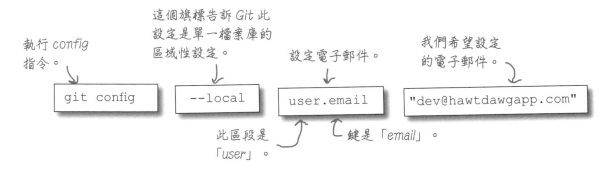

兩個重點：git config 指令的**預設行為**是在單一區域安裝選項。換言之，你可以跳過 --local 旗標，還是可以得到一模一樣的行為。你得使用 --global 旗標讓其**不是**區域性設定。再者，當你沒有使用 --global 旗標執行 git config 指令時，**你得要位於一個 Git 檔案庫中！**否則，Git 會回報 fatal: not in a git directory（致命錯誤：不在 git 檔案庫中）錯誤訊息。那很合理 —— 你在告訴 Git 你想要針對特定檔案庫來設定特定選項，你目前位於的檔案庫。

Git 將區域設定儲存在一個位於隱藏 .git 資料夾內名為「config」的檔案。

當你安裝區域設定時會發生什麼事呢？就像你猜到的，Git 會把設定儲存在你當前檔案庫中隱藏 .git 目錄內的特殊位置。只要你在那個檔案庫中工作，Git 會使用區域設定要求的選項。如果你變更目錄並開始在另一個檔案庫中工作，該檔案庫並沒有區域設定，那 Git 就會回到使用全域設定。

小心打錯字

git config 指令並不會檢查你提供的區段名稱和鍵名是否有效！假設你不小心把選項打成 user.nme —— Git 會把它記錄在一個新的鍵值配對，你就會想說為什麼 Git 看不懂你的變更。

在你執行 git config 指令前一定要檢查是否有錯字。

問：假設我在全域設定的 `.gitconfig` 檔案中設定了我的工作用電子郵件，但我有針對一個特定檔案庫進行區域性的設定個人電子郵件。該特定檔案庫中的提交會使用我的個人電子郵件，對吧？

答：沒錯！Git 首先會閱讀（在你初始檔案庫）全域設定的檔案，後面接著你檔案庫中區域性的那一個 —— 以此順序 —— 然後將它們合併為一。區段和鍵對每一個檔案都是獨一無二，不會動到它們 —— 然而，如果你在區域設定中有將 `user.email` 鍵設定了相較於全域設定不同的值，區域設定會勝出。

思考一下每個設定和你的檔案庫之間的「距離」—— 越靠近，優先順序就越高。

問：我無法用區域設定看到自己。你可以提供一些範例，告訴我這在哪可能可以派上用場呢？

答：你是對的 —— 但是滿罕見的。通常會希望 Git 的行為是一致的，不同檔案庫的不同設定讓人感覺很亂。

然而，這情況對我們有利的情境就是我們早些時候描述的那個情境，我們想要針對特定檔案庫使用個人電子郵件，而不是工作用電子郵件。

或者假設你想要針對一個特定專案顯示不同的「名字」。例如，你正在潤飾一個草稿，而且想要你所進行的所有提交都以筆名「Proofreader」出現。對特定檔案庫設定不同的名字就是個好的使用案例。

不論如何，知道如何設定 Git 行為是個很有價值的技能。我們會把 Git 設定當成本章的主題，而且我們必定希望你可以在未來知道它有多好用。

問：一旦我設定了一個選項，我之後要怎麼變更呢？

答：只要重新執行指令用新的值設定該選項，然後 Git 就會用新數值把目標的設定檔案更新。輕而易舉。

問：我要怎麼刪除一個項目呢？

答：`git config` 指令會提供一個 `--unset` 旗標，可以用來移除一個項目。假設你想要從特定檔案庫的設定檔中移除 `user.email` 的數值 —— 也就是說，你想要移除一個「區域」設定檔。這就是你要做的方式：

```
git config --local --unset user.email
```

如果這是全域設定，你得使用 `--global` 旗標和 `--unset` 旗標來影響初始目錄的 `.gitconfig`。

而且，別忘記 Git 把你的設定檔存成純文字檔。你可以隨時用像 Visual Studio Code 等文字編輯器來編輯。不過務必要先備份。（防範於未然，好過事後後悔，對吧？）

問：如果我搭配 --local 旗標執行 git config 指令，但我不是位於一個 Git 檔案庫，這樣會發生什麼事情？

答：當你搭配 `--local` 旗標執行 `git config` 指令，Git 會嘗試找一個地方來儲存你的設定檔。Git 會在當前資料夾中尋找 `.git` 目錄 —— 如果有找到一個，它會在這安裝該選項。如果沒有，它會移動到當前資料的親代並再次查詢。一直到它找到 `.git` 資料夾之前會一直在該目錄樹往上尋找。

如果搜尋失敗，Git 會出現錯誤訊息 `fatal: --local can only be used inside a git repository`（致命錯誤：`--local` 只可以在 git 檔案庫中使用）。

我們的建議：如果你想要用區域選項設定一個檔案庫，當你位於想要設定的檔案庫中的根目錄時（也就是，包含隱藏 `.git` 資料夾的目錄），才可以搭配 `--local` 旗標執行 `git config` 指令。這樣你就知道你現在是針對哪一個檔案庫變更。

列出你的 Git 設定

隨你的意，安裝選項並設定 Git 是很棒的，但有時候你可能只是想要列出你設定過的所有東西。git config 指令提供一個 --list 旗標，會列出你所有設定過的選項，全域或區域。假設你已經在全域設定裡面設定了一堆選項，而你用搭配 --local 旗標的 git config 引進了另一個電子郵件。這是我們在我們的裝置上使用 --list 選項所見的畫面：

請注意 *user.email* 列出兩次。

```
File Edit Window Help
$ git config --list
user.name=Raju Gandhi
user.email=me@i-love-git.com
core.editor=code -w
push.default=simple
core.repositoryformatversion=0
core.filemode=true
core.bare=false
core.logallrefupdates=true
core.ignorecase=true
user.email=me@hawtdawgapp.com
```

--list config 將完整設定檔都列出 —— 全域設定和區域設定都有。

你可能會看到不認識的項目。沒關係 —— 那些是 Git 所配置的預設檔案。

如你所見，--list 旗標列出了 Git **所有**看到的選項，包含了某些 Git 自動設定的項目。記得 Git 會先閱讀全域設定，然後才是區域設定。--list 會以 Git 遇見的順序列出那些選項 —— 在上方的項目是全域設定的，後面才接著區域設定的項目。你會注意到上一個列表有列出 user.email 兩次 —— 第一個是 Git 在全域設定檔裡面看到的數值；第二個是我們在那檔案庫中區域進行的設定。

當然，你可能會想知道一個特定的選項是全域設定還是區域設定。為了回答那個問題，git config 指令還支援另一個旗標 --show-origin，搭配 --list 選項會顯示 Git 在哪裡取得特定的設定。

在 *git config* 指令後附上 *--show-origin* 旗標。

這些項目來自起始目錄中的全域 *.gitconfig* 檔案。

這些是位於此目錄的在地檔案。

```
File Edit Window Help
$ git config --list --show-origin
file:/root/.gitconfig    user.name=Raju Gandhi
file:/root/.gitconfig    user.email=me@i-love-git.com
file:/root/.gitconfig    core.editor=code -w
file:/root/.gitconfig    push.default=simple
file:.git/config    core.repositoryformatversion=0
file:.git/config    core.filemode=true
file:.git/config    core.bare=false
file:.git/config    core.logallrefupdates=true
file:.git/config    core.ignorecase=true
file:.git/config    user.email=me@hawtdawgapp.com
```

我們還沒完成。我們很快會教你另一個運用到 Git 設定功能的小訣竅。別走開！

削尖你的鉛筆

稍微放鬆 Git 設定的肌肉，好嗎？

➤ 你要用什麼指令列出你的 Git 全域設定以及你設定此設定的檔名？

請注意你要執行這個版本的 `git config` 指令不一定要在特定的目錄中！

➤ 接下來，建立一個名為 a-head-above 的新資料夾。我們選擇在另一個名為 chapter08 的資料夾內建立這個資料夾，把其放在我們之前別章的練習題旁邊，這樣會比較整潔（但你可以自己決定！）。

➤ 使用你的終端機將目錄變更到 a-head-above 目錄，並啟動一個新的 Git 檔案庫。

➤ 使用搭配 --local 旗標和 git config 指令單獨變更為此檔案庫的名字。如果你到目前為止都是用你的全名，這裡就只用你的名或是用英文縮寫。或者使用你最愛的虛構角色的名字！你會用什麼指令呢？（提示：你要設定的選項 user.name。）

➤ 把你完整的 Git 設定再次列出來，一併附上設定的來源。有什麼變更了？請在此處解釋你的答案：

➤ 建立一個名為 README.md 的檔案，內容如下，將其新增到索引，並提交該檔案，提交訊息為「docs: add a README file」（文件：新增一個讀我檔案）：

你可能會注意到這個提交訊息的格式有一點點不一樣。我們很快會再細談這個。

我們有在本書的原始碼的 chapter08 資料夾中提供此檔案。

```
# Making your life easier with Git

1. You can override the global configuration on a
per-repository basis
```
README.md

➤ 最後，使用（沒有旗標的）git log 然後檢查其作者名稱。

答案在第 436 頁。

Git 別名，就是你的私人 Git 捷徑

你在這本書中必定一直都很忙——你已經輸入各式各樣的 Git 指令很多次，現在應該已經習慣變自然了。然而，有些指令，特別是那些需要用很多旗標的指令（我就是在看你，git log！）每次都要打出來很麻煩——更不用說你還有可能會不小心引進錯誤。

我們有好消息！Git 讓你定義一個別名，這可以讓你把任何 Git 指令及所有必備的旗標包進一個捷徑。當你執行那個捷徑，Git 會自動神奇地直接擴張成該捷徑指定的內容。或許應該要用個範例來說明。假設你建立了一個名為 loga 的別名，會擴張為 git log --online --graph --all：

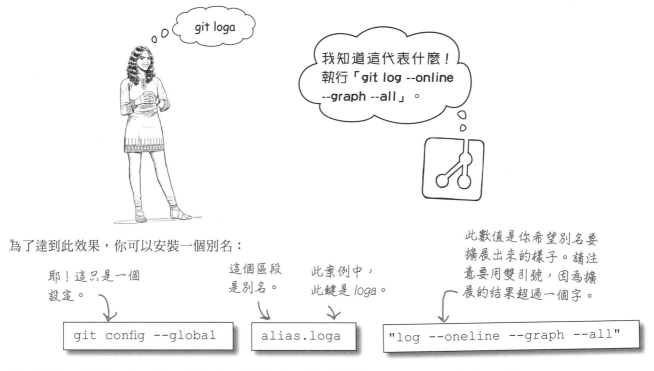

為了達到此效果，你可以安裝一個別名：

耶！這只是一個設定。

這個區段是別名。

此案例中，此鍵是 loga。

此數值是你希望別名要擴展出來的樣子。請注意要用雙引號，因為擴展的結果超過一個字。

```
git config --global    alias.loga    "log --oneline --graph --all"
```

這只是另一段設定，你可能已經猜到，它會塞在初始目錄中的 .gitconfig 檔案內。你目前所學關於新增／編輯／檢視 Git 設定的動作也都可以適用在別名上。

現在，與其得打出 git log --oneline --graph --all，你只要執行 git loga，然後你就可以得到一樣的結果！是不是很棒？！

當你「設定」一個別名，在 .gitconfig 檔案內的區段被稱為「別名」（你一定要打對了），該鍵可以是任何你想要的名稱。只是要確定鍵名是相關而且要好記——在我們的案例中，我選擇了 **loga**，因為我們是執行 **l**og command with the **o**neline, **g**raph, and **a**ll flags（使用一行、圖像、所有旗標的記錄指令），更不用說別名跟 log 長得很像（只是這個最後有一個「a」）。

調整 Git 別名的行為

Git 別名讓你可以快速且精確地移動，同時間還能夠擁有 Git 指令提供的彈性。只是要記得，Git 別名對於它們要擴展的內容是很無情的。例如，如果你有個名為 `loga` 的別名，會擴展為 `git log --oneline --graph --all`，但因為某個原因，你不想要看到「所有的」分支，你會被迫要打出 `git log --oneline --graph`（或是使用你擁有的另一個別名）。換言之，一旦你定義了一個別名，你無法叫它不要去做設定好要做的事情。

然而，Git 別名在補充引數和旗標的方面是富有高度彈性的。例如，假設你定義一個別名，c（對，小寫 C）擴展成 `git commit`。但你知道當你提交時，你使用 `-m` 來附上提交訊息。這是看起來的樣子：

對於我們常常使用的指令，我們喜歡簡潔的別名。用 c 代表 commit 是我們每天都會用的別名！

執行該別名。 / *你可以像平常那樣附上任何引數和旗標。*

```
git c -m "my first commit"
```

Git 會執行這個。

```
git commit -m "my first commit"
```

如你所見，Git 會拿取任何你提供給別名的額外旗標和引數，擴展別名，然後認真地將它們傳給該指令。

請仔細注意你常常使用的指令包含任何你好像每次都一定會需要的旗標。那些就是使用別名的絕佳對象。但別太明確！記得，這別名一定會擴展成你定義的內容。有需要的話，你隨時都可以新增更多（就像我們示範的一樣）。

而且，多個別名可以執行一樣的指令並不是很罕見的做法，有不同的變化。例如，你可以把「b」定義為 `branch` 的擴展，而「ba」是擴展成 `branch -a`（或 `--all`）。

最後，**別名一定都要小寫**。這就符合 Git 指令運作的方向 —— 它們比較容易輸入。

絕對不要把別名名稱定義成跟 Git 指令名稱一樣！

假設你決定要定義一個別名「log」，會擴展為「log --oneline --graph」。Git 會每次都在查找是否有名為 `log` 的別名**前**先查詢是否有名為 `log` 的指令。所以，當你執行 `git log`，Git 會找到 `log` 並執行該指令。換言之，你沒辦法執行那個別名。有點否決了一開始擁有別名的目標，對吧？

削尖你的鉛筆

你有沒有辦法想出任何可以使用一個別名的 Git 指令？想想看你在本書內用了幾次 Git 的 status、add、branch、switch、diff 指令！

這裡有提供空白處來寫下一些想法。（我們會讓你從我們最愛的開始。）

別名	擴展成
git a	git add

而且要確定往後翻看我們的解答中列出了什麼，說不定有一些別名你可以運用到你的每天工作流程。（我們已經把我們最愛的列出來。）

想法在第 437 頁。

沒有蠢問題

問：我可以針對一個特定檔案庫設定一個區域性別名嗎？

答：當然。但問題是 —— 你應該嗎？你看，別名就是要讓你的生活更輕鬆，而且擁有不同的別名在不同檔案庫中做不同的事情，基本上看起來就像讓生活更輕鬆的相反。我們覺得在全域設定中使用別名才比較合理。

問：假設我設定了一個別名，但後來忘記了。有沒有辦法可以問 Git 別名擴展開始是什麼？

答案：假設你有一個別名 s 是擴展為「status」（狀態）。執行 git help s，然後 Git 會回覆 's' is aliased to 'status'（「s」是「status」的別名）。

別太習慣使用捷徑了

你越常使用你的別名，這些別名就會變成你和 Git 互動時的肌肉記憶。Git 別名就像其他的捷徑並不是永遠想用就用。假設在你一個遠端伺服器或同事的工作站上工作 —— 你很有可能得還原回使用 Git 的預設行為來執行指令和旗標。所以別忘了這些東西在 Git 裡面要怎麼運作。你永遠不知道你什麼時候得回歸基礎。

習題

你得花點時間幫你自己建立一些新別名。

* 啟動你的終端機,你得要在全域安裝這些別名,所以你在哪個目錄進行此練習題都沒差。

* 你要安裝的第一個別名是 **loga**,你會把這個設定擴展為 log --oneline --graph --all。先在此處列出要用的指令:

執行這個指令。

* 使用 **git config** 指令來檢查這個別名是否有正確安裝。這裡的空白處給你寫下要使用的指令:

* 我們來後設吧!你得建立一個別名,將你的完整設定列出來。定義一個名為 **aliases** 的別名,會擴展為 git config --list --show-origin。請務必寫出你要使用的指令。

* 移動到你建立 a-head-above 檔案庫的位置。執行 loga 別名。你有得到你期待的結果嗎?接下來,執行 aliases 全域設定 —— 是否也有列出 aliases 別名呢?

我們剛剛叫你修改了你的全域設定。如果你不喜歡這些別名,歡迎「重設」這些別名 —— 我們保證不會生氣!

⎯⎯⎯⎯⎯➤ 答案在第 438 頁。

叫 Git 忽略特定檔案和資料夾

坐下休息，忘卻手邊的煩惱。

有時候你會想要請 Git 忽略一個檔案庫中的特定檔案。有個好例子 —— 當你使用 Finder 移動到一個目錄，macOS 會建立一個名為 .DS_Store 的檔案，用來儲存內部設定。使用 Windows 的人偶爾可能會注意到討人厭的 Thumbs.db 和 Desktop.ini 檔案。

很多編輯人員會建立特定檔案和／或資料夾來儲存他們自己的專案專用設定。看你怎麼使用 Visual Studio Code，它常常會建立一個 .vscode 資料夾。（JetBrains 的）IntelliJ 會建立一個 .idea 資料夾。

不同團隊對於編輯專用檔案和資料夾有不同的政策。我們通常會喜歡把這些檔案儲存在 Git 檔案庫之外，但務必要先跟你的團隊溝通。

軟體專案通常會有你永遠不會在 Git 檔案庫中追蹤的檔案。例如，很多 JavaScript 專案會有一個 node_modules 資料夾來儲存依賴項。Java 專案常常會有一個 build 目錄來儲存所有的編譯後原始碼。因為 node_modules 資料夾和 build 目錄都包含「生成的」成品，所以你可以隨時使用適當的工具重新建立它們。沒理由要把它們塞到你的 Git 檔案庫中。

最後，你的專案檔案中可能有包含你不希望提交的敏感資訊，或是不小心提交了敏感資訊。

想像一下一個作業系統專用檔案；如果 Git 在你的工作目錄中看到了其中一個這種檔案，Git 就會在 git status 指令的輸出結果中回報此情況。

```
$ git status
On branch master
Untracked files:
  (use "git add <file>..." to include in what will be committed)
        .DS_Store
nothing added to commit but untracked files present (use "git add" to track)
```

就在這！嘿！
（對討厭的檔案揮拳）

其中一個選項就是假裝這些檔案不存在。然而，有很多專案的非必要檔案清單可能會很長。在一段時間後，要分辨你在乎的檔案和你不在乎的檔案就變得很難！Git 再一次有個答案，以一個特別檔案的形式，檔名為 .gitignore，可以一次解決掉這惱人的東西。

.gitignore 檔案的效果

目前還沒有準備給你的練習。

你在第 1 章的時候學到了當啟動一個 Git 檔案庫的時候，Git 會建立一個隱藏的 .git 資料夾，裡面儲存了很多東西，包含物件資料庫和任何檔案庫專用的設定，例如，工作用或個人的電子郵件，和我們剛剛討論到的全域設定中設定的郵件不同。

包含 .git 資料夾的目錄被稱為你的專案的「根目錄」。在根目錄中，你可以建立一個 .gitignore 檔案。這個檔案可以讓你告訴 Git 應該忽略哪個檔案。基本上，.gitignore 檔案會把你的 **未追蹤檔案** 排除在 Git 檔案庫之外。想像一下有一個假想檔案庫：

> 再閱讀一次──
> gitignore 檔案只適用於未追蹤檔案！

列出所有檔案和資料夾，包含隱藏檔案與資料夾。

```
File Edit Window Help
$ ls -A
.DS_Store   .git   README.md
            就在這！
$ git status
On branch master
Untracked files:
  (use "git add <file>..." to include in what will be committed)
      .DS_Store   ← 不不不！

nothing added to commit but untracked files present (use "git add"
to track)
```

現在假設我們在專案根目錄中新增 .gitignore 檔案。因為我們想要忽略 .DS_Store，所以我們可以直接在 .gitignore 檔案中列出該檔案的名稱。這對我們有何幫助？我們來看看：

我們包含了 .gitignore 檔案。

```
.DS_Store
```
.gitignore

```
File Edit Window Help
$ ls -A
.DS_Store   .git   README.md
              還是在這。
$ git status
On branch master
Untracked files:
  (use "git add <file>..." to include in what will be committed)
      .gitignore   ← Git 現在忽略了 .DS_Store。

nothing added to commit but untracked files present (use "git add" to track)
```

虎頭蛇尾嗎？或許有點，但請注意一下 Git 忽略了 .DS_Store 檔案。為什麼？因為 .gitignore 檔案叫 Git 這樣做的。現在 Git 忽略那個檔案，你甚至還不能將這檔案新增到索引，這代表你不可能會不小心將這檔案提交。很貼心，對吧？

然而，現在 Git 把 .gitignore 檔案視為「未追蹤」檔案。那你要怎麼管理這個檔案？我們接下來討論這個。

管理 .gitignore 檔案

.gitignore 檔案在任何 Git 檔案庫中扮演一個很重要的角色。是時尚，我們會直接說你使用的任何一個檔案庫**都會**有一個 .gitignore 檔案。

在建立了 .gitignore 檔案後，你應該將其新增到索引，然後提交該檔案。這樣會讓所有使用同個檔案庫的協作人員都有一致的設定，而且對其的任何變更都會是你提交歷史的一部分。

關於該檔案的內容，可以先從思考你會如何使用你的檔案庫開始。如果只有你一個人使用該檔案庫，那至少你會想要忽略你的作業系統為了內部紀錄所引進的那些檔案，例如 macOS 的 .DS_Store 檔案。用你最愛的搜尋引擎來搜尋 .gitignore 檔案的範本、並將裡面的內容複製貼上到你的 .gitignore 檔案。

這此處插入你的
作業系統名稱。

sample _____ .gitignore file

不相信嗎？移動到 *github.com* 並瀏覽一些公開的檔案庫。去看啊！我諒你不敢！

如果你是一群協作人員共同作業，而且你們剛好使用不同的作業系統，那你就需要列出在這所有作業系統中要忽略的所有檔案。

然後就可以開始工作。你開始工作後，你就會看到檔案和資料夾，這些檔案和資料夾是你永遠不會新增到檔案庫的，但卻導致 git status 等指令的輸出結果充滿這些檔案和資料夾。將那些檔案和資料夾名稱新增到 .gitignore 檔案。你隨時可以搜尋各種專案（Java、JavaScript、Xcode 等）的 .gitignore 檔案範本來作為一開始的起點。

只是要注意！在你使用一個 .gitignore 檔案範本之前，要仔細地看過內容。請務必也讓你的團隊（如果有的話）看一下 —— 和他們分享，或發布拉取請求，這樣一來他們可以在你合併進去前審核你的變更。一旦你忽略了一個檔案或資料夾，Git 會繼續忽略該檔案，除非你把該項目從 .gitignore 檔案移除。

很多專案的 .gitignore 檔案可能會有很長的內容。然而，一旦你提交了初版，他們通常不太會常常變更那個檔案。

看到了嗎？建立拉取請求的所有努力終於有得到回報！

要建立 .gitignore 檔案並不容易

大多數的作業系統要建立一個像 .gitignore 的隱藏檔案都是困難重重（任何檔案或資料夾名稱前綴有個句點就被認為是隱藏檔案）。你有兩個方式：

使用你的終端機

最簡單的方式是使用你的終端機。要使用的指令是 touch，這指令會建立檔案，就很像（第 1 章提到的）mkdir 會建立目錄。touch 指令會拿取你想要建立的檔案名稱當成引數。假設你想要在 a-head-above 目錄建立一個 .gitignore 檔案。這就是看起來的樣子：

```
File Edit Window Help
$ pwd
/tmp/a-head-above          移動到你想要建立該檔案
                           的目錄。
$ ls -A
.git  README.md            這裡沒有 .gitignore 檔案。

                           執行 touch 指令，附上你想要建立的
$ touch .gitignore         檔案名稱。
$ ls -A
.git  .gitignore  README.md
      就在這！
```

一旦你擁有這個檔案，你可以使用你的文字編輯器編輯該檔案、並依你需求新增特定數量的項目。

使用文字編輯器

你可以使用的另一個選項就是使用 Visual Studio Code 等文字編輯器。你可以使用檔案選單建立一個新檔案。當你試圖儲存該檔案時，Visual Studio Code 會給你命名該檔案並選擇儲存位置的選項 —— 提供該檔案 .gitignore 的檔名並選擇你想要儲存該檔案的目錄。Visual Studio Code 會警告你即將建立一個隱藏檔案。要確認你已經確定要這樣做。

當你要建立一個
隱藏檔案時，這是
Visual Studio Code
的警告訊息。

點擊「*Use* ˝.˝」（使
用「.」）按鈕繼續。

.gitignore 檔案範本

我們花點時間來查看一個 .gitignore 檔案範本並檢視其中的能力。我們要給你看的檔案是我們專案使用的其中一個檔案。這個檔案包含要忽略 macOS 和 Windows 的專用檔案。因為我們喜歡 Visual Studio Code 使用的副檔名，我們排除了副檔名之一所生成的資料夾。

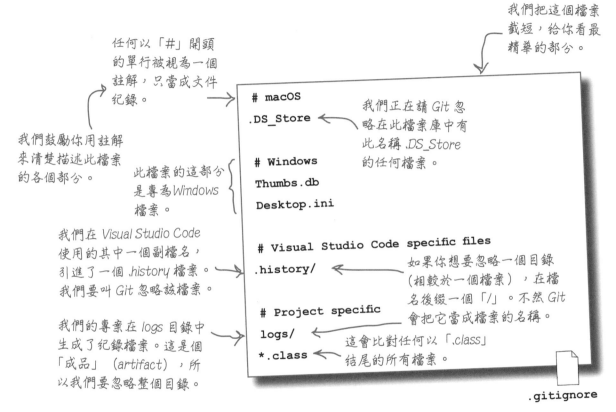

任何以「#」開頭的單行被視為一個註解，只當成文件紀錄。

我們鼓勵你用註解來清楚描述此檔案的各個部分。

我們把這個檔案截短，給你看最精華的部分。

```
# macOS
.DS_Store

# Windows
Thumbs.db
Desktop.ini

# Visual Studio Code specific files
.history/

# Project specific
logs/
*.class
```

.gitignore

我們正在請 Git 忽略在此檔案庫中有此名稱 .DS_Store 的任何檔案。

此檔案的這部分是專為 Windows 檔案。

我們在 Visual Studio Code 使用的其中一個副檔名，引進了一個 .history 檔案。我們要叫 Git 忽略該檔案。

如果你想要忽略一個目錄（相較於一個檔案），在檔名後綴一個「/」。不然 Git 會把它當成檔案的名稱。

我們的專案在 logs 目錄中生成了紀錄檔案。這是個「成品」（artifact），所以我們要忽略整個目錄。

這會比對任何以「.class」結尾的所有檔案。

就如你可見，.gitignore 檔案讓你可以忽略檔案和資料夾。因為我們的專案是個 Java 專案，建立了 .class 檔案並將其紀錄寫入 logs 目錄中，我們這兩個都忽略了。不只如此，你可以指名符合的「模式」——例如，*.class 會比對任何有 class 副檔名的檔案。

一個要注意的重點是如果你想要忽略一個資料夾，需要附加上一個正斜槓（/）。沒有這斜槓的話，Git 會把其視為一個檔名。

最後，.gitignore 檔案可以很長或很短——在此檔案中的單獨項目會以一行一個項目的方式表列。我們很支持要記錄工作，所以我們對於註釋是採取很自由的態度。這些前綴都是井字號（#），這叫 Git 直接捨棄它們。

這個模式格式非常的全面並可以用在各種特別使用的案例。如果你想要學更多，務必查看 Git 的說明文件。

削尖你的鉛筆

我們要在你為本章建立的 a-head-above 檔案庫引進 .gitignore 檔案。

➤ 啟動你的終端機並移動到你建立該檔案庫的位置。

➤ 使用終端機並執行 touch 指令,在該專案的根目錄建立一個 .gitignore 檔案。使用此處列出你會用到的指令:

➤ 使用你最愛的搜尋引擎,搜尋你的特定作業系統的 .gitignore 檔案範本。

➤ 用你的文字編輯器,開啟你自己的 .gitignore 檔案、並更新該檔案來符合你找到的範本。務必對於你為何建立某些項目附上註釋。

➤ 查看 .gitignore 檔案、並確定你了解你選擇從檔案庫排除的檔案。

➤ 最後,新增 .gitignore 檔案到索引,提交該檔案,並附上提交訊息「chore: add .gitignore file」(瑣事:新增 .gitignore 檔案)。

> 又是另一個跟我們平常提交訊息格式不一樣的方式。我們保證,我們很快會解釋這個!

答案在第 439 頁。

沒有蠢問題

問:我了解 .gitignore 檔案可以讓我保留未追蹤檔案,不能新增到索引,這代表我不能提交它們。但如果我想要忽略我已經提交的檔案怎麼辦?

答:假設你不小心提交了一個檔案,你一開始就應該已經一直忽略該檔案。一開始要先(使用 git rm 指令)刪除該檔案。要記得這代表你得進行提交並記錄你即將要刪除該檔案。

然後,記得要將該檔案名稱新增到你的 .gitignore 檔案,你得再次新增並提交。

繼續下去,即使該檔案出現在你的工作目錄,git status 不會回報此檔案,然後你就不用再將該檔案新增到索引,這代表你無法提交該檔案。

認真寫程式

你可能已經猜到,忽略作業系統專用檔案的動作可能要反覆執行,如果你有很多 Git 檔案庫的話特別會需要重複執行忽略檔案的動作。每一個基本上會一次又一次地列出同一批的檔案。Git 會讓你定義一個全域設定的 .gitignore 檔案來避免重複執行。對於任何一個專案,Git 會合併全域設定的 .gitignore 檔案、和你提供的所有專案專用 .gitignore 檔案來生成一個要忽略檔案的完整清單。

你可能已經猜到,這個操作也包含對你初始目錄的 .gitignore 檔案進行調整。一旦你對 Git 比較熟悉後,我們鼓勵你可以繼續探索此功能。一開始可以在網路上搜尋「global gitignore」(全域設定的 gitignore)。

及早提交、頻繁提交

提交就是你和 Git 互動的謀生之道。每一個提交代表你提交時候索引的快照，讓你可以在特定時間點捕捉你的工作狀態。你已經學了很多如何為分支建立一個提交歷史，並使用分支在同時間進行多個平行效果。你也因此得知你可以推送一個分支到遠端檔案庫。

一旦進行提交了，你可以把你的工作成果委託給 Git 的記憶（物件資料庫）。當 Git 開始變成你的「第二大腦」時，你已經得到 Git 的啟蒙。你的旅程從這個口號開始：及早提交、頻繁提交。這代表在你決定要提交之前不要進行大規模的變更。當處理一個任務時，幫你自己找到一個好地點了？提交。小型或巨大變更？不用等 —— 直接提交！

你可能會對我們目前的立場有一些反面論點，所以我們預想了一些。如果沒其他想法，把這當成我們在自我質問。

我應該要多常提交？

你剛剛已經回答了自己的問題！

論點

啊！這好麻煩。現在我得要記得每次變更都要提交。我會因為要一直打字得到重複性勞損！

我的思緒很混亂！我可能會嘗試各種不同的方式來解決一個問題 —— 我不讓所有人都知道我怎麼得到解決方案的。就好像在大眾面前清洗我的髒衣服。

沒。我還是無法決定。

反面論點

首先，你現在已經知道怎麼建立別名。這就是為什麼我們很愛把「c」設定為「commit」（提交）的別名 —— 當然省下很多打字的功夫。

再者，你可能在使用 Microsoft Word 或 Apple Pages 都有養成隨時存檔的習慣，因為你太常搞砸了。就把提交想像成點擊「儲存」鍵。

我很愛你也很愛你的大腦，而且（我們很確定）你的同事也是。隨著你開始使用 Git，我們會希望你養成良好的習慣，而不是做事一定要完美無缺。別讓完美是善的敵人（Don't let the perfect be the enemy of the good）。

Git 的確有提供一些功能可以清理或重新整理提交，但這是很進階的功能。

想出提交所代表的所有東西、還有你可以對這些東西執行什麼動作 —— 它們會捕捉你的工作，你可以對它們進行差異化、你可以還原它們，你可以把它們當成新分支的基準。善用此功能。

一定程度上「及早提交、頻繁提交」聽起來很棒。但在實務上這到底代表什麼？我的提交到底該要多大？多頻繁是「頻繁」？

思考範圍，不是大小！ 假設你在編輯一個朋友的手稿，而且你發現了一些動詞時態不一致。把整章的錯誤修改後再進行提交。如果你也在途中注意到一堆錯字，要修改這些錯字會使用不同的提交。你不用每改一個錯字就進行一個獨立的提交 —— 把這些修改組成一個大修改，或是每章、每章提交。

假設你被指派一個任務，要針對一個專案新增一個新功能。第一步，你發現你需要重新命名一堆檔案。重新命名、提交。然後再進行你需要的變更。提交。更新說明文件來包含新的功能。然後再提交。

發現模式了嗎？思考一下你要提交的內容，那個提交的大小是第二個要關心的重點，僅次於你提交的內容。

至於你該何時提交呢？如果你覺得你的特定變更已經完成，就把那些檔案新增到索引，然後進行提交。別忘了，你可以選擇你要新增到索引的檔案 —— 所以如果你對許多檔案進行各種不同的變更，只提交那些都屬於該索引的變更。索引是個可以幫上忙的盟友 —— 善用它！

我們對於如何撰寫好的提交訊息還有很多建議。提交訊息的好處就是會強迫你思考你提交內放進了什麼變更，所以為什麼我們接下來不看一下呢？

撰寫有意義的提交訊息

因為我們在探討及早提交、頻繁提交的主題，我們要建議的另一件事就是一定要撰寫有意義的提交訊息。如果你需要回頭查看你的提交訊息，這就會很有幫助，而且也讓你的協作人員可以輕鬆了解為什麼你執行了某個動作。

思考一下，好的提交訊息可以幫上忙的所有情境。`git log` 指令的輸出結果就很明顯。但在第 7 章，我們有教你使用 `git log` 指令的 `--grep` 旗標，這旗標可以讓你搜尋提交訊息。如果你在搜尋的提交訊息描述的很詳細，想想看會有多麼好用？（在第 7 章我們也有討論到）那使用 `git bisect` 指令找到有問題的提交呢？

當你正在工作，很容易就落入把提交訊息寫得很快速又隨便，例如「temporary」（暫時的）或「still doesn't work」（還無法使用）。雖然這樣符合我們的「及早提交、頻繁提交」口號，但這對你的提交歷史並沒有太多價值。幾個小時或幾天後還能記得該提交是什麼內容的話，運氣很好！這裡有幾個撰寫良好提交訊息的指引：

❶ 永遠使用祈使句

避免使用像「updated documentation」（已更新說明文件）或「fixes login bug」（解決登入錯誤）這樣的訊息。撰寫提交訊息就好像你在向電腦發號指令，例如「update documentation」（更新說明文件）和「fix intermittent bug when logging in」（解決登入時的間歇性錯誤）。

❷ 避免搭配 -m（或 --message）旗標執行 git commit 指令

本書從頭到現在，我們已經請你在使用搭配 -m 旗標的 `git commit` 指令的時候附上提交訊息。但你已經準備好升級了。我們繼續往前的建議就是直接執行 `git commit` 指令，不搭配任何旗標。這會提示 Git 啟動 Visual Studio Code 或你的預設設定編輯器，所以你可以輸入訊息。

你可以使用你所有的文字編輯器的功能來撰寫精美的提交訊息。你甚至可以引進雙引號和單引號，新的行列、特殊符號（ampersand），還有其他大家都知道很難在指令列輸入的其他字元。換言之，用一個你可以隨意使用的文字編輯器，你不再需要對抗指令列的限制。

```
remove the "is required" label for city from address form

This is no longer needed; we can deduce the city name from the zip
code supplied.
```

你可能會想知道為什麼我們不從本書一開始就用這個協定。我們的教學法是把東西拆分開，這樣我們可以一次針對一部分。本書到這時間點，你已經對 Git 的工作流程很自在，你可以開始思考要怎麼把事做得更好。

我們要把功勞歸功給原出處。這個建議是出自於 Tim Pope，發布在一個很棒的部落格文章中，你可以在此處找到原文：https://tbaggery. com/2008/04/19/a-note-about-git-commit-messages. html。

這是一個使用文字編輯器撰寫提交訊息的絕佳案例。在指令列撰寫這個訊息會很麻煩。

好的提交訊息的解剖學

我們深入探討一個好的提交訊息看起來應該如何。我們的方式是用寫電子郵件的方式撰寫提交訊息 —— 要有標題，內文可自選需不需要。

這是主旨列，簡潔地描述該提交的內容為何。

注意這個標題如何使用祈使句表達。

```
feat: update CSS style names to be consistent (#6174)

- Aligns the names for all CSS classes to be in line with our spec
- Ensures camel-case styling
```

這個空行將標題與內文分開。

在此案例中，我們有附上內文來進一步解釋為何要進行此次變更。

關於提交訊息該記得最重要的事情就是，應該要聚焦於為什麼要進行此次變更，而不是如何變更或變更什麼。當然，這可能不一定永遠都可行，但最好要記在心裡。

在我們繼續進行之前，要了解這個特定格式對你為什麼很重要。你看，搭配 --oneline 旗標的 git log 指令會顯示出每一個提交的第一行（標題）。這裡有你到目前為止在本章使用的 a-head-above 檔案庫紀錄：

你可能還記得 GitHub 會顯示出任何檔案庫的提交。GitHub 和其他檔案庫管理員就像是 --oneline 選項，只會顯示出每個提交訊息的第一行。

```
File  Edit  Window  Help
$ git log --oneline
b892542 (HEAD -> master) chore: add .gitignore file
03638ff docs: add a README file
```

這就是為什麼我們在這一點點空間塞滿了這麼多資訊。搭配 --oneline 旗標的 git log 指令的簡潔輸出結果，就足以讓你知道提交歷史的樣子和每個提交的剛好資訊。要查看完整包含內文的提交訊息，你可以隨時使用 git log 指令（不搭配旗標）。

好的提交訊息的解剖學：標題

我們來花點時間解剖我們的標題，已完整樣貌顯示在此處：

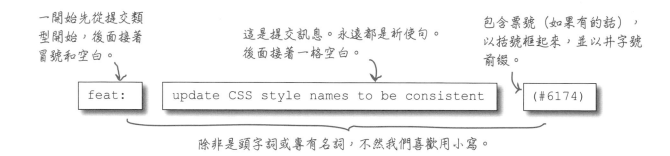

一開始先從提交類型開始，後面接著冒號和空白。

這是提交訊息。永遠都是祈使句。後面接著一格空白。

包含票號（如果有的話），以括號框起來，並以井字號前綴。

feat:　　update CSS style names to be consistent　　(#6174)

除非是頭字詞或專有名詞，不然我們喜歡用小寫。

我們會從種類開始。我們會在提交訊息最前面附上本次提交引進的變更類型。這裡有個簡表，包含我們覺得好用的「類型」：

feat：當引進新功能或改善時使用

fix：當除錯時使用

docs：用此描述任何說明文件的變更

chore：當變更會影響到像 Git 工具準備時使用

例如是新增或修改 .gitignore 檔案。

test：當引進或修改測試時使用

根據你被指派的任務類型，提交種類通常很顯眼。你應該要和你的團隊一起建立一個「種類」清單，讓所有人都可以一致地使用。

種類後接著一個冒號和一格空白，然後附上描述該變更的提交訊息（一樣用祈使句 —— 就好像你在對電腦下指令就你的部分採取行動）。請注意我們偏好全部使用小寫，除非是頭字詞（例如 CSS）或專有名詞（例如 Git）。

我們通常結尾是將票號打上去（如果有的話），以括號框起來並前綴一個井字號。

回想一下之前的專案。你可以想到幾個可以用來描述你可能在那些專案中會進行提交的類型？根據自己的一些想法或用你最愛的搜尋引擎搜尋，並寫在此處。

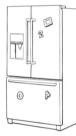

程式碼重組磁貼

我的天啊！我們正確地將那些類型應用在我們的提交訊息，但不知為何弄亂了。你可以幫助我們並將正確的類型重新指派給我們努力打的提交訊息嗎？（一個磁貼可能可以使用一次以上。）

feat

chore

docs

fix

糾正測驗算數器中題數

在登出後重新進行標籤配對

更新 .gitignore 檔案來排除 Windows 的 DAT 檔

允許用戶增加多個電子郵件到檔案

引進聊天功能

答案在第 439 頁。

好的提交訊息的解剖學：內文

把標題打對是好的第一步，描述性的標題常常就足以描述為何要進行特定提交。

但對很多提交來說，單行標題並不夠。或許你還想要針對該變更提供更多資訊或解釋你為何選擇特定方式。這就是提交訊息的內文派上用場的地方。這是我們在幾頁前為你安排的提交訊息：

這個空行將標題與內文分開。

清單中的每一項前綴一個連字號。

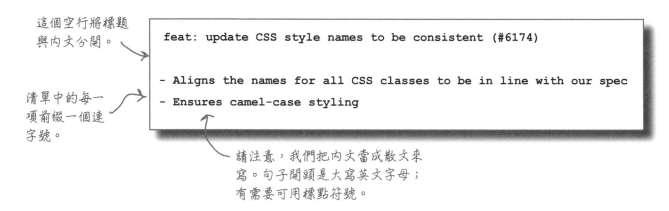

```
feat: update CSS style names to be consistent (#6174)

- Aligns the names for all CSS classes to be in line with our spec
- Ensures camel-case styling
```

請注意，我們把內文當成散文來寫。句子開頭是大寫英文字母；有需要可用標點符號。

只有一個原則 —— **你一定要以一行空白將內文和標題區分開來**。除此之外，撰寫內文的指引還滿鬆散的 —— 是非制式文本並依你需求可長可短。如果你決定要寫超過一個段落，那就要記得在段落之間插入一行空白。就這樣！

你說呢？我們會突然發現自己已經寫了好幾段文字來進一步解釋變更的狀況，或新增連到說明文件或部落格文章的連結。有時候我們會連結到過往的問題，是以類似方式解決的，藉此建立先例。我們甚至已經包含了我們進行什麼動作來測試我們的工作成果，特別是測試設定很詳盡。任何你覺得別人閱讀提交紀錄時容易了解該變更的內容都是可以的。

你也試試吧！去寫寫看完美的提交訊息吧。

我們在建立清單時比較喜歡用連字號取代半字號，我們也鼓勵你這樣做。這跟 Markdown 格式很一致，就是你在本書從頭到尾使用的格式。

而且如果當你提交時犯了一個錯或打錯一個字呢？別忘了 --amend 選項，你在第 4 章有學過。修訂吧！

很挑剔？

我們已經說了我們比較喜歡撰寫提交訊息的方式 —— 歡迎自己調整這個方式，這樣一來就可以很完美地適用在你和團隊身上。最重要的是**永遠保持一致** —— 混亂的提交歷史對你長期來說沒有任何好處。

一個常常沒注意到的小細節就是，選擇類型會迫使你去認真思考你要在提交內放什麼。透過將你的工作拆分為不同類型的提交，對你要進行的變更都是刻意的。這就是 Git 的索引派上用場的地方：在你提交前給你一個地方來整理你的工作。你可以知道是怎麼運作的 —— 即使你對多個檔案進行不同類型的變更，你只會將邏輯上代表某一類型變更的檔案新增到索引。附上恰當的提交訊息提交那些檔案。然後重複此流程。

或許你已經看出來為什麼我們鼓勵你要使用文字編輯器來撰寫你的提交訊息，而不是以指令列的方式 —— 它讓你去認真思考你的訊息，同時讓你有彈性可以以最佳的方式寫出提交訊息。

致敬

一樣地，我們要把功勞歸功給原出處。我們從有深遠影響力的 Google Angular 專案得到許多靈感。Angular 團隊有個嚴謹的提交訊息規範，已經說服了許多人（也包含本人）在撰寫提交訊息時要盡可能詳盡。請上 *https://github.com/angular/augular* 並看一下他們如何安排他們的提交歷史。

另一個我們常常提到的線上資源就是約定式提交（Conventional Commits，*https://www.conventionalcommits.org/*）。這讓 Augular 專案更近了一步 —— 透過將其變成正式規範、並解釋為什麼你應該採用一個結構性的方式來撰寫提交訊息。

認真寫程式

傳統的提交和許多其他團隊和組織都鼓勵使用頁腳來指稱相關的票號、或跟你目前提交變更有關的資訊。雖然有時候我們覺得很好用，但要看你正在處理的工作是哪種類型。如果你想知道這種方式會不會很符合你的工作流程，約定式提交網站有一些關於頁腳中該包含什麼內容的細節可以看。

削尖你的鉛筆

請審視以下的提交訊息，看看它們是否符合我們在前幾頁建議的格式。仔細檢視每一個訊息，而且如果看起來不對勁，請解釋為什麼。為了此練習，假設我們都有使用一張票，並要記得，並不是所有提交訊息都需要內文。

在此寫下你的觀察。

```
allow ESC key to be used to dismiss dialog box (#1729)

This commit allows the application to capture the ESC
key and dismiss any alert dialog box being displayed.
```

```
fix: remove duplicate error-trapping code
```

```
docs: fix link in documentation (#3141)

Point the "Help" link to https://hawtdawgapp.com/docs
```

```
Updates chapter 8
```

答案在第 440 頁。

建立有用的分支名稱

如果你把一個檔案庫想像成一個故事，提交就是故事的情節點（plot point）—— 而分支就是敘事弧（narrative arc）。所以就像提交打草稿時一樣地認真命名你的分支。

你一定想知道我們對這主題有沒有什麼想法。你的確該問！這就是我們建議你命名分支的方式：

我們的名字字首

如果有的話列出票號

我們手上任務的簡短描述

我們在第 2 章有提到 Git 允許在分支名稱內使用前斜槓。我們建議使用前斜槓來分隔開來分支名稱的各個部分。我們來看一下分支名稱的每一個部分：

rg

用你的名字字首縮寫來作為分支名稱的前綴。這樣當你列出分支時，你就很容易辨識出誰建立了哪個分支（使用搭配 -a 或 --all 旗標執行 git branch 指令）。

1618

我們一直都推薦你在新增檔案到索引或進行提交之前檢查你的 Git 狀態。因為 Git 在 git status 指令的輸出結果中都會顯示分支名稱，現在分支名稱會包含票號，當你準備要提交的時候就會有了。沒必要翻你的筆記或打開任務追蹤工具 —— 就在那裡！

remove-typos-in-documentation

最後我們對手上的任務簡略地描述。通常我們會直接用該票的標題，改成小寫，把空白改成連字號，移除任何多餘的字。完成！透過包含一個清楚（又簡短）的任務描述，我們幫自己放上了一個心靈書籤。如果我們得切換任務，這會讓我們更容易讓我們回頭時記得當時在做什麼。

命名很困難。擁有策略會讓命名變輕鬆，而且一致的命名方式可以讓你的生活和協作人員的生活更輕鬆。

如果你有什麼靈感要重新命名任何分支，可以回想第 4 章中有說你可以使用 -m（或 --more）選項搭配 git branch 指令來重新命名分支。跟你說了！;-)

問：你在本書中明訂的工作流程建議一個分支只負責一件事。一旦我把我們的分支合併到整合分支後，我就要刪除我們的分支。這樣看來對於如此短命的東西還要這樣很麻煩，對吧？

答：是的。但請記得，分支的重點是要讓你可以在同時間多工。有個一致的命名策略可以讓你快速在分支間切換，而且一個好的分支名稱可以進入正確的心境，特別是距離你上次進行任務已經很久時。

問：你說要在分支名稱中納入任務的簡短描述。但我們在提交訊息標題也是這樣。這樣不會都是一樣的嗎？

答：有時候 —— 特別是任務很小並有良適定義，只需要一個提交就能處理。然而，很多時候完成一個任務是個會產生很多提交的過程。每一個提交標題應該要明確告訴我們要在該提交中引進變更。

習題

這是你的任務，如果你選擇接受。你的任務就是取一些適當的分支名稱。我們會給你票號和描述：你負責想出好的分支名稱。答案沒有分對錯！

✱ 6283：讓使用者可以用 HTML 格式輸出報告

✱ 70：在線上說明文件中，重新格式化表格

✱ 2718：讓檔案中可以上傳多張照片

答案在第 441 頁。

將圖形使用者介面納入你的工作流程

本書從頭到現在，你一直都用指令列提示字元與 Git 互動。雖然 Git 真的最強大的使用介面就是指令列，但有時候會很麻煩。想像一下一個情境，你想要快速地閱覽一批提交並查看每一個提交影響到哪個檔案。你有沒有辦法用 `git log` 指令和正確的旗標搭配做到呢？當然。但這可能需要花點時間在說明文件查詢才知道要附上什麼旗標。

如果我們激起了你們的好奇心，其實你要找的旗標就是 --stat，你可以附在 git log 指令後。

或許你可以使用圖形使用者介面（GUI）來幫你達成此功能。 *GUI 的發音就是「gooey」。*

GUI 工具第一個要知道的事情是，GUI 的任何的操作都會執行 Git 指令。換言之，它們做不了 Git 指令列做不到的事情。但它們可能讓事情變輕鬆、更方便。這有一些我們喜歡的方式：

Sourcetree

我們在第 2 章有放過一個 Sourcetree 的截圖。

特色：免費。macOS 和 Windows 皆可使用。

我們已經用 Sourcetree 很多年，這是設計得很好的 Git 的圖形使用者介面，我們很推薦這個。我們在下一頁深入討論。

網址：*https://www.sourcetreeapp.com/*

GitHub Desktop

特色：免費。macOS 和 Windows 皆可使用。

GitHub 的官方電腦用程式讓使用 Git 和 GitHub 更容易。它讓你可以分叉檔案庫、建立並查看拉取請求，還有很多 GitHub 專用的功能。如果你用 GitHub 來管理你的檔案庫，GitHub 電腦版可能就是你在找的 GUI 工具。

網址：*https://desktop.github.com/*

GitLens

任何一個敬業的編輯都會有 Git 的外掛或增益集。

特色：免費。只要有 Visual Studio Code 即可使用。

GitLens 並不是真的是 GUI，但是是個 Visual Studio Code 很棒的擴充程式。它代表即時的 Git 專用資訊，你不需要離開你的編輯器。想要查看特定檔案的 `git blame`？就在你的編輯器！想要查看 `diff`？按下按鈕來查看以分割螢幕檢視畫面比較當前版本與先前提交的版本。如果你使用 Visual Studio Code，GitLens 一定值得你看看。

網址：*https://marketplace.visualstudio.com/items?itemName=eamodio.gitlens*

先從選一個開始，如果發現其有所限制，那就找另一個工具來試試看。你可以隨時回歸使用指令列 —— 這就是為什麼我們一直堅持要先教你使用指令列！

基於 GUI 的工具有個巨大的優勢就是它們可以一次呈現的大量資訊，更不用說很多功能都只需要一鍵就可完成。讓我們帶你快速地看一下 Sourcetree 內「歷史」檢視的畫面，這裡會顯示你的提交圖及該提交中紀錄的新增。

此工具列讓你可以建立提交、（如果有）可從遠端檔案庫拉取或推送，甚至可以建立和合併分支。

這是 *a-head-above* 檔案庫的提交圖。

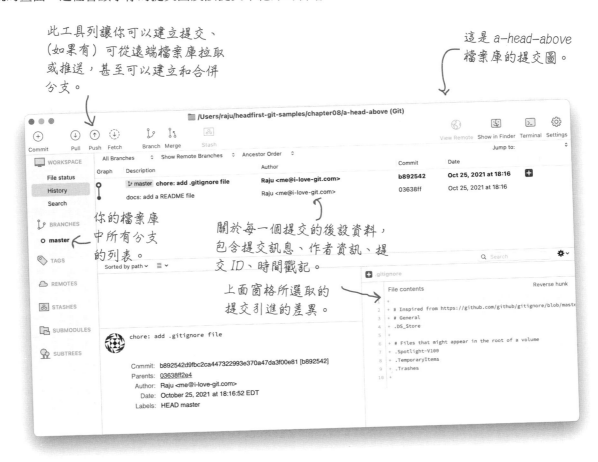

你的檔案庫中所有分支的列表。

關於每一個提交的後設資料，包含提交訊息、作者資訊、提交 ID、時間戳記。

上面窗格所選取的提交引進的差異。

要花一點時間才能習慣 GUI，才知道要到哪裡找到特定的資訊，但以視窗呈現的環境的確可以讓某些事情更方便。

我們相信要完全了解 Git 並將 Git 發揮最大的效用，就是要靠指令列。我們也很推崇針對特定工作要使用特定的工具。這就是為什麼我們會使用像 Sourcetree 等工具同時搭配終端機，為了我們手上的任務達到最好的成效。我們並不支持孰優孰劣的想法——指令列和基於 GUI 工具都應該、而且我們希望都能在你的工作流程中派上用場。

圍爐夜話

今晚主題：指令列對上 GUI，「哪個比較好用？」

指令列：

我是 Git 最可靠的介面。我知道所有的指令和所有旗標。這空間一定是屬於我的。

資訊過載？我讓我們讀者可以專心一志 —— 一次一件事其實很棒。慢工出細活。

好 —— 那我們的讀者得做一些你不支援的動作時，怎麼辦呢？哼？

你就是不懂簡潔之美，對吧？

或許我們在讀者的工作流程都有一席之地。選最適合的工具完成工作，對吧？

GUI：

沒異議！但你也太單純了，你一次只能顯示一個東西。可能是狀態或紀錄或分支列表。但我不一樣，可以一次提供這麼多資訊。我是很驚人的。

我人生的重點就是便利性。我要確認我們的讀者並不一定需要記得每個旗標和組合。哎呀！

我可能是第一個承認我並不是無所不能，但我可以幫助我們的讀者達成八成的目標，而且他們想要只按一個按鈕或選擇選單的選項。我也提供他們好懂的圖示和工具提示框。你只是一個如同荒地的文字。

更不用說，我可以和文字編輯器整合，讓我們的讀者可以讓他們對檔案庫造成的影響即時了解，他們不用切換回終端機才能繼續和 Git 互動。

這可能就是美麗友誼的起點。

照過來!

閱讀授權條款!

我們非常喜歡開源式專案。事實上,我們喜歡把自己視為開源式的支持者。畢竟,Git 是開源式,我們靠這個寫了這整本書。

但我們得告訴你一件事:幾乎每個開源式專案都會選擇一個授權條款,描述你可以使用的方式。務必仔細閱讀你使用的每個專案授權條款,所以你就能知道你可以對其做什麼:有些授權條款禁止將該專案使用在特定情況(例如,授權條款可能允許教育用途,但不允許商業用途)。對,我們知道很無聊。但還是要說。

重點摘要

- Git 擁有高度的客製性。你可以使用 git config 提交設定並覆寫許多設定。

  - 搭配 --global 旗標的 git config 指令讓你可以建立設定,適用到特定工作站上所有檔案庫的設定。

  - 使用 git config 指令可以讓你為特定設定提供數值。

- 所有的全域設定都被儲存在名為 .gitconfig 的檔案中,在你帳號的起始目錄中。包含區段、單一區段內的鍵,每個鍵都和數值有關。

- 你得進行一些設定,例如 user.name 和 user. email 才能使用 Git。像 core.editor 等其他設定會覆寫 Git 的預設設定、且並不是一定要設定的。

- 你可以使用搭配 --local 旗標執行 git config 指令來儲存特定的檔案庫層級設定(針對特定檔案庫的區域設定)。

- 要列出所有設定,請使用搭配 --list 旗標的 git config 指令。

- Git 可以讓你建立別名,就像是執行特定 Git 指令的捷徑。別名也可以包含旗標和引數。

- 別名就是設定,位於「別名」區段。鍵可以是任意文字,數值就是別名會擴展開的內容。只要像執行其他 Git 指令一樣的方式執行該別名即可(例如:git loga)。

- 大多的專案都會規定不得提交某些檔案。你可以要求 Git 忽略一個未追蹤檔案。一旦忽略了,就會永遠保持未追蹤。

- 要叫 Git 忽略一個檔案,先在你檔案庫的根目錄建立一個 .gitignore 檔案,列出所有你想要忽略的檔案。

- 「及早提交、頻繁提交」是使用 Git 的口號。定期將你的工作拍快照是個要養成的好習慣。

- 思考一下每個提交的範圍,而不是尺寸大小。試著將變更以邏輯性方式組合。

- 使用一致且擁有豐富資訊的提交訊息。這可能對於閱讀 git log 指令輸出結果、或使用 git bisect 搜尋提交時(參見第 7 章)會有幫助,這些只是其中幾個範例。

- 建立與背景有關且富有意義的分支名稱,可以幫忙分辨哪些是屬於你的分支、以及這些分支的目的為何。

- 考慮在你用 Git 進行工作時,使用圖形使用者介面(GUI)工作來協助你。要記得並不是兩者只能擇一 —— 你可以也應該在使用 GUI 時搭配指令列操作。

如果這就是本書的結尾不好嗎？沒有更多終端機或指令或其他東西呢？唉…

恭喜！

你已經撐到終點了。

雖然還有附錄。

還有索引。

還有一個網站…

別想走！

（直接承認吧 —— 你對 Git 是不是意猶未盡，對吧？）

設定填字遊戲

只剩最後一個填字遊戲！你可以把你的答案和這些填字遊戲線索配對起來嗎？

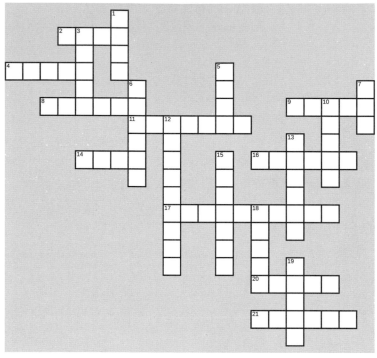

橫向

2 有些提交訊息在標題後有包含這個

4 使用這個旗標搭配 git config 指令從你的 .gitconfig 檔案移除了一個項目

8 你可以叫 Git 將你不想要追蹤的檔案 ____

9 你的設定包含（鍵、____）配對

11 Google 的專案，激發很多人去使用結構性提交訊息

14 你可以使用這個旗標搭配 git branch 指令來重新命名分支

16 最好把你的別名在所有檔案庫都設定為一樣的，用這個旗標搭配 git config 指令

17 用這個命令式的文法語態來撰寫你的提交訊息標題

20 要決定怎麼提交和何時提交的時候，思考 ____，不是大小

21 如果你有一個 ____ 號，在你的提交訊息標題結尾放上去

縱向

1 我們推薦你的提交訊息要以提交 ____ 前綴

3 及早提交、____ 提交

5 我們幫「log --oneline --graph --all」取的別名

6 這部分的提交訊息就像是電子郵件裡面的主旨

7 在 alias.loga，「alias」是區段，「loga」是 ____

10 使用這個旗標搭配 git config 指令，將特定設定儲存在一個特定檔案庫

12 ____ 用戶介面工具

13 git ____ 指令讓你可以個人化 Git

15 當使用開源式軟體，務必要閱讀這個

18 Git 對捷徑的綽號，讓你可以快速輸入複雜的指令

19 使用指令列建立新檔案的指令

答案在第 442 頁。

習題
解答

題目在第 402 頁。

為什麼不花點時間來用用看你的 Git 全域設定呢？

✱ 使用終端機，移動到你的起始目錄，然後列出所有的檔案，包含隱藏的檔案。試試看你有沒有辦法看到 .gitconfig 檔案。使用此處空白處寫下你即將要使用的指令：

ls -A

你可能還記得要檢查鍵值的指令跟要設定鍵值的指令幾乎一模一樣。例如：

git config --global user.email "me@i-love-git.com"

versus

git config --global user.email

✱ 使用終端機來試試看是否可以檢查 core.editor 的鍵值。請先在此處列出你會用到的指令：

git config --global core.editor

✱ 使用你的文字編輯器開啟 Git 全域設定的檔案。花一點時間查看 —— 列出的區段和鍵值搭配看起來很眼熟嗎？

削尖你的鉛筆解答

題目在第 407 頁。

稍微放鬆 Git 設定的肌肉，好嗎？

➤ 你要用什麼指令列出你的 Git 全域設定以及你設定此設定的檔名？

git config --list --show-origin

請注意你要執行這個版本的 `git config` 指令不一定要在特定的目錄中！

➤ 接下來，建立一個名為 a-head-above 的新資料夾。我們選擇在另一個名為 chapter08 的資料夾內建立這個資料夾，把其放在我們之前別章的練習題旁邊，這樣會比較整潔（但你可以自己決定！）。

➤ 使用你的終端機將目錄變更到 a-head-above 目錄，並啟動一個新的 Git 檔案庫。

➤ 使用搭配 --local 旗標和 git config 指令單獨變更為此檔案庫的名字。如果你到目前為止都是用你的全名，這裡就只用你的名或是用英文縮寫。或者使用你最愛的虛構角色的名字！你會用什麼指令呢？（提示：你要設定的選項 user.name。）

git config --local user.name "Raju" ← 我們決定要用我的名。

➤ 把你完整的 Git 設定再次列出來，一併附上設定的來源。有什麼變更了？請在此處解釋你的答案：

> 我在本地的 .git/config 檔案裡面看到好幾個新項目。我也看到
> 兩個 user.name 的項目，一個在我全域的 .gitconfig 檔案中，
> 另一個在本地的 .git/config 檔案中，值為「Raju」。

➤ 建立一個名為 README.md 的檔案，內容如下，將其新增到索引，並提交該檔案，提交訊息為「docs: add a README file」（文件：新增一個讀我檔案）：

```
# Making your life easier with Git

1. You can override the global configuration on a
per-repository basis
```

README.md

➤ 最後，使用（沒有旗標的）git log 然後檢查其作者名稱。

削尖你的鉛筆
解答

題目在第 410 頁。

你有沒有辦法想出任何可以使用一個別名的 Git 指令？想想看你在本書內用了幾次 Git 的 status、add、branch、switch、diff 指令！

這裡有提供空白處來寫下一些想法。（我們會讓你從我們最愛的開始。）

別名	擴展成
git a	git add
git s	git status
git c	git commit
git b	git branch
git sw	git switch

而且要確定往後翻看我們的解答中列出了什麼，說不定有一些別名你可以運用到你的每天工作流程。（我們已經把我們最愛的列出來。）

題目在第 411 頁。

你得花點時間幫你自己建立一些新別名。

✱ 啟動你的終端機，你得要在全域安裝這些別名，所以你在哪個目錄進行此練習題都沒差。

✱ 你要安裝的第一個別名是 **loga**，你會把這個設定擴展為 log --oneline --graph --all。先在此處列出要用的指令：

$$git\ config\ --global\ alias.loga\ ``log\ --oneline\ --graph\ --all"$$

執行這個指令。

✱ 使用 **git config** 指令來檢查這個別名是否有正確安裝。這裡的空白處給你寫下要使用的指令：

$$git\ config\ --global\ alias.loga$$

✱ 我們來後設吧！你得建立一個別名，將你的完整設定列出來。定義一個名為 **aliases** 的別名，會擴展為 git config --list --show-origin。請務必寫出你要使用的指令。

$$git\ config\ --global\ alias.aliases\ ``config\ --list\ --show-origin"$$

✱ 移動到你建立 a-head-above 檔案庫的位置。執行 loga 別名。你有得到你期待的結果嗎？接下來，執行 aliases 全域設定 —— 是否也有列出 aliases 別名呢？

執行 *git loga* 顯示出一個提交，就像 *git log --online --graph --all* 一樣。

使用 *git aliases* 列出我的別名會顯示出全域和區域別名，包含別名指令的別名。

我們剛剛叫你修改了你的全域設定。如果你不喜歡這些別名，歡迎「重設」這些別名 —— 我們保證不會生氣！

削尖你的鉛筆 解答

題目在第 417 頁。

我們要在你為本章建立的 a-head-above 檔案庫引進 .gitignore 檔案。

➤ 啟動你的終端機並移動到你建立該檔案庫的位置。

➤ 使用終端機並執行 touch 指令，在該專案的根目錄建立一個 .gitignore 檔案。使用此處列出你會用到的指令：

touch .gitignore

➤ 使用你最愛的搜尋引擎，搜尋你的特定作業系統的 .gitignore 檔案範本。

➤ 用你的文字編輯器，開啟你自己的 .gitignore 檔案、並更新該檔案來符合你找到的範本。務必對於你為何建立某些項目附上註釋。

➤ 查看 .gitignore 檔案、並確定你了解你選擇從檔案庫排除的檔案。

➤ 最後，新增 .gitignore 檔案到索引，提交該檔案，並附上提交訊息「chore: add .gitignore file」（瑣事：新增 .gitignore 檔案）。

程式碼重組磁貼解答

題目在第 423 頁。

我的天啊！我們正確地將那些類型應用在我們的提交訊息，但不知為何弄亂了。你可以幫助我們並將正確的類型重新指派給我們努力打的提交訊息嗎？（一個磁貼可能可以使用一次以上。）

`fix`　糾正測驗算數器中題數

`fix`　在登出後重新進行標籤配對

`chore`　更新 .gitignore 檔案來排除 Windows 的 DAT 檔

`feat`　允許用戶增加多個電子郵件到檔案

`feat`　引進聊天功能

削尖你的鉛筆
解答

題目在第 426 頁。

請審視以下的提交訊息，看看它們是否符合我們在前幾頁建議的格式。仔細檢視每一個訊息，而且如果看起來不對勁，請解釋為什麼。為了此練習，假設我們都有使用一張票，並要記得，並不是所有提交訊息都需要內文。

```
allow ESC key to be used to dismiss dialog box (#1729)

This commit allows the application to capture the ESC
key and dismiss any alert dialog box being displayed.
```

這個提交訊息並不會指明種類。除此之外，其他的都沒問題。標題是祈使句，列出票號，而且標題和內文之間有空行。

此提交訊息並沒有在最後列出票號。此外的其他東西都沒問題。一開始是類型，後面接著冒號和空格，就像我們對電腦發號施令的寫法。

```
fix: remove duplicate error-trapping code
```

```
docs: fix link in documentation (#3141)

Point the "Help" link to https://hawtdawgapp.com/docs
```

這個提交一切都很正確。有類型，結尾也有列出票號。

這個提交有一些問題。沒有類型，第一個字母是大寫；而且不是祈使句。也沒有列出票號。

```
Updates chapter 8
```

習題
解答

題目在第 428 頁。

這是你的任務,如果你選擇接受。你的任務就是取一些適當的分支名稱。我們會給你票號和描述:你負責想出好的分支名稱。答案沒有分對錯!

✳ 6283:讓使用者可以用 HTML 格式輸出報告

rg/6283/allow-user-to-export-report

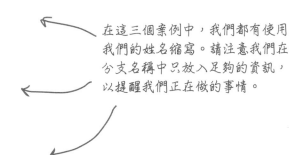

在這三個案例中,我們都有使用我們的姓名縮寫。請注意我們在分支名稱中只放入足夠的資訊,以提醒我們正在做的事情。

✳ 70:在線上說明文件中,重新格式化表格

rg/70/reformat-tables-in-documentation

✳ 2718:讓檔案中可以上傳多張照片

rg/2718/allow-multiple-photos-in-profile

設定填字遊戲解答

只剩最後一個填字遊戲！你可以把你的答案和這些填字遊戲線索配對起來嗎？

題目在第 434 頁。

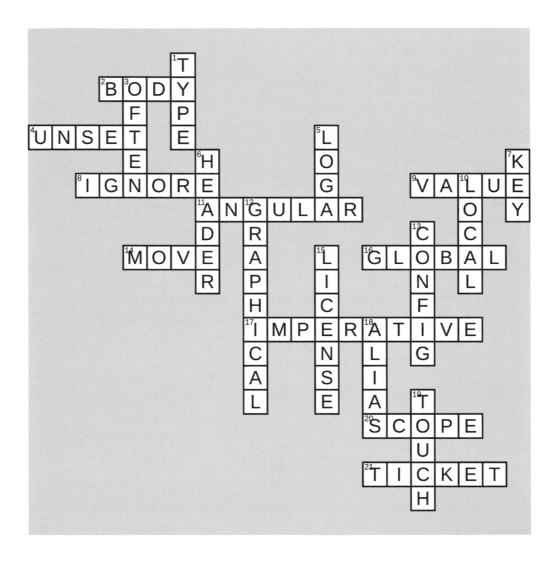

本書沒有涵蓋的五個主題

本書已經涵蓋甚廣，也即將邁入終點。 我們會想念你的，但在說再見前，如果沒有再給你一些心理準備就把你送到 Git 的世界去探險，我們會覺得不安心。Git 的功能強大，一本書並不足以涵蓋所有的功能，我們將一些很有幫助的功能放在這個附錄裡。

#1 標籤（別忘了我）

你已經知道 Git 分支就是便利貼 —— 一個提交基本上就是帶有名字的提交指稱。你也知道如果你在一個分支上進行新提交，Git 會移動分支來指向該分支上的新提交 ID。標籤（tag）就像是分支，也是帶有名字的提交指稱，唯一差別就是一旦建立了標籤，就**永遠無法**移動。如果你想要命名提交，讓你可以輕鬆找到並取得提交，標籤功能就很好用。我們使用標籤來記錄專案歷史中的「指標」。例如，我們可以標籤那個提交，標註我們檔案的特定版本，例如 v1.0.0，或是解決一個特定的麻煩錯誤的提交。要建立一個標籤，Git 提供 git tag 指令：

執行 tag 指令。

附上標籤名稱。

tag 指令預設會在該標籤記錄當前的 ID（也就是說，HEAD 指向此 ID）。然而，你可以在標籤名稱之後附上特定提交 ID。

附上要標籤的特定提交 ID。

標籤名稱和分支名稱都是一樣的原則。它們都不允許使用空格（我們喜歡使用連字號），但可以使用前斜槓和句點。

要列出你檔案庫中的所有標籤，你可以直接附上 -l（小寫「L」，這是 --list 的短版）旗標搭配 git tag 指令。

標籤就像是分支，是你提交歷史的一部分，而且你可以從遠端檔案庫抓取（並推送）標籤、並和你團隊的其他人分享。fetch 和 push 指令支援 --tags 旗標。附上這個旗標能夠確保你的提交歷史內的所有標籤，都可以準確地反映到共享檔案庫的所有使用者的提交歷史裡。

> git pull 指令也支援 --tags 旗標。

有一件事要注意 —— 請盡量避免把標籤的名稱命名為跟分支一樣。就像我們鼓勵你把名字英文縮寫在分支名稱內一樣，我們建議你幫標籤名稱找一個適合的前綴。我們喜歡使用英文字母「v」（代表「version」[版本]）來標記版本號。

認真寫程式

標籤就像分支一樣，就是一個帶有名字的提交指稱。只要你有一個指向提交的標籤，就永遠是可達到的，即使沒有分支或子代提交指向它。

#2 摘櫻桃（複製提交）

假設你正在處理一個新功能，然後發現程式碼裡面有個錯誤。你除錯並進行提交（前綴最好是附上「種類」「fix」）。然後，你知道你的隊友也受到同個錯誤的影響。你的分支包含那個除錯，但你還沒準備好要把你的分支合併進去。所以會完成什麼東西？這提交包含該次除錯，該提交是位於你的功能分支 —— 你要怎麼只應用該除錯到整合分支上？

你有兩個方式。首先，你可以在那個整合分支上建立一個新分支，手動重新應用你的除錯、提交，並發布拉取請求。

再者，你可以使用另一個名為 `cherry-pick` 的 Git 指令，該指令允許你複製一個提交到另一個分支。因為你想要把除錯放在 `master` 分支，你先要切換到 `master` 分支。我們來看看這怎麼進行的：

如果你想要知道你曾經在哪聽過摘櫻桃（cherry-pick）的話，我們在第 3 章有提到這個字。

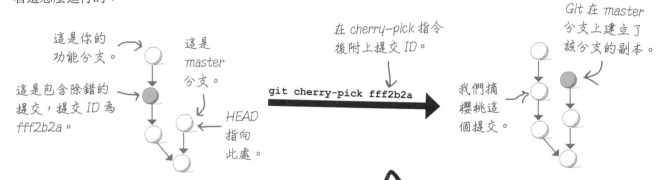

```
git cherry-pick fff2b2a
```

有能力對提交摘櫻桃並不代表你不應該建立一個功能分支來應用你的工作，也不代表不用依照你們團隊慣例來將變更應用到整合分支上（發布拉取請求或在本地合併並推送）。然而，這樣的確可以避免你手動重複進行一個變更 —— 你可以仰賴 Git 的記憶有自信地應用提交中引進的變更，只要直接叫它複製變更到你提交歷史中的新位置。

請注意你可能會導致合併衝突，因為 Git 會在 `master` 分支重新進行你的變更。

還記得當 Git 計算提交 ID 時，Git 會使用該提交的親代提交 ID。這代表摘櫻桃提交將會和原本的擁有一個不同的提交 ID。

這也是為什麼你要將工作成果變成不同種類的提交是個好主意的另一個原因。你永遠不知道什麼時候你會需要去那複製一個提交到另一個分支。

照過來！

不要過度使用摘櫻桃指令！

要整合你的工作最佳方式就是將你的功能分支合併到整合分支。摘櫻桃提交應該只被當成最後一招，只有在你真的無法在原本完成工作的地方合併時才使用。請記得，當你摘櫻桃提交，你在對那些提交建立副本，和原始提交擁有同樣一批的變更。太常進行這樣的動作會讓你很難辨識你的提交歷史。

#3 儲藏（偽提交）

你正忙著工作。你已經編輯了一堆檔案，或許還新增了一些檔案到索引。你檢查你的狀態並發現你的位置是錯誤的分支！哎喲。你應該要在你的功能分支上，但你卻是在 master 分支上。

```
File Edit Window Help
$ git status
On branch master
Changes to be committed:
  (use "git restore --staged <file>..." to unstage)
        modified:    README.md        ← 你儲藏了一些變更。

Changes not staged for commit:
  (use "git add <file>..." to update what will be committed)
  (use "git restore <file>..." to discard changes in working directory)
        modified:    README.md        ← 你的工作目錄中有一堆
        modified:    stashes.md          已被編輯的追蹤檔案。
```

請記得當你切換分支時，Git 會覆寫你的工作目錄，讓它看起來就像你在那分支最近一次提交的樣子。這代表你已經編輯了一個檔案，看起來在兩個分支內並不一樣，因為 Git 得覆寫你的變更，所以 Git 不會讓你切換。

如果你已經有了一些變更，那要怎麼切換分支呢？Git 讓你可以使用 git stash 指令來儲藏（stash）你的變更。

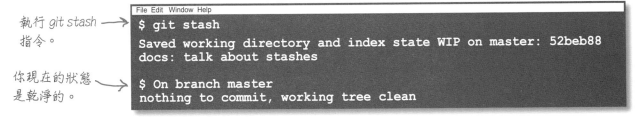

執行 git stash 指令。→

你現在的狀態是乾淨的。→

```
File Edit Window Help
$ git stash
Saved working directory and index state WIP on master: 52beb88
docs: talk about stashes

$ On branch master
nothing to commit, working tree clean
```

當你叫 Git 儲存變更時，Git 會將變更塞到一個特殊的位置。這會讓你的工作目錄保持整潔。現在你可以切換分支。

你可以把儲藏當成偽提交。不同之處是在於儲藏記錄了工作目錄和索引中的變更，而提交只會記錄索引中的內容；另一個不同之處是提交會新增到你的提交歷史，而儲藏不會。如果你推送變更，儲藏並不會一起推送──儲藏還是保存在本地 Git 檔案庫中。

所以現在你已經儲藏了你的變更──你要怎樣回復變更呢？

回想一下當有人叫你打掃房間的時候？你把眼前的所有東西都塞進抽屜裡，嘣啷！乾淨整潔的房間。你看看，你本來就是儲藏專家啦。

這是重要的概念。儲藏僅限於本地的檔案庫，並不是為了共享而設計。

#3 儲藏（偽提交，續）

你切換了分支，然後你想要你儲藏的所有工作成果（你人最好了）。當你儲藏一個東西，把你的工作堆疊起來。這讓你可以建立多個儲藏，就像疊起來的鬆餅，你最新的儲藏會在最上方。Git 允許你「打開」一個儲藏。這代表要求 Git 拿取最上面（最新的）儲藏，復原所有記錄在裡面的變更，把它們還原，就像它們記錄在儲藏的樣子。

嗯⋯鬆餅。

這常被稱為後進先出（last in, first out，LIFO）架構。

Git還原你儲藏的變更。

取得最新儲藏中的變更並還原這些變更。

```
File Edit Window Help
$ git stash pop --index

Changes to be committed:
  (use "git restore --staged <file>..." to unstage)
        modified:   README.md

Changes not staged for commit:
  (use "git add <file>..." to update what will be committed)
  (use "git restore <file>..." to discard changes in working directory)
        modified:   README.md
        modified:   stashes.md

Dropped refs/stash@{0} (ee4e422f6d0f4b126ed94b7fdd3e963134a7cc2a)
```

你剛剛應用的儲藏資訊。

Git 很努力地記得哪些變更在索引內，哪些在工作目錄中，然後將它們還原。現在你位於正確的分支，而且那些你進行的變更都在正確的位置，你可以回來繼續工作了！

儲藏指令還有很多功能 —— 你可以在該指令後附上提交訊息（就像一個標準的提交訊息），列出儲藏，查看你們放進儲藏的變更，甚至應用特定的儲藏（而不是打開你最新建立的儲藏）。而且儲藏預設只會將對追蹤檔案進行的變更藏起來，但 Git 允許你選擇是否要所有檔案（已追蹤和未追蹤）、只要索引內的檔案、還是獨立的檔案。

照過來！

請勿過度使用儲藏

這會讓人很想用儲藏指令儲存「進行中的工作」。有時候在你嘗試不同方法解決問題時，儲藏指令可能看起來像是一個可以把工作成果藏起來的方式。但就這問題你早就有解答了：分支！

我們得承認 —— 我們不常使用儲藏指令（這就是為什麼我們把這放在本書的附錄！）。其中一個我們會使用儲藏指令的時間就是當我們遇到剛剛描述的那個明確情境，我們已經進行一些編輯，還沒有提交，結果發現我們在錯誤的分支。

#4 reflog（指稱紀錄）

你知道每當你切換分支或使用 `git checkout` 指令取出一個特定的 Git 提交時，HEAD 會移動。你也知道當你在分支上進行提交，分支和 HEAD 會移動到那個分支上的新提交。當你重置會怎樣？HEAD 移動到你重置的提交。結果是很多操作都會牽扯到 HEAD，就像在 Git 檔案庫中四處移動，或新增到你的提交歷史（或從提交歷史移除）。

Git 維護一個名為 reflog（指稱紀錄的縮寫）的紀錄，每次 HEAD 移動就會更新，你可以使用 `git reflog` 指令來查看任何檔案庫的指稱紀錄：

```
File Edit Window Help
30589cb (HEAD -> master) HEAD@{0}: checkout: moving from rg/docs-describe-reflog to master
18de9d8 (rg/docs-describe-reflog) HEAD@{1}: commit: docs: describe reflog
30589cb (HEAD -> master) HEAD@{2}: checkout: moving from master to rg/docs-describe-reflog
30589cb (HEAD -> master) HEAD@{3}: commit: docs: update README and stashes docs
640227f HEAD@{4}: reset: moving to HEAD
640227f HEAD@{5}: reset: moving to HEAD
640227f HEAD@{6}: commit: docs: talk about stashes
4cdf9f2 HEAD@{7}: commit (initial): docs: add a README file
```

請仔細看指稱紀錄中的一個項目，我們可以很容易看清楚發生的事情：

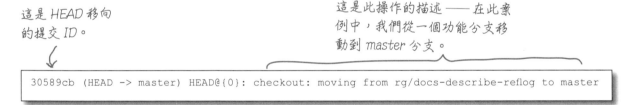

這是 HEAD 移向的提交 ID。

這是此操作的描述——在此案例中，我們從一個功能分支移動到 master 分支。

```
30589cb (HEAD -> master) HEAD@{0}: checkout: moving from rg/docs-describe-reflog to master
```

閱讀指稱紀錄並熟悉 Git 在其中記錄的所有資訊要花一點時間。然而，這很重要，因為指稱紀錄就是你的安全網。假設你還原了一個提交（可能導致無法到達一個提交），然後你改變心意了。嗯，因為 `git reset` 指令移動了 HEAD 和分支指標，指稱紀錄可以告訴你還原之前你的位置。

還有另一個範例：假設你是斷頭狀態。你切換到另一個分支或提交，但現在你想不起來你之前取出了哪一個提交。指稱紀錄就能幫忙！

儲藏指令和指稱紀錄有很多共同點。就像儲藏列表一樣，指稱紀錄還是維持後進先出（LIFO）原則：HEAD 的最近一次移動是列在最上面。如果你要進行另一個提交或切換分支，那就是被插入在列表的最上面，而目前最上面的項目就會往下移動一個。

另一個儲藏指令和指稱紀錄的共同點，就是指稱紀錄只存在於你本地的檔案庫，就像儲藏一樣，並不是共享的。

雖然指稱紀錄並不是你每天用 Git 會常常用到的功能，但如果你處在一個困難情境中，指稱紀錄就是你強大的盟友。所以保持冷靜，用指稱紀錄就對了。

#5 移花接木（另一個合併方式）

合併分支是使用 Git 不可或缺的一個功能。一個合併將不同分支的工作成果合併在一起。你知道當你合併兩個分支時，你可以進行快轉合併（求婚分支向前跳）或合併提交。Git 提供另一種合併工作成果的方式：移花接木（rebase）。

在我們深入探討 rebase 提供給我們的詳細功能和一般合併有何不同之前，我們來思考這個假想的情境：假設你正在一個功能分支上工作（本案例中的 rg/feat-a），準備要合併。然而，你的功能分支和整合分支（master）已經分岔。你已經知道如果你把功能分支合併進整合分支會發生什麼事情——你會得到一個合併提交：

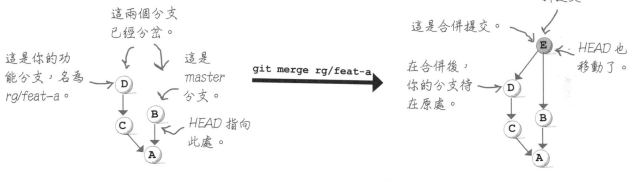

這裡的合併提交（E）是 Git 建立的，這代表了兩個分支的工作整合。

假設在建立提交 B（在 master 分支上）之後建立 rg/feat-a 分支，而不是在提交 A，會怎麼樣呢？換句話說，你在提交 C 和 D 裡進行了相同的工作（相同的 diff），但你是在提交 B 上建立你的工作，而不是在提交 A？

如果你有想到這個，提交 D'（D 角分符號）基本上就是 master 分支和 rg/feat-a 分支的工作結合，因為一開始有 master 分支擁有的一切！也就是說，D' 是 master 分支和 rg/feat-a 分支的合併。

這就是 Git 的 rebase 功能讓你可以做到的效果——它讓你可以透過把一個分支移到另一個的上方來合併兩個分支，基本上就是在沒有實際合併它們的情況下合併這兩個分支。

#5 移花接木（另一個合併方式，續）

當你重新定義一個分支的基準，改到另一個就是在叫 Git 在另一個分支上重新執行當前分支的所有提交。或許最好要用個範例解釋 —— 我們再看一下上一頁的範例：

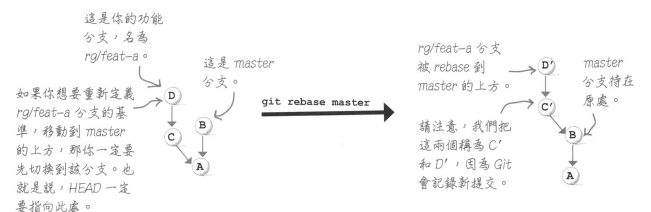

執行一個 rebase 會牽扯到另一個名為 `git rebase` 的 Git 指令。一開始先切換到你想要 rebase 的分支上 —— 本案例中就是 `rg/feat-a` 分支。如果你在 `master` 上 rebase 此分支，Git 會在這個功能分支對所有提交進行迭代，先從第一個提交（C）開始。Git 記錄下一個新提交（C'），擁有和提交 C 一樣的變更，只是新提交的親代是 B（和 A 相對）。然後繼續在功能分支上進行下一個提交，本案例中的 D，然後記錄下新提交（D'），和 D 有一樣的變更 —— 只是它的親代是 C'。持續執行此動作，一直到所有提交都已經重新記錄，然後移動功能分支去指向最新的提交（D'）。

請注意被 rebase 的分支移動到新紀錄的提交（D'），跟合併不一樣，合併是求婚分支移動到合併點。

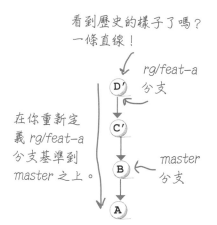

如你所見，合併和 rebase 有一些不同之處。你的提交歷史會長得很不一樣。rebase 會讓歷史「變平」 —— 結果變成一條直線，C' 是 D' 的親代，B 是 C' 的親代，以此類推。rebase 也比合併更複雜，因為 Git 會改寫你的提交，這會改變它們的 ID，與之相反，合併會維持提交 ID 不變。這意味著，你不應該重新定義公有提交的基準。

如果合併和 rebase 有一樣的結果，那你想要整合你的工作成果應該選哪個呢？合併更加的直接，而且不需要讓 Git 去改寫你的提交歷史。這代表你可以安全地合併分支，甚至是和公有提交合併。由於你現在正在學習使用 Git，建議你使用合併。隨著你對 Git 越來越熟悉，團隊使用不同類型的工作流程，你可以決定應該要合併還是 rebase。

這不是終點！

帶著腦袋到

https://i-love-git.com

不知道這個網站在幹嘛嗎？我們上面有更新資料、有趣的連結和文章等豐富的內容！

索引

符號

^ (caret) operator, HEAD (^[插入符號]操作工具, HEAD), 186, 200

~ (tilde) operator, HEAD (~[波浪符號]操作工具, HEAD), 185, 200

* (asterisk) (*[米字號])

　branch command (branch指令), 59

　HEAD (HEAD), 182

+ (plus sign), diff command (+[加號], diff 指令), 131

- (minus sign), diff command (-[減號], diff 指令), 131

A

--abbrev-commit flag (log command) (--abbrev-commit 旗標 [log 指令]), 120

add command (add 指令)

　compared to restore command (相較於 restore 指令), 164

　-u flag (-u旗標), 171

　--update flag (--update 旗標), 171

-a flag (branch command) (-a 旗標 [branch 指令]), 300, 302, 330

-A flag (ls command) (-A 旗標 [ls 指令]), 13

　hidden files (隱藏檔案), 9

aliases (別名), 432

　Git commands (Git指令), 408–410

　getting help with (求助於), 410

　local (區域的), 410

　warning about (關於…的警告), 409

--all flag (branch command) (--all旗標 [branch指令]), 300, 302, 330

--all flag (log command) (--all旗標 [log指令]), 125

amended commits (修訂提交)

　indexes (索引), 174–176

　working directories (工作目錄), 174

--amend flag (commit command) (--amend旗標 [commit提交]),174, 200

Applications folder, Visual Studio Code.app (程式資料夾, Visual Studio Code.app), 21

arguments (引數), 11. *See also* flags (亦見旗標)

　add command (add 指令), 21

　branch command (branch 指令), 58

　clone command (clone 指令), 216, 236

　merge command (merge 指令), 74

　switch command (switch 指令), 59

　whitespace (空格), 11

asterisk (*) (米字號 [*])

　branch command (branch 指令), 59

　HEAD (HEAD), 182

authentication, GitHub account (驗證, GitHub 帳號), xxx–xxxi

author information (作者資訊), 24

B

Bash grep command compared to git grep command (相較於 git grep 指令的 Bash grap 指令), 361

bisect command (bisect 指令), 378, 385

　searching for commits (搜尋提交), 380–383

Bitbucket, hosting repositories (Bitbucket, 存放檔案庫), 217

blame command (blame指令), 385

　change tracking (變更追蹤), 353–356

　compared to log -S command (相較於 log -S 指令), 364

　flags (旗標), 357

　limitations (限制), 362

bookmarks (書籤), 288, 297

branch command (branch指令), 58, 101, 297, 330

　arguments (引數), 58

　asterisk (*) (米字號 [*]), 59

　deleting branches (刪除分支), 326–327

　flags (旗標), 302

　　-m (-m), 177, 200

　　--move (-move), 177, 200

verbose option, remote tracking branches (詳細模式, 遠端追蹤分支), 290

-vv (-vv), 297

listing tracking branches (列出追蹤分支), 300

branches (分支), 51

advantages (優勢), 62–63

blame command (blame指令), 357

cloned repositories, overview (複製的檔案庫，概述), 239

cloning repositories (複製檔案庫), 224

collaboration (協作)

fast-forward merges (快轉合併), 320

overview (概述), 299

command flags (旗標), 148

commit IDs (提交ID), 101

commits (提交), 54, 71

compared (比較), 84

copying (複製), 445

listing (列表), 148

shared (共享的), 64

committing, remote tracking branches (提交, 遠端追蹤分支), 293–296

compared to tags (相較於標籤), 444

comparing (比較), 127–129, 148

creating (建立)

cloned repositories (複製檔案庫), 240

collaboration (協作), 281

from master branch (從 master 分支), 66

default, renaming (預設, 重新命名), 57

deleted, recovering (刪除, 復原), 99

deleting (刪除), 101, 326–327

GitHub (GitHub), 256, 259

diff command (diff 指令), 139–141

displaying detailed information (顯示詳細資訊), 290

fast-forward merges (快轉合併), 79, 101

feature (功能), 73, 101

collaboration workflow (協作工作流程), 321

fetch command (fetch 指令), 302

files, listing (檔案, 列表), 78

HEAD (HEAD), 92

importance of (…的重要性), 179

integrating, shared repositories (整合, 共享檔案庫), 272

integration (整合), 73, 74, 101

listing (列表), 58, 62, 68

HEAD (HEAD), 182

local (本地的)

creating from remote tracking branches (從遠端追蹤分支建立), 304

pushing (推送), 245–247

log command (log指令), 124

logs, generating for all branches (紀錄, 為所有分支生成…), 125

master (master), 57, 101

merge commits (合併提交), 101

merge conflicts, GitHub (合併衝突, GitHub), 257

merged, deleting (合併, 刪除), 96–98

merge requests compared to pull requests (相較於拉取請求的合併請求), 254

merging (合併), 72, 74, 77–80

cherry-picking considerations (摘櫻桃的考量), 445

cloned repositories (複製檔案庫), 241, 259

collaboration (協作), 282

HEAD (HEAD), 183

pull requests (拉取請求), 249–256

rebase, 449

reconciling divergent branches (分支), 314

naming (命名), 58, 101, 432

advantages (優勢), 428

advice (建議), 427

new, when to create or merge (新, 建立或合併的時間), 100

number per repository (每個檔案庫的數量), 58

overview (概述), 69–70

parallel (同步), 67

proposee (被求婚者), 74

proposer (求婚者), 74

purpose of (…的目的), 101

pushing, remote repositories (推送, 遠端檔案庫), 282

remote, creating local branches from (遠端, 從…建立本地分支), 304

remote tracking (遠端追蹤), 330

creating (建立), 305

deleting (刪除), 327

overview (概述), 289

pushing new (推送新的⋯), 290–291

pushing or pulling operations (推送或拉取操作), 290–291

reconciling divergent branches (調和分岔的分支), 311–314

--set-upstream flag (--set-upstream 旗標), 291

synchronizing commits (同步提交), 292

synchronizing local and remote repositories (同步本地與遠端檔案庫), 309

renaming (重新命名), 177, 200

reusing (重新使用), 100

source (來源), 139

stashing changes (儲藏變更), 446

popping stashes (打開儲藏), 447

switch command (switch指令), 59, 101

switching, working directory (切換, 工作目錄), 71

target (標的), 139

topic branches (主題分支), 73

tracking, listing (追蹤, 列表), 300

undeleting (刪除), 96

unmerged, deleting (未合併的,刪除), 99

updating (更新), 330

visualizing (視覺化), 63

workflow summary (工作流程總結), 100

working directory (工作目錄), 65

browsers, managing repositories (瀏覽器, 管理檔案庫), 249

bugs, finding with bisect command (錯誤, 使用 bisect 指令找到⋯), 380–382

C

--cached flag (diff command) (--cached 旗標 [diff 指令]), 137, 146, 148

caret (^) operator, HEAD (插入符號 [^] 操作工具, HEAD), 186, 200

case-sensitive searching, grep command (區分大小寫搜尋, grep 指令), 359

cd command (cd 指令), 10, 13

-c flag (branch command) (-c 旗標 [branch 指令]), 59

changes. See restore command (變更。參見restore指令)

change tracking (變更追蹤), 385

blame command (blame指令), 353–356

compared to diff command (相較於diff指令), 362

commits (提交), 363–366

log command (log指令), 363

checkout command (checkout指令), 59, 373, 385

output (輸出結果), 374

cherry-pick command (cherry-pick指令), 144, 445

child commits (子代提交), 41

divergent branches (分岔的分支), 320

chore commit type (瑣事提交類型), 422–423

clone command (clone指令), 216, 220–221, 236, 297

arguments (引數), 216

naming clones (命名複製檔案庫), 278

URLs (網址), 236

cloned repositories. See also remote repositories (複製檔案庫。亦見遠端檔案庫)

advantages (優勢), 226

branches (分支)

creating (建立), 240

merging (合併), 241, 259

overview (概述), 239

collaboration (協作), 330

commit histories (提交歷史), 236

synchronizing (同步), 286

commits (提交), 237

overview (概述), 283

compared to uncloned (相較於未複製的⋯), 223

fetch command (fetch指令), 299

fetching updates (抓取更新), 300

folders (資料夾), 278

inspecting (檢查), 280

integrating changes (整合變更), 259

local branches, pushing (本地分支, 推送), 245–247

naming (命名), 278

folders (資料夾), 223

renaming (重新命名), 280

pull requests (拉取請求), 249–256

remote repositories (遠端檔案庫)

independence of (獨立於⋯), 225

pushing changes to (推送變更到…), 228

remote tracking branches (遠端追蹤分支)

overview (概述), 289

pushing or pulling operations (推送或拉取操作)
290–291

cloning (複製)

forking (分叉), 351

remote repositories (遠端檔案庫), 224

repositories (檔案庫), 220–221, 236

hosting (存放), 217

overview (概述), 216

process explanation (流程解釋), 224

remote repositories (遠端檔案庫), 224

workflow (工作流程), 223

collaboration (協作), 42, 216

branches (分支)

creating (建立), 281

merging (合併), 282

overview (概述), 299

cloned repositories (複製檔案庫), 330

commits (提交), 281

fast-forward merges (快轉合併), 320

fetch command (fetch指令), 299

creating local branches (建立本地分支), 304–305

merging, workflow (合併, 工作流程), 322

overview (概述), 308

pull requests (拉取請求), 255, 259

remote tracking branches, reconciling divergent branches
(遠端追蹤分支, 調和分岔的分支), 311–314

shared repositories (共享檔案庫), 272

workflow (工作流程)

chart of (…的表), 324

cleaning up remote branches (清理遠端分支), 326–327

integration branches (整合分支), 323

overview (概述), 321

parallel (同步的), 271

collaborators, adding in GitHub (協作人員, 於GitHub中新
增), 275–276

command line (指令列)

arguments (引數), 11

commands (指令), 13

compared to GUIs (相較於 GUI), 429, 431

overview (概述), 28

syntax (語法), 11–12

command not found error (指令未找到錯誤), 22

commit command, compared to restore command (commit
指令, 相較於 restore 指令), 167

flags (旗標)

--amend (--amend), 174, 200

use of (…的用途), 420

commit count, GitHub (提交數, GitHub), 234

commit graphs (提交圖), 71

cloning repositories (複製檔案庫), 224

importance of (…的重要性), 82

log command example (log指令範例), 124

commit histories (提交歷史), 42, 52, 68, 89, 148

branches (分支), 54

deleted (刪除的), 98

cherry-picking commits (摘櫻桃提交), 445

cloned repositories, synchronizing (複製檔案庫, 同步),
286

cloning repositories (複製檔案庫), 236

command flags (提交旗標), 148

event planning example (活動企劃範例), 160

HEAD, role of (HEAD, …的角色), 183

inspecting (檢查), 118

log command --oneline flag (log 指令 --oneline 旗標),
234

merge commits (合併提交), 89

merging branches (合併分支), 79

navigating (移動), 182, 187

overview (概述), 352

remote repositories (遠端檔案庫), 298

synchronization (同步), 259

remote tracking branches, synchronizing local branches
with (遠端追蹤分支, 和…同步本地分支), 309

tags (標籤), 444

tracing (追蹤), 41

usefulness of (…的用處), 127

viewing in GitHub (在 GitHub 中查看), 243

commit IDs (提交 ID), 23, 41, 42, 101

branches (分支), 69, 101

caret (^) operator (插入符號 [^] 操作工具), 186

checkout command (checkout 指令), 373

cherry-picking commits (摘櫻桃提交), 445

comparing (比較), 144–145

diff command (diff 指令), 148

listing (列表), 78

remote repositories (遠端檔案庫), 234

remote tracking branches (分支), 292

revision histories, reviewing (修訂歷史, 審查), 356

tags (標籤), 444

tilde (~) operator (波浪符號 [~] 操作工具), 186

commit messages (提交訊息), 24, 85, 432

body (內文), 424

composition considerations (寫作考量), 425

Conventional Commits (約定式提交), 425

editing (編輯), 173–174, 200

formatting (格式化), 421

Google Angular protocol (Google Angular 協定), 425

hash (#) symbol (井字號 [#] 符號), 85

headers (標題), 422

meaningfulness of (⋯的意義性), 420

merge commits (合併提交), 87

--oneline flag (log command) (--oneline 旗標 [log 指令]), 421

reverting commits (還原提交), 196

searching, log command (搜尋, log指令), 370

stashed changes (儲藏的變更), 447

types of (⋯的種類), 422

commit metadata (提交後設資料), 118, 148

commit objects (提交物件), 23, 42

commits (提交), 42, 118, 432

bisect command (bisect指令), 378

branches (分支), 54, 71

compared (比較), 84

overview (概述), 69–70

change tracking (變更追蹤), 363–366

checking out (取出), 373–376, 385

dangers of (⋯的危險), 376

detached HEAD state (斷頭狀態), 375

HEAD (HEAD), 374

output (輸出結果), 374

cloned repositories (複製檔案庫), 237

commands (指令), 21

comparing (比較), 127–129, 140, 144–145, 330

comparing to index (相較於索引), 137

conflicts (衝突), 90–95

copying to other branches (複製到其他分支), 445

files (檔案)

deleted (刪除的), 200

deleting (刪除), 170

ignoring (忽略), 412

ignoring previously committed (忽略先前提交的⋯), 417

frequency of (⋯的頻率), 418

global configuration, email address (全域設定, 電子郵件), 405

HEAD (HEAD), 92, 120

blame command (blame 指令), 356

overview (概述), 181–182

role of (⋯的角色), 183, 200

immutability of (⋯的不變性), 176

listing (列表), 148

local configuration, email address (區域設定, 電子郵件), 405

log command (log指令), 124

logs (紀錄)

navigating (移動), 118

overview (概述), 118

searching (搜尋), 385

merged (合併的)

resetting (重置), 193

traversing (穿越), 186

messages (訊息), 21

metadata (後設資料), 89

modified files (已修改的檔案), 61

overview (概述), 27, 195, 372

process (流程), 23–24

public compared to private (相較於私有⋯的公有⋯), 237–239

reachable (可達到的), 98

referencing, HEAD (指稱, HEAD), 185, 200

remote tracking branches, synchronization (遠端追蹤分支, 同步), 292

reverting (還原), 196–197

revision history, blame command (修訂歷史, blame 指令), 385

searching contents (搜尋內容), 385

searching for (搜尋…), 380–383

shared (共享的), 64

size (大小), 419

tags as references (把標籤當成指稱), 444

undoing (還原)

    hard mode compared to mixed mode (相較於混和模式的硬膜式), 192

    hard resets (硬重置), 192

    mixed resets (混合重置), 191

    overview (概述), 188

    referencing commits (指稱提交), 189

    soft mode compared to mixed mode (相較於混合模式的軟模式), 191

    soft resets (軟重置), 190

    summary of modes (模式總結), 193

config command (config 指令), 432

    configuration storage (設定儲存), 15

    default behavior (預設行為), 404

    editor (編輯人員), 81

    errors (錯誤), 404

    fatal: --local can only be used inside a git repository error (致命錯誤：--local 只可以在 git 檔案庫中使用之錯誤), 405

    --global flag (--global 旗標), 400–403, 432

    --list flag (--list 旗標), 406

    listing options (列出選項), 406

    --local flag (--local 旗標), 404, 432

    options (選項), 400

        changing (變更), 405

        finding (找到…), 400

        local, storage location (本地, 儲存位置), 404

        typos (錯字), 404

    overview (概述), 400

    push, default (推送, 預設), 229

    --show-origin flag (--show-origin 旗標), 406

user name and user email (用戶名稱及用戶郵件), 17

conflict markers (衝突標記), 92

Conventional Commits (約定式提交), 425

--create flag (branch command) (--create 旗標 [branch 指令]), 59

credentials (認證), 232

D

DAG (directed acyclic graph) (DAG [有向無環圖]), 41

default branch, renaming (預設分支, 重新命名), 57

--delete flag (branch command) (--delete 旗標 [branch 指令]), 96, 326

deleting (刪除)

    directories (目錄), 172

    files (檔案), 169–171, 200

detached HEAD state (斷頭狀態), 184

    checking out commits (提交), 375, 385

-d flag (branch command) (), 96, 326

-D flag (branch command) (), 99

diff command (diff 指令), 129–130, 148

    branches, comparing (比較), 139–141

    commit IDs, comparing (比較), 144–145

    compared to blame command (blame 指令), 362

    flags (旗標)

        --cached (--cached), 133, 146, 148

        --staged (--staged), 137, 148

        --word-diff (--word-diff), 133

    HEAD~ (HEAD~), 185

    hunks (大塊), 130, 148

    merge conflicts (合併衝突), 142

    new files (新檔案), 146

    object database, comparing (物件資料庫, 比較), 137

    with one argument (附上一個引數), 142

    output (輸出結果), 130, 148

        files (檔案), 131

        hunks (大塊), 132

    staged changes (暫存的變更), 136–137

    verbosity of (…的詳細內容), 133

    visual diffing tools (視覺差異工具), 133

difftool command (difftool 指令), 133

directed acyclic graph (DAG) (有向無環圖 [DAG]), 41

directories. *See also* folders (目錄。亦見資料夾)

    cd command (cd 指令), 10

    deleting (刪除), 172

    ls command (ls 指令), 9

    mkdir command (mkdir 指令), 8

    pwd command (pwd 指令), 8

    refreshing contents when using bisect command (當使用 bisect 指令時重新整理內容), 383

distributed version control systems (分散式版本控制系統), 236

    Git (Git), 225–227

    upstream compared to downstream (相較於下游的上游), 248

divergent branches (分岔的分支)

    child commits (子代提交), 320

    reconciling, collaboration (調和, 協作), 311–313

docs commit type (文件提交種類), 422–423

documentation, commands (說明文件, 指令), 76

double ampersand (@@), diff command (雙特殊符號 [@@], diff 指令), 132

double quotation marks (") (雙引號 ["])

    aliases (別名), 408

    arguments (引數), 11–12, 28

    commit messages (提交訊息), 420

        errors (錯誤), 22

        searching (搜尋), 370

    grep command (grep 指令), 358

downstream compared to upstream (相較於上游的下游), 248

E

editing commit messages (編輯提交訊息), 173–174, 200

editors. *See* text editors (編輯人員。參見文字編輯人員)

email. *See* user email (電子郵件。參見用戶郵件)

errors (錯誤)

    command not found (未找到此指令), 22

    error: branch not found (錯誤：未找到此分支), 97

    error: Empty commit message (錯誤：空白的提交訊息), 86

error: failed to push some refs (錯誤：部分指稱推送失敗), 326

error: pathspec '-' did not match any file(s) known to git (錯誤：路徑規格 '-' 並不符合 git 任何已知的檔案), 22

error: pathspec did not match any file(s) known to git (錯誤：路徑規格並不符合 git 已知之任何檔案), 164

error: The branch is not fully merged (錯誤：此分支並未完整合併), 99

fatal: ambiguous argument (致命：模稜兩可的引數), 364

fatal: ambiguous argument: unknown revision or path not in the working tree (致命：模稜兩可的引數：未知的修訂或路徑不存在於此工作樹), 187

fatal: invalid reference (致命錯誤：不合法的參照), 59

fatal: --local can only be used inside a git repository (致命錯誤：--local 只可以在 git 檔案庫中使用), 405

fatal: not a git repository (致命錯誤：非 git 檔案庫), 22

fatal: not in a git directory (致命錯誤：不在 git 檔案庫中), 404

fatal: pathspec did not match any files (致命錯誤：路徑規格並不符合任何檔案), 22

File exists (檔案存在), 8

merge: not something we can merge (合併：不可合併的事物), 78

mkdir command (mkdir指令), 8

nothing added to commit but untracked files present (use "git add" to track) (無任何新增至提交的內容，但出現未追蹤檔案 [使用「git add」追蹤檔案]), 22, 28

switch is not a git command (switch並非git指令), 59

F

fast-forward merges (快轉合併), 79, 87, 101, 282, 320

    GitHub (GitHub), 257

fatal: ambiguous argument error (致命錯誤：模稜兩可的引數錯誤), 364

fatal: ambiguous argument: unknown revision or path not in the working tree error (致命錯誤：模稜兩可的引數：未知的修訂或路徑不存在於此工作樹中的錯誤), 187

fatal: invalid reference error (致命錯誤：不合法的參照錯誤), 59

fatal: --local can only be used inside a git repository error (致命錯誤：--local 只可以在 git 檔案庫中使用錯誤), 405

fatal: not a git repository error (致命錯誤：非 git 檔案庫錯誤), 22

fatal: not in a git directory error (致命錯誤：不在 git 檔案庫中的錯誤), 404

fatal: pathspec did not match any files error (致命錯誤：路徑規格並不符合任何檔案錯誤), 22

feat commit type (功能提交種類), 422–423

feature branches (功能分支), 73, 101
  collaboration workflow (協作工作流程), 321
  merging with integration branches (與整合分支合併), 323

fetch command (fetch 指令), 302, 330
  collaboration (協作), 299, 304–305, 321
  compared to pull command (相較於 pull 指令), 315–317, 330
  remote tracking branches (遠端追蹤分支)
    deleting (刪除), 327
    reconciling divergent branches (調和分岔的分支), 311–314
  tags (標籤), 444
  updating cloned repositories (更新複製檔案庫), 300

file exists error (檔案存在的錯誤), 8

File Explorer (Windows), displaying hidden files (檔案總管 [Windows], 顯示隱藏的項目), 402

files (檔案)
  adding (新增), 21, 38
  committing (提交), 21, 39
  comparing (比較)
    overview (概述), 130
    parsing diff output (剖析輸出結果), 131–132
  copies (副本), 42
    index (索引), 29
    object database (物件資料庫), 29
    working directory (工作目錄), 29
  deleting (刪除), 169–171, 200
  event planning example (活動企劃範例), 160
  .gitconfig (.gitconfig), 401–402
  hidden (隱藏的), 402
  ignoring (忽略), 412–417, 432

ignoring previously committed (忽略先前提交的⋯), 417

index, adding to (索引, 新增到⋯), 28–29

listing (列表), 68

ls command (ls 指令), 9

modified (已修改的), 30, 61
  committing (提交), 61

moving to working directory from index (從索引移動到工作目錄), 163

mv command (mv指令), 172

new, diff command (新的, diff 指令), 146

renaming (重新命名), 172

restoring previous versions (復原先前的版本), 163
  multiple files at once (一次多個檔案), 165

revision histories, viewing (修訂歷史, 檢視), 356

searching contents of (搜尋⋯的內容), 385

staged (暫存的), 30, 38
  diff command (diff 指令), 136–137

states (狀態), 30, 42, 129

tracked (已追蹤的), 30–31, 42

unmodified (已修改的), 30

untracked (已追蹤的), 30–31, 42

filesystem explorer, hidden files (檔案系統總管, 隱藏檔案), 16

Finder (macOS) (Finder [macOS])
  files (檔案)
    deleting (刪除), 171
    renaming (重新命名), 172
  hidden files, displaying (隱藏檔案, 顯示), 402

fix commit type (除錯提交種類), 422–423

flags. See also arguments (旗標。亦見引數)
  add command (add 指令)
    -u or --update (-u 或 --update), 171
  blame command (blame 指令)
    -s (-s), 357
  branch command (branch 指令)
    -a or --all (-a 或 --all), 300, 302, 330
    -c or --create (-c 或 --create), 59
    -d or --delete (-d 或 --delete), 96
    -D (-D), 99
    -m or --move (-m 或 --move), 177, 200
    -v or --verbose (-v 或 --verbose), 302

-vv (-vv), 297, 302

command aliases (指令別名), 409

commit command (提交指令), 21

　　--amend (--amend), 174, 200

config command (config 指令)

　　--global (--global), 400–402, 432

　　--list (--list), 406

　　--local (--local), 404, 432

　　--show-origin (--show-origin), 406

diff command (diff 指令)

　　--cached (--cached), 137, 146, 148

　　--staged (--staged), 137, 148

　　--word-diff (--word-diff), 133

difftool command, --tool-help (difftool 指令, --tool-help), 133

fetch command (fetch 指令)

　　-p or --prune (-p 或 --prune), 327, 330

　　--tags (--tags), 444

grep command (grep 指令)

　　-i or --ignore-case (-i 或 --ignore-case), 359

　　-l or --line-number (-l 或 --line-number), 359, 385

　　-n or --name-only (-n 或 --name-only), 359, 385

log command (log 指令), 120–123

　　--abbrev-commit (--abbrev-commit), 120, 121

　　--all (--all), 125

　　-G (-G), 368, 385

　　--graph (--graph), 125

　　--oneline (--oneline), 121, 125, 234, 421

　　-prune (-prune), 365–368

　　--patch (--patch), 365, 385

　　--pretty (--pretty), 120–121

　　-S (-S), 363

ls command, -A flag (ls 指令, -A 旗標), 9, 13

order of (…的排序), 121

push command (push 指令)

　　--set-upstream (--set-upstream), 291

　　--tags (--tags), 444

　　-u (-u), 246, 259

　　reset command (reset 指令)

　　--hard (--hard), 192

　　--mixed (--mixed), 191

　　--soft (--soft), 190

restore command (restore 指令)

　　--staged (--staged), 166–167, 200

rm command (rm 指令)

　　-r (-r), 172

tag command (tag 指令)

　　-l (-l), 444

　　--list (--list), 444

　　-list (-list), 444

folders. *See also* directories (資料夾。亦見目錄)

　　Application, Visual Studio Code.app (程式, Visual Studio Code.app), 21

　　creating (建立), 8, 14, 20, 56

　　deleting (刪除), 13

　　.git (.git), 42

　　ls command (ls 指令), 9

　　naming, cloned repositories (命名, 複製檔案庫), 223

　　projects, repositories (專案, 檔案庫), 4

forking (分叉)

　　cloning (複製), 351

　　repositories (檔案庫), 218, 273, 275

formatting options, logs (格式化選項, 紀錄), 120

G

-G flag (log command) (-G 旗標 [log 指令]), 368, 385

Git (Git)

　　characteristics (特色), 42

　　command aliases (指令別名), 408–410

　　　　getting help with (從…取得協助), 410

　　　　local (本地的), 410

　　　　warning about (對…警告), 409

　　command line (指令列), 28

　　commands, aliases (指令, 別名), 432

　　configuration considerations (設定考量), 288

　　distributed version control systems (分散式版本控制系統), 225–227

　　executable (執行檔), 42

　　installing (安裝), xxvi

　　overview (概述), 1–3, 26

　　project cycle (專案週期), 18

git add command (git add 指令), 21, 38, 42, 56
　compared to restore command (相較於 restore 指令), 164
　-u or --update flag (-u 或 --update 旗標), 171
Git Bash (Git Bash)
　launching (啟動), 7
　verifying Git installation (確認 Git 安裝), xxvii
git bisect command (git bisect 指令), 378, 385
　searching for commits (搜尋提交), 380–383
git blame command (git blame 指令), 385
　change tracking (變更追蹤), 353–356
　flags (旗標), 357
　limitations (限制), 362
git branch command (git branch 指令), 58, 101, 297, 330
　arguments (引數), 58
　deleting branches (刪除分支), 326–327
　flags (旗標), 302
　　-a or --all (-a 或 --all), 300, 302
　　-c or --create (-c 或 --create), 59
　　-m or --move (-m 或 --move), 177, 200
　　-v or --verbose (-v 或 --verbose), 290, 302
　　--vv (-vv), 297, 302
　listing tracking branches (列出追蹤分支), 300
git checkout command (git checkout 指令), 59, 385
git cherry-pick command (git cherry-pick 指令), 144, 445
git clone command (git clone指令), 216, 220–221, 236, 297
　arguments (引數), 216
　naming clones (命名複製檔案庫), 278
git commit command (git commit 指令), 21, 39, 42, 56
　compared to restore command (相較於 restore 指令), 167
　flags (旗標)
　　--amend (--amend), 174, 200
　　use of (…的用途), 420
git config command (git config 指令), 432
　default behavior (預設行為), 404
　fatal: --local can only be used inside a git repository error (致命錯誤：--local 只可以在 git 檔案庫中使用錯誤), 405
　flags (旗標)
　　--global (--global), 400–403, 432
　　--list (--list), 406
　　--local (--local), 404, 432

　　--show-origin (--show-origin), 406
　listing options (列出選項), 406
　overview (概述), 400
.gitconfig file (.gitconfig 檔案), 401, 432
　command aliases (指令別名), 408
git diff command (git diff 指令), 148
　branches (分支), 139–141
　commit IDs, comparing (提交 ID, 比較), 144–145
　flags (旗標)
　　--cached (--cached), 137, 146, 148
　　--staged (--staged), 137, 148
　　--word-diff (--word-diff), 133
　HEAD~ (HEAD~), 185
　hunks (大塊), 148
　merge conflicts (合併衝突), 142
　new files (新檔案), 146
　object database (物件資料庫), 137
　with one argument (附上一個引數), 142
　output (輸出結果), 130, 148
　　files (檔案), 131
　　hunks (大塊), 132
　overview (概述), 129–130
　source branches (來源分支), 139
　source commits (來源提交), 145
　staged changes (暫存的變更), 136–137
　target branches (標的分支), 139
　target commits (標的提交), 145
　verbosity of (…的詳細內容), 133
　visual diffing tools (視覺差異工具), 133
git difftool command (git difftool 指令), 133
git fetch command (git fetch 指令), 302, 330
　collaboration (協作)
　　creating local branches (建立本地分支), 304–305
　　overview (概述), 299
　collaboration considerations (協作考量), 321
　compared to pull command (相較於 pull 指令), 315–317, 330
　remote tracking branches (遠端追蹤分支)
　　deleting (刪除), 327
　　reconciling divergent branches (調和分岔的分支), 311–314

updating cloned repositories (複製檔案庫), 300

.git folder (.git 資料夾), 42

git grep command (grep 指令), 385

  compared to editor search function (相較於編輯搜尋功能), 361

  default behavior (預設行為), 360

  flag combinations (旗標組合), 360

  flags (旗標), 359

  output (輸出結果), 358

  overview (概述), 358

git -h command (git -h 指令), 76

git --help command (git --help 指令), 76

GitHub (GitHub)

  accounts, setup (帳號, 設定), xxx–xxxi

  advantages (優勢), 227

  blame command output (blame 指令輸出結果), 355

  branches (分支)

    deleting (刪除), 259

    merging (合併), 249

  cloning repositories (複製檔案庫), 220–221

    folder names (資料夾名稱), 278

  collaborators, adding (協作人員, 新增), 275–276

  commit count (提交數), 234

  commit history, viewing (提交歷史, 檢視), 243

  Delete branch button (刪除分支的按鈕), 326

  fast-forward merges (快轉合併), 257

  feature branches, deleting (功能分支, 刪除), 256

  forking repositories (分叉檔案庫), 218

  hosting repositories (存放檔案庫), 217

  merge conflicts (合併衝突), 257

  passwords, personal access tokens (密碼, 個人存取權杖), 230

  personal access tokens, recovering (個人存取權杖, 還原), 232

  pull requests (拉取請求), 259

    base branches (基準分支), 252

    creating (建立), 250–253

    merging (合併), 256

  reachable commits (可達的提交), 243

  repositories, forking (檔案庫, 分叉), 273, 275

  settings, adding collaborators (設定, 新增協作人員), 275

GitHub Desktop (GitHub 電腦版), 429

.gitignore file (.gitignore 檔案), 412–417, 432

  example (範例), 416

  global (全域的), 417

  managing (管理), 414–415

  samples (樣本), 414

    creating (建立), 415

git init command (git init 指令), 15, 20, 42, 56, 215–216, 236

  rename default branch (重新命名預設分支), 57

GitLab, hosting repositories (GitLab, 存放檔案庫), 217

GitLens (GitLens), 429

git log command (git log指令), 148, 385

  change tracking (變更追蹤), 363

  commit messages, searching (提交訊息, 搜尋), 370

  flag combinations (旗標組合), 280

  flags (旗標), 120–123, 371

    --abbrev-commit (--abbrev-commit), 120, 121

    --all (--all), 125

    -G (-G), 368

    --graph (--graph), 125

    --oneline (--oneline), 121, 125, 234, 421

    -p or --prune (-p 或 --prune), 365–368

    --patch (--patch), 365–368

    --pretty (--pretty), 120

    -S (-S), 363–364

  overview (概述), 118, 123–124

  usefulness of (…的用處), 127

git merge command (git merge 指令), 74

git mv command (git mv 指令), 172

git pull command (git pull 指令), 330

  compared to fetch command (相較於 fetch 指令), 330

  compared to pull requests (相較於拉取請求), 287

  compared to push command (相較於 push 指令), 287

  remote repositories, synchronizing with (遠端檔案庫, 和…同步), 285–286

  remote tracking branches (遠端追蹤分支), 297

  warning about (關於…的警告), 317

git push command (git push 指令), 228, 259, 297

  compared to pull command (相較於 pull 指令), 287

  deleting branches (刪除分支), 326

seat belt configuration option (安全帶設定選項), 229

--set-upstream option (--set-upstream 選項), 245, 259

-u flag (-u 旗標), 246, 259

git rebase command (git base 指令), 449–450

git reflog command (git reflog 指令), 448

git remote command (git remote 指令), 235–236, 297

Git repository. *See* repositories (Git 檔案庫。參見檔案庫)

git reset command (git reset 指令), 189, 200

    compared to restore command (相較於 restore 指令), 193

    compared to revert command (相較於 revert 指令), 197

    flags (旗標)

        --hard (--hard), 192

        --mixed (--mixed), 191

        --soft (--soft), 190

    HEAD movement (HEAD 移動), 448

    summary of modes (模式總結), 193

    warning about (關於…的警告), 193

git restore command (git restore 指令), 200

    compared to add command (相較於 add 指令), 164

    compared to commit command (相較於 commit 指令), 167

    compared to reset command (相較於 reset 指令), 193

    files (檔案), 163

    multiple files at once (一次多個檔案), 165

    --staged flag (--staged 旗標), 166–167, 200

    working directory (工作目錄), 164

git revert command (git revert 指令), 196–197, 200

    compared to reset command (相較於 reset 指令), 197

git rm command (git rm指令), 169–172, 200

    flags, -r (旗標, -r), 172

git stash command (git stash指令), 446

    overuse of (…的過度用途), 447

    popping stashes (打開儲藏), 447

git status command (git status指令), 35–38, 42, 56

    merge conflicts (合併衝突), 91

    merging branches (合併分支), 77

    working directory, restoring (工作目錄, 復原), 164

    working tree clean message (工作樹很乾淨的訊息), 60

git switch command (git switch指令), 101, 330

    local branches, creating (本地分支, 建立), 304

    remote tracking branches (遠端追蹤分支), 303

git tag command (git tag 指令), 444

git version command (git version 指令), xxvi–xxvii, 59

global configuration (全域設定), 400–402

    compared to local configuration (相較於區域設定), 403

--global flag (config command) (--global旗標 [config 指令]), 400–403, 432

Google Angular, commit message protocol (Google Angular, 提交訊息協定), 425

--graph flag (log command) (--graph 旗標 [log 指令]), 125

Graphical User Interfaces. *See* GUIs (Graphical User Interfaces) (圖形使用者介面。參見GUI [圖形使用者介面])

grep command (grep指令), 385

    compared to Bash grep command (相較於 Bash grep 指令), 361

    compared to editor search function (相較於編輯搜尋功能), 361

    default behavior (預設行為), 360

    flag combinations (旗標組合), 360

    flags (旗標), 359

    output (輸出結果), 358

    overview (概述), 358

    regular expressions (規則表達式), 360

--grep flag (log command) (--grep 旗標 [log 指令]), 385

GUIs (Graphical User Interfaces) (GUI [圖形使用者介面]), 432

    advantages (優勢), 430

    compared to command line (相較於指令列), 429, 431

H

--hard flag (reset command) (--hard 旗標 [reset 指令]), 192

hash (#) symbol, commit messages (井字號 [#] 符號, 提交訊息), 85

HEAD (HEAD), 92, 120

    asterisk (*) operator (米字號 [*] 操作工具), 182

    caret (^) operator (插入符號 [^] 操作工具), 186, 200

    commits (提交)

        blame command (blame 指令), 356

        checking out (取出), 374

        referencing (指稱), 185, 200

detached HEAD state (斷頭狀態), 184

detached state (脫離狀態)

committing (提交), 375

moving (移動), 189

overview (概述), 181–182

reflog (指稱紀錄), 448

role of (⋯的角色), 183, 200

tilde (~) operator (波浪符號 [~] 操作工具), 185, 200

headers, commit messages (標題, 提交訊息), 422

--help flag (--help 旗標), 76

help pages, navigation (說明頁面, 移動), 76

-h flag (-h 旗標), 76

hidden files (隱藏檔案)

displaying (顯示), 402

hidden files and folders (隱藏檔案與資料夾), 42

file explorer (檔案總管), 16

ls command (ls 指令), 9

-A flag (-A 旗標), 9

home directory (初始目錄), 401

hosting cloned repositories (存放複製檔案庫), 217

https (Hypertext Transfer Protocol Secure) (https [超文本傳輸安全協定]), 223

hunks (diff command) (大塊 [diff 指令]), 132, 148

Hypertext Transfer Protocol Secure (https). *See* https (Hypertext Transfer Protocol Secure) (超文本傳輸安全協定 [https]。參見 https [超文本傳輸安全協定])

I

-i flag (grep command) (-i 旗標 [grep 指令]), 359, 385

--ignore-case flag (grep command) (--ignore-case 旗標 [grep 指令]), 359, 385

index (索引), 42

amended commits (修訂提交), 174–176

comparing to working directory (相較於工作目錄), 130

comparing with object database (相較於物件資料庫), 137

diff command (diff 指令), 129

files (檔案)

adding (新增), 28–29

moving to working directory (移動到工作目錄), 163

staged (暫存的), 30

modified files (已修改的檔案), 30

overview (概述), 33

replacing with object database content (以物件資料庫內容取代), 167

repositories (檔案庫), 25

undoing changes (還原變更), 166–167

unmodified files (已修改的檔案), 30

init command (init 指令), 15, 215–216, 236

initializing repositories (啟動檔案庫), 20, 236

integration branches (整合分支), 73, 74, 101

cloned repositories (複製檔案庫), 239

merging with feature branches (與功能分支合併), 323

pull requests merge requests (拉取請求合併請求), 249, 254

shared repositories (共享檔案庫), 272

K

key/value pairs, .gitconfig file (鍵/值配對, .gitconfig 檔案), 401

L

-l flag (grep command) (-l 旗標 [grep 指令]), 359, 385

-l flag (tag command) (-l 旗標 [tag 指令]), 444

licenses, open source projects (授權, 開源專案), 432

--line-number flag (grep command) (--line-number 旗標 [grep指令]), 359, 385

--list flag (config command) (-list 旗標 [config 指令]), 406

--list flag (tag command) (-list 旗標 [tag 指令]), 444

local branches (本地分支)

creating (建立)

from remote tracking branches (從遠端追蹤分支), 304

switch command (switch 指令), 304

pushing (推送), 245–247

updating (更新), 330

local configuration (區域設定)

compared to global configuration (相較於全域設定), 403

overview (概述), 404

storage location (儲存位置), 404

usefulness of (…的用處), 405

--local flag (config command) (--local 旗標 [config 指令]), 404, 432

local repositories, synchronization with remote tracking branches (本地檔案庫, 與遠端追蹤分支同步), 309

local tracking branches, listing (本地追蹤分支, 列表), 300

log command (log指令), 148, 385

change tracking (變更追蹤), 363

commit messages, searching (提交訊息, 搜尋), 370

flags (旗標), 120–123, 371

--abbrev-commit (--abbrev-commit), 120

--all (--all), 125

-G (-G), 368

--graph (--graph), 125

--oneline (--oneline), 121, 234, 421

-p (-p), 365–368

--patch (--patch), 365–368

--pretty (--pretty), 120

-S (-S), 363–364

overview (概述), 118, 123–124

usefulness of (…的用處), 127

logs (紀錄)

| (vertical line) (| [縱向直線]), 125

all branches (所有分支), 125

* (asterisk) (* [米字號]), 125

commit (提交), 118

formatting options (格式化選項), 120

HEAD (HEAD), 182

quitting (離開), 120

lookup operators, commits (查詢操作工具, 提交), 185–187

ls command (ls指令), 9, 13

flags (旗標), 9

hidden files (隱藏檔案), 9

M

-m flag (branch command) (-m 旗標 [branch 指令]), 177

macOS (macOS 作業系統)

home directory (初始目錄), 401

installing Git (安裝 Git), xxvi

Terminal.app (Terminal.app), xxvi

terminal window, opening (終端機視窗, 開啟), 7

text editors (文字編輯器), xxviii

Markdown files, usefulness of (Markdown檔案, …的用處), 22

markdownguide.org (markdownguide.org), 21

master branch (master分支), 57, 101

as integration branch (作為整合分支), 73

merging branches (合併分支), 77–78

remote tracking (遠端追蹤)

overview (概述), 289

pushing or pulling operations (推送或拉取操作), 290–291

--set-upstream flag (--set-upstream 旗標), 291

memory bank. *See* object database (記憶庫。參見物件資料庫)

merge command, arguments (merge 指令, 引數), 74

merge commits (合併提交), 101

characteristics (特色), 89

fast-forward commits, compared (快轉提交, 比較), 87

HEAD~ (HEAD~), 187

objects (專案), 89

overview (概述), 87

parents (親代), 89, 101

traversing (穿越), 186

merge conflicts (合併衝突)

cherry-picking commits (摘櫻桃提交), 445

markers (標記), 92

overview (概述), 90–95, 101

reconciling divergent branches (調和分岔的分支), 314

merge: not something we can merge error (合併：不可合併的事物錯誤), 78

merge requests (合併請求)

collaboration (協作), 259

pull requests (拉取請求), 254

merging (合併)

branches (分支), 72, 74, 77–80, 83–85, 101

commit histories (提交歷史), 79

HEAD (HEAD), 183

rebase, 449–450

reconciling divergent branches (調和分岔的分支), 314

workflow summary (工作流程總結), 100

collaboration workflow (協作工作流程), 322

commit messages (提交訊息), 85

commits, resetting (提交, 重置), 193

conflicts (衝突), 90–95, 101

diff command (diff指令), 142

deleting branches (刪除分支), 96–98

using GitHub (使用GitHub), 326

errors (錯誤), 78

fast-forward (快轉), 320

merge command, arguments (merge 指令, 引數), 74

merge commits (合併提交), 87

order of (⋯的排序), 80

proposee branch (求婚的分支), 74

proposer branch (被求婚的分支), 74

pull requests (拉取請求), 256

status command (status 指令), 77

messages, command line (訊息, 指令列), 28

metadata, commits (後設資料, 提交), 89, 148

-m flag (commit command) (-m 旗標 [commit 指令]), 21

minus sign (-), diff command (減號 [-], diff 指令), 131

--mixed flag (reset command) (--mixed旗標 [reset指令]), 191

mkdir command (mkdir指令), 8, 13, 56

errors (錯誤), 8

modified files (已修改的檔案), 30

--move flag (branch command) (--move旗標 [branch指令]), 177, 200

moving files (檔案), 172

mv command (mv指令), 172

N

name. See user name (名稱。參見用戶名稱)

--name-only flag (grep command) (--name-only 旗標 [grep 指令]), 359, 385

naming conventions (命名慣例)

branches (分支), 427

tags (標籤), 444

navigating (移動)

commit histories (提交歷史), 182, 187

commit logs (紀錄), 118

help pages (說明頁面), 76

new files, diff command (新檔案, diff指令), 146

new projects, repositories (新專案, 檔案庫), 4

-n flag (grep command) (-n旗標 [grep指令]), 359, 385

nothing added to commit but untracked files present (use "git add" to track) error (無任何新增至提交的內容，但出現未追蹤檔案 [使用「git add」追蹤檔案]), 22, 28

O

object database (物件資料庫), 42

commits (提交)

checking out (取出), 373

resetting (重置), 190–192

comparing with index (相較於索引), 137

diff command (diff 指令), 137

files (檔案)

copies (副本), 29

deleted (刪除的), 170

overview (概述), 31

replacing index content with (以⋯取代索引內容), 167

repositories (檔案庫), 25

--oneline flag (log command) (--oneline 旗標 [log 指令]), 120–121

commit history (提交歷史), 234

commit messages (提交訊息), 421

open source projects, licenses (開源專案, 授權), 432

options. See also arguments; See also flags (選項。亦見引述；亦見旗標)

configuration (設定)

changing (變更), 405

typos (錯字), 404

.gitconfig file (.gitconfig 檔案), 401–402

--show-origin flag (config command) (--show-origin 旗標 [config 指令]), 406

P

pager, help pages (分頁器, 說明頁面), 76

parallel workflows (同步工作流程), 271

    overview (概述), 272

parent commits (提交), 41

    HEAD (HEAD), 182

    merges (合併), 89, 101

passwords (GitHub) (密碼 [GitHub])

    personal access tokens (個人存取權杖), xxx–xxxi, 230, 232

        recovering (復原), 232

--patch flag (log command) (--patch旗標 [log指令]), 365–368, 385

-p flag (fetch command) (-p 旗標 [fetch 指令]), 327

-p flag (log command) (-p 旗標 [log 指令]), 365–368, 385

pickaxe options (log command) (十字鎬選項 [log 指令]), 363, 385–388

plain text files, usefulness of (純文字檔案, …的用處), 22

plus sign (+), diff command (加號 [+], diff 指令), 131

popping stashes (打開儲藏), 447

prefixes, branch names (前綴, 分支名稱), 427

--pretty flag (log command) (--pretty旗標 [log指令]), 120–121

print working directory command (print working directory指令), 7

private commits, compared to public (私有提交, 相較於公有提交), 237

projects (專案)

    code organization considerations (程式碼組織架構考量), xxxii

    folders, creating (資料夾, 建立), 20

    repositories (檔案庫), 4

    root, .gitignore file (根, .gitignore 檔案), 413

    steps (步驟), 18, 19

proposee branches (被求婚的分支), 74

proposer branches (求婚的分支), 74

--prune flag (fetch command) (--prune旗標 [fetch指令]), 327, 330

pseudo commits, stashing changes (偽提交, 儲藏變更), 446

public commits (公有提交)

    compared to private (相較於私有), 237

    remote repositories (遠端檔案庫), 259

public repositories (公有檔案庫), 215

    cloning (複製), 216

    forking (分叉), 218

pull command (pull 指令), 330

    compared to fetch command (相較於 fetch 指令), 315–317, 330

    compared to pull requests (相較於拉取請求), 287

    compared to push command (相較於 push 指令), 287

    remote repositories, synchronizing with (遠端檔案庫, 與…同步), 285–286

    remote tracking branches (遠端追蹤分支), 297

    warning about (關於…的警告), 317

pulling operations, remote tracking branches (拉取操作, 遠端追蹤分支), 290–291

pull requests (拉取請求), 259

    changes to (變更到…), 255

    collaboration (協作), 255, 259

    compared to pull command (相較於 pull 指令), 287

    creating (建立), 250–252

    list of (…的清單), 251

    merge requests (合併請求), 254

    merging (合併), 256

    merging branches (合併分支)

        overview (概述), 249

        selecting source and target branches (選擇來源與標的分支), 252

    titles and descriptions (標題與描述), 255

push command (push指令), 228, 259, 297

    compared to pull command (相較於 pull 指令), 287

    divergent branches, reconciling (分岔的分叉, 調和), 312–313

    seat belt configuration option (安全帶設定選項), 229

    --set-upstream option (--set-upstream 選項), 245, 259

    tags (標籤), 444

    -u flag (-u 旗標), 246, 259

push configuration, remote repositories (推送設定, 遠端檔案庫), 229

pushing operations, remote tracking branches (推送操作, 遠端追蹤分支), 290–291

push origin command (push origin 指令), 235

pwd command (pwd 指令), 7

Q

quit command, terminal window (quit指令, 終端機視窗), 358

quotation marks. *See* double quotation marks (") (引號。參見雙引號 ["])

R

reachable commits (可達的提交), 98, 243

rebase command (rebase 指令), 449–450

reconciling divergent branches, collaboration (調和分岔的分支, 協作), 311–313

reflog command (reflog指令), 448

regular expressions (規則表達式)

    -G flag (log command) (-G 旗標 [log 指令]), 368

    grep command (grep指令), 360

remote branches, cleaning up (遠端分支, 清理), 326–327

remote command (remote 指令), 235, 236, 297

remote repositories (遠端檔案庫), 224, 236. *See also* cloned repositories (亦見複製檔案庫)

    branches (分支)

        deleting (刪除), 326

        merging (合併), 241

        pushing (推送), 282

    cloned repositories (複製檔案庫)

        independence of (獨立於…), 225

        pushing changes to (推送變更到…), 228

    commit histories (提交歷史), 298

        synchronization (同步), 259

    commit IDs (提交 ID), 234

    fetch command (fetch 指令), 299

    origin (起源), 235

    public commits (公有提交), 238, 259

    push configuration (推送設定), 229

    pushing changes (推送變更), 236

        verification (驗證), 231, 236

    references (指稱), 288

synchronization with local (與本地的…同步)

    remote tracking branches (遠端追蹤分支), 309

synchronizing with (與…同步)

    pull command (pull 指令), 285–286

upstream compared to downstream (相較於下游的上游), 248

workflow overview (工作流程概述), 321

remote tracking branches (遠端追蹤分支), 288

    commits, synchronization (提交, 同步), 292

    compared to tracked files (相較於已追蹤檔案), 297

    creating (建立), 305

    deleting (刪除), 327

    fetch command, reconciling divergent branches (fetch 指令, 調和分岔的分支), 311–314

    listing (列表), 300

    merging with local branches (與本地分支合併), 330

    new branches (新分支),

        committing (提交), 293–296

        pushing (推送), 290–291

    pull command (pull 指令), 297

    pushing or pulling operations (推送或拉取操作), 290–291

    --set-upstream flag (--set-upstream 旗標), 291

    switch command (switch 指令), 303

    synchronizing local and remote repositories (同步本地與遠端檔案庫), 309

renaming (重新命名)

    branches (分支), 177

    files (檔案), 172

repositories (檔案庫), 4

    branches (分支)

        allowed number of (…允許的數量), 58

        deleting (刪除), 96

        listing (列表), 68

    cloned (複製的)

        advantages (優勢), 226

        commit histories (提交歷史), 236

        commits (提交), 237

        compared to uncloned (相較於未複製的), 223

        integration branches (整合分支), 239

        merging branches (合併分支), 241

naming folders (命名資料夾), 223

pushing local branches (推送本地分支), 245–247

cloning (複製), 220–221, 236

overview (概述), 216

process explanation (流程解說), 224

remote repositories (遠端檔案庫), 224

workflow (工作流程), 223

commits, public compared to private (提交, 相較於私有的公有), 237

creating (建立), 6, 14, 56–57

design of (…的設計), 25

diff command (diff 指令), 130

distributed version control systems (分散式版本控制系統), 226

files (檔案)

deleting (刪除), 169–171

ignoring (忽略), 412–417

forking (分叉), 218, 273, 275

--global flag (config command) (--global旗標 [config指令]), 400

hosting (存放), 217

indexes (索引), 25

indexes, grep command (索引, grep指令), 360

init command (init 指令), 15, 20

initializing (啟動), 236

integration branches (整合分支), 74

local configuration options storage (區域設定選項儲存), 404

log command (log指令), 124

object database (物件資料庫), 25

public (公有的), 215

copying (複製), 218

reinitializing (重新啟動), 16

remote (遠端的), 236

commit histories (提交歷史), 298

commit IDs (提交ID), 234

public commits (提交), 238

push configuration (推送設定), 229

pushing changes (推送變更), 230

pushing feature branches (推送功能分支), 244

upstream compared to downstream (相較於下游的上游), 248

verifying pushed changes (驗證推送的變更), 231, 236

searching (搜尋), 358–359, 385

status command (status 指令), 35

URLs for, locating (…的網址, 定位), 277

working-with-remotes (使用遠端檔案庫), 219

repository managers (檔案庫管理員), 217, 236

blame command output (blame指令輸出結果), 355

branches, merging (分支, 合併), 249

reset command (reset 指令), 189, 200

compared to restore command (相較於 restore 指令), 193

compared to revert command (相較於 revert 指令), 197

flags (旗標)

--hard (--hard), 192

--mixed (--mixed), 191

--soft (--soft), 190

HEAD movement (HEAD 移動), 448

summary of modes (模式總結), 193

warning about (關於…的警告), 193

restore command (restore 指令), 200

compared to add command (add 指令), 164

compared to commit command (提交指令), 167

compared to reset command (reset 指令), 193

files (檔案), 163

multiple files at once (一次多個檔案), 165

--staged flag (--staged 旗標), 166–167, 200

working directory (工作目錄), 164

revert command (revert 指令), 196–197, 200

compared to reset command (相較於 reset 指令), 197

revisions. *See* change tracking (修訂。參見變更追蹤)

-r flag (rm command) (-r 旗標 [rm 指令]), 172

rm command (rm 指令), 169–172, 200

S

safe commands (安全指令), 145

branch (分支), 58

seat belt configuration option (push command) (安全帶設定選項 [push 指令]), 229

sections, .gitconfig file (區段, .gitconfig 檔案), 401

Secure Shell (SSH) (安全外殼協定 [SSH]), 223

Servers (伺服器)

communication methods (通訊方式), 223

version control systems (版本控制系統), 16

settings tab (GitHub), adding collaborators (設定頁籤 [GitHub], 新增協作人員), 275

--set-upstream flag (push command), remote tracking branches (--set-upstream 旗標[push 指令], 遠端追蹤分支), 291

-s flag (blame command) (-s 旗標 [blame 指令]), 357

-s flag (log command) (-s 旗標 [log 指令]), 385

-S flag (log command) (-S 旗標 [log 指令]), 363–364

compared to blame command (相較於 blame 指令), 364

shared repositories. *See also* cloned repositories; *See also* local repositories; *See also* remote repositories (共享檔案庫。亦見複製檔案庫；亦見本地檔案庫, 亦見遠端檔案庫)

parallel workflows (同步工作流程), 272

shortcuts, Git command aliases (捷徑, Git 指令別名), 408–410

simple push configuration (簡單推送設定), 229

snapshots (快照), 15, 42

--soft flag (reset command) (--soft 旗標 [reset 指令]), 190

soft resets, commits (軟重置, 提交), 190

source branches (來源分支), 139

source commits (來源提交), 145

Sourcetree (Sourcetree), 429

SSH (Secure Shell) (SSH [安全外殼協定]), 223

staged files (暫存檔案), 30, 38

diff command (diff 指令), 136–137

--staged flag (diff command) (--staged 旗標 [diff 指令]), 137, 148

--staged flag (restore command) (--staged 旗標 [restore 指令]), 166–167, 200

stash command (stash 指令), 446

overuse of (⋯的用途), 447

popping stashes (打開儲藏), 447

status command (status 指令), 35–38

merge conflicts (合併衝突), 91

working directory, restoring (工作目錄, 復原), 164

working tree clean message (工作樹很乾淨的訊息), 60

storage (儲存)

local configuration options (區域設定選項), 404

snapshots (快照), 15

switch command (switch 指令), 101, 330

branches (分支), 59

cloning repositories (複製檔案庫), 224

local branches, creating (本地分支, 建立), 304

remote tracking branches (遠端追蹤分支), 303

switch is not a git command error (switch 並非 git 指令錯誤), 59

synchronization (同步)

cloned with remote repositories (以遠端檔案庫複製), 228

local and remote repositories, remote tracking branches (本地與遠端檔案庫, 遠端追蹤分支), 309

syntax (語法)

command line (指令列), 28

whitespace (空格), 11

T

tag command (tag 指令), 444

tags, commit references (標籤, 提交指稱), 444

--tags flag (fetch command) (--tags 旗標 [fetch 指令]), 444

--tags flag (push command) (--tags 旗標 [push 指令]), 444

target branches (標的分支), 139

target commits (標的提交), 145

terminal (終端機)

entries, need for precision (項目, 需要精準), 21–22

.gitignore file, creating (.gitignore 檔案, 建立), 415

Git installation, verifying (Git 安裝, 驗證), xxvi

home directory, finding (起始目錄, 找到⋯), 401

Visual Studio Code.app (Visual Studio Code.app), 21

Terminal.app (macOS) (Terminal.app [macOS]), xxvi

launching (啟動), 7

terminal window (終端機視窗)

configuration, user name and user email (設定, 用戶名稱及用戶郵件), 17

opening (開啟), 7

quit command (quit 指令), 358

repositories, creating (檔案庫, 建立), 14

test commit type (測試提交種類), 422

text editors (文字編輯器), 81

索引

commit messages (提交訊息), 420

directories, refreshing when using bisect command (目錄, 使用 bisect 指令重新整理), 383

.gitignore file, creating (.gitignore 檔案, 建立), 415

macOS (macOS), xxviii

search function compared to grep command (相較於 grep 指令的搜尋功能), 361

undoing changes, compared to restore command (還原變更, 相較於 restore 指令), 165

Windows (Windows 作業系統), xxix

ticket numbers, branch names (票號, 分支名稱), 427

ticket titles, branch names (票題, 分支名稱), 427

tilde (~) operator (HEAD) (波浪符號 [~] 操作工具), 185, 200

--tool-help flag (difftool command) (--tool-help 旗標 [difftool 指令]), 133

topic branches (主題分支), 73

tracked files (檔案), 30, 42

compared to remote tracking branches (相較於遠端追蹤分支), 297

deleting (刪除), 170

tracking branches, listing (追蹤分支, 列表), 300

trash can, deleting folders (垃圾桶, 刪除資料夾), 13

U

-u flag (add command) (-u 旗標 [add 指令]), 171

-u flag (push command) (-u 旗標 [push 指令]), 246

unmodified files (已修改的檔案), 30

untracked files (未追蹤檔案), 30, 42

deleting (刪除), 170

--update flag (add command) (--update 旗標 [add 指令]), 171

upstream compared to downstream (相較於下游的上游), 248

URLs (網址)

clone command (clone 指令), 216, 236

locating repositories (定位檔案庫), 277

parts of (…的部分), 221

pull requests (拉取請求), 250

user email configuration (用戶郵件設定), 17, 432

user name configuration (用戶名稱設定), 17, 432

V

Venn diagram (文氏圖)

comparing branches (比較分支), 140, 148

comparing commits (比較提交), 145

--verbose flag (branch command) (--verbose 旗標 [branch 指令]), 302

remote tracking branches (遠端追蹤分支), 290

--verbose flag (remote command) (--verbose 旗標 [remote 指令]), 235

version command (version 指令), xxvi–xxvii, 59

version control systems (版本控制系統)

distributed (分散式), 225–227, 236

upstream compared to downstream (相較於下游的上游), 248

overview (概述), 1–3

servers (伺服器), 16

snapshots (快照), 42

vertical line (|), log command (縱向直線 [|], log 指令), 125

-v flag (branch command) (-v 旗標 [branch 指令]), 302

remote tracking branches (遠端追蹤分支), 290

-v flag (remote command) (-v 旗標 [remote 指令]), 235

Vim (Vim), 81

changing to a different text editor (變更為另一位文字編輯人員), 86

visual diffing tools (視覺差異工具), 133

Visual Studio Code (Visual Studio Code), xxviii–xxix, 81

commit messages (提交訊息), 85

documents, creating (文件, 建立), 21

launching (啟動), 81

--vv flag (branch command) (-vv 旗標 [branch 指令]), 302, 330

remote tracking branches (遠端追蹤分支), 290

W

Windows (Windows作業系統)

hidden files, displaying (隱藏檔案, 顯示), 402

home directory (初始目錄), 401

installing Git (安裝Git), xxvii

terminal window, opening (終端機視窗, 開啟), 7

text editors (文字編輯器), xxix

Windows Explorer, deleting and renaming files (Windows 總管, 刪除及重新命名檔案), 171

--word-diff flag (diff command) (--word-diff 旗標 [diff 指令]), 133

workflow (工作流程)

cloning repositories (複製檔案庫), 223

collaboration (協作)

chart of (⋯的表), 324

cleaning up remote branches (清理遠端分支), 326–327

integration branches (整合分支), 323

overview (概述), 321

parallel (同步), 271

overview (概述), 272

pull requests (拉取請求), 255

working directory (工作目錄), 42

amended commits (修訂的提交), 174

branches (分支), 65

switching (切換), 101

comparing to index (相較於索引), 137

diff command (diff 指令), 130, 136

files (檔案)

copies (副本), 29

untracked (已追蹤的), 30

moving files to from index (從索引移動檔案或移動檔案到索引), 163

restore command (restore 指令), 164

status command (status 指令), 35

switching branches (分支), 71

working tree clean status message (), 60

深入淺出 Git

作　　者：Raju Gandhi
譯　　者：石　岡
企劃編輯：蔡彤孟
文字編輯：王雅雯
特約編輯：江瑩華
設計裝幀：陶相騰
發 行 人：廖文良

發 行 所：碁峰資訊股份有限公司
地　　址：台北市南港區三重路 66 號 7 樓之 6
電　　話：(02)2788-2408
傳　　真：(02)8192-4433
網　　站：www.gotop.com.tw
書　　號：A693
版　　次：2023 年 07 月初版
建議售價：NT$780

國家圖書館出版品預行編目資料

深入淺出 Git / Raju Gandhi 原著；石岡譯. -- 初版. -- 臺北市：碁
　峰資訊, 2023.07
　　面；　公分
　　譯自：Head First Git
　　ISBN 978-626-324-540-2(平裝)
　　1.CST：軟體研發　2.CST：電腦程式設計
312.2　　　　　　　　　　　　　　　　　　　　112009059